职业技能培训类教材

依据劳动和社会保障部制定的《国家职业标准》编写

冷作钣金工基本技能

主　编　陈征宇

副主编　智兆华

编著者　吴永红

主　审　王永明

金盾出版社

内 容 提 要

本书依据《国家职业标准》初级冷作钣金工的工作要求和《国家职业技能鉴定规范》进行编写,用于冷作钣金工的知识学习和技能培训。主要内容包括:冷作钣金工基础知识,冷作钣金工的工艺准备,下料与矫正,成形,零件的预加工,装配,连接等。全书在保证知识连贯性的基础上,着眼于冷作钣金工基本操作技能的学习,力求突出针对性、典型性、实用性。

各章末附有配合学习的复习思考题,以便于企业培训、考核鉴定和读者自测自查。

本书除可作为冷作钣金工职业技能考核鉴定的培训教材和自学用书,还可供技工学校和职业学校的学生学习参考。

图书在版编目(CIP)数据

冷作钣金工基本技能/陈征宇主编. —北京:金盾出版社,2008.8
(职业技能培训类教材)
ISBN 978-7-5082-5152-3

I. 冷… II. 陈… III. 钣金工-技术培训-教材 IV. TG38

中国版本图书馆 CIP 数据核字(2008)第 071285 号

金盾出版社出版、总发行
北京太平路 5 号(地铁万寿路站往南)
邮政编码:100036 电话:68214039 83219215
传真:68276683 网址:www.jdcbs.cn
封面印刷:北京百花彩印有限公司
正文印刷:北京四环科技印刷厂
装订:海波装订厂
各地新华书店经销
开本:705×1000 1/16 印张:19.25 字数:399 千字
2008 年 8 月第 1 版第 1 次印刷
印数:1—10000 册 定价:33.00 元
(凡购买金盾出版社的图书,如有缺页、
倒页、脱页者,本社发行部负责调换)

前　　言

随着我国改革开放的不断深入和工业的飞速发展,企业对技术工人的素质要求越来越高。企业有了专业知识扎实、操作技术过硬的高素质人才,才能确保产品加工质量,才能有较高的劳动生产率、较低的物资消耗,使企业获得较好的经济效益。我们本着"以就业为导向,重在培养能力"的原则,依据劳动和社会保障部最新颁布的《国家职业标准》,精心策划、编写了这套"职业技能培训类教材"。其中针对《国家职业标准》对多工种提出的基本要求,编写了《机械工人基础技术》和《机械识图》;根据工作要求编写了《车工基本技能》、《钳工基本技能》、《电工基本技能》、《维修电工基本技能》、《气焊工基本技能》、《电焊工基本技能》、《冷作钣金工基本技能》和《铣工基本技能》。

《冷作钣金工基本技能》一书是依据《国家职业标准》初级冷作钣金工的工作要求(技能要求)和《国家职业技能鉴定规范》编写。根据目前要求尽快掌握一门专业技能人员的需要,我们有意针对企业培训、考核鉴定和广大自学读者编写了这部教材,内容由浅入深,并配以大量实例讲解,既适合读者系统入门学习,也适合在岗冷作钣金工进一步学习、提高实用操作技巧。

本教材采用了国家新标准、法定计量单位和最新名词、术语。每章末分别配有复习思考题,旨在帮助读者理论结合实际,尽快掌握操作技能,帮助读者顺利取得国家颁发的职业资格证书。

本教材由陈征宇任主编,智兆华任副主编。其中第一章、第二章由智兆华编写;第三章由吴永红编写;第四章、第五章、第六章、第七章由陈征宇编写,全书由王永明任主审。

由于作者水平有限,加之时间仓促,书中难免存在缺点和不足,敬请广大读者批评指正,以期再版时加以改正,使之臻于完善。

作者

目　　录

第一章　冷作钣金工基础知识

培训学习目的　熟悉冷作钣金工的工作内容及特点,了解金属结构的概念、分类、特点及用途;掌握金属材料力学性能的概念、表征和判定指标;掌握工程材料的分类、性能特点及主要用途;掌握极限与配合的基本概念;熟练掌握机械图样,尤其是冷作钣金图样的识读;掌握冷作钣金工的各种质量检验方法,能够制作简单的检测工具。

第一节　概　　述

一、冷作钣金工的工作内容及特点

冷作钣金工是金属材料制造中从事放样、号料、下料,对金属板材进行冷、热态成形、装配和铆接等工作的工种,是机械制造业中的主要专业工种之一。在某些大批生产的工厂里,由于流水作业和机械化程度较高,从事钣金工作业的工人较多,往往对钣金工作业过程中的全部工序进行不同的专业分工。有的是单工序独立作业,有的则是两、三个工序合并作业。但在单件小批生产的工厂,对整个作业不再进行较细的分段或按工序的分工,而是自始至终由一个或少数几个人完成。

随着工业生产和技术的不断发展,在钣金工操作方法上已由笨重的手工操作逐步向机械化和自动化发展。如计算机放样、数控切割、自动钻铆机铆接、爆炸和电磁成形等新技术已在钣金工作业中逐渐采用。

尽管钣金工是一个独立工种,但在作业过程中又必须与其他工种密切协作,才能进行金属结构的生产。冷作钣金工和电焊工、气焊工在金属结构的生产中是相互关系最为密切的3个工种。因此,作为一个技术熟练的钣金工,生产技术知识要比较广泛,不但要熟练地掌握识图知识,本工种各工序的技术基本理论知识和操作方法,还必须了解和掌握金属材料、非金属材料、极限与配合,以及电焊、气焊、钳工、起重等操作方法和安全生产知识。

二、金属结构的概念及分类

金属材料结构,简称金属结构。在金属结构中,钢结构为数较多,非铁金属结构较少,而混合材料结构则更少。所谓钢结构,就是把钢板和型钢等钢材,用铆、焊、咬合或胶粘等方法连接而成的结构;非铁金属结构就是由非铁金属材料采用上述方法连接而成的结构;混合材料结构就是由钢材、非铁金属、铸锻件或其他少量的非金属材料混合制成的结构。

金属结构的采用起始于几千年前,随着科学技术的发展,特别是金属冶炼和轧制金属材料的生产技术不断改进、生产量的扩大、品种规格的增多和质量的提高,金属结构的生产技术也相应的日益提高,用途不断地扩大,它已经广泛应用于采矿、冶炼、石油化工、交通运输、房屋建筑、机器制造、国防、科研、轻工业等各个经济建设领域。由于金属结构的用途不同,它的结构形式、所用的材料和制造方法也各不相同。

(1)按金属结构的用途分类 分为采矿设备结构、冶金设备结构、石油化工设备结构、机械设备结构、吊运起重设备结构、交通运输设备结构、电力设备结构、建筑结构、军工器械结构、轻工和民用器具结构等。

(2)按金属结构所用材料分类 分为由钢材制成的钢结构,非铁金属材料制成的非铁金属结构,由钢材、非铁金属和铸锻件混合制成的混合材料结构等。按金属结构所用材料的形态又可分为板材结构,即以板材构件为主制造的结构,如机座、箱形梁、油罐等;型材结构,即以型材构件为主制造的结构,如电塔、电架、桥梁、屋架等;板架结构,即以板材、型材混合制造的结构,如各种船舰、飞机、车辆等。

(3)按金属结构的结构形式分类 分为桁架结构、容器结构、机器构件和一般构件结构等。桁架结构类似于型材结构,如屋架、桥架、铁塔等;容器结构类似于板材结构,如锅炉、油罐、箱等;机器构件结构随着机器的不同而多种多样,有整机金属结构,如除尘器;有部分金属结构,如机车、汽车等;一般构件结构,如门窗、床架、烟筒等。

(4)按金属结构的连接方法分类 分为铆接结构、焊接结构、铆焊混合结构和螺栓联接结构4类。此外,还有胶连接结构、咬口连接结构、胀管连接结构等。

目前,根据科学技术的发展和国民经济建设的需要,特别是近几十年来焊接技术的高度发展,采用焊接结构和铆焊混合结构的越来越多,而铆接方式的金属结构逐渐减少。

三、金属结构的特点

①材料选用方便、机械性能稳定、使用可靠。由于金属结构是以轧制材料为主,并且板材和型材的品种规格较多,机械性能又稳定,因此,设计时容易选取所需要的材料。其结构具有重量轻、制造方便、成本低、强度好、质量可靠等优点。

②可以适应多种工艺生产。根据工厂作业条件、生产规模的不同,可以组织流水作业或机械化、自动化生产,也可以采取手工操作与机械相结合的生产方式,对单件小批量生产而作业条件又差的工厂,亦可采取手工操作。

③可以代替大型铸件或锻件,节省工时、材料和专用的大型设备,产品生产周

期短,成本低。由于所使用的材料和制造工艺上的特点,一般来说,任何几何形状复杂的机器零件,凡能够铸造或锻造的,均可用铆焊工艺制造出来,有些难以铸造或锻造的大型零件,亦可采用金属结构代替。如万吨水压机的立柱、横梁和底座等主要大件都是焊接的钢结构。又如大型水轮发电机底座也是钢板与铸钢焊接的混合结构。

④可以代替木结构、石结构和混凝土结构,如屋架、桥架等,其强度高、使用期长。

⑤金属结构的构件便于维护、拆换和修理。

金属结构除了以上优点外,它也存在着焊接结构内应力较大,构件易锈蚀等缺点。因此,需要分别采取消除内应力和防锈蚀等措施。

四、钢结构的应用

钢结构是金属结构中最主要而使用又最广的一类结构。这里分别将钢结构中的铆接结构、焊接结构、铆焊混合结构、螺栓联接结构的应用简述如下。

(1)铆接结构　指用铆钉连接的金属结构。这种结构是钢结构生产最早所采用的连接方式。在焊接技术还没有在钢结构制造中得到广泛的应用时,桥梁、厂房、船舶、锅炉、化工设备、冶炼设备、汽车结构等制造中大都采用铆接结构。如我国南京长江大桥的钢桁架就是典型例子。

目前,焊接技术日趋完善并得到了广泛的应用,虽然铆接结构越来越多地被焊接结构所代替,然而仍有大量的构件须用铆钉来连接,如桥架、飞机上的构件。同时,铆接技术随着科学技术的发展也在不断地革新、提高和完善。因此,铆接结构在实际应用中仍然具有一定意义。

(2)焊接结构　指用焊接方法连接的金属结构,这种结构是目前应用最为广泛的一种结构。在焊接技术发展的初期,人们对它的认识在某种程度上还抱有怀疑,再加上铆接习惯的影响,当时它的应用只限于一些小型和不太重要的结构上。但是随着焊接技术的不断发展和完善,人们在实践中发现它比铆接有许多优点,如节省钢材、质量高、密封性好、作业程序简化、劳动强度低、生产效率高等,在工业生产上才得到了广泛的利用。

焊接的主要缺点是容易产生焊接变形及内应力而影响构件的质量。

(3)铆焊混合结构　是大部分采用焊接方式而特殊部位用铆接方式的金属结构。

随着工业的发展,完全采用铆接方式制造的构件在逐步减少,但可用铆焊混合结构来克服焊接结构中存在的内应力及焊接变形的缺点,同时也方便了在工地上安装找正工作。

(4)螺栓联接结构　是用螺栓将构件与构件紧固成为一体的联接方式。螺栓联接与铆接、焊接比较,其特点是安装、拆卸方便,但易松动,需要经常维护。

第二节　工　程　材　料

一、金属材料的性能

1. 金属材料的力学性能

金属材料所承受的外力称为载荷(负荷、负载)。载荷因其性质不同可以分为静载荷、动载荷、交变载荷等。当外力大小不变或变动很慢地施加于构件时称为静载荷;当外力突然很快地施加于构件时称为冲击载荷;外力大小或方向作周期性变化的称为交变载荷。

金属在力作用下所显示的、与弹性和非弹性反应相关或涉及应力-应变关系的性能,称为力学性能。它是表征和判定金属力学性能所用的指标和依据,如强度、塑性、硬度、冲击韧度和疲劳强度等。

金属材料在外力的作用下,引起尺寸和形状的改变称为变形。这种变形可分为拉伸(伸长)、压缩(收缩)、剪切(切断)、扭转和弯曲等。图 1-1 是金属材料在不同载荷作用下的变形形式。

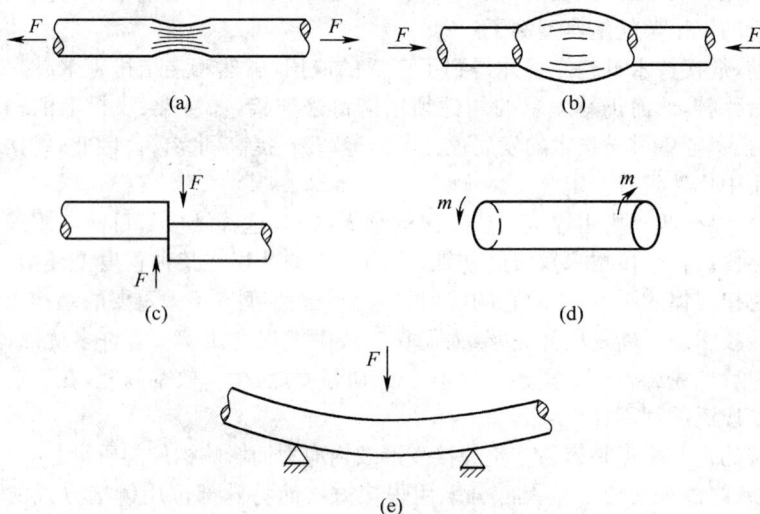

图 1-1　材料受力变形的形式
(a)拉伸　(b)压缩　(c)剪切　(d)扭转　(e)弯曲

(1)强度　是金属在外力作用下抵抗永久变形和断裂的能力。为了便于比较各种材料的强度,常用单位面积上材料的抗力来表示材料的强度(或称应力)。根据材料所受的外力形式不同,金属材料的强度又分为抗拉强度、抗压强度、抗剪强度、抗扭强度和抗弯强度等。

①抗拉强度 试样拉断前承受的最大标称拉应力,也称强度极限,用符号 σ_t 表示,单位是兆帕(MPa)。

②屈服点 试样在试验过程中力不增加(保持恒定)仍能继续伸长(变形)时的应力,用符号 σ_s 表示,单位是兆帕(MPa)。

金属的屈服点是选用金属材料重要的力学性能。机械零件所受的应力,一般都要小于屈服点,否则就会产生明显的塑性变形。

③抗剪强度 试样剪切断裂前所承受的最大切应力,用符号 τ 表示,单位是兆帕(MPa)。一般情况下剪切应力与拉伸应力之间存在以下关系。

塑性材料 $\tau=(0.6\sim0.8)\sigma_t$

脆性材料 $\tau=(0.8\sim1.0)\sigma_t$

(2)塑性 金属材料在受力断裂前发生不可逆永久变形的能力。常用的塑性判据是伸长率和断面收缩率。

①断后伸长率 材料受拉力作用被拉断后,试样标距的伸长与原始标距的百分比叫做断后伸长率,用符号 δ 表示。

②断面收缩率 材料受拉力作用被拉断后,缩颈处横截面面积的最大缩减量与原始横截面面积的百分比叫做断面收缩率,用符号 ψ 表示。

金属材料的断后伸长率和断面收缩率其数值越大,表示塑性越好。良好的塑性材料有利于进行锻压、冷冲和冷拔等成形工艺。

(3)冲击韧度 冲击试样缺口底部单位横截面面积上的冲击吸收功。用符号 a_k 表示,单位是焦/米^2(J/m^2)。冲击韧度的大小与温度有关,因此,除在常温下检验冲击韧度外,对低温条件下使用的钢结构和重要的焊接接头等还要做低温冲击试验。

(4)硬度 材料抵抗局部变形,特别是塑性变形、压痕或划痕的能力,是衡量金属软硬的判据。根据硬度试验的方法不同,可分为布氏硬度(符号 HB)、洛氏硬度(符号 HR)、维氏硬度(符号 HV)及肖氏硬度(符号 HS)等。测定较软的钢材常用的是布氏硬度;而测定淬火后的较硬钢材时,则用洛氏硬度。

(5)疲劳极限 指定循环基数下的中值疲劳强度。循环基数一般取 10^7 或更高一些。用符号 σ_{-1} 表示。

金属材料的疲劳极限,与它的化学成分、表面状态、组织结构、夹杂物含量和分布情况以及应力分布等有一定关系。一般钢铁的弯曲疲劳极限值只有抗拉强度的一半左右。

2. 金属材料的物理性能和化学性能

金属的物理性能包括密度、熔点、导热性、导电性、热膨胀性和磁性等;金属的化学性能包括抗腐蚀性、抗氧化性和热稳定性等。

3. 金属材料的工艺性能

金属材料的工艺性能是指它是否易于加工成形的性能,包括铸造性、锻压性、可焊接性、热处理和切削加工性等。材料的工艺性能好坏对零件的加工成本、加工质量有直接的影响。

4. 合金元素对钢性能的影响

若对钢铁材料的性能提出各种不同要求,如要有优良的综合机械性能、较高的淬透性、耐腐性、抗氧化性、耐磨性和红硬性等,就必须采用合金钢。所谓合金钢,就是为了达到某些特定性能的要求,在冶炼时有目的地在碳钢基础上加入一些化学元素的钢。加入的元素叫做合金元。

钢是铁和碳的合金,在钢中常用的合金元素及其作用如下。

(1)锰(Mn)　锰能提高钢的强度和硬度,以及淬透性和耐磨性。锰容易与钢中的硫化合,从而减少硫在钢中的危害程度。缺点是含锰较多时对过热较为敏感,有明显的回火脆性,影响钢的可焊性。

(2)硅(Si)　硅能提高钢的强度、疲劳极限、耐蚀性及抗氧化性。硅与锰配合使用性能较好。此外,含硅量较高的硅钢片是重要的电工材料。

(3)铬(Cr)　铬能提高钢的淬透性和强度,并具有良好的抗氧化性和耐腐蚀能力,是不锈钢、耐热钢、低温钢的主要成分。

(4)镍(Ni)　镍能提高钢的渗透性,使钢获得较高的强度,同时又能保持良好的塑性和韧性。镍与铬配合使用时,能提高钢的强度、韧性及耐腐蚀性、耐热性。

(5)钨(W)　钨能提高钢的硬度和耐磨性,有较良好的热强性和红硬性。在高速工具钢中,钨是重要的热强元素。

(6)钼(Mo)　钼能增加钢的淬透性与热强性。它还可以减少钢的过热敏感性和抑制锰钢、铬钢等由于回火所引起的脆性。

(7)钒(V)　钒是钢中较好的脱氧剂,它有较好的细化晶粒的作用,使钢的强度和韧性同时得到改善,还能提高钢的耐磨性和回火稳定性。

(8)硼(B)　硼能显著地提高钢的淬透性。

(9)铝(Al)　铝可以细化晶粒,提高钢的抗氧化性能。它可使钢的组织细密,提高钢的韧性和减少冷脆,并能降低钢的过热敏感性。

(10)钛(Ti)　钛能细化晶粒,使钢的组织致密,提高钢的硬度和韧性。它还可以降低钢的过热敏感性,改善钢的性能,但它对钢的塑性有所降低。

(11)铜(Cu)　少量的铜可以改善低合金钢的性能。如果铜的含量高,会引起硬化,虽使钢的强度提高,但塑性、韧性显著降低。它有一定的防锈抗酸作用。

(12)磷(P)　磷是钢中的有害元素,它会促使钢的晶粒粗大,并产生冷脆,明显地降低钢的塑性和韧性。因此,磷在钢中的含量越少越好。磷也有好的作用,它能增进铁水的流动性,所以铸铁中允许有一定量的磷。此外,磷能提高钢对海水的耐腐蚀性能和改善钢的切削性能,因而也相应的发展了一些含磷的钢种。

(13)硫(S)　硫是钢中的有害元素,它能引起钢的热脆性,使钢的热加工性能和可焊性能降低。硫化物会降低钢的机械性能。因此,希望钢中尽量减少其含量。

二、钢铁材料

1. 钢的分类

ω_s、ω_p 表示含硫、磷量，ω_c 表示含碳量。

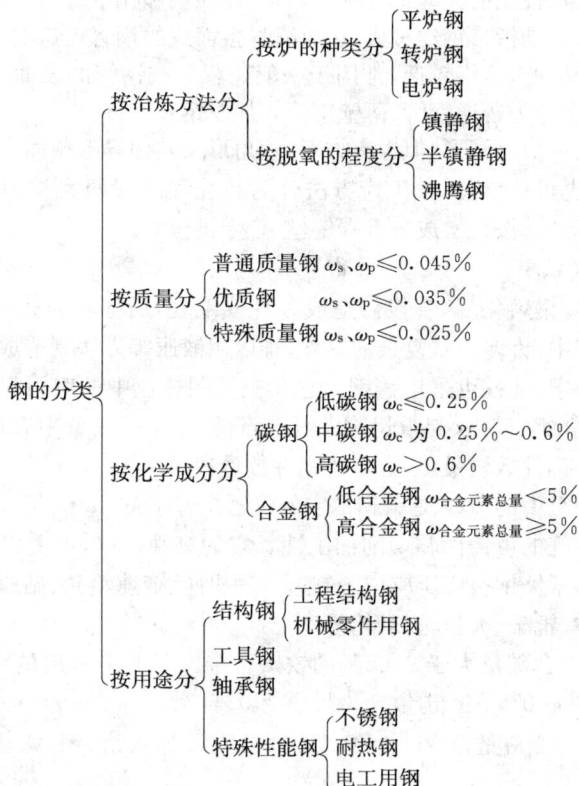

钢的分类
- 按冶炼方法分
  - 按炉的种类分
    - 平炉钢
    - 转炉钢
    - 电炉钢
  - 按脱氧的程度分
    - 镇静钢
    - 半镇静钢
    - 沸腾钢
- 按质量分
  - 普通质量钢　ω_s、$\omega_p \leqslant 0.045\%$
  - 优质钢　ω_s、$\omega_p \leqslant 0.035\%$
  - 特殊质量钢　ω_s、$\omega_p \leqslant 0.025\%$
- 按化学成分分
  - 碳钢
    - 低碳钢　$\omega_c \leqslant 0.25\%$
    - 中碳钢　ω_c 为 $0.25\% \sim 0.6\%$
    - 高碳钢　$\omega_c > 0.6\%$
  - 合金钢
    - 低合金钢　$\omega_{合金元素总量} < 5\%$
    - 高合金钢　$\omega_{合金元素总量} \geqslant 5\%$
- 按用途分
  - 结构钢
    - 工程结构钢
    - 机械零件用钢
  - 工具钢
  - 轴承钢
  - 特殊性能钢
    - 不锈钢
    - 耐热钢
    - 电工用钢

2. 钢铁材料的品种

炼钢生产出的钢锭，除少量作为原料直接锻造成零件毛坯外，绝大部分均经过冷轧、热轧、挤压和冷拉等成形方法制成各种钢材，再供制造零件使用。钢材按供应时的形态分为板材（钢板）、型材（型钢）、管材（钢管）和线材（钢丝）等几大类。

（1）板材　按生产方法分为冷轧钢板和热轧钢板两类；按厚度分为薄板（<4mm）、中板（4～25mm）和厚板（>25mm）3 类。薄板除直接使用外，还是制造焊管和冷弯型钢的原料。

钢板在轧成后，分为平板和卷板两种形式。卷板的厚度一般在 6mm 以下。使用时要经过拉开、矫平、切断等工序。用户选用它的目的主要是价格便宜，并且便于按零件的不同长度剪切，可以提高材料的利用率。

（2）型材　习惯上一般把型钢叫做型材。型材的品种按截面形状可分为圆钢、方钢、扁钢、角钢（包括等边角钢、不等边角钢）、槽钢、工字钢、丁字钢等，还有变截面或异形钢材。

(3)管材　按生产方法可分为无缝钢管和有缝钢管(也叫焊缝管、焊管)两种。

①无缝钢管　因制造方法的不同分热轧管、冷拔管和挤压管等。这种钢管特点是受力均匀,比有缝钢管强度高,一般的无缝钢管常用来制造输送水、煤气、蒸气的管道。专用或特殊性能的无缝钢管则在锅炉、压缩机和化工机械中广泛采用。

②有缝钢管　是指带钢经过成形、对缝焊接而成的钢管。这类钢管不能承受高温、高压,但易于生产,价格较低,常用于一般工程。按钢管的表面分为镀锌管和不镀锌管;按其壁厚分为普通钢管、薄壁钢管和加厚钢管3种。

钢管的截面一般是圆形,但也有方形、六角形及其他异形截面。

(4)线材　也可称钢丝,按生产方法分为热轧和冷拔两大类,其截面形状有圆形、方形及六角形等,按化学成分有碳钢丝、合金钢丝等。

3. 铸钢和铸铁

(1)铸钢　将钢熔化后,直接铸造成零件或毛坯,后序不再进行锻压的制品材料。在实际生产中,许多形状复杂的零件,难以用锻压等方法制造成形,而用铸铁又不能满足性能要求,往往可采用铸钢。它在机械制造业中的应用很广,尤其是重型机器制造中,如轧钢、矿山、起重运输、锻压、石油、化工等设备中有很多零件是铸钢件。其中碳素铸钢件数量最多,合金铸钢件数量较少。

碳素铸钢牌号中的"ZG"是铸钢二字的汉语拼音字首。

铸钢具有良好的可铸性和切削加工性。它的韧性较好,如受力变形,一般还可以进行矫正。碳素铸钢被广泛应用于制造各种机座、变速箱壳、砧座、轴承座、阀体、连杆、曲柄、缸体、辊子、大齿轮、棘轮等。

(2)铸铁　是含碳量大于2.06%的铁碳合金。工业上常用的铸铁化学成分是含碳量2.5%～4.0%,含硅量1.0%～3.0%,含锰量0.5%～1.4%,含硫量0.02%～0.20%,含磷量0.01%～0.50%,有时还加入铬、钼、钒、铜、铝等合金元素。

铸铁与铸钢的主要不同点是铸铁含碳量和含硅量较高,硫、磷等杂质元素较多。

铸铁的强度、塑性和韧性较差,不能进行锻造,但它却具有较低的熔点、优良的铸造性能和良好的耐磨性及切削加工性等特点。另外它的生产设备和制造工艺较简便,价格便宜,经添加其他金属元素后,还具有良好的耐热或耐蚀性能。因此,铸铁应用极为广泛。特别是近年来,随着孕育铸铁、球墨铸铁的发展,使钢和铸铁的使用界限有所突破,过去采用碳素钢或合金钢制造的一些零件,有些已采用球墨铸铁来制造。以铸代锻、以铁代钢,不仅可节省大量优质钢材,而且还可减少大量加工工时,从而降低产品的成本。

铸铁的种类是根据碳在铸铁中的存在形态分为灰口铸铁、白口铸铁、可锻铸铁、球墨铸铁和合金铸铁等。

4. 常用钢的牌号表示方法

(1)碳素结构钢

Q 235 A F ——— 标注 Z 表示镇静钢；标注 TZ 表示特殊镇静钢，
　　　　　　　但 Z、TZ 一般不标柱

　　　脱氧方法 ——— 标注 B 表示半镇静钢

　　　　　　　——— 标注 F 表示沸腾钢

　　　——— 质量等级代号，共分 A、B、C、D 四等

　　——— 屈服点数值（单位为 MPa）

　——— 代表"屈服点"

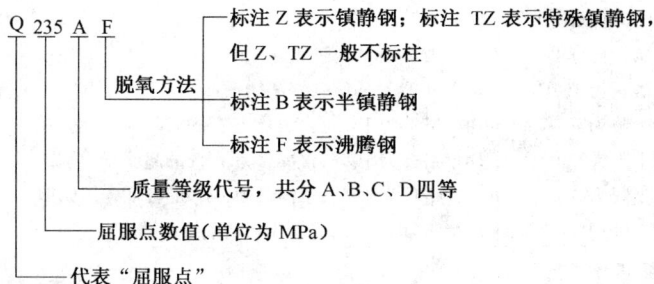

（2）低合金结构钢

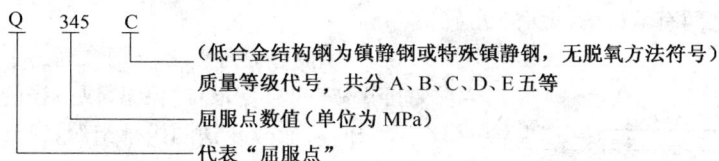

Q 345 C

　　　——— （低合金结构钢为镇静钢或特殊镇静钢，无脱氧方法符号）

　　　——— 质量等级代号，共分 A、B、C、D、E 五等

　　——— 屈服点数值（单位为 MPa）

　——— 代表"屈服点"

（3）碳素工具钢

T 9 ——— 表示平均含碳量为 0.9% 的普通含锰量碳素工具钢

　　——— 表示平均含碳量为千分之几

　——— 表示"碳素工具钢"

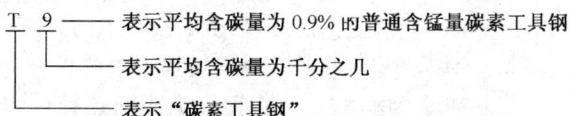

T8Mn ——— 表示平均含碳量为 0.8%、含锰量较高(0.40%～0.60%)的碳素工具钢

T12A ——— 表示平均含碳量为 1.2% 的高级优质碳素工具钢

（4）合金工具钢和高速工具钢　牌号的表示方法与合金结构钢相同，但平均含碳量≥1.00% 的，一般不标明含碳量数字。平均含碳量＜1.00%，可采用一位数字表示含碳量的千分之几。

Cr06 ——— 平均含铬量为 0.6% 的合金工具钢

　　　——— 含铬量以千分之几计，在含铬量前加数字"0"

8MnSi ——— 平均含碳量为 0.8%、含锰量为 0.95%、含硅量为 0.45%
　　　　　的合金工具钢

　　　——— 平均含碳量的千分之几

Cr12MoV ——— 平均含碳量为 1.6%、含铬量为 11.75%、含钼量为 0.5%、
　　　　　　含钒量为 0.22% 的模具钢

Cr4W2MoV ——— 平均含碳量为 1.19%、含铬量为 3.75%、含钨量为 2.25%、
　　　　　　　含钼量为 1.0%、含钒量为 0.95% 的模具钢

（5）不锈钢和耐热钢　一般用阿拉伯数字表示平均含碳量的千分之几；当含碳量上限＜0.1%，以一个"0"表示含碳量；当 0.01%＜含碳量上限≤0.03%（超低碳）以"03"表示含碳量；当含碳量上限≤0.01%（极低碳），以"01"表示含碳量。易切削

不锈钢和耐热钢在牌号前加"Y"。

　　2Cr13——平均含碳量为 0.20％、含铬量为 13％的不锈钢

　　11Cr17——平均含碳量为 1.10％、含铬量为 17％的高碳铬不锈钢

　　0Cr18Ni9——含碳量上限为 0.08％、平均含铬量为 18％、含镍为 9％的镍铬不锈钢

　　03Cr19Ni10——含碳量上限为 0.03％、平均含铬量为 19％、含镍为 10％的超低碳不锈钢

　　01Cr19Ni11——含碳量上限为 0.01％、平均含铬量为 19％、含镍为 11％的极低碳不锈钢

　　Y1Cr17——含碳量上限为 0.12％，平均含铬量为 17％的加硫易切削铬不锈钢

三、钢的热处理基本知识

改善钢的性能主要有调整加入钢内的合金元素的成分和对钢进行热处理两种方法，这两者之间有着极为密切的关系。

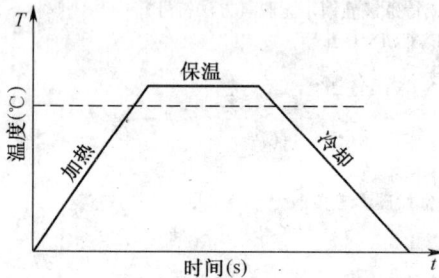

图 1-2　钢的热处理工艺曲线示意图

钢的热处理就是将钢在固态下加热到一定的温度，经过保温，以适当的速度冷却，从而改变钢的内部组织，得到所需性能的工艺方法。热处理工艺过程可以用温度-时间坐标曲线来表示，称为热处理工艺曲线，如图 1-2 所示。

热处理是金属加工中的重要工艺方法，按它的作用分为中间热处理和最终热处理两类。

中间热处理也称预先热处理，是为了消除冶金、铸造成形、焊接等生产过程中材料所产生的缺陷，改善其工艺性能，为以后的切削加工或热处理做组织和性能准备。

最终热处理是为了提高金属材料的力学性能，充分发挥材料的潜力，节约材料，延长零件的使用寿命。钢的热处理按其工艺方法不同分类。

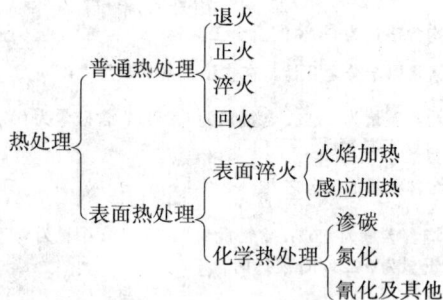

1. 普通热处理

（1）退火　是将钢加热到一定的温度并保温一定时间，然后在炉内或埋入导热性差的介质中，进行缓慢降温冷却的热处理方法。

按钢的成分和处理的目的不同，退火可分为完全退火、扩散退火、等温退火和低温退火等。

①完全退火一般简称退火，是把钢加热到临界点 Ac_3 以上 30℃～50℃，通过保温、缓冷，使钢的组织完全重新结晶，以达到细化晶粒，均匀组织的目的。它能消除铸件、锻件、热轧型材、焊接件等的内应力且降低其硬度。

②扩散退火是把钢加热到高温（1050℃～1150℃）通过长时间保温，缓慢冷却，使钢的成分均匀化。

③等温退火的等温转变温度一般为 600℃～700℃，它的优点是退火时间较短，可较好地控制工件的硬度，脱碳和氧化的倾向较小。

④低温退火也叫去除应力退火，或叫人工"时效"。一般是把零件加热到 500℃～650℃，经过保温、缓冷，以去除铸、锻、热轧、冷挤压、焊接中产生的内应力。这种退火温度较低，所以退火过程中无组织变化。

（2）正火　将钢加热到临界点 Ac_3 或 Ac_{cm} 以上 40℃～60℃，保温后从炉中取出在空气中冷却的热处理方法，叫做正火。由于正火的冷却速度较退火快，所以得到的珠光体组织较细，强度和硬度都有提高。正火工艺简单、经济，所以含碳量小于 0.5% 的锻件，常用正火代替退火来改善组织结构和切削加工性。对力学性能要求不高的零件，常用正火作为最终热处理。

（3）淬火　将钢加热到临界点或者以上，保温一定时间，然后快速冷却的热处理方法，叫做淬火。淬火的实质是将钢加热到奥氏体组织状态，经过快速冷却，以获得马氏体组织，从而提高钢的强度、硬度和耐磨性。

淬火的效果与钢的化学成分、淬火温度、保温时间、冷却介质、冷却速度等因素有关。含碳量低于 0.25% 的钢，一般需要经过"渗碳"后才能淬火。

常用的冷却介质有水、油以及盐水和碱水溶液等。水是碳素钢常用的冷却剂，合金钢常采用油作冷却剂。

（4）回火　回火是淬火的后续工序，将淬火或正火后的钢加热到临界点（727℃）以下的适当温度，并保温一定时间，然后在冷却介质（水、油或空气）中以一定的冷却速度冷却下来的热处理方法。回火的目的是减少或消除由于淬火产生的内应力，提高钢的韧性，降低脆性，以获得所要求的力学性能，并稳定零件尺寸。

根据回火时的加热温度不同，可分为低温回火、中温回火及高温回火 3 种。

①低温回火的加热温度在 150℃～250℃ 之间，其目的是降低零件的内应力及脆性，保持钢在淬火后的高硬度和耐磨性。它主要用于各种工具、滚动轴承及渗碳零件等。

②中温回火的加热温度在 300℃～450℃ 之间，它可使零件在保持一定韧性的同时，仍具有较高的弹性和强度。主要用于弹簧、锻模和冲击工具等。

③高温回火的加热温度在 500℃～650℃ 之间，它可使零件获得较好的机械性能，如仍有高的硬度和强度，以及良好的塑性和韧性等。它常用于各种重要零件。钢淬火后再经过高温回火的热处理方法习惯上叫做调质处理。

2. 表面热处理

（1）表面淬火　表面淬火是将工件表面层淬硬到一定深度，而心部仍保持未淬火状态的一种局部淬火的方法。常用的表面淬火有火焰加热法,即用氧-乙炔焰(或其他可燃气体的火焰),将钢件表面加热到所需要的温度,然后用水或油冷却;另一种方法是感应加热法,就是利用高频或中频感应电流,使钢件局部表面迅速加热到所需要的温度,再用水冷却。

(2)化学热处理 是使零件表面化学成分改变的一种热处理方法,即将零件加热到一定的温度,使零件表面和介质(接触剂)发生作用,达到改变零件表面(一定深度)化学成分和组织的目的。经表面化学热处理后,零件的表层可以获得所要求的性能,如表面硬度和耐磨性得到提高,而心部仍保持原来的较高的塑性和韧性。常用的化学热处理方法有渗碳、氮化和氰化3种。

四、非铁金属及其合金

通常把铁碳合金称为钢铁材料,而把其余金属如 Mg、Al、Cu、Sn、Pb 等及其合金通称为非铁金属。

非铁金属冶炼复杂、耗电量大、成本高,但是具有某些特殊的物理、化学性能,所以成为现代工业中不可缺少的材料。在机械工业生产中使用最多的是铝、铜及其合金。

1. 铝及铝合金

(1)铝 工业上广泛使用的是纯铝,它具有如下性能和特点。

①铝是银白色的轻金属,在自然界中分布很广。铝的密度约为 2700kg/m³,熔点为 660℃。

②铝有良好的导电性和导热性,仅次于银、铜和金,居于第 4 位。

③铝具有良好的塑性,断面收缩率可达 80%,可用冷或热的压力加工制成各种线、箔、板、棒、管等。

④铝的耐蚀性好,在常温下表面会生成一层致密的氧化铝薄膜,能阻止铝表面的进一步氧化。

⑤铝的强度较低,抗拉强度仅为 7.84~9.8MPa。经冷加工硬化处理后,抗拉强度可提高到 14.7~24.5MPa,但其塑性却下降 40%~50%。

根据上述特点,工业纯铝主要用来制造电线,以及要求具有导热和抗大气腐蚀而对强度要求不高的一些制品。铝中所含的杂质数量愈多,它的导电性、导热性、抗腐蚀性及塑性就越低。

纯铝的牌号表示法:铝含量不低于 99.00% 时为纯铝,其牌号用 1××× 系列表示。牌号的最后用两位数字表示最低铝百分含量。当最低铝百分含量精确到 0.01% 时,牌号的最后两位数字就是最低铝百分含量中小数点后面的两位。牌号第二位用字母表示原始纯铝的改型情况。如果第二位的字母为 A,则表示为原始纯铝(例如 1A99 表示纯铝,铝的含量不低于 99.00%);如果是 B~Y 的其他字母(按国际规定用字母表的次序选用),则表示为原始纯铝的改型,与原始纯铝相比,其元素含量略有改变。

(2)铝合金 因纯铝强度低,故很少用来做结构材料。但铝与硅、铜、镁、锰等元素所组成的铝合金却具有较高的强度和硬度。由于它的密度小,如按质量计算,它的强度高于优质合金钢。

铝合金的牌号用 2×××～8××× 系列表示。牌号的最后两位数字没有特殊意义,仅用来区分同一组中不同的铝合金。牌号第二位用字母表示原始合金的改型情况。如果牌号第二位的字母是 A,则表示为原始合金;如果是 B～Y 的其他字母(按国际规定用字母表的次序选用),则表示为原始合金的改型合金。改型合金与原始合金相比,其化学成分有所变化。

铝有厚板、薄板、箔材、厚壁管、薄壁管、棒材、型材、自由锻件、模锻件、带材、线材等。铝及铝合金牌号组别及系列见表 1-1。

表 1-1　铝及铝合金牌号组别及系列

组　　别	牌号系列
纯铝(铝含量不小于 99.00%)	1×××
以铜为主要合金元素的铝合金	2×××
以锰为主要合金元素的铝合金	3×××
以硅为主要合金元素的铝合金	4×××
以镁为主要合金元素的铝合金	5×××
以镁和硅为主要合金元素并以 Mg_2Si 相为强化相的铝合金	6×××
以锌为主要合金元素的铝合金	7×××
以其他合金元素为主要合金元素的铝合金	8×××
备用合金组	9×××

2. 铜与铜合金

由于纯铜的强度不高,因此常用强度较高的铜合金。铜及铜合金的分类一般是从外观颜色分为紫铜、黄铜、青铜和白铜 4 种。

(1)紫铜　即工业纯铜,其熔点为 1084℃ 左右,密度为 8900kg/m³,强度和硬度较低,塑性、导热性、导电性好,并可以焊接,耐蚀性也较好。在纯铜的冷弯变形过程中,必须进行中间退火,以恢复它的塑性。它具有玫瑰红色,表面产生氧化膜后,呈紫色,所以一般叫紫铜。

工业纯铜中,一般含有 0.1%～0.5% 的杂质,氧化亚铜是氧存在于铜中的产物,它会造成铜的显微裂纹。因此,重要的电器材料所用的铜,大多数是无氧铜。

纯铜的牌号如 T2、T3 等,"T"是"铜"字汉语拼音字首,后面所附数字愈大,表明它含的杂质愈多。纯铜主要用于制造导电材料、垫片、铆钉、油管等。

(2)黄铜　指铜和锌的合金,呈黄色。黄铜具有加工性能好,耐腐蚀,力学性能比纯铜高等特点。加上它比纯铜的价格便宜,所以用途较广。

为了改善普通黄铜的性能,往往加入锰、铅等元素,分别叫做锰黄铜、铅黄铜。黄铜在一般情况下不能热处理强化,只有通过加工硬化,才能提高强度和塑性。如在 500℃～700℃ 范围内进行退火,则可以提高它的塑性。含锌量高的黄铜,对其冷加工后需进行 260℃～300℃ 炉中退火,以消除内应力,避免"季裂"现象。有残余应力的黄铜制品,长期存放含有氨气或二氧化硫等介质中,会产生沿晶或穿晶破裂,此现象称为应力腐蚀破裂或季节裂纹,简称季裂。黄铜可用来制造冷却管、散热管、导电材料、铜丝网、弹壳、小弹簧、销钉、铆钉、螺母及机械零件等。普通黄铜的牌号如"H 96"、"H 68"等,"H"是"黄"字汉语拼音字首,后面的数字分别表示该黄铜中纯铜含量为 96%、68%。

(3)青铜　含锡等元素的铜基合金叫青铜。按其中所含其他元素分为锡青铜、铝青铜等。青铜的主要特点是耐磨性、耐腐蚀性较好。青铜的牌号是"Q",Q 是"青"字汉语拼音字首,其后标出主要元素符号及其含量。

①锡青铜　如 QSn 4-3 等,用于制造弹性元件、抗磁零件、金属网、耐磨的轴套等。

②铝青铜　如 QAl 9-2 等,用于制造弹簧、电器零件、轴承等。

③硅青铜　如 QSi 3-1 等,用于制造弹簧、耐蚀零件、蜗轮等。

④钛青铜　如 QTi 3.5 等,用于制造电器开关、精密仪器和仪表弹性原件等。

(4)白铜　铜基以镍为主要添加元素的铜合金,叫做白铜。分为结构材料白铜和电工材料白铜两种,均可承受压力加工。白铜的牌号是"B",B 是"白"字汉语拼音字首,其后标出主要合金元素符号及其含量。

①结构材料白铜　特点是具有较高的力学性能和良好的耐腐蚀、耐热、耐低温性能。广泛地用于制造精密机械和化工机械在高温、强腐蚀介质中工作的零件,如锌白铜(BZn15-20)。

②电工材料白铜　特点是有良好的热电性能,是制造精密电工测量仪器、变电阻、热电耦、补偿导线和电热器等不可缺少的材料,如锰白铜(BMn3-12)。

五、非金属材料

在机械制造领域中使用的非金属材料主要是塑料、陶瓷、木材、石材等,与钣金工工作关系较密切的主要是塑料。

1. 塑料的一般特性

塑料是指具有可塑性的高分子材料,可塑性表示材料在加热、加压下具有流动性,可以塑制成一定形状,当外力取消或冷却时材料变成固体,并保持其形状不变的特性。

塑料的原料广泛,质量轻、性能优良,并具有电绝缘性、耐蚀性、耐药品性、绝热性等,加工成形方便,具有质感和装饰性。而且工程塑料的品种繁多,价格低廉,在仪器、仪表、家用电器、医疗器械、交通运输、农业、轻工、包装、日用杂货乃至生活领域的各个方面都获得广泛的应用。"以塑代钢"、"以塑代木",塑料已经迅速成为与钢铁、非铁金属、无机非金属材料同步发展的基础材料,全世界的工程塑料产量大约5 年翻一番。塑料具有下列综合性能:

①多数具有透明性,并富有光泽,能着鲜艳色彩。

②质量轻,耐振动与冲击,强度高。

③绝缘性、热物理性能好。

④有耐化学药品性,多数对一般浓度下的酸、碱、盐等化学药品具有良好的耐腐蚀性能,不像金属那样容易锈蚀,也不易受日光、风雨的侵蚀,是一种优良的防腐蚀

材料。

⑤成形加工方便，能大批量生产，且容易进行切削、焊接、表面处理等二次加工。

2. 塑料与金属及其他工程材料相比的缺点

①不耐高温，低温容易发脆。塑料燃烧时放出有毒气体，由于耐热性较差，使塑料的用途受到限制。

②塑料制件易变形，温度变化时尺寸稳定性较差，即使在常温负荷下也容易变形。

③塑料有"老化"现象。塑料在长时间使用或储藏过程中，质量会逐渐下降。受周围环境，如氧气、光、热、辐射、工业腐蚀气体、溶剂和微生物等的作用后，塑料的色泽改变，化学构造受到破坏，力学性能下降，变得硬脆或软黏而无法使用，这称为塑料的"老化"，它是塑料制件性能中的一个严重缺陷。

3. 塑料的分类

按其加工性能，在加热、冷却重复条件下的特征，以及工程塑料的化学构造，塑料可分为两类。

(1)热塑性塑料　这类塑料是指受热时软化，可以加工成一定的形状，能多次重复加热塑制，其性能不发生显著变化的高分子材料。热塑性塑料的化学构造为链状线形高分子。

(2)热固性塑料　这类塑料是指在加工成形后，加热不会再软化，或在溶剂中不再溶解的高分子材料。热固性树脂的初期构造是分子量不大的热塑性树脂，具有链状构造，再加热发生流动的同时，分子与分子间发生架桥交联，形成三维立体构造，变成不溶的高聚物，这种高聚物不再具有可塑性。

塑料按用途也可分为通用塑料和工程塑料。通用塑料一般是指使用广泛、产量大、用途多、价格低廉的高分子材料，如聚烯烃、聚氯乙烯、聚苯乙烯、酚醛树脂及氨基树脂等。工程塑料是指具有某些金属性能，能承受一定外力作用和较高的机械强度，适于作为工程技术上的结构材料的塑料，如聚酰胺、聚碳酸酯、聚苯醚等。

4. 工程塑料的加工方法

(1)成形方法　分为注塑成形、挤压成形、压制成形、浇铸成形、吹塑成形、缠绕成形及真空成形七种方法。

(2)连接方法　塑料件的可拆性联接可用螺纹、键、销钉联接。一般情况是先在经常拆卸易磨损部分做金属镶嵌块，再与塑料铸成一体。

对于塑料与塑料、金属、其他非金属材料之间的永久性连接方法有热熔接、溶接及胶接。

第三节　极限与配合

一、公差

如图 1-3 所示，零件在加工过程中，都要通过图样对加工尺寸、形状、位置提出要求。由于在制造加工时，任何一个零件的尺寸、形状都不可能制作得绝对准确，因此就需规定一个允许的变动范围，这个允许的变动范围就是公差。允许变动范围越大，要求加工的精度越低，反之越高。线性尺寸精度标准公差值可在国家标准（GB/T 1800.3—1998）中查取。在车间通常加工条件下可保证的公差采用一般公差的尺寸，在该尺寸后不需注出其极限偏差数值或公差带代号，又称未注公差。公差等级和极限偏差数值可在国家标准（GB/T 1804—2000）中查取。形状和位置公差值可在国家标准（GB/T1184—1996）中查取。形位公差项目的名称、符号及分类见表1-2。

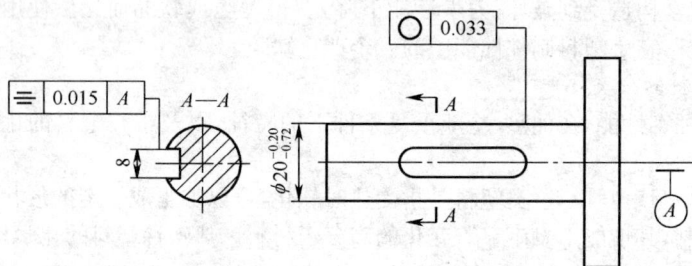

图 1-3　尺寸与形位公差

表 1-2　形位公差项目的名称、符号及分类

分　类	特征项目	符　号	有或无基准要求	分　类		特征项目	符　号	有或无基准要求
形状公差	直线度	—	无	位置公差	定向	平行度	//	有
	平面度	▱	无			垂直度	⊥	有
	圆度	○	无			倾斜度	∠	有
	圆柱度	⌭	无		定位	对称度	⩶	有
形状或位置公差	线轮廓度	⌒	无或有			同轴（同心）度	◎	有
						位置度	⊕	有或无
	面轮廓度	⌒	无或有		跳动	圆跳动	↗	有
						全跳动	⌁	有

二、配合

配合是指基本尺寸相同的、相互结合的孔和轴公差带之间的关系。如图 1-4 所示，$\phi25$ 表示孔和轴的基本尺寸是 25mm 的孔和轴配合，H 表示孔的公差带位置，7 表示孔公差的精度等级，f 表示轴的公差位置，6 表示轴公差的精度等级。

根据孔和轴公差带位置的变化，将使孔和轴的配合分为间隙配合、过盈配合和过渡配合 3 种，如图 1-5 所示。

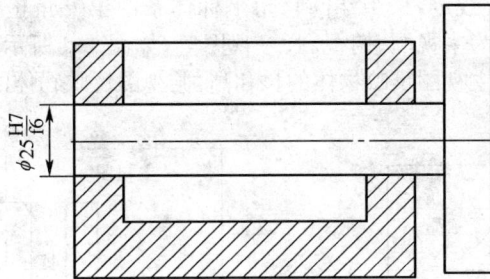

图 1-4　孔和轴的配合关系

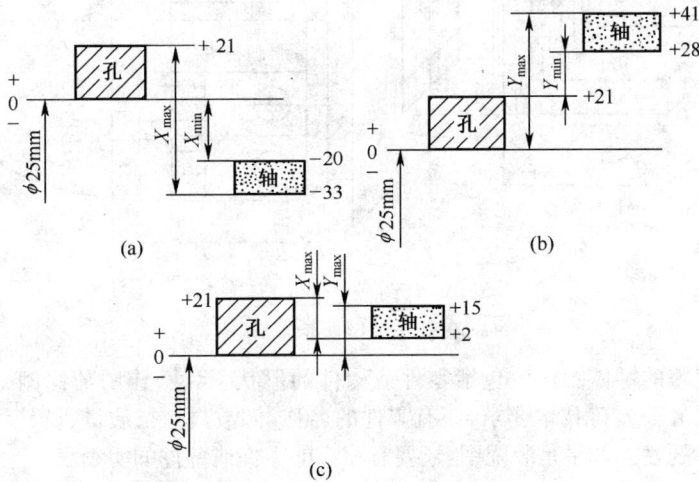

图 1-5　孔、轴公差带图

(a)间隙配合　(b)过盈配合　(c)过渡配合

(1)间隙配合　具有间隙(包括最小间隙等于零)的配合，其特征是孔的公差带在轴的公差带之上，如图 1-5a 所示。

(2)过盈配合　具有过盈(包括最小过盈等于零)的配合，其特征是孔的公差带在轴的公差带之下，如图 1-5b 所示。

(3)过渡配合　可能具有间隙或过盈的配合，其特征是孔的公差带与轴的公差带相互交叠，如图 1-5c 所示。

第四节 识图基本知识

图样是工程的语言,是生产和检验产品的依据,识图是按图施工的首要步骤。

一、机械图样的规定画法

1. 三视图

我国的国家标准规定,采用空间直角坐标体系中第一角正投影法投影绘制图样,其主要视图分别为主视图、俯视图、左视图等,如图 1-6 所示。每个视图反映物体两个方向的尺寸,主视图反映物体的长和高,俯视图反映物体的长和宽,左视图反映物体的高和宽。

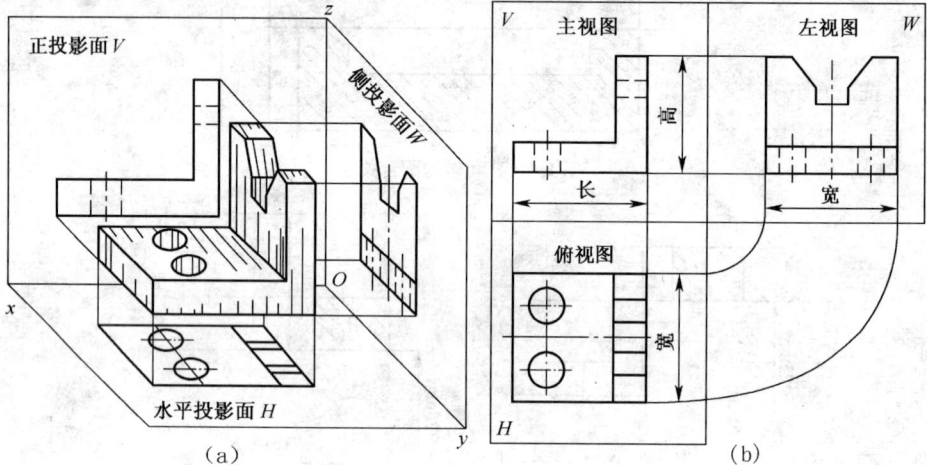

图 1-6 三视图
(a) 直观图 (b)投影面三视图

一张完整的零件图样应包括零件或构件的形状、尺寸、作图的比例、加工的形状、位置、尺寸公差等技术要求,还有零件的名称、件数、材料、质量、设计者、制图者等内容的标题栏。如果是装配图,还要有相应的零件或部件的明细表。

2. 视图的辅助表示方法

一般零件用三个视图就完全能表达清楚,一些简单的零件用少于三个视图,甚至一个视图就可以表达清楚,如简单的轴类零件。如果零件或部件较复杂,用三个视图也不一定能完全表达清楚,这就需要增加视图,并采用剖视图、局部放大图等辅助手段来表示,特别是冷作钣金图样,由于其结构特殊性,需经常采用辅助手段反映构件的内部或局部结构。

(1)**断面图和剖视图** 如果只画出剖切断面的图形,则称为断面图,如图 1-7a 所示;假想用剖切平面剖开机件,将处在观察者和剖切面之间的部分移去,把其余部分向投影面投影,所得图形称为剖视图,如图 1-7c 所示。一般剖视图只画出可见轮廓线,不可见轮廓线除必要时一般不予表示。剖视图有全剖视图、半剖视图、局剖视图等多种,图 1-8 为冷作钣金常用的图样表示方法。主视图采用全剖视图,俯视图用半剖视图反映底板孔和套圈,左视图用局部剖的方法,显示固定孔和销孔。此外,还采用 A 向视图表示了底板长圆孔的形状和尺寸。

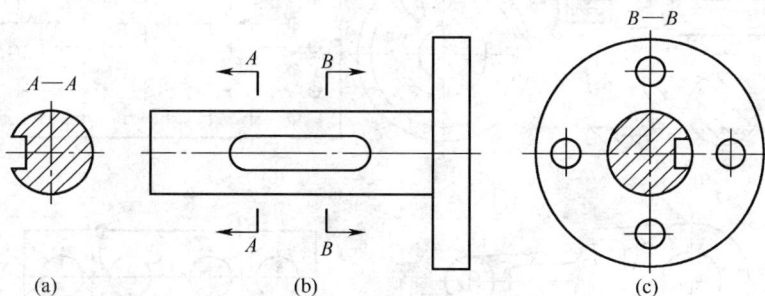

图 1-7　断面图和剖视图

(a)断面图　(b)主视图　(c)剖视图

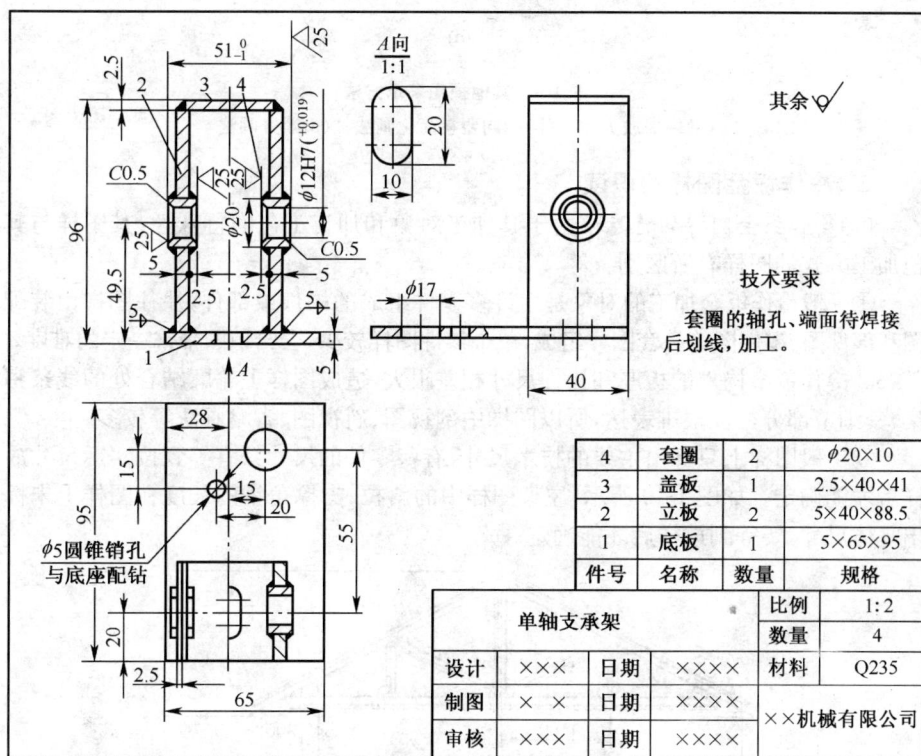

4	套圈	2	$\phi20\times10$
3	盖板	1	$2.5\times40\times41$
2	立板	2	$5\times40\times88.5$
1	底板	1	$5\times65\times95$
件号	名称	数量	规格

单轴支承架		比例	1:2
		数量	4
设计	×××	日期	××××	材料	Q235
制图	×　×	日期	××××		××机械有限公司
审核	×××	日期	××××		

图 1-8　冷作钣金常用的图样表示方法

（2）视图的其他表示方法　冷作钣金图样除剖视图和断面图以外还经常应用局部放大图、相同要素简化画法、断开画法等表示方法,如图 1-9 所示。

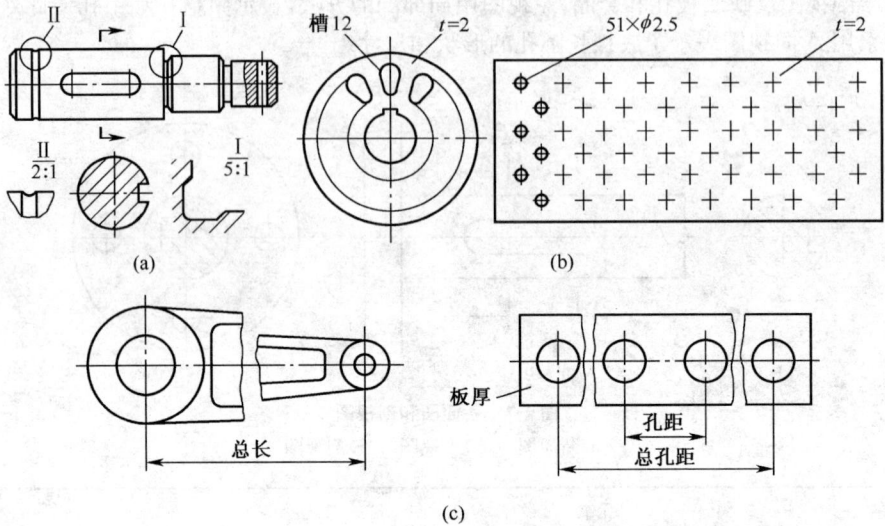

图 1-9　其他视图表示方法
（a）局部放大图　（b）相同要素简化画法　（c）断开画法

二、冷作钣金图样的识读

（1）冷作钣金图样的特点　由于其加工对象和加工工艺的特殊性,其图样与其他加工方式的图样有所区别:

①一般冷作钣金加工的对象是由许多零件组成的构件或部件,往往图样由装配图和部件图、零件图等一套图样组成,单个零件图样较少,会给识图带来一定的难度。

②冷作钣金构件的板厚和构件尺寸相差很大,造成图样上轮廓结合处的线条密集,其细节部分往往很难表达,所以图样中剖视图、斜视图、省略画法等较多。

③一般图样上只标出主要的技术尺寸,有些零件的尺寸只有等到按实际尺寸放样后才能确定。如图 1-10 所示,屋架图样中的斜拉、支撑角钢的长度在图样上未标出具体尺寸,要等到放样后才能确定。

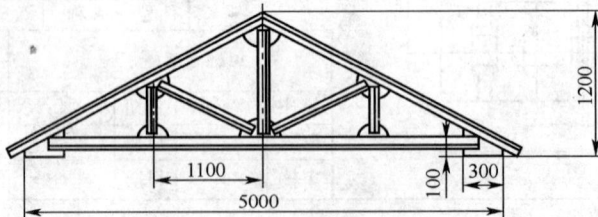

图 1-10　屋架

④在加工较大结构件时，由于受到毛坯尺寸的限制，需要进行拼接，而图样上通常未予标出，这就需要按技术要求、受力情况等安排拼接焊缝的位置和拼接方式。

⑤有些构件图样上的连接处的接缝形式、连接方式没有标明，需要根据技术要求、加工工艺进行结构处理确定。如果结构处理要影响到技术要求，则要通知有关技术部门进行技术处理、协调，方能加工。

（2）识读冷作钣金图样的步骤　识读图样是一项重要而又细致的工作，它将直接影响零件或构件的加工质量，应予以充分重视。识读图样可从大的轮廓结构开始，直至细小结构、零件。具体步骤如下：

①了解图样中零件或构件的名称、视图比例、所用材料及零件或构件的用途等。

②以主视图为主，其他视图为辅仔细识读，识读时应根据投影原理和视图之间的相应关系，将主视图和其他视图联系起来进行分析，在头脑中要把平面几何图形转化成立体形状。

③根据每个视图能确定两个方向尺寸，确定零件或构件尺寸大小。

④阅读技术要求和相关技术参数，了解相关的加工工艺，如所标注的机械加工符号、精度等级、焊接符号及焊接形式等。

例1　某支架的零件图样如图 1-11 所示，识读图样。

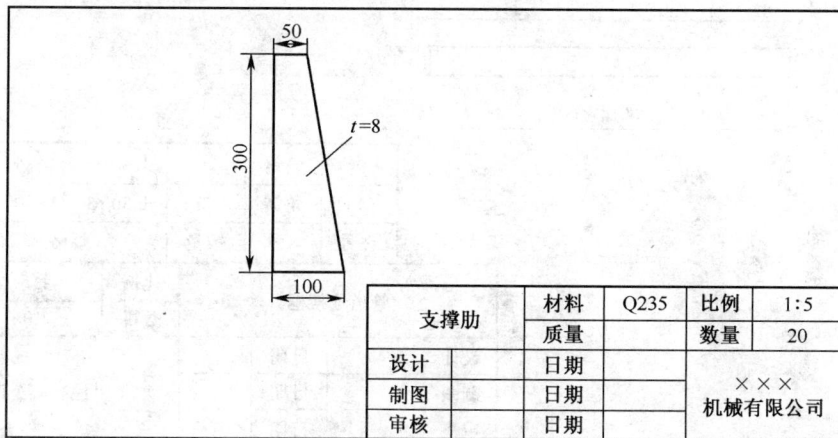

支撑肋		材料	Q235	比例	1:5
		质量		数量	20
设计		日期			
制图		日期		××× 机械有限公司	
审核		日期			

图 1-11　支撑肋零件图

解　①该零件为支架的支撑肋，作图比例为 1:5，用 Q235 钢材料制造，其用途为增加结构的刚性。

②由于零件是用钢板制成，所以图样中采用省略画法，厚度直接标出。

③零件为直角梯形，其上顶边尺寸为 50mm，下底边为 100mm，高为 300mm，厚度为 8mm。

④图样中没有技术要求等内容，说明其尺寸为未注公差，制作时可根据企业生产条件，采用剪切、气割等加工方法。

三、简单装配图样的识读

冷作钣金加工时,图样多以整体或部件的装配图形式出现,构成一个构件、一个部件或一台机器的各个零件,都是根据机器的工作原理和性能,按一定的技术要求装配在一起的,因此零件之间具有一定的相对位置、连接方式等关系。识读时,除了对整体形状、尺寸了解外,还需要明确各零件的相对位置和连接方式,以便加工。

例 2 图 1-12 为管道连接框图样,识读图样。

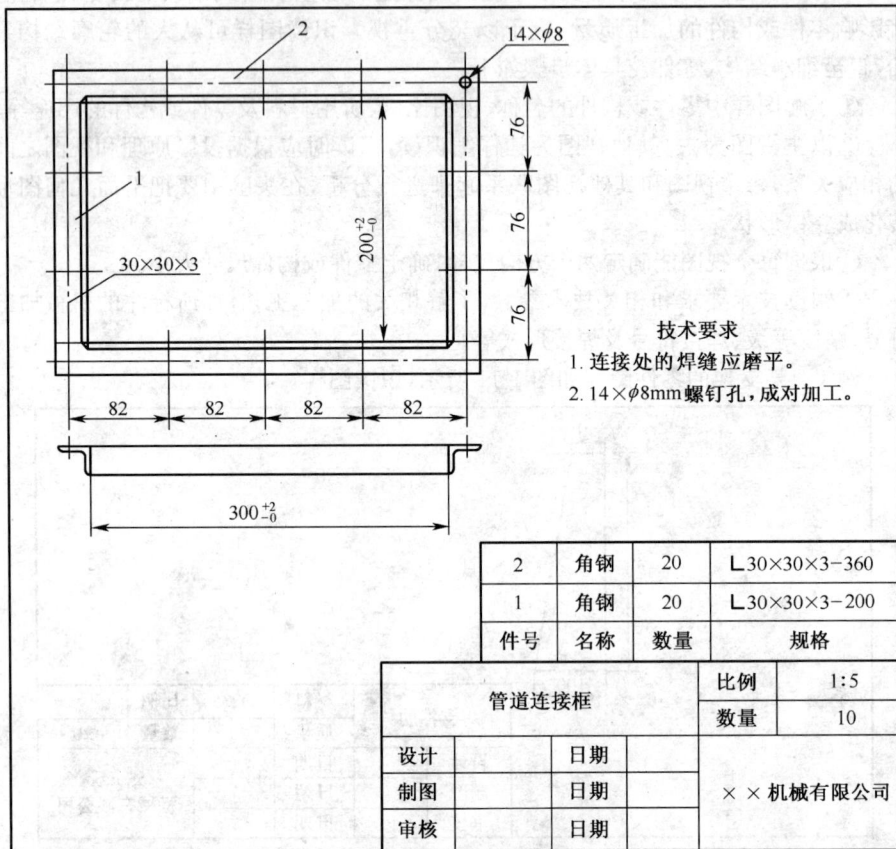

技术要求
1. 连接处的焊缝应磨平。
2. 14×φ8mm螺钉孔,成对加工。

2	角钢	20	L30×30×3−360
1	角钢	20	L30×30×3−200
件号	名称	数量	规格

管道连接框		比例	1:5
		数量	10
设计		日期	
制图		日期	××机械有限公司
审核		日期	

图 1-12 管道连接框

解 ①该连接框由 4 根角钢组成,用于方形管的连接,角钢的尺寸规格见明细表。

②连接框与方管连接的长、宽尺寸下偏差均为 0,上偏差均为 +2mm,四角均为直角。

③由于连接框架是成对使用,所以应按图样中的技术要求,成对加工用于穿连接螺钉的孔。

④角钢连接处的焊缝应磨平，以利方管的平整连接。

机械识图是一门非常基础、非常重要，又比较难掌握的知识。它要求在看平面视图的同时，脑海里要想象出它的立体形状，这样才能把图看懂。为了达到这一目标，学习者不但要多看图例，最好能练习画图，这对提高识图能力大有帮助。

第五节 质量检验

产品的质量是指产品的使用价值，即产品满足使用要求所具备的特性，质量特性一般包括性能、可靠性、安全性、使用寿命、经济性、外观及包装等诸多方面。在一定的生产条件下，质量好的产品是使用价值诸多因素的最佳组合，企业的管理和技术部门也围绕提高产品质量，制定了一系列相应的技术要求和检验手段，保证产品合格。当然不合格品不一定是废品，有些可通过修复成为合格品。因此，质量检验是保证产品质量的重要手段之一。

产品质量检验是多方面的，在冷作钣金生产过程中，线性尺寸检验和构件形状检验是常见的检验内容。

一、线性尺寸的检验

线性尺寸是指零件上被测的点、线、面与测量基准间的距离。由于构成零件形状的基本单元是线条，因此线性尺寸的准确性是最基本的技术标准，也是最常见的检验内容。在其他项目的检验时，往往也须辅之以线性尺寸的检验。

（1）用直尺等量具检验 对冷作钣金产品进行线性尺寸检验的主要量具有直尺、卷尺等。当测出的尺寸与图样技术要求尺寸相符，或其偏差尺寸在所要求的偏差范围内，则零件合格；否则为不合格。

原材料检验时，如测量厚度、直径等尺寸，应距原材料边缘或断面≥40 mm处检测，否则会产生较大误差。一般测量位置应在两个以上，再取其平均值，以得到较准确的测量值。

零件检验时应先看图样，掌握零件线性尺寸的测量基准及其数值，然后用量具测量零件的线性尺寸，如图1-13a所示，看其数值是否符合技术标准。

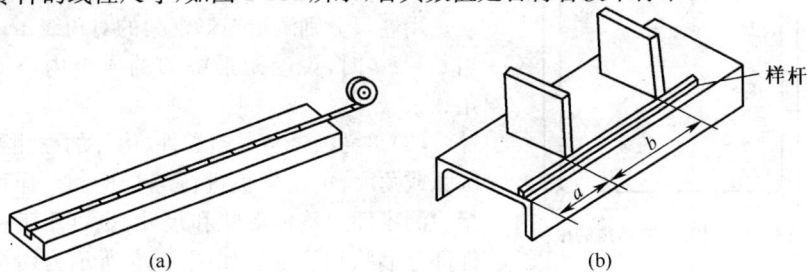

图1-13 线性尺寸检验

（a）用卷尺检验 （b）用样杆检验

（2）用量规、样杆等检验　当零件的数量较多时,可用量规、样杆等进行线性尺寸的检测。量规和样杆一般按图样的技术要求自制,或用其他量具改制成专用量具。如图1-13b所示的在槽钢上装有立板,而且数量较多,如果要求检验立板安装位置是否正确,若用卷尺进行检验,则重复工作量将很大;而用有专用刻度的样杆进行检验,则实用、方便、简捷、效率高。

二、构件形状的检验

（1）用角尺、卷尺等检验　图1-14a所示为直角梯形零件,检验时可用90°角尺直接检测其两直角,如图1-14b所示。当基准边和被测边分别与角尺的两内测量面用光隙法观察符合要求,说明两边垂直。梯形零件的上边、下边和高的线性尺寸分别用卷尺进行检测,如图1-14c所示。当5个检测的数值均在技术要求的范围以内,零件才为合格,否则为不合格。

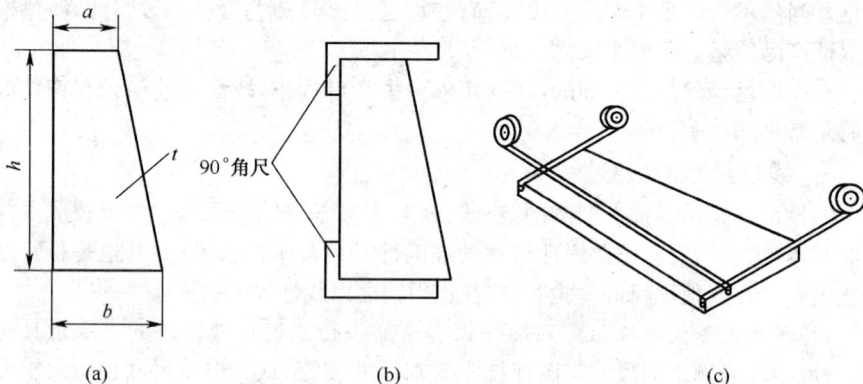

(a)　　　　　　　　　(b)　　　　　　　　　(c)

图 1-14　直角梯形零件的检测

(a)直角梯形零件　(b)直角检测　(c)线性尺寸检测

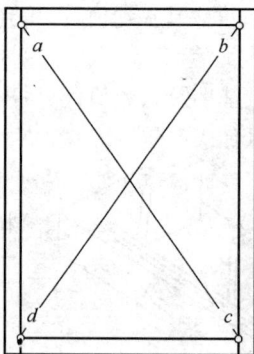

图 1-15　型钢框架直角的检验

（2）辅助线性尺寸法检验　如图1-15所示为用型钢制成的框架,检验4个直角误差时,由于框架的尺寸较大,用90°角尺进行检测,测量误差较大,若用辅助线性尺寸法检测,则更为简捷、方便。用卷尺分别测量矩形框架的对角线 ac 和 bd,当 $ac=bd$ 时,说明矩形框架的4个内角均为直角。

（3）用样板检验　当零件、构件的被测要素为圆弧或角度,可用样板进行综合检测。样板可直接检测零件的整体形状和尺寸,也可用于检测零件部分形状和尺寸。如图1-16所示为用样板检验的实例,其中图1-16a、b分别为用弧形样板检测钢板成形后的内圆弧和外圆弧,当成形的钢板均与样板贴合,或误差在规定的范围内,则工件合格;否则为不合格。

如图1-16c、d所示,分别为用样板检测钢材装配的外角和内角,同样,当检测的钢板与样板贴合,或误差未超过规定的要求,说明焊接合格;否则焊接不合格。

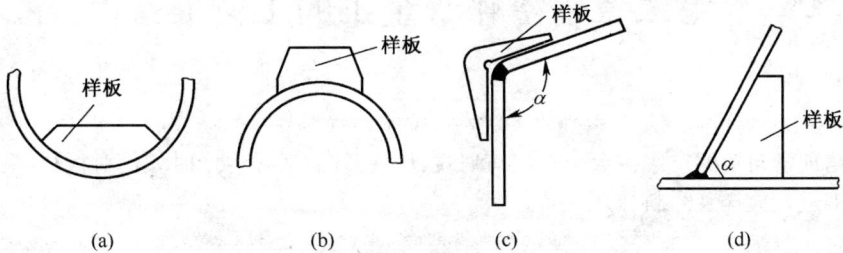

图 1-16 样板检测
(a)样板检测内圆弧 (b)样板检测外圆弧 (c)样板检测外角 (d)样板检测内角

复习思考题

1. 塑性变形和弹性变形有何不同?
2. 随着含碳量的增加,钢的性能有何变化?为什么?
3. 钢中的硫、磷对钢的性能有什么影响?
4. 通常所说的低碳钢、中碳钢、高碳钢的含碳量范围各是多少?
5. 什么叫合金?与纯金属相比,合金有哪些优点?
6. 何谓钢的热处理?为什么热处理会改变钢的性能?
7. 热处理加热后,保温的目的是什么?
8. 什么叫退火?退火的目的是什么?
9. 什么叫正火?正火的目的是什么?
10. 什么叫淬火?淬火的目的是什么?
11. 什么叫回火?回火的目的是什么?
12. 合金钢与碳素钢比较,有哪些优越性能?
13. 合金元素对钢的性能有哪些影响?
14. 什么叫铸钢?它有何特性?
15. 非铁金属与钢铁材料比较,具有哪些优良的性能?
16. 冷作钣金加工常用的非铁金属有哪几种?
17. 试述铝的特性和用途。铝合金可分为几类?
18. 铜的特性和用途如何?铜合金分几类?
19. 黄铜是哪种合金?说明其主要性能和用途。
20. 常用的青铜有哪几种?
21. 什么是热固性塑料?什么是热塑性塑料?各适用于何种场合?
22. 塑料的加工方法有哪些?

第二章　冷作钣金工的工艺准备

培训学习目的　掌握钣金工如何划线、作展开图;实际生产时如何对板材、型钢进行放样及号料。

冷作钣金工的工艺准备内容主要是放样、求结合线(相贯线)、作展开图、放出加工余量、剪切等。一般只有两个或多个平面形体通过相交而结合成一个整体时,才必须求出结合线,然后作展开图。把构件的立体表面按实际形状和大小,依次摊平在一个平面上,称为立体表面的展开。展开后获得的平面图形称为构件的展开图。

第一节　放样与号料

一、放样

1. 放样图

放样又叫落样或放大样。它是依据工程图样的要求,用1:1的比例,按正投影原理,在样台或平板上,画出构件图样,此图叫做实样图,又叫放样图,属于视图。画放样图的过程叫做放样。

根据放样图制出的样板,作为下料、加工、装配等工序的依据。因此,放样图与零件图有着密切的联系,但二者又有区别。

①零件图的比例不是固定的,可以按1:2、2:1或其他比例缩小或放大;而实样图则限于1:1。

②零件图是按国家制图标准绘制的;而放样图可以不必标注尺寸并使用细线条来表示。

③零件图上必须具有零件尺寸、标题栏和有关技术等内容;而放样图只有有关技术要求。

④零件图上不能随意添加各种必要的辅助线,也不可以去掉与放样无关的线条。

⑤零件图要反映出工件几何尺寸和加工要求;放样图则是确切地反映工件实际尺寸。

2. 放样基准的选择

放样通常先要确定基准,零件上用来确定其他点、线、面位置的依据,称为基准。放样基准分为基准点、基准线和基准面。在放样时,一般放样基准与设计基准是一致的,如图2-1a所示的零件,两个相互垂直的平面作为放样基准;如图2-1b所示的零件,其孔、切口和外轮廓等尺寸均是以中心线对称分布,两条相互垂直的中心线为放样的基准。

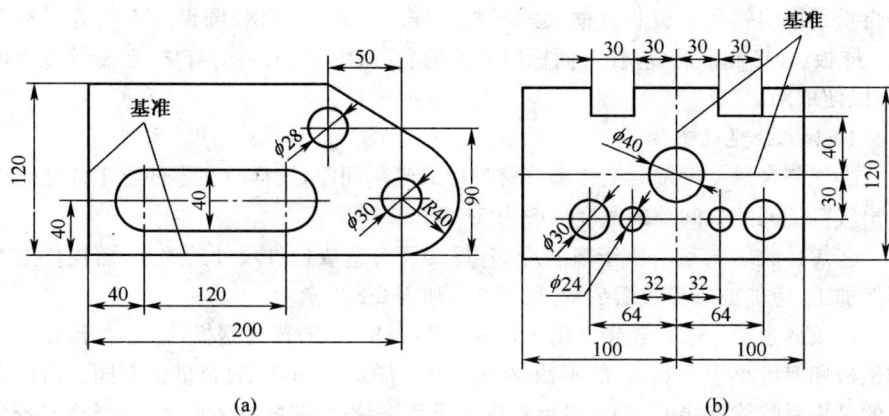

图 2-1 放样基准选择

(a)两垂直面为放样基准 (b)两垂直中心线为放样基准

3. 放样步骤

①仔细分析、研究图样,了解产品的结构特点、技术要求、加工流程以及有关的结构处理。

②选择合适的放样基准。

③确定加工余量。放样后要进行各种加工,不同的加工方法会使材料发生尺寸的变化,放样时要根据加工的内容,适当的加放余量,以保证产品的质量。

④作放样图。首先作出基准线,再确定其他点、线、面的位置,运用基本几何作图法逐步画出其他圆弧和直线,直至完成整个划线工作。然后在中心线、轮廓线等部位上打上样冲眼,做出标记,按工作需要,标明零件的编号、规格、数量和加工符号等。

⑤样板和样杆的制作。如图 2-2 所示,样板、样杆是辅助工具或辅助量具,是按零件的形状和尺寸加工而成,其加工方法有剪切、气割、锯割、机械切削加工、修整等,其精度应比零件要求高。

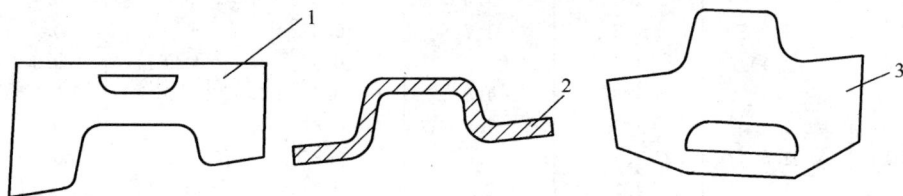

图 2-2 卡型样板

1. 外卡型样板 2. 构件 3. 内卡型样板

样板和样杆按用途分为号料样板、成形样板、检验样板、装配样板等。制作样板的材料有硬质纸板、塑料板或厚度在 0.5～2 mm 的薄钢板等。较大的样板,为了减轻自重采用扁钢和钢板制成框架式样板。样杆一般用扁钢、圆钢或木条等材料制成。样板、样杆制成后,应在上面标出零件的名称、编号、材料的规格、数量等重要内容,以便取用。

4. 加工余量的选择

①气割余量　气割会损耗部分材料形成气割间隙,放样时在零件与零件之间应留出气割的间隙。间隙的宽度一般为 3～5mm。

②焊接收缩余量　由于热胀冷缩,焊接后会造成构件尺寸的缩小,若构件上有焊接加工,应加放焊接收缩余量,见表 2-1 和表 2-2。

③咬缝余量　咬口连接适用于板厚小于 1.2mm 的普通钢板,厚度小于 1.5mm 的铝板和厚度小于 0.8mm 的不锈钢板。咬口形式不同,所放余量也不同。需要注意的是板料咬缝连接处,需要将板料叠加压紧,根据咬缝的具体形式,适当放出咬缝宽度余量。

表 2-1　焊缝纵向收缩近似值　　　　　　　　　　　　（mm/m）

对接焊缝	连接角焊缝	间断角焊缝
0.15～0.3	0.2～0.4	0～0.1

表 2-2　焊缝横向收缩近似值

钢板厚度 t/mm	接 头 类 型					
	V形坡口对接焊缝	X形坡口对接焊缝	单面坡口十字角焊缝	单面坡口角焊缝	无坡口单面角焊缝	双面间断角焊缝
	图示					
	缩量/mm					
5	1.3	1.2	1.6	0.8	0.9	0.4
6	1.3	1.2	1.7	0.8	0.9	0.3
7	1.4	1.2	1.7	0.8	0.9	0.3
8	1.4	1.3	1.8	0.8	0.9	0.3
9	1.5	1.3	1.9	0.8	0.9	0.25
10	1.6	1.4	2.0	0.8	0.9	0.25
11	1.7	1.5	2.0	0.7	0.9	0.20
12	1.8	1.6	2.1	0.7	0.9	0.20
13	1.8	1.6	2.2	0.7	0.8	0.20
14	1.9	1.7	2.3	0.7	0.8	0.20

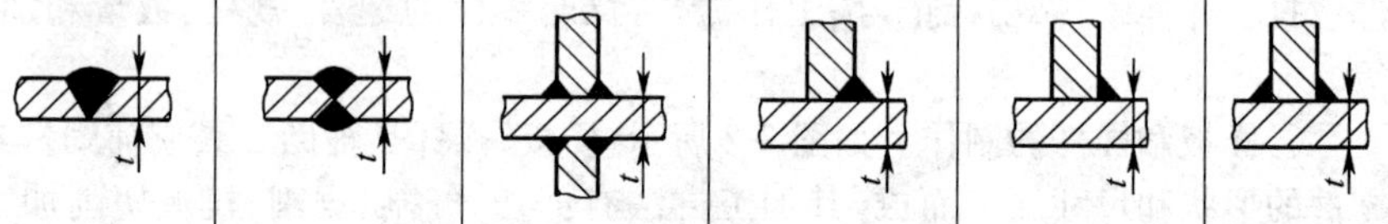

续表 2-2

钢板厚度 t/mm	接头类型					
	V形坡口对接焊缝	X形坡口对接焊缝	单面坡口十字角焊缝	单面坡口角焊缝	无坡口单面角焊缝	双面间断角焊缝
	图示					
	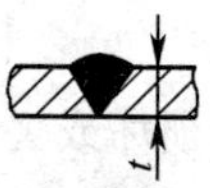	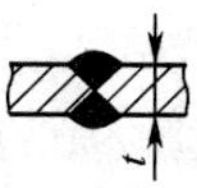	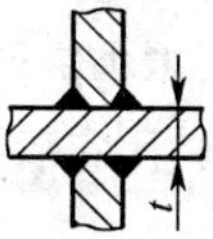	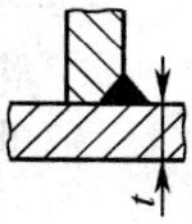	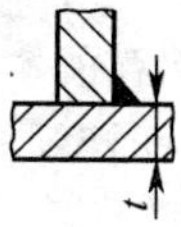	
	缩量/mm					
15	2.0	1.8	2.4	0.7	0.8	0.20
16	2.1	1.9	2.5	0.6	0.8	0.20
17	2.2	2.0	2.6	0.6	0.8	0.20
18	2.4	2.1	2.7	0.6	0.7	0.20
19	2.5	2.2	2.9	0.6	0.7	0.20
20	2.6	2.4	3.0	0.6	0.7	0.20
21	2.7	2.5	3.1	0.5	0.6	0.20
22	2.8	2.6	3.2	0.4	0.5	0.20
23	2.9	2.7	3.4	0.4	0.4	0.20
24	3.1	2.8	3.5	0.4	0.4	0.20

5. 放样的允许误差

零件的放样,由于受到划线、量具和工具精度的影响以及视力的差异,实样图将出现一定的尺寸偏差,把这种偏差限制在一定的范围之内,就叫做放样的允许误差。常用的放样允许误差见表 2-3。

表 2-3　常用的放样允许误差　　　　　　　　　　(mm)

序　号	名　称	允许误差
1	十字线	±0.5
2	平行线和准线	±(0.5~1)
3	轮廓线	±(0.5~1)
4	结构线	±1
5	样板和地样	±1
6	两孔之间	±0.5
7	样杆、样条和地样	±1
8	角度板和地样	±1°
9	加工样板	±(1~2)
10	装配用样杆、样条	±1

6. 放样时的注意事项

①放样开始以前,必须看懂图样。要考虑先画哪个几何图面,或者先从哪根线着手。

②画完实样图以后，要从两方面进行检查：一方面检查是否有遗漏的构件及规定的孔；另一方面检查各部尺寸。

③如果图样看不清或对零件图有疑问，应先问清楚。

④放样时不得将锋利的工具如划针等立放在场地上，用完的工具应随时收起来。

⑤需要保存的实样图，应注意维护，不得涂抹和践踏。

⑥样板、样杆等辅助工具、辅助量具，用完后应妥善保管，避免损坏或丢失。

二、号料

利用样板、样杆或根据图样，在板料或型钢上，画出孔的位置或零件形状加工界线的操作称为号料，如图 2-3 所示。

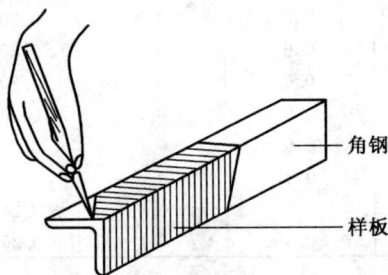

图 2-3　号料

角钢

样板

1. 号料方法

为了做到合理使用和节约原材料，必须最大限度地提高原材料的利用率。

（1）集中号料法　由于钢材的规格多种多样，为了提高生产效率，减少材料的浪费，把同厚度的钢板零件和相同规格的型钢零件，集中在一起号料。

（2）套料法　如图 2-4 所示，为了使每张钢板得到充分的利用，同时又能方便下道工序的剪切，在号料时就要精心安排板料零件的形状位置，把同厚度的各种不同形状的零件和同一形状的零件进行套料。

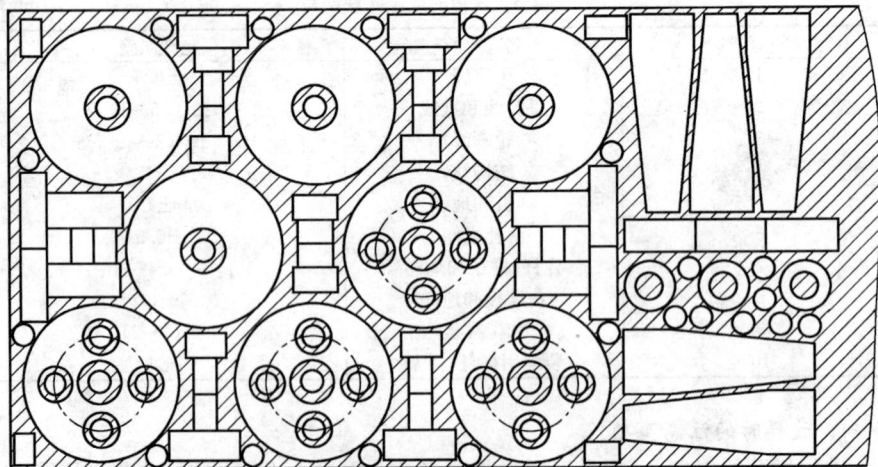

图 2-4　套料法

（3）统计计算法 是在型钢下料时采用的一种方法。由于原材料有一定的长度，而零件的长度不一，为了节约用料，应将所有同规格型钢零件的长度归纳在一起，先把较长的排出来，算出余料的长度，再把和余料长度相同或略短的零件排上，直至整根料被充分利用为止。

（4）余料统一号料法 由于每一张钢板或每一根型钢号料后，经常会出现一定形状和长度大小不同的余料，将这些余料按厚度、规格与形状基本相同的集中在一起，把较小的零件放在余料上进行号料。

2. 号料的允许误差

为确保构件质量，号料不得超过允许误差。号料的允许误差，见表 2-4。

表 2-4 号料的允许误差 (mm)

序　号	名　称	允　许　误　差
1	直线	±0.5
2	曲线	±(0.5～1)
3	结构线	±1
4	钻孔	±0.5
5	减轻孔	±(2～5)
6	料宽和长	±1
7	两孔（钻孔）距离	±(0.5～1)
8	铆接孔距	±0.5
9	样冲眼和线间	±0.5
10	扁錾（主印）	±0.5

3. 号料的注意事项

①准备好下料时所使用的各种工具，如手锤、样冲、划规、划针和錾子等。

②熟悉图样，检查样板是否符合图样要求。根据图样直接在板料和型钢上号料时，应检查号料尺寸是否正确，以防产生错误，造成废品。

③如材料上有裂缝、夹层及厚度不足等现象时，应及时研究处理。

④钢材如有较大弯曲、凸凹不平，应先进行矫正。

⑤号料时，不要把材料放在人行道和运输道上。对于较大型钢划线多的面应平放，以防止发生事故。

⑥号料工作完成后，在零件的加工线和接缝线上，以及孔中心位置，应视具体情况打上錾印或样冲窝。同时应根据样板上的加工符号、孔位等，在零件上用白铅油标注清楚，为下道工序提供方便。

⑦号料时应注意个别零件对材料轧制纹路的要求。

⑧需要剪切的零件，号料时应考虑剪切线是否合理，避免发生不适于剪切操作的情况。

⑨号料后应标明产品编号、图号、件号、钢号等，以免产生混淆。

⑩对于单件或小批量生产的产品，可直接在钢材上按图样划线、放样，并留出加工余量。

第二节　型钢弯曲件的号料

一、型钢弯曲形式

型钢的种类很多,图 2-5 所示为其中常见的几种。根据型钢横截面形状和弯曲方向等不同,常见的弯曲形式如下。

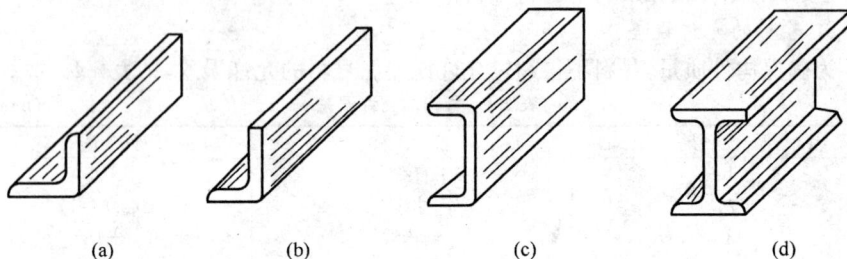

图 2-5　常用型钢种类
(a) 等边角钢　(b)不等边角钢　(c)槽钢　(d)工字钢

1. 内弯与外弯

如图 2-6a、c 所示,曲率半径在角钢(或槽钢)内侧的弯曲形式,叫做内弯;如图 2-6b、d 所示,曲率半径在角钢(或槽钢)外侧的弯曲形式,叫做外弯。

对于不等边角钢的弯曲形式还分为大面弯后成为平面,称大面内弯或大面外弯;小面弯后成为平面,称小面内弯或小面外弯。

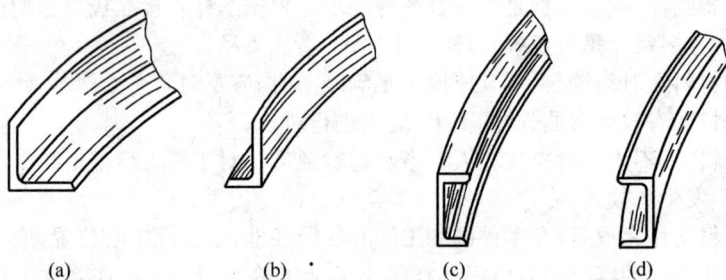

图 2-6　内弯与外弯
(a) 角钢内弯　(b)角钢外弯　(c)槽钢内弯　(d)槽钢外弯

2. 平弯与立弯

如图 2-7a 所示,曲率半径与工字钢(或槽钢)的腹板处在同一平面内的弯曲形式,叫做平弯;如图 2-7b 所示,当曲率半径与工字钢(或槽钢)的腹板处在垂直位置的弯曲形式,叫做立弯。

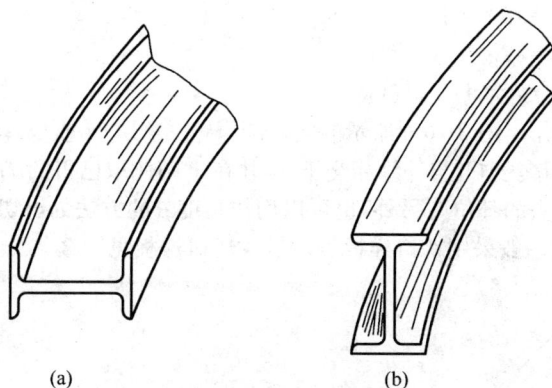

(a)　　　　　　　　　　　　(b)

图 2-7　型钢平弯与立弯

(a)工字钢平弯　　(b)工字钢立弯

3. 切口弯与不切口弯

根据零件的结构和工艺要求,在型钢弯曲处需要切口的叫做切口弯曲;不需要切口的叫做不切口弯曲。

(1)切口内弯　不需加补料,如图 2-8 a、b 所示,切口的内弯又分为直线切口和圆弧切口两种。

(2)切口外弯　需加补料,也称为弯曲后补角,如图 2-8 c 所示。

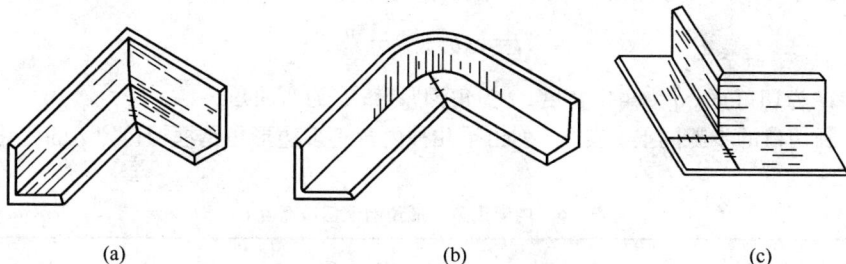

(a)　　　　　　　　　　(b)　　　　　　　　　　(c)

图 2-8　切口内弯与弯曲后补角

(a)、(b)切口内弯　　(c)弯曲后补角

(3)特殊弯曲　图 2-9 为角钢的特殊弯曲。

二、型钢切口弯曲的号料

1. 型钢切口内弯号料

(1)直线切口　图 2-10 a 所示的角钢件是由图 2-10 b 所示直线切口角钢经内弯而成的。从两图中可以看出:

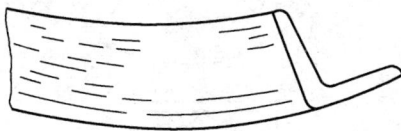

图 2-9　角钢的特殊弯曲

切口角　　$\beta=180°-\alpha$

切口宽　　$l=2fg$

式中，α 为弯曲角；fg 为 1/2 切口宽。

①作图法　作出图 2-10 a 所示的实样图，从中得出 fg 或 On；在角钢上作垂线 Of，与角钢里皮相交于 O，与外缘相交于 f，并在 f 两侧取已得的 fg，连接 Og，则得 $\triangle gOg$，即为须切去的部位。另外，也可以用作角度 β 的方法划出切口。

成批生产时，一般采用切口样板号切口。切口样板见图 2-10 c。

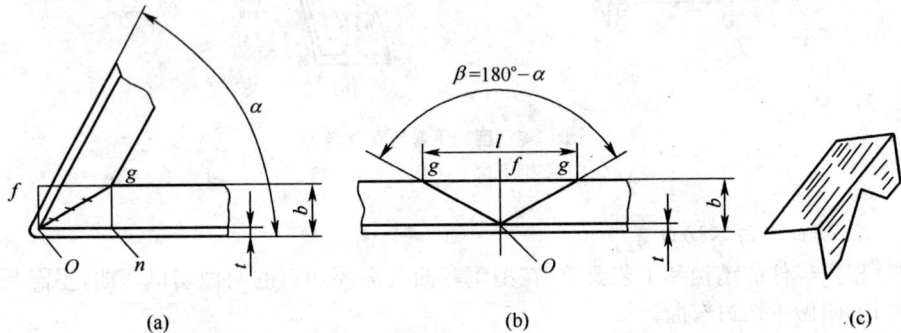

(a)　　　　　　　　　(b)　　　　　　　　(c)

图 2-10　内弯角钢的直线切口

(a)内弯角钢　(b)角钢切口　(c)切口样板

②计算法　先计算出切口宽 l 再画切口。其公式

$$l=2(b-t)\cot\frac{\alpha}{2} \tag{2-1}$$

式中，l 为切口宽；b 为角钢宽度；t 为角钢厚度；α 为弯曲角。

画切口的步骤同上。表 2-5 列出了几种内弯正多边形角钢框切口宽 l 的简化计算式。

表 2-5　内弯正多边形角钢框切口宽度 l　　　　　　　　　　（mm）

正多边形边数	α	l
3	60°	$3.464(b-t)$
4(或矩形)	90°	$2(b-t)$
5	108°	$1.453(b-t)$
6	120°	$1.155(b-t)$
7	128°	$0.975(b-t)$
8	135°	$0.828(b-t)$

例1 图 2-11 所示的内弯正六边形角钢框计算切口宽 l。

可用直线切口计算法中的式 2-1 公式计算,也可用表 2-5 中的简化计算式计算

解 $l = 1.155(b-t) = 1.155(50-5) \approx 51.98 \text{(mm)}$

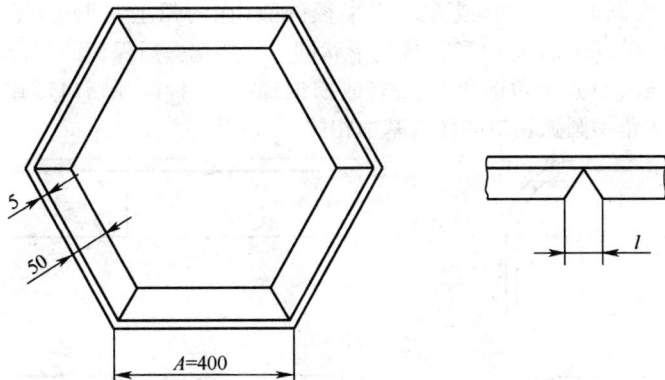

图 2-11 内弯正六边形角钢框的切口

(2)圆弧切口 图 2-12 所示的角钢件,f、n 是里皮弧的两个切点,g 是 $\widehat{fn}$ 的中点,O 为弧心,也是角钢边缘的交点。如果把 $\widehat{fn}$ 和 Og 切开并伸直,即图 2-12b 所示的角钢圆弧切口。

从图 2-12 a、b 可知,此角钢件的圆角里皮半径 $R_1 = b-t$,中性层半径为 $b-\dfrac{t}{2}$。切口宽 l 可通过下式计算求得。

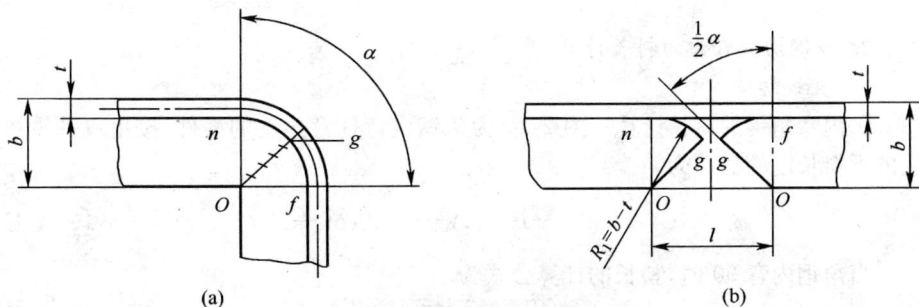

图 2-12 内弯角钢的圆弧切口
(a)内弯角钢 (b)角钢切口

$$l = 0.01745(b - \frac{t}{2})\alpha \tag{2-2}$$

式中,l 为圆弧切口宽;b 为角钢宽度;t 为角钢厚度;α 为圆心角(°)。

例2 当圆心角 $\alpha = 90°$ 时,计算切口宽 l。

解 由式 2-2 可知 $$l = \frac{1}{2}(b - \frac{t}{2})\pi \tag{2-3}$$

作切口的步骤如下:

①如图 2-12 b 所示,在角钢面的一边取 OO 等于 l,过两点 O 作角钢边的垂线分别与里皮相交于 n 和 f。

②以 O 为圆心,以 On(或 Og)为半径画弧,在两弧上各取 g 点,使 $\angle gOn = \angle gOf = \alpha/2$,则 Ogn 和 fgO 所围成的形状即为需要切去后保留的部位。

图 2-13 a、b 分别为角钢和工字钢(或槽钢)的另一种圆弧切口形式。其做切口的方法与上述角钢圆弧切口的作法基本相同。

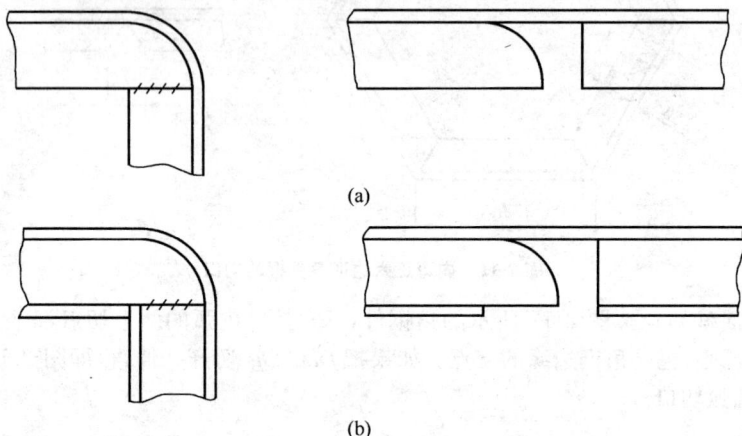

(a)

(b)

图 2-13　型钢弯曲的切口

(a)角钢切口　(b)工字钢(或槽钢)切口

2. 型钢切口弯曲的料长计算

(1)直线切口

①内弯角钢的料长计算　图 2-14 为角钢内弯任意角度的零件,按里皮计算各边的下料长度的公式为

$$L = A' + B' = A + B - 2t\cot\frac{\alpha}{2} \tag{2-4}$$

当角钢内弯 90°时,料长的计算公式为

$$L = A' + B' = A + B - 2t \tag{2-5}$$

式中,A'、B' 为角钢每边的里皮尺寸;A、B 为角钢每边的外皮尺寸;t 为角钢厚度;α 为弯曲角;L 为角钢内弯任意角度时的料长。

图 2-14 b 所示的角钢的切口宽 l,可按公式 2-1 求得。

②内弯 90°角钢框料长计算　如图 2-15a 所示,当内弯 90°角钢框时,其料长的计算公式为

$$L = 2(A + B) - 8t \tag{2-6}$$

其长、短边的料长分别为 $A - 2t$ 和 $B - 2t$,如图 2-15b 所示。

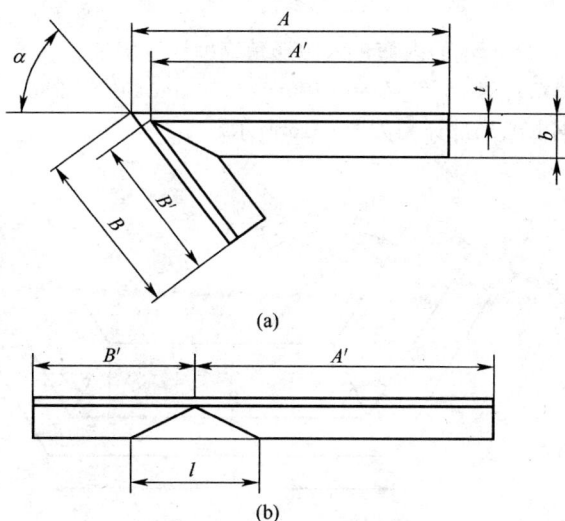

图 2-14　内弯角钢的料长计算

(a)角钢件　(b)角钢料长

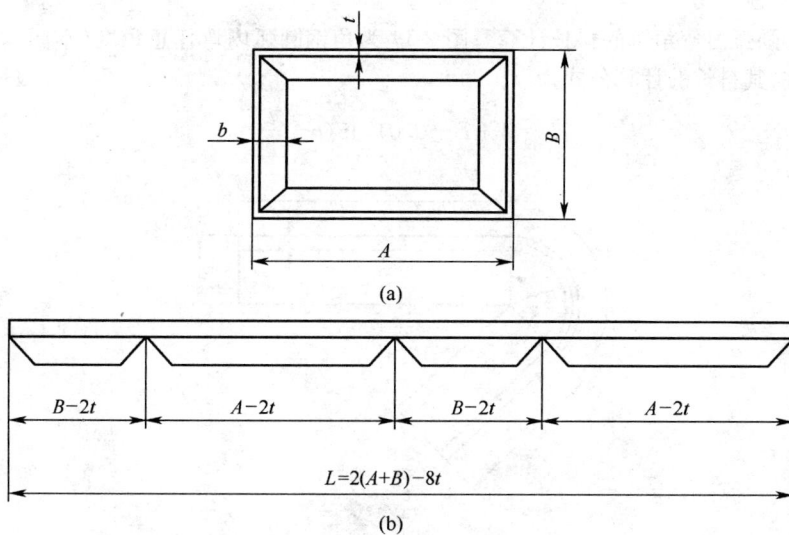

图 2-15　内弯 90°角钢框料长计算

③内弯正 n 边形角钢框料长计算　当内弯成正多边形角钢框时,其料长的计算公式为

$$L = n(A - 2t\tan\frac{\beta}{2}) \tag{2-7}$$

式中,L 为正多边形角钢框料长;n 为边数;A 为每边的外皮尺寸;t 为角钢厚度;β 为

切口角(°)。

　　例3　如图 2-11 所示的内弯正六边形角钢框计算料长。

　　解：按公式 2-7 计算　　　　　$L=6(400-2\times5\times\tan30°)=2365.4(mm)$

图 2-11 角钢框的局部详图如图 2-16 所示。

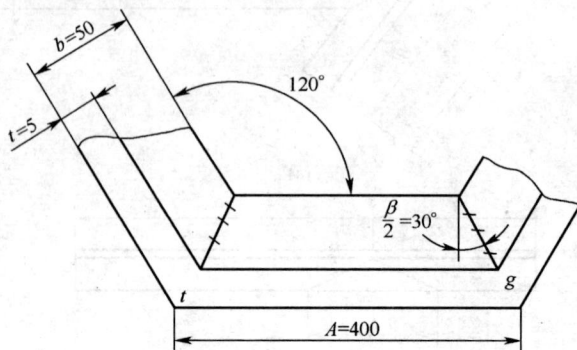

图 2-16　内弯正六边形角钢框料长计算

（2）圆弧切口

　　①圆弧内弯角钢的料长计算　图 2-17 为角钢圆弧内弯任意角度（本图为锐角）的零件，其料长的计算公式为

$$L=A+B+0.01745(b-\frac{t}{2})\alpha \tag{2-8}$$

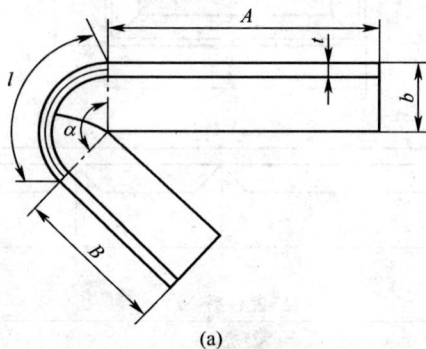

(a)

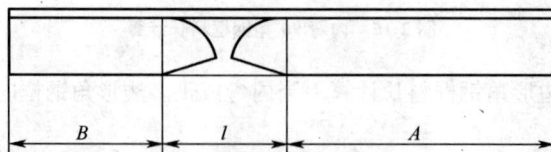

(b)

图 2-17　角钢圆弧内弯任意角度的料长计算

(a)角钢件　(b)角钢料长

式中,L 为角钢内弯任意角度时的料长;A、B 为角钢两边直线段长;b 为角钢宽度;t 为角钢厚度;α 为圆心角(°)。

当圆心角 $\alpha=90°$ 时,料长的计算公式为

$$L=A+B+\frac{1}{2}(b-t)\pi \tag{2-9}$$

图 2-18 为内弯圆角矩形角钢框,其料长计算公式为

$$L=2(A+B)-8b+(2b-t)\pi \tag{2-10}$$

式中,L 为圆角矩形角钢框的料长;A、B 为角钢框长、宽尺寸;b 为角钢宽度;t 为角钢厚度。

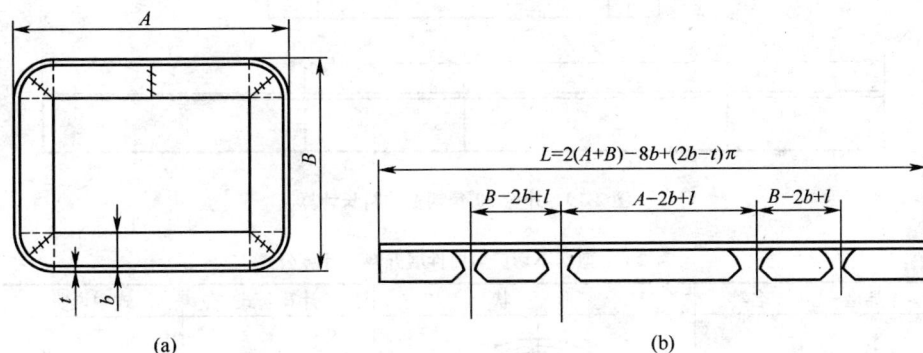

图 2-18　内弯圆角矩形角钢框料长计算

(a)角钢框　(b)角钢框料长

例 4　如图 2-18 所示,内弯圆角矩形角钢框,若 $A=1000mm$,$B=500mm$,角钢宽 $b=90mm$,厚度 $t=10mm$,求其料长。

解　按公式 2-10 计算　$L=2(1000+500)-8\times90+(2\times90-10)\pi$
$$=2814(mm)$$

3. 角钢补角弯曲的料长计算

若外弯矩形角钢框的长宽尺寸标注在里皮上,则料长的计算公式为

$$L=2(A'+B') \tag{2-11}$$

式中,L 为角钢框料长;A' 为里皮长度;B' 为里皮宽度。

例 5　图 2-19 所示的角钢框 A'、B' 分别为 1500mm 和 750mm,计算料长。

解　　　　$L=2(A'+B')=2(1500+750)=4500(mm)$

三、型钢不切口弯曲的号料

1. 理论公式计算

型钢中的扁钢、方钢、圆钢、钢管、工字钢等的弯曲件的展开料长计算方法,与板料的弯曲件的展开料长计算方法相同,其计算公式见表 2-6。

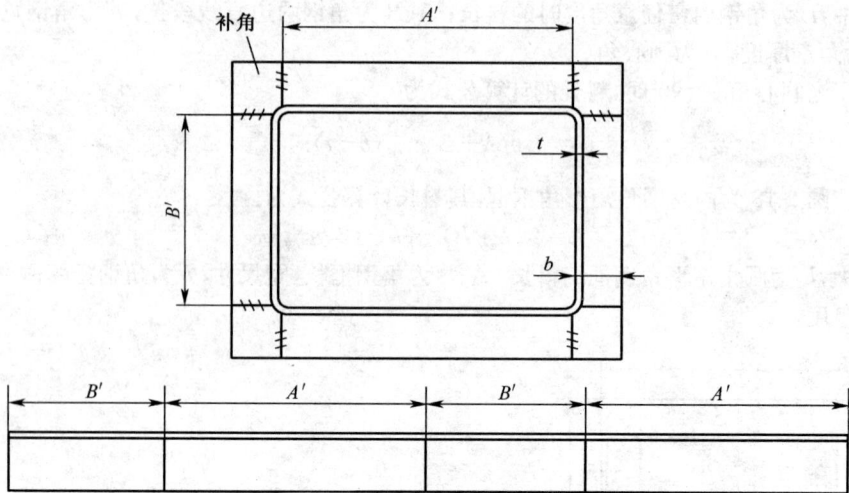

图 2-19　外弯 90°角钢框的料长计算

表 2-6　型钢不切口弯曲件展开料长计算公式

类型	名称	形　状	计算公式	式中说明
钢板 （扁钢、圆钢）	圆筒及圆环		$L=d\pi$	L 为计算展开料长 d 为圆中径
等边角钢	内弯圆		$L=(d-2Z_0)\pi$	d 为圆外径 Z_0 为重心距
等边角钢	内弯弧形		$L=\dfrac{\pi(R_外-Z_0)}{180}\alpha$	$R_外$ 为圆外半径 α 为圆心角 Z_0 为重心距

续表 2-6

类型	名称	形 状	计算公式	式中说明
等边角钢	外弯弧形		$L = \dfrac{\pi(R_内 + Z_0)}{180}\alpha$	$R_内$ 为圆内半径
等边角钢	外弯椭圆		$L = (d_1 + 2Z_0)PI$	d_1 为内长径 d_2 为内短径 PI 为椭圆圆周率 Z_0 为重心距
不等边角钢	大面内弯圆		$L = (d - 2Y_0)\pi$	d 为外直径 Y_0 为重心距
槽钢	外弯圆		$L = (d + 2Z_0)\pi$	d 为内直径
槽钢	平弯圆		$L = (d + h)\pi$	d 为内直径 h 为槽钢高

续表 2-6

类型	名称	形状	计算公式	式中说明
工字钢	立弯圆		$L=(d+b)\pi$	d 为内直径 b 为工字钢平面宽

注：①Z_0、Y_0 为重心距符号，其值可查材料手册。

②由比值 $\dfrac{d_2+2Z_0}{d_1+2Z_0}$ 查有关椭圆圆周率表。

角钢、槽钢的弯曲变形存在中性层，由于它们的中性层接近各自的重心距，因而产生了按角钢、槽钢重心距计算其展开料长的理论公式，见表 2-6。

根据弯曲方法不同，理论公式的计算结果和实际有一定差异。外弯料要长些，内弯料要短些，因此在生产实践中应注意调整。

2. 经验公式计算

实际生产中，弯曲角钢圆、槽钢圆时，往往采用经验公式。

(1)等边角钢内弯圆　查表 2-6，其展开料长 L 的经验公式为

$$L=\pi d-1.5\,b \tag{2-12}$$

式中，d 为角钢圆外径；b 为角钢宽度。

(2)等边角钢外弯圆　展开料长 L 的经验公式为

$$L=\pi d+1.5\,b \tag{2-13}$$

式中，d 为角钢圆内径；b 为角钢宽度。

(3)槽钢外弯圆　展开料长 L 的经验公式同公式 2-13。

式中，d 为槽钢圆内径；b 为槽钢翼缘(翼板)宽度。

(4)内弯槽钢圆　展开料长 L 的经验公式同公式 2-12。

式中，d 为槽钢圆外径；b 为槽钢翼缘宽度。

(5)不等边角钢大面内弯圆　展开料长 L 的经验公式为

$$L=\pi d-1.5a \tag{2-14}$$

式中，d 为角钢圆外径；a 为角钢大面宽。

(6)不等边角钢大面外弯圆　展开料长 L 的经验公式为

$$L=\pi d+1.5a \tag{2-15}$$

式中，d 为角钢圆内径；a 为角钢大面宽。

(7)不等边角钢小面内弯圆　展开料长 L 的经验公式同公式 2-12。

式中，d 为角钢圆外径；b 为角钢小面宽。

(8)不等边角钢小面外弯圆　展开料长的经验公式同公式 2-13。

式中,d 为角钢圆内径;b 为角钢小面宽。

经验公式一般是手工热弯得到的结果。它计算方便,已为钣金工常用。由于手工弯曲与压力机械弯曲的不同、冷弯与热弯的不同、方法和操作者的熟练程度不同等原因,经验公式计算的材料长度有时略长些,特别在冷压弯曲时较明显。对此,应在生产实践中不断地积累经验和数据,以充实和完善经验公式的准确程度。

第三节　划　　线

划线是放样的具体操作。它是用划线工具,在钢材表面划出中心线、定位线、轮廓线等。划线除了要求线条清晰均匀外,最重要的是保证尺寸的准确度。

划线有平面划线和立体划线两种。冷作钣金划线多数是在平面上划线,为了保证划线的准确性和较高的工作效率,必须熟练掌握各种基本的划线方法。

一、划线工具及使用

在钢板上划线常用的工具有划针、石笔、粉线、划规、长杆划规、90°角尺、样冲、曲线尺、划线规等。

(1)石笔和粉线

①石笔　用于要求较低或较大构件的划线,石笔在使用前应将头部磨成斜楔形,如图 2-20a 所示,以保证划出的线尽可能准确。

②粉线　用于划较长的直线,平时粉线绕于粉线盘上,如图 2-20b 所示。使用时将粉线拉出,并通过粉袋被涂敷上白粉,然后对准线段的两端,再绷紧弹出所需要的直线。注意拉弹时,应让粉线垂直钢板表面,当线长超过 2.5m 时,不要在风中操作,以免产生较大的误差。

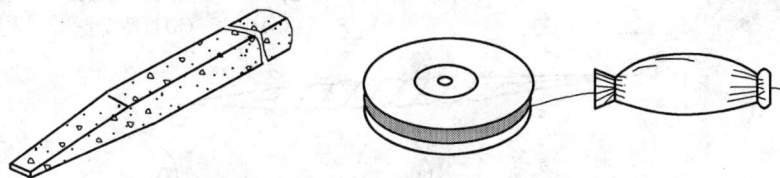

图 2-20　石笔和粉线

(a)石笔　(b)粉线

(2)长杆划规　如图 2-21 所示,用于划大圆或大圆弧。其长杆采用长方形的木质杆或圆形钢管等制成,划规脚套在长杆上,可往返移动,当其位置确定以后,用紧固螺钉锁定。使用时由两人操作;一人定圆心,另一人划出圆或圆弧。

(3)划规　如图 2-22 所示,可用于截取线段、划弧或划圆。其两尖端须经淬火方能经久耐用。

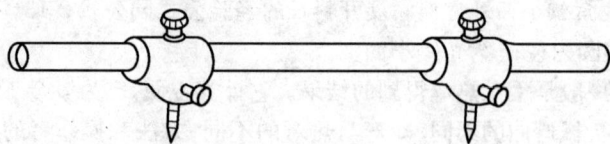

图 2-21 长杆划规

（4）样冲　多用高碳钢制作，如图 2-23a 所示。在放样和号料时用来打记号。打出样冲窝后，钻孔时容易找正，弯曲工件时便于检查。打冲姿势如图 2-23b 所示。

（5）划针　一般用中碳钢制作而成，如图 2-24a 所示，放样号料时用来代替石笔使用，精度较高。划点时一般划倒人字形，人字尖端为点的位置，如图 2-24b 所示。使用划针的姿势如图 2-24c 所示。

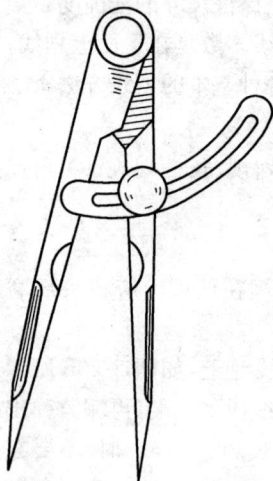

图 2-22 划规

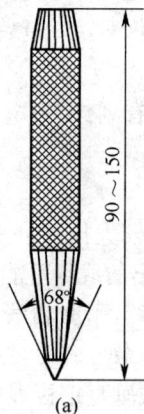

(a)

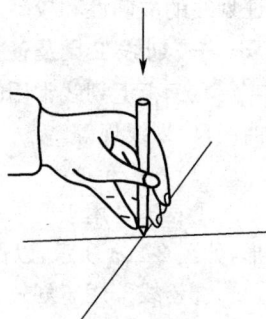

(b)

图 2-23 样冲与打冲姿势
（a）样冲　（b）打冲姿势

(a)

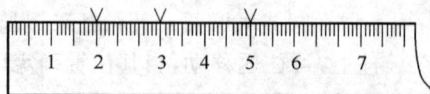

(b)

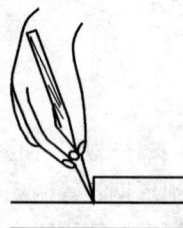

(c)

图 2-24 划针的使用
（a）划针　（b）点的划法　（c）划线姿势

（6）90°角尺　如图 2-25a 所示，有扁平和带肋两种。扁平 90°角尺是用厚 2～3 mm 的钢板、铜板、铝板或不锈钢制成，主要用于划直线或检验工件的垂直度。图 2-25b 所示为带肋角尺，其一边是条凸出的肋板，使用时将肋板紧靠型钢，即可划垂线或划出特殊角度直线。

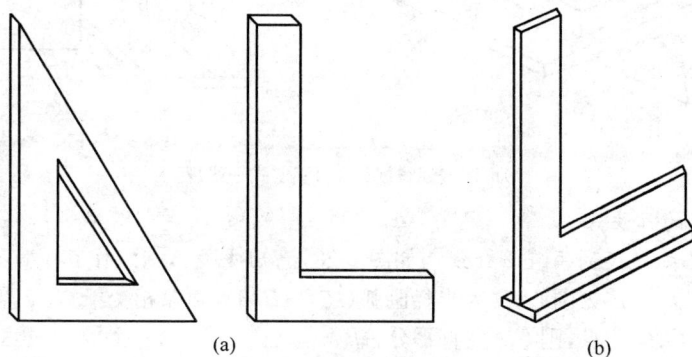

图 2-25　90°角尺

（a）扁平 90°角尺　（b）带肋 90°角尺

（7）曲线尺　用于在划线和放样时，光滑连接数个已知定点的专用尺。如图 2-26 所示为可调式曲线尺。它由弯曲尺、滑杆、横杆及定位螺钉组成。使用时移动滑杆和横杆的相对位置，让弯曲尺对准已知的定点，形成曲线，然后拧紧定位螺钉，用划针或石笔沿弯曲尺划出光滑的曲线。

如果没有曲线尺，也可用弹性较好的窄薄板、竹片、木条代替，让其弯曲边对准定点，用重物压紧，同样可划出曲线。

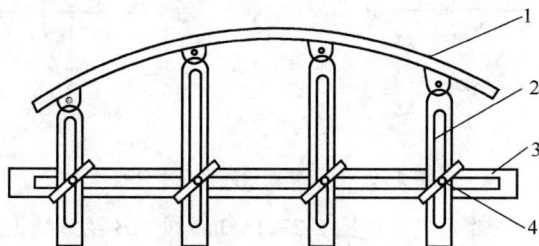

图 2-26　可调式曲线尺

1. 弯曲尺　2. 滑杆　3. 横杆　4. 定位螺钉

（8）划线规　用于划出与边缘相互平行的线段。如图 2-27 所示为可调式划线规和固定式划线规。划线时，划线规紧靠板边移动，其端点划针可划出平行线。

二、基本作图方法

任何一个复杂的图形，都是由直线、曲线、角度和圆等基本线条、基本几何图形构成的。因此，冷作钣金工除了要熟练地掌握识图知识外，还必须熟练地掌握线、角、弧、圆、相切连接、多边形、椭圆等基本作图方法。

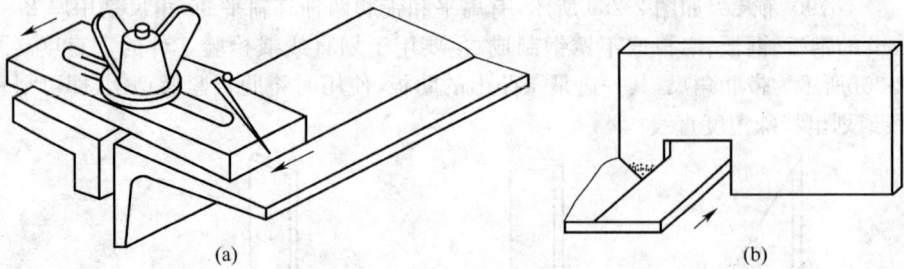

图 2-27　划线规

(a)可调式划线规　　(b)固定式划线规

1. 直线的作法

(1)作已知线段的垂直平分线　如图 2-28,已知线段 AB,求作其垂直平分线。

①分别以 A、B 为圆心,R 为半径画弧($R>AB/2$),两弧相交于 C、D 点;

②连接 C、D 两点,则 CD 垂直平分 AB。

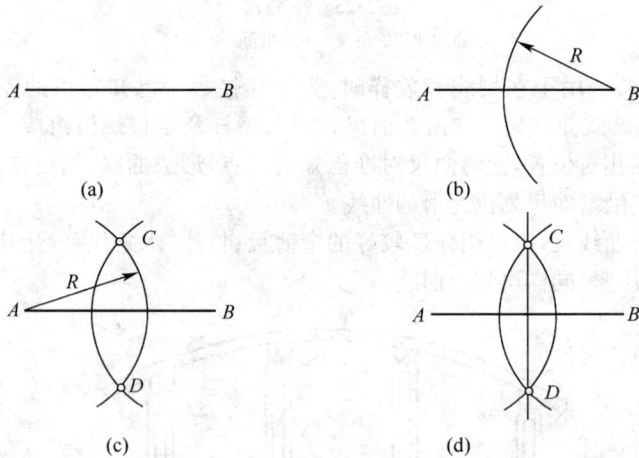

图 2-28　作已知线段的垂直平分线

(2)过直线上定点作垂线　如图 2-29,已知线段 AB 及该线上定点 C,求作过 C 点的 AB 的垂线。

①以 C 为圆心,适宜长为半径画弧交 AB 于 E、F 两点;

②分别以 E、F 两点为圆心,大于 FC 长为半径画圆弧相交于 D 点;

③连接 CD 两点,则 CD 垂直于 AB。

(3)过线段端点作垂线　如图 2-30,已知线段 AB,过端点 A 作 AB 的垂线。

①以 AB 线外适宜处的一点 O 为圆心,OA 为半径画圆,交 AB 于 D 点;

②连接 OD 并延长交圆周于 C 点;

③连接 CA,则 CA 垂直于 AB。

(4)作与已知直线成定距离的平行线　如图 2-31,已知直线 AB,定距离 H,作

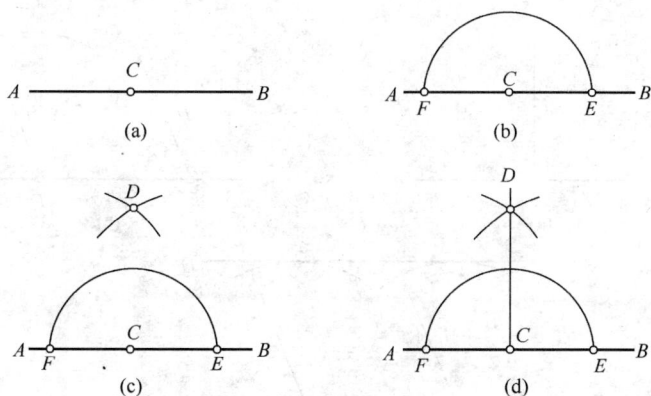

图 2-29 作直线上定点的垂线

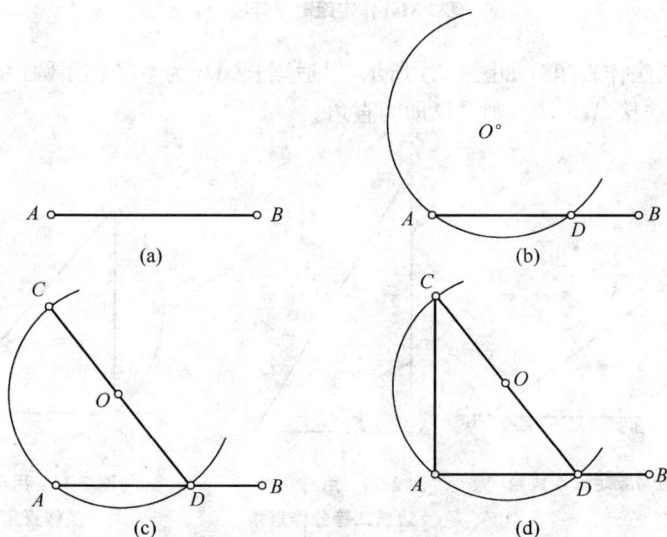

图 2-30 作线段端点的垂线

一与 AB 距离为 H 的平行线。

①在 AB 的两端任取两点 E、F 为圆心，H 为半径，画两圆弧；

②作两圆弧公切线 CD，则 CD 平行 AB，且距离 AB 为 H。

2. 角和三角形的作法

(1)作直角

①用勾股定理作直角　如图 2-32 所示，取 AB 直线为 4；再分别以 A 和 B 为圆心，取 3 和 5 为半径作弧交于 C 点；连接 CA，则 $\angle A = 90°$。

②用斜边长二等分作直角　如图 2-33 所示，作等腰三角形 ABC 使 AC 等于 BC；延长 BC，并取 CD 等于 BC；连接 AD，则 $\angle DAB$ 为直角。

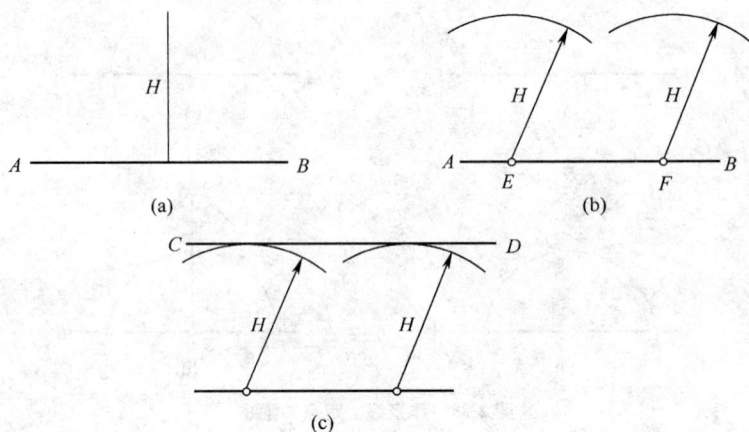

图 2-31　作定距离平行线

③用半圆法作直角　如图 2-34 所示,以适当长 AB 为直径作半圆;在半圆弧上任取一点 D,连接 AD、BD,则 $\angle D$ 即为直角。

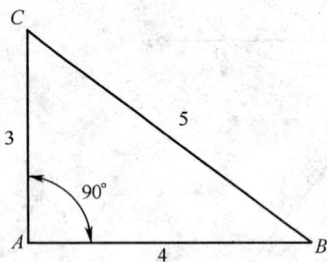

图 2-32　用勾股定理作直角

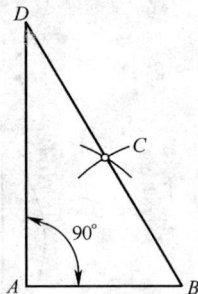

图 2-33　用三角形斜边长二等分作直角

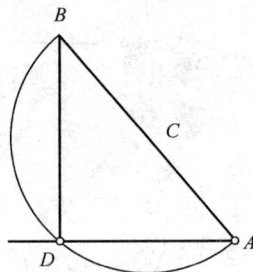

图 2-34　用半圆法作直角

(2)用近似法作任意角　如图 2-35 所示作一角等于 50°。

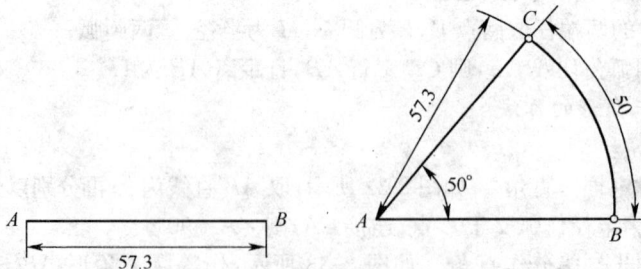

图 2-35　用近似法作任意角

①作直线 AB 等于 57.3mm,以 A 为圆心,AB 为半径画圆弧;

②在圆弧上每取 1mm 的弧长所对的圆心角为 1°,因此,截取 $\overset{\frown}{BC}$ 等于 50mm,则 $\angle CAB$ 即为 50°。

(3)作角等于已知角　如图 2-36a 所示,已知 $\angle ABC$,求作一角等于已知角。

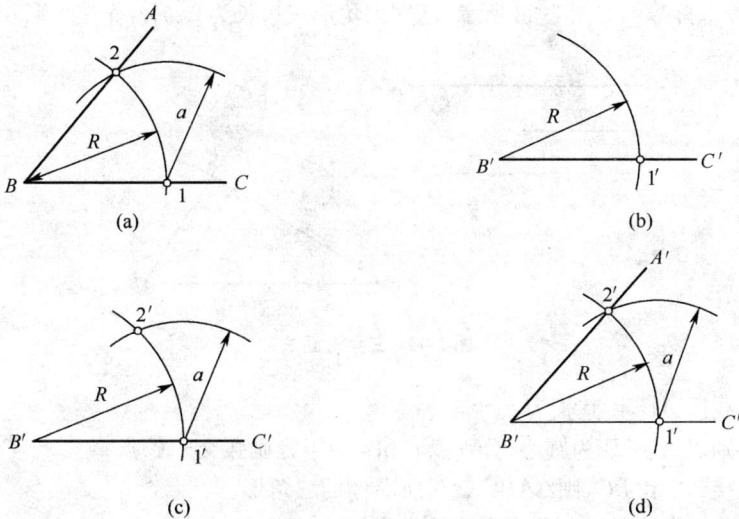

图 2-36　作角等于已知角

① 如图 2-36a 所示,以 B 点为圆心,适当长 R 为半径画圆弧,交两边于 1、2 点;

②如图 2-36b 所示,另作一直线 $B'C'$,以 B' 点为圆心,R 为半径画圆弧交 $B'C'$ 于 1′点;

③如图 2-36c 所示,以 1′点为圆心,用已知角上的 12 弦长为半径画圆弧交前弧于 2′点;

④如图 2-36d 所示,连接 2′B' 点,则 $\angle 2'B'1'$ 等于 $\angle ABC$。

(4)作角等于已知两角和　如图 2-37 所示,已知 $\angle 1$ 和 $\angle 2$,求作一角等于 $\angle 1$ 和 $\angle 2$ 的和。

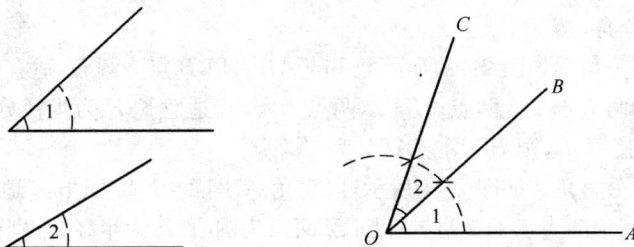

图 2-37　作角等于已知两角和

①用直尺和圆规作∠AOB＝∠1；

②以 O 为顶点，OB 为一边在∠AOB 的外面作∠BOC，使∠BOC＝∠2，则∠AOC 就是∠1＋∠2。

用同样的方法可以作一个角等于已知角的若干倍。

(5)作三角形　如图 2-38 所示，已知三角形三边长为 a、b、c，作三角形。

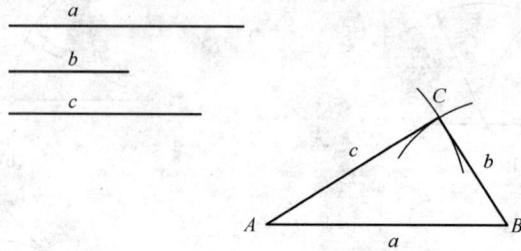

图 2-38　三角形画法

①作线段 AB，使其长为 a；

②分别以 A 和 B 为圆心，分别以 b 和 c 为半径画弧交于 C 点；

③连接 AC 和 BC，则△ABC 就是所求作的三角形。

这种作图方法是三角形展开法的作图基础。

3. 等分线段、角和弧的作法

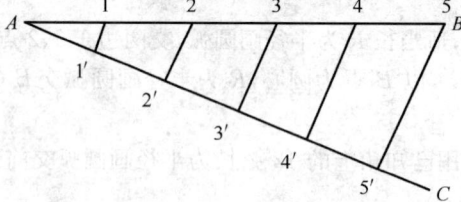

图 2-39　等分线段画法

(1)作等分线段　如图 2-39 所示，已知线段 AB，分该线段为 5 等分。

①以 A 点作射线 AC 与 AB 成一角度，最好取 $20°\sim40°$；

②由 A 点起在 AC 上截取任意 5 等分，等分点为 $1'$、$2'$、$3'$、$4'$、$5'$；

③连接 $B5'$，通过 $4'$、$3'$、$2'$、$1'$ 各点分别作 $B5'$ 的平行线，各平行线分别交 AB 于 4、3、2、1 点，将 AB 线段分为 5 等分。

(2)作等分角

①作二等分角　如图 2-40 所示，已知∠ABC，以 B 点为圆心，适宜长 R_1 为半径画圆弧交角的两边于 1、2 两点；以 1、2 两点为圆心，适宜长 R 为半径分别画圆弧相交于 D 点；连接 B、D，则 BD 分∠ABC 为二等分。

②作三等分直角　如图 2-41 所示，以直角 ABC 的 B 点为圆心，适宜长 R 为半径画圆弧，交直角两边于 1、2 两点；以 1、2 两点为圆心，R 为半径，分别画两弧、交前弧于 3、4 两点；连接 B3，B4，分直角 ABC 为三等分。

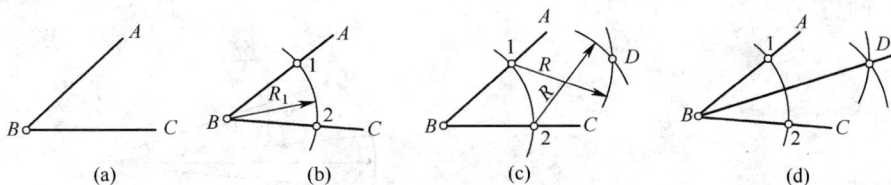

图 2-40 二等分角

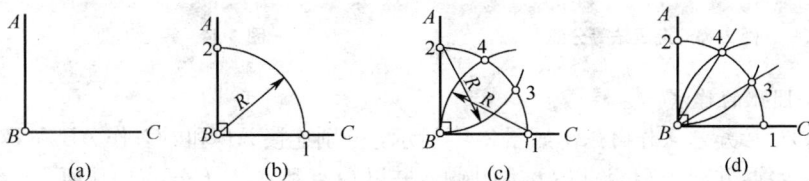

图 2-41 三等分直角

（3）作等分弧

①任意弧的等分 圆弧的 2、4、8、16、…、2^n（n 为正整数）等分可采用平分弦法，而对于其他等分数目的可采用渐近法。

平分弦法如图 2-42 所示，四等分圆弧 AB，作弦 AB 的垂直平分线交弧于 1 点；作弦 $A1$、$B1$ 的垂直平分线交弧于 2、3 两点，则 2、3、1 三点将 $\overset{\frown}{AB}$ 四等分。

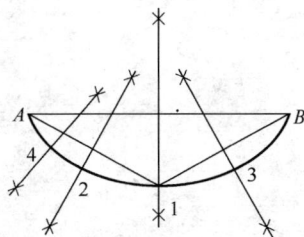

图 2-42 平分弦法等分弧

如果八等分 $\overset{\frown}{AB}$，则只要再作弦 $A2$、21、13、$3B$ 的垂直平分线及与弧的交点即是八等分的等分点。至于 16、32、64…等分，可依此类推。

渐近法如图 2-43 所示，五等分圆弧 AB。从弧一端 A 开始，依次用约为 1/5 弧长的划规量取 5 次，得分点 $1'$、$2'$、$3'$、$4'$、$5'$，如果 $5'$ 与 B 点不重合，则说明划规两脚的距离需要调整。

若 $5'$ 在 $\overset{\frown}{AB}$ 上，需加大划规两脚的距离，使其加大部分约等于目测出来的 $5'B$ 的 1/5；若 $5'$ 在 $\overset{\frown}{AB}$ 外，则应缩小划规两脚的距离。然后用调整过的划规重新分划 $\overset{\frown}{AB}$，如此重复以上步骤，就可使 $5'$ 和 B 重合，从而完成五等分圆弧。图中的 1、2、3、4 即为渐近五等分的分点。

对于其他数目的等分作图，也可依此类推。

②作等分半圆 如图 2-44 所示，五等分半圆弧。

将半圆的直径 AB 分为五等分；分别以 A、B 为圆心，AB 长为半径，画圆弧交于 O 点；作 O 与各分点 1、2、3、4 的连线，并延长交半圆于 $1'$、$2'$、$3'$、$4'$，则各点将半圆

$\overset{\frown}{AB}$近似五等分。

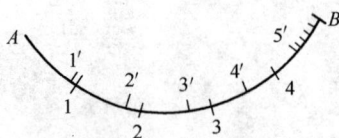

图 2-43 渐近法等分弧   图 2-44 等分半圆

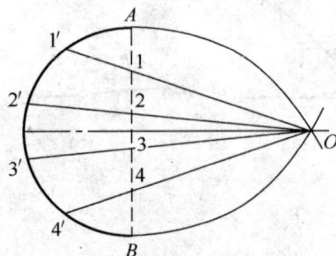

4. 圆弧的作法

(1)过已知三点作圆弧   如图 2-45 所示,分别连接 AB 和 BC;作 AB 和 BC 的垂直平分线,并交于 O 点;以 O 点为圆心,并以 O 点到 A、B、C 三点中任何一点的直线距离为半径画弧。

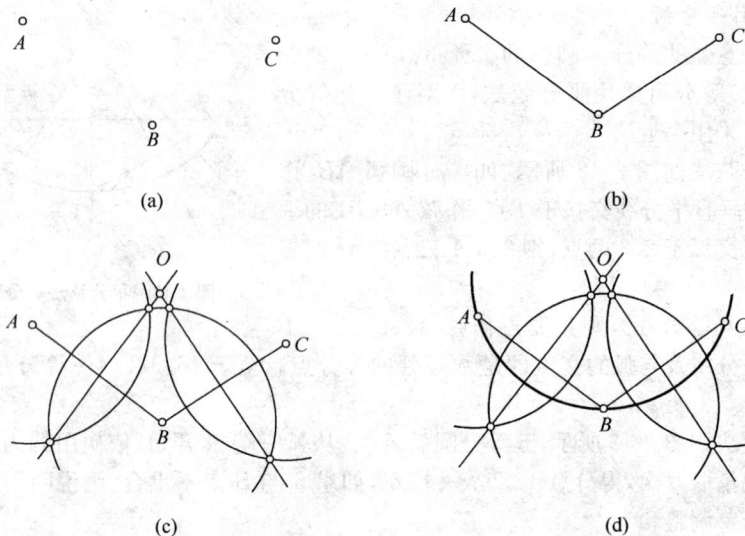

图 2-45   过已知三点作圆弧

(2)作大半径圆弧   当圆弧的半径很大时,不可能通过找圆心方法来作图,可借助计算机采用描点法来完成。如图 2-46 所示,若已知弦长 AB 及大圆弧半径值,在电脑上作弦长 AB 及 $\overset{\frown}{AB}$;以弦长 AB 的中点 F 作垂线交 $\overset{\frown}{AB}$ 于 F';将 AF 四等分(等分数越多所作的圆弧精度越高)得到 C、D、E 各点;分别过 C、D、E 各点作 AB 的垂线交 $\overset{\frown}{AB}$ 于 C'、D'、E';在电脑上查询出 CC'、DD'、EE'、FF' 之长,量取数值在材料上划线,光滑连接各点(C'、D'、E'、F')得到实际的大圆弧,其对称部分也如此操作。

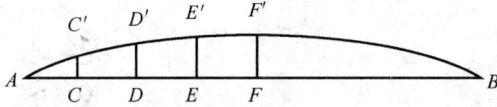

图 2-46 作大半径圆弧

5. 相切连接的作法

(1)作直角边与圆弧相切 如图 2-47 所示,已知直角 ABC 和半径 R,作圆弧与两直角边相切。以 B 为圆心,R 为半径画圆弧,交直角边 1、2 两点;分别以 1、2 两点为圆心,以已知 R 为半径画弧交于 O 点;以 O 点为圆心,以 R 为半径向直角的两边画弧,即得相切于直角边的圆弧线。

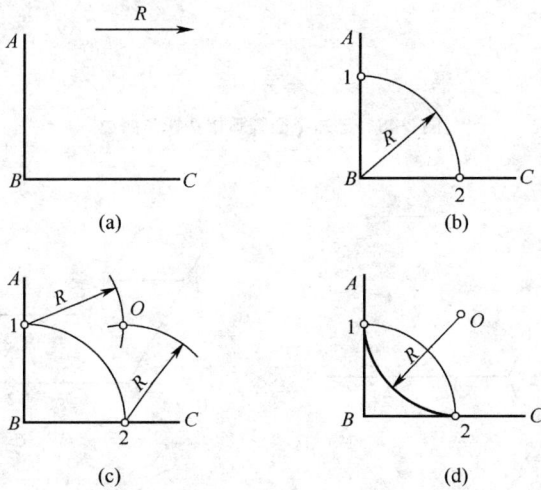

图 2-47 作直角边与圆弧相切

(2)作两直线与圆弧相切

①已知半径圆弧相切锐角两边 如图 2-48 所示,已知锐角 ABC 及连接圆弧半径为 R。在锐角两边上分别任取 1、2、3、4 四点为圆心,R 为半径画弧;分别作四弧的切线,平行于锐角两边,并得交点 O;过 O 点分别作 AB、BC 的垂线,交于 5、6 两点;以 O 点为圆心,R 为半径画弧即得连接圆弧。

②已知半径圆弧相切钝角两边 如图 2-49 所示,作图法与上例完全相同。

③作圆弧外切于已知直线并和已知圆弧连接 如图 2-50 所示,已知直线 AB 和已知 O_1 圆弧的半径 R_1,作半径为 R 的圆弧切直线 AB 并与已知圆弧相连接。

以已知圆弧半径 R 为距离,作直线 AB 的平行线 CD;以 O_1 为圆心,$R+R_1$ 为半

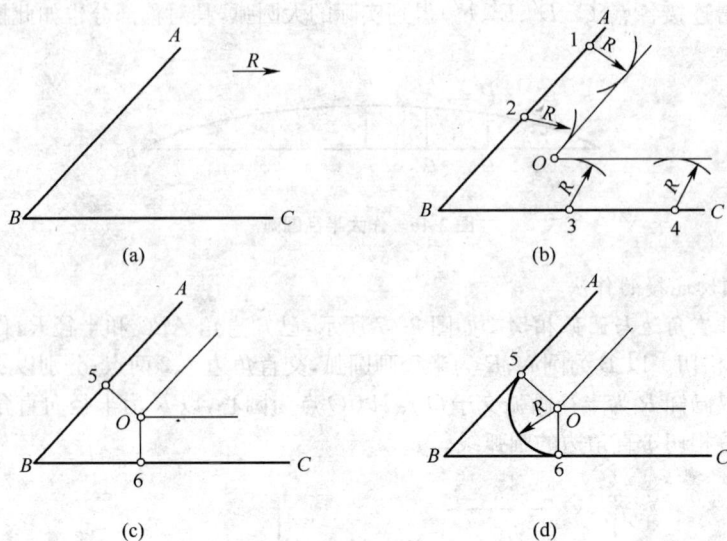

图 2-48   已知半径圆弧相切锐角两边

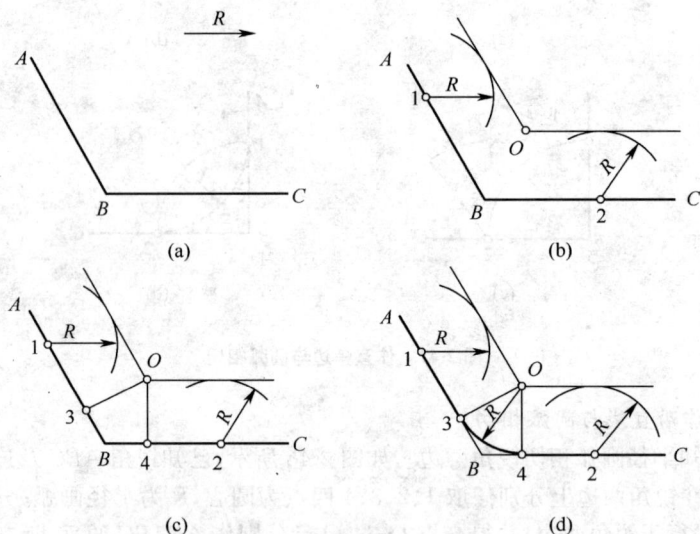

图 2-49   已知半径圆弧相切钝角两边

径画弧,并使之与已作的直线 CD 交于 O 点;自 O 点作直线 AB 的垂线,交于 1 点,连接 OO_1 直线交已知半径为 R_1 的圆弧于 2 点,1、2 即切点;以 O 为圆心,R 为半径画圆弧,即得与已知直线 AB 相切,并与已知半径为 R_1 的圆弧相连接的圆弧。

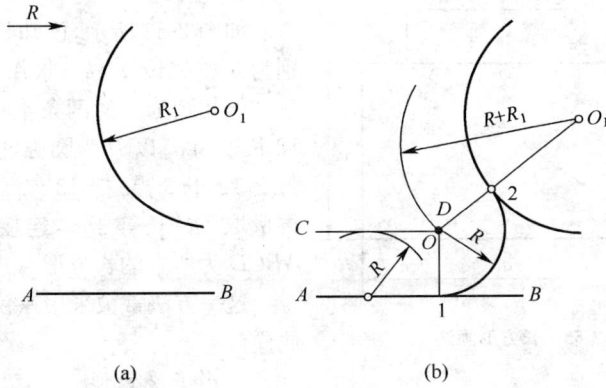

图 2-50 作外切于已知直线并和已知圆弧连接

④作两圆弧间的外切连接　如图 2-51 所示,已知连接圆弧的半径为 R,作圆弧同时外切于已知圆心为 O_1 和 O_2,半径为 R_1 和 R_2 的两圆弧。

分别以 O_1、O_2 为圆心,$(R_1 + R)$、$(R_2 + R)$ 为半径画弧,并相交于 O 点;连接 OO_1 线交已知的 O_1 圆弧于 A 点,连接 OO_2 线交已知的 O_2 圆弧于 B 点,A、B 即为相切点;以 O 为圆心,R 为半径画圆弧,即得与已知两圆弧相外切的圆弧。

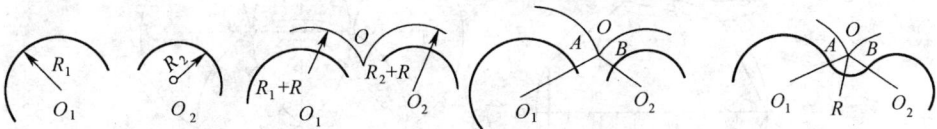

图 2-51 作两圆弧间的外切连接

⑤作两圆弧间的内切连接　如图 2-52 所示,已知连接圆弧的半径为 R,作圆弧同时内切于已知圆心为 O_1 和 O_2 半径为 R_1 和 R_2 的两圆弧。

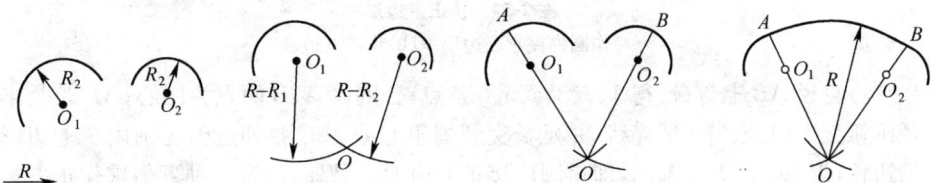

图 2-52 作两圆弧间的内切连接

分别以 O_1 和 O_2 为圆心,$(R - R_1)$、$(R - R_2)$ 为半径画圆弧,并相交于 O 点;连接 OO_1 交已知的 O_1 圆弧于 A 点,连接 OO_2 交已知的 O_2 圆弧于 B 点,A、B 即为相切点;以 O 为圆心,R 为半径画圆弧,即得与已知的两圆弧相内切的圆弧。

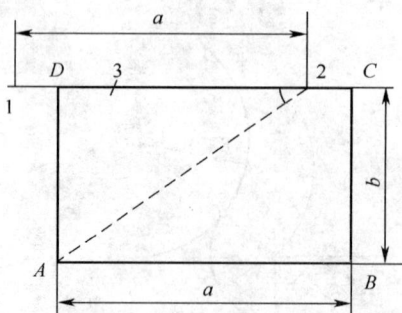

图 2-53   长方形画法

6. 作长方形

如图 2-53 所示,已知长方形的边长分别为 a 和 b(设 $a>b$),求作该长方形。

作相距为 b 的两条平行线 AB 和 12,12 长度为 a;以 B 为圆心,以 $A2$ 为半径画弧交 12 于 3 点;把 13 二等分,中点为 D,再量取 DC 长等于 a,连接 AD 和 CB,则 $ABCD$ 为所求的长方形。

这一方法常被采用在较大尺寸长方形放样。

7. 作正多边形

(1)已知外接圆直径作正多边形

①已知外接圆直径求作正七边形   如图 2-54a 所示,已知正多边形外接圆直径为 AB,求作正七边形。

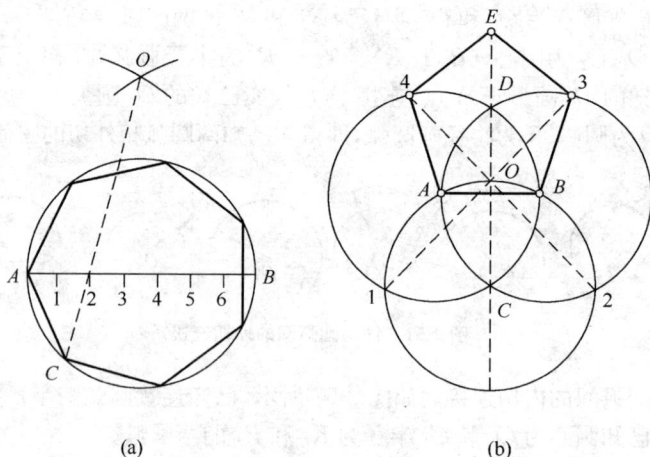

(a)   (b)

图 2-54   作正多边形

(a)作圆内接正七边形   (b)作正五边形

将直径 AB 七等分,得 $1、2、3、4、5、6$ 各点;分别以 $A、B$ 两点为圆心,AB 长为半径画弧交于 O 点;作 $O2$ 连线,并延长交圆周于 C 点,AC 弦即近似为圆内正七边形的边长;以 AC 长等分圆周,即得圆内接正七边形。另外,还有一种近似求作正七边形的方法。

将已知外接圆直径七等分;取其三等分即为正七边形的边长,以此为定长在圆周上依次截取可把圆周七等分,稍有误差应加以调整;把各等分点用直线顺次相连,即得所求作的正七边形。

②已知外接圆直径求作任意正多边形   将已知外接圆直径等分为与所要求作

的正多边形的边数相等,而其他作图步骤均与上述求作圆内接七边形的两种方法相同。如果所要求作的正多边形的边数是偶数时,则可采用较为简单的方法。

例 6　已知外接圆的两条互相垂直的直径作正四边形、正八边形、正十六边形等。

解　从圆周上作已知外接圆的两条互相垂直的直径,分别与圆周交于四点,用直线顺次连接此四点,即得正四边形。将正四边形边长所对的弧二等分,就可以得到圆周八等分点,由此也就得正八边形。对于正十六边形、正三十二边形,也可以照此方法画出。

例 7　已知外接圆的半径,直接作正六边形、正十二边形、正二十四边形等。

解　从圆周上任取一点,依次用已知外接圆的半径截取圆周,大致将圆六等分,把等分点用直线顺次相连,即得正六边形。将正六边形所对的弧二等分,就可得出圆周十二等分点,由此可得正十二边形。对于正二十四边形、四十八边形,也可照此方法画出。

(2)已知边长作正五边形　如图 2-54b 所示,已知正五边形的边长为 AB,求作正五边形。

分别以 A、B 两点为圆心,已知边长 AB 为半径画两个圆并相交于 C、D 两点;以 C 点为圆心,AB 边长为半径画圆,交 A 圆于 1 点,交 B 圆为 2 点;连接 CD,交 C 圆于 O 点;连接 $1O$ 并延长交 B 圆于 3,连接 $2O$ 并延长交 A 圆于 4;分别以 3、4 两点为圆心,AB 边长为半径画圆弧交 CD 延长线于 E 点;把 B、3、E、4、A 顺次连接起来,即得正五边形。

8. 作椭圆、心形圆、蛋形圆

(1)已知长轴不知短轴作椭圆

①三等分法　如图 2-55 所示,已知长轴为 AB,求作椭圆。

将 AB 三等分,等分点为 O、O_1;以其中一等分长为半径,分别以 O、O_1 为圆心作圆交于 1、2 点;再分别以 A、B 为圆心,以一等分长为半径画弧交两圆得 3、4、5、6 四点;分别以 1、2 点为圆心,15 长为半径画弧连接 5、6 和 3、4 即完成作图。

②四等分法　如图 2-56 所示,已知长轴为 AB,求作椭圆。

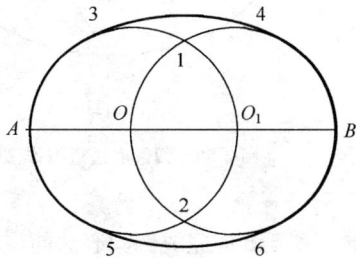

图 2-55　三等分作椭圆

将 AB 四等分,O、O_1 为其中两个等分点,以其中一等分长为半径,分别以 O、O_1 为圆心画圆;以 OO_1 长为半径,分别以 O、O_1 为圆心,画弧交于 1、2 两点;作 $1O$ 的延长线交圆周于 6;以同样方法得 3、4 和 5 各点;分别以 1、2 为圆心,以 16 长为半径画弧,连接 5、6 和 3、4 即完成作图。

(2)已知短轴不知长轴作椭圆　如图 2-57 所示,已知短轴为 ab,求作椭圆。

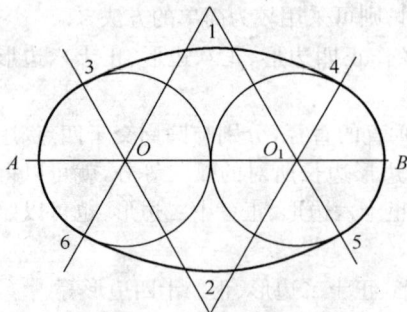

图 2-56　四等分作椭圆

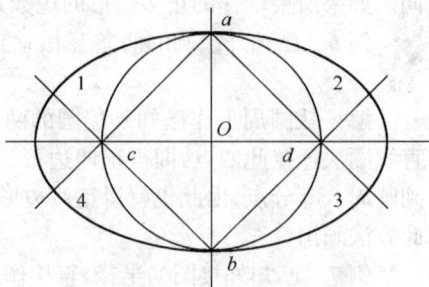

图 2-57　已知短轴不知长轴作椭圆

以已知短轴 ab 的中点 O 为圆心,aO 为半径画圆;过圆心 O 作 ab 的垂直线交圆于 c、d 两点;分别作 ac、ad、bc、bd 的连线并延长;分别以 a、b 为圆心,ab 长为半径画弧交 ac 延长线于 4,交 ad 延长线于 3,交 bc 延长线于 1,交 bd 延长线于 2 各点;分别以 c、d 为圆心,$c1$ 线、$d2$ 线为半径画弧,连接 1、4 和 2、3 即完成作图。

(3)四圆心法近似作椭圆　如图 2-58 所示,已知长轴为 ab,短轴为 cd,求作椭圆。

先画垂线(十字线),并分别取 ab 和 cd 为已知长、短轴;作 ac 连线,以 O 为圆心,aO 为半径画弧与 Oc 延长线相交于 e 点;以 c 为圆心,ce 为半径画弧交 ac 于 f;作 af 的垂直平分线分别交长轴 ab 于 1 点和短轴 cd 于 2 点;分别以 $O1$ 和 $O2$ 为半径,以 O 为圆心,分别截取 3、4 两点,1、2、3、4 即为四圆心;分别以 2、4 为圆心,$2c$ 为半径画弧连 5、6 和 7、8,又分别以 1、3 为圆心,16 长为半径画弧连接

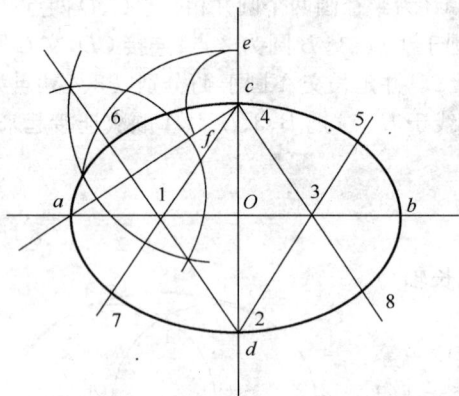

图 2-58　四圆心法近似作椭圆

6、7 和 5、8 即完成四圆心法的作图。

(4)同心圆法作椭圆　如图 2-59 所示,已知长轴 AB、短轴 CD,求作椭圆。

先画垂线(十字线)得交点为 O,用已知长、短轴 AB、CD 为直径画大小两圆,将大圆十二等分并作对称连线,如图 2-59a 所示;自大圆弧上各交点分别向 AB 直径作垂直线,如图 2-59b 所示;自小圆弧各交点分别向大圆弧作 AB 直径的平行线,与所作的垂直线得交点 1、2、3、4、5、6、7、8,如图 2-59c 所示;用弧线按顺序连接 C、1、2、B、3、4、D、5、6、A、7、8、C 各点,即完成椭圆作图,如图 2-59d 所示。

(5)平行四边形法作椭圆　如图 2-60 所示,已知长轴为 AB,短轴为 CD,求作椭圆。

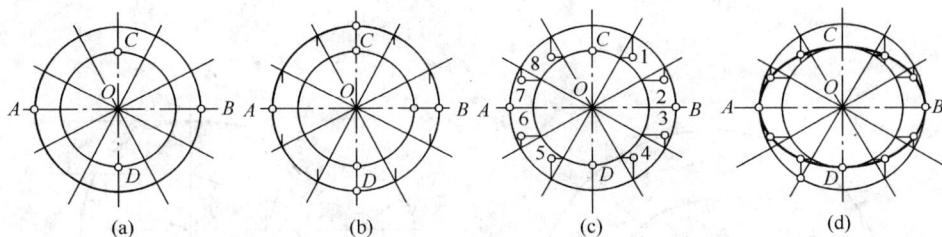

图 2-59　同心圆法作椭圆

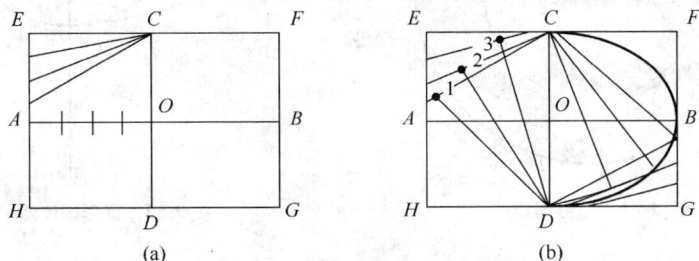

图 2-60　平行四边形法作椭圆

先作十字线得交点为 O,通过已知长短轴的 A、B、C、D 四点分别作 AB 与 CD 的平行线成矩形,得交点为 E、F、G、H。将 OA、AE 分别四等分,从 C 作 AE 线上各等分点的连线,如图 2-60a 所示;从 D 作 OA 线上各等分点的连线并延长交从 C 与 AE 各等分点的连线上得交点 1、2、3,如图 2-60b 所示。将 $A123C$ 顺序连成曲线即可得 1/4 椭圆弧;同理分别画出其他三边曲线即可完成椭圆作图。

(6)心形圆作法　如图 2-61 所示,已知 A、B 两圆半径分别为 r 和 R,且 $R>r$,作心形圆。

以 B 为圆心,以 $R-r$ 长为半径画弧交圆 A 于 1、2 点;分别以 1 和 2 为圆心,以 r 为半径分别画弧切大圆 B 于 3 和 4 两点,则 $\overset{\frown}{A4}$、$\overset{\frown}{453}$、$\overset{\frown}{3A}$ 组成一个心形圆。

(7)蛋形圆作法　如图 2-62 所示,已知 AB、R、r、a,$R>r$,作蛋形圆。

过 B 作 AB 的垂线交大圆于 C 点,截取 $CD=r$;连接 AD,且作 AD 的垂直平分线交 CB 的延长线于 O_1,截取 $BO_2=BO_1$ 得 O_2 点(图 2-62 中省略);分别以 O_1 和 O_2 为圆心,以 O_1C 为半径画弧 $\overset{\frown}{CE}$、$\overset{\frown}{FG}$,完成蛋形圆。

三、划线基本规则和常用工艺符号

1. 划线基本规则

为了保证划线质量,在划线前应核对钢材牌号、规格等是否符合图样的技术要求,被划线的钢材表面应平整、干净,无麻点、裂纹等缺陷,如果表面呈波浪或凹凸等平面度误差过大,就会影响到划线的准确度,应予以矫正。划线量具要定期检验校正,并尽可能采用高效率的划线工具,如样板、样杆等。划线时,应严格遵守以下规则:

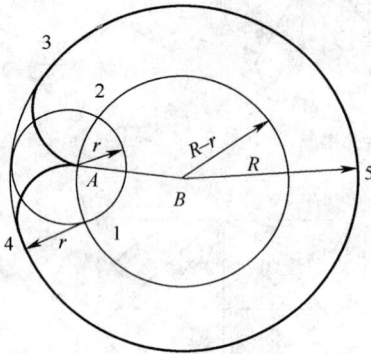

图 2-61　心形圆作法

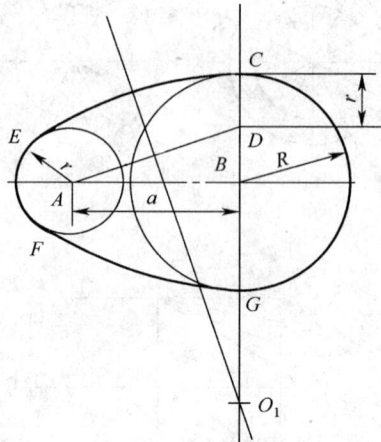

图 2-62　蛋形圆作法

①垂直线必须用作图法划,不能用角度尺或 90°角尺划,更不能用目测法划线。

②用圆规在钢板上划圆、圆弧或分量尺寸时,为防止圆规脚尖滑动,必须先冲出样冲眼。

③当所划的直线长度超过直尺时,必须用粉线一次弹出;超长直线分段划时,其段与段之间应有一定的重合长度,且重合长度不能太短,否则直线难以平直。

2．划线常用工艺符号

为了表达划线后应加工的工序性质、内容和范围,常在零件钢材划线处标出各种工艺符号,常用工艺符号见表 2-7。

表 2-7　划线常用工艺符号

名　称	符　号	符　号　说　明
剪断线	(a) (b) (c)	图 a,在划线上打上錾子印,并注上"S"符号,表示剪切线; 图 b,在双线上均打上錾子印,并注上"S"符号,表示切割线; 图 c,在划线上打上錾子印,并注上斜线符号,表示剪切或切割后斜线一侧为余料
中心线		在划线的两端打上 3 个样冲眼,并注上符号

续表 2-7

名　　称	符　　号	符　号　说　明
对称线 （翻中线）	在划线的两端打上 3 个样冲眼，并注上符号，表示零件图形或样板图形与此线左右完全对称
压角线	正压 90° 反压 60°	在划线的两端打上 3 个样冲眼，并注上符号，表示钢材弯成（正或反）一定角度或直角
轧圆线	反轧圈　　正轧圈	在钢板上注上"⌒⌒⌒⌒"反轧圈符号，表示弯成圆筒形后，标记在外侧。注上"⌒⌒⌒⌒"正轧圈符号，表示弯成圆筒形后，标记在筒内侧
刨边线		在划线的两端均打上 3 个样冲眼，并注上符号，表示加工边以此线为准

第四节　作 展 开 图

将构件的各个表面依次摊开在一个平面上的过程称为立体表面的展开。展开在平面上的图形称为构件的展开图，作展开图的过程称为展开放样。为了正确掌握展开放样的方法，必须了解构件表面的展开性质。

构件表面根据其展开性质，分可展和不可展表面两类。若构件表面能全部平整地平摊在一个平面上，而不发生撕裂或皱褶，这种表面称为可展表面。反之，称为不可展表面，不可展表面也能作近似的展开。

要判断一个曲面或曲面的一部分是否可展，方法很简单，只要用一根直尺靠在物体上，旋转尺子，看尺子能不能在某个方向上和物体表面全部靠合，如果能靠合，记下这一位置，而后，再在附近任一点选定一个新的靠合位置，如果每当靠合后的尺子所在直线都互相平行，或者都相交于一点（或延长后交于一点），那么该物体的表面就是可展的。换句话说，如果在截体（一个几何体被一个或几个平面或曲面截切，所分成的每一部分，都叫截体）表面上能找到一组相互平行的直线或能找出都交于一点的一组直线，那么该截体的表面就是可展的，否则是不可展的。

我们说的不可展，就像把一个乒乓球表面在不改变其面积大小的情况下，不可能展成平面那样。但是，我们可以把乒乓球撕成很多小块，把每一小块近似地看成一个小平面，再把这些小平面铺到同一平面上去，从而得到展开图。这引导我们得出了用微小平面面积的总和去逼近不可展曲面的概念，它是解决不可展表面的近似展开问题的基本原理。

一、求倾斜线实长的方法

冷作钣金工要作出构件的展开图,就必须先要知道这个展开图的实际尺寸或构成展开图的各有关实际尺寸,但是用来作展开图的某些必要尺寸,在放样图上却不反映(或不表现为)实长。要想解决这个矛盾,那就必须求出线条的实长。

1. 特殊位置线求实长

在三视图中,一条空间线段的投影,必须具备一定条件,即特殊位置线,才能在投影面上反映出该空间线段的实长,如图 2-63、图 2-64 所示。

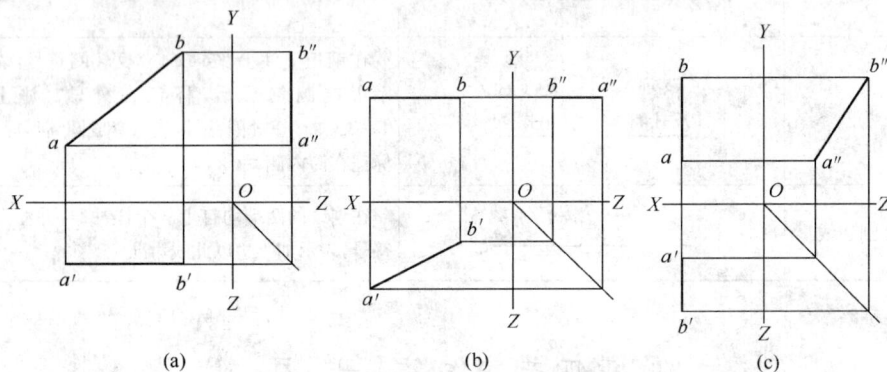

图 2-63　空间线段在三投影面中的投影

①在图 2-63a 中,当一线段在水平面中的投影 $a'b'$ 为水平线段时. 则在正面中的投影 ab 反映线段实长;当一条线段在侧面中的投影 $a''b$ 为铅垂线段时,则在正面中的投影 ab 反映线段实长。

②在图 2-63b 中,当一线段在正面中的投影 ab 为水平线段时,或者当一线段在侧面中的投影 $a''b''$ 为水平线段时,则在水平面中的投影 $a'b'$ 反映空间线段实长。

③在图 2-63c 中,当一线段在正面中的投影 ab 为铅垂线段,或当一线段在水平面中的投影 $a'b'$ 为铅垂线段时,则在侧面中的投影 $a''b''$ 反映空间线段实长。

④在图 2-64 中,当一线段在任一投影面上的投影是一个点时,则该线段在其他两个投影面上的投影都相等且反映空间线段实长。

· 只有当空间线段平行于某投影面时,在该投影面上的投影才反映空间线段的实长。

2. 一般位置线求实长

如果空间一条线段在投影面上的投影不符合上面四个条件中的任何一个,那么这条线段就是一般位置线,三个投影面上的投影均不反映实长,求出该线段的实长需用下述几种方法。

(1)直三角形法　在图 2-65a 中,一般位置线段 AB 向正面和水平面投影所得

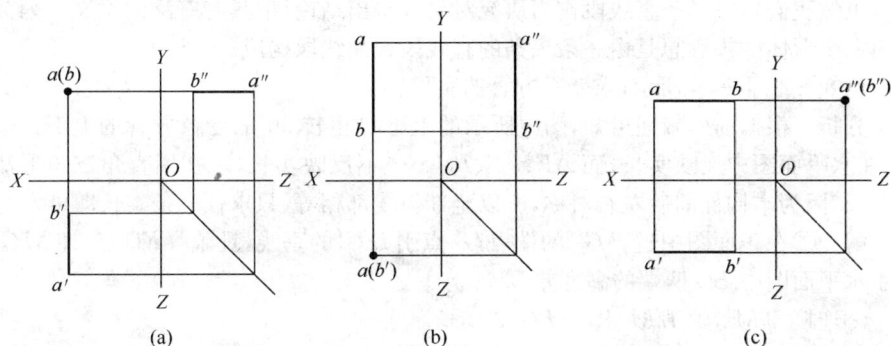

图 2-64 空间线段平行于两个投影面时的投影

ab 和 $a'b'$。假如过 B 作 ab 的平行线,交 Aa 于 a_1,Ba_1 的水平面投影又是 $a_1'b'$,显然,$\triangle BAa_1$ 是直角三角形,$\angle Ba_1A=90°$,$a_1B=ab$,$a_1A=a_1'a'$,而 $a_1'a'$ 又等于 $a'b'$ 的两端点到 OX 轴的距离差,所以 a_1A 也等于 $a'b'$ 两端点到 OX 的距离差,而斜边 AB 即实长。

①如图 2-65b 所示,我们只要作一个直角三角形,两直角边分别为 ab 和 Aa 长,斜边即实长。具体作法如下:

过水平面投影 b' 引水平线交 aa' 于 a_1';过正面投影 a 点,作 ab 的垂线且截取 $aA = a'a_1'$,连接 Ab 就是空间线段的实长线。

②同样,在图 2-65a 中,假如我们过 A 点作 $a'b'$ 的平行线交 Bb' 于 b_1,则 Ab_1 在正面的投影为 b_2a,直角三角形 Ab_1B 中,直角边 b_1B 等于 ab 的两端点到轴线 OX 的距离差,另一直角边 $Ab_1 = ab$,而斜边 AB 即实长。如图 2-65c 所示,过 a 作水平线交 bb' 于 b_2;以 $a'b'$ 和 $b'B=bb_2$ 为两直角边作直角三角形,斜边 Ba' 即为空间线段实长线。

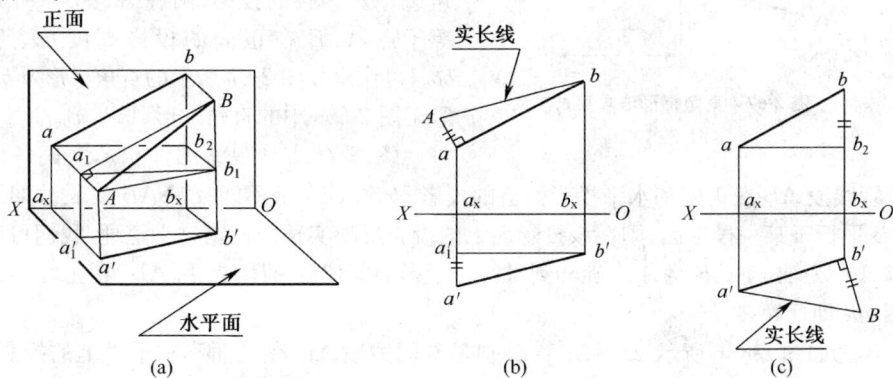

图 2-65 直角三角形法求实长

虽然我们仅以一条直线段作为研究对象并得出结论,但具有广泛的意义。因为任何一个形体的投影总是由一条一条的直线段或曲线段构成。

例 8   如图 2-66 所示,求变径方管的实长。

分析   根据前面叙述可知,图中所示的上下口扭转 $90°$ 的变径方管的上下口边长,在水平面图中反映实长;而 AF、FB、BG……不反映实长,现在用直角三角形法求实长,因为本构件前后左右对称,所以全部斜线都相等,只求任一条实长即可。

解   ①在正面图中过 $B'G'$ 的端点 G' 点引 $B'G'$ 的垂线,且截取 M' 点,使 $M'G'$ 等于水平面图中 BG 两端的高度差 BM;

②连接 $B'M'$,则 $B'M'$ 即为 BG 的实长。

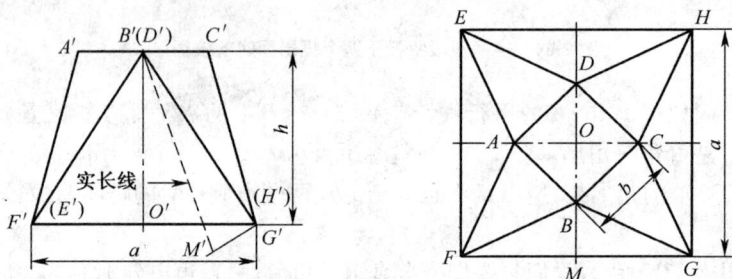

图 2-66   用直角三角形法求实长

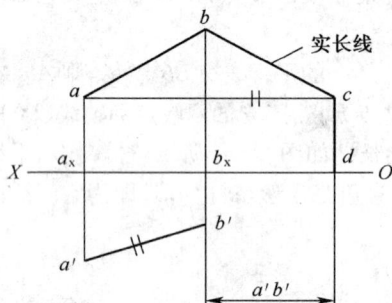

图 2-67   直角梯形法求实长

(2)直角梯形法   仍以图 2-65a 中的空间一般位置线段 AB 为例。斜线 AB 与其一个投影 $a'b'$,以及过端点 A、B 的投影线,组成了两底为 Aa'、Bb' 和两腰为 AB、$a'b'$ 的直角梯形 $Aa'b'B$,其斜腰 AB 即为斜线的实长。图 2-65a 中,直角梯形的直角边 $a'b'$ 为腰的投影,两底 Aa'、Bb' 分别等于点 A、B 在正面的投影高度 aa_x 和 bb_x,可作出如图 2-67 所示的直角梯形 cdb_xb 等于图 2-65a 中的直角梯形 $Aa'b'B$。

(3)旋转法   观察图 2-68a,空间一般位置线段 AB 在正面和水平投影面上的投影 ab 和 $a'b'$ 都不能反映 AB 实长。如果 AB 平行于某一投影面,则在该投影面上的投影反映实长。根据这一道理,我们可以以 Aa' 为轴,使 AB 绕 Aa' 旋转到平行于投影面的位置 AB_1 为止,AB_1 在正面的投影 ab_1 即反映实长。

①如图 2-68b 所示,ab 和 $a'b'$ 分别是空间线段 AB 在正面和水平面上的投影,根据旋转法的原理,只要经过下列步骤即可求出实长:

在水平面图中以 a' 为圆心,$a'b'$ 为半径画弧,与过 a' 的水平线交于 b_2;由 b_2 作

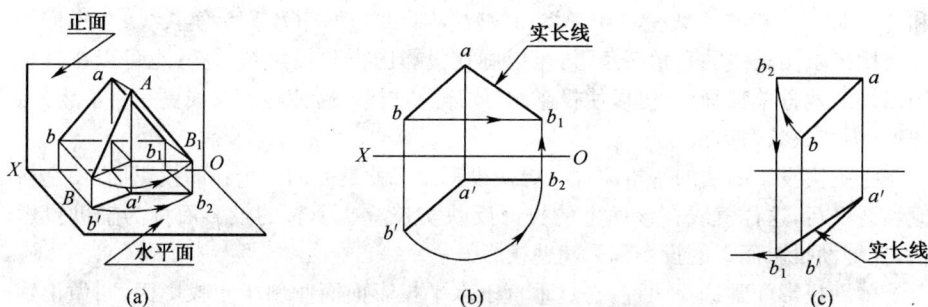

图 2-68 旋转法求实长

铅垂线与由正面过 b 的水平线相交于 b_1；连接 ab_1，则 ab_1 即为实长。

②同样在图 2-68a 中，如果以 Aa 为轴，将 AB 旋转到平行于水平面的位置，则此时 AB 在水平面上的投影反映实长。根据上述道理，参考图 2-68c，求实长线的步骤如下：

以正面图中 a 为圆心，以 ab 为半径画弧，与过 a 的水平线交于 b_2；过 b_2 作铅垂线，与水平面图中过 b' 所作水平线相交于 b_1；连接 $a'b_1$，则 $a'b_1$ 为实长。

例 9 如图 2-69 所示，用旋转法求斜圆锥素线实长

分析 水平面图中的 $O'1$、$O'2$、$O'3$、$O'4$、$O'5$…是斜圆锥表面的八等分素线，如果过 $1\sim5$ 各点引 $O'5$ 垂线，交正面图 AB 于 $1'$、$2'$、$3'$、$4'$、$5'$ 各点，再将 $1'O$、$2'O$、$3'O$… 连接起来，那么 $1'O$、$2'O$…就是上述八等分素线在正面图中的投影。现在要求这几条素线的实长，显然 $O'1$、$O'5$ 为水平线，所以其实长分别为正面图中的 $1°O$ 和 $5°O$，即 OA 和 OB。现用旋转法求其他各条素线实长。

解 在水平面图中以 O' 为圆心，分别以 $O'2$、$O'3$、$O'4$ 为半径画弧，交过 O' 的水平线 $O'5$ 于 $2°°$、$3°°$

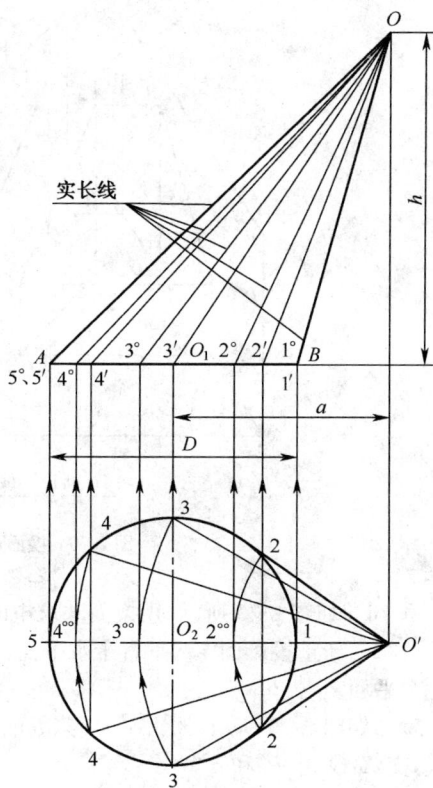

图 2-69 旋转法求实长

和 4^∞；过 $2^{\infty\infty}\sim4^{\infty\infty}$ 作垂线交 AB 于 2°、3° 和 4°，则 $O2^\circ$、$O3^\circ$、$O4^\circ$ 即为实长线。

用来求实长线的直角三角形，可以画在投影图上与投影图重叠，也可以在投影图以外的地方单独画出，可以使投影图（放样图）更清晰，使各实长线更一目了然。

(4)更换投影面法

①更换投影面法的基本原理　更换投影面法就是另加一个新的投影面，使它与倾斜线平行，这样直线在该面上的投影反映实长。这个新的投影面称为辅助投影面，在辅助投影面上的投影称为辅助投影。

辅助投影面常选择两种：一是垂直于水平投影面而倾斜于正投影面，叫做正辅助投影面；二是垂直于正投影面而倾斜于水平面，叫做水平辅助投影面。

如图 2-70 所示，原正面图和新正面图中的对应点的高度相等，即 $a'_1a^\infty=a'a^\circ$、$b'_1b^\infty=b'b^\circ$。把图 2-70 上的各投影面展开到同一平面上，如图 2-71 所示，新投影面以 X_1O_1 为轴，向远离 XO 轴线的方向旋转 90°，与原水平投影面 H 重合，然后再与原水平投影面 H 一起向下旋转 90°，这样投影面 V、H、V_1 展开为一个平面，如图 2-72所示。

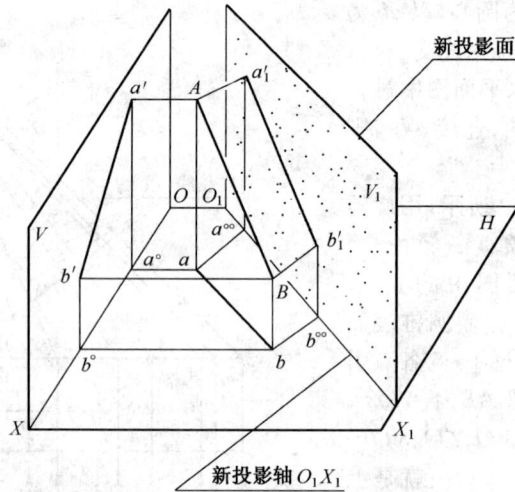

图 2-70　换面法基本原理

例 10　如图 2-70 所示，用换面法求空间直线 AB 的实长。

分析　新正投影面 V_1 垂直于水平面，新投影轴 O_1X_1，将投影面 V、H、V_1 展开为一个平面。

解　如图 2-72 所示，作水平投影 ab 的平行轴线 X_1O_1；过 a、b 两点作 X_1O_1 的垂线，交 X_1O_1 于 b^∞ 和 a^∞ 两点；

截取 $b^\infty b'_1$ 和 $a^\infty a'_1$，使它们分别等于正面图中 b'、a' 到 XO 的距离 $b'b^\circ$ 和 $a'a^\circ$；连接 $a'_1b'_1$，$a'_1b'_1$ 即为实长。

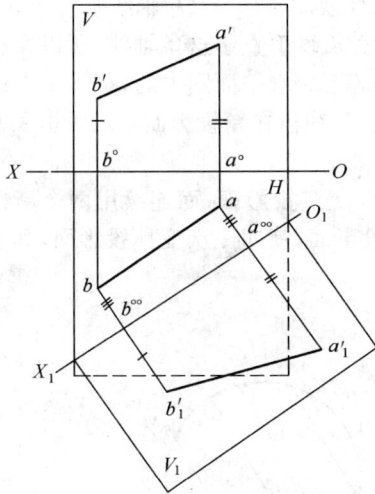

图 2-71 投影图

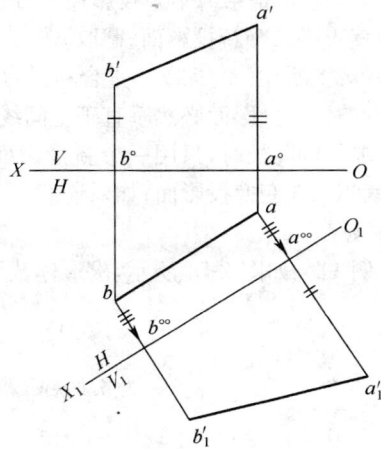

图 2-72 实长线图

②更换投影面法的用途 用于求线段投影的实长;用于把空间一般位置线段变成某新投影面的特殊位置线段,如图 2-73 所示。

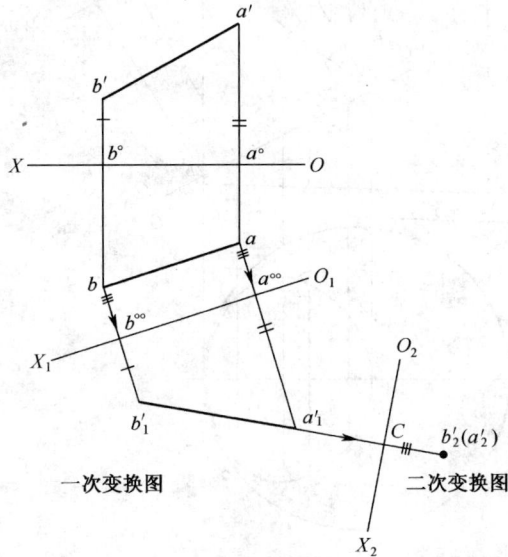

一次变换图　　　　　　　二次变换图

图 2-73 把空间一般位置线段变成某新投影面的特殊位置线段

先求投影线段的实长,即作一次变换图。作 X_1O_1 平行于 ab;过 a、b 作 X_1O_1 垂线,交 X_1O_1 于 a° 和 b°;截取 $b'_1b^\circ=b'b^\circ$,$a^\circ a'_1=a^\circ a'$;连接 $a'_1b'_1$ 即为实长;

再作和实长线垂直的新投影面,即作二次变换图。作 X_2O_2 轴线垂直于 $a'_1b'_1$ 交于 C,X_2O_2 是第二个新投影面的轴线,因为实长线垂直于这条轴线,所以实长线必垂直于第二个新投影面;截取 ca'_2、cb'_2 分别等于原水平面图中的 $bb°°$、$aa°°$;由于 $bb°°=aa°°$,所以 a'_2 和 b'_2 重合;我们知道,当空间线段在新投影面上的投影积聚为一个点时,新投影面必然垂直于空间线段。

求线段实长时,只用一个新投影面,叫一次变换投影面;而连续用两个新投影面,就叫二次变换投影面;如果连续用三个新投影面,就叫三次变换投影面,其余类推。

例 11　如图 2-74 所示,求形体截面的实形。

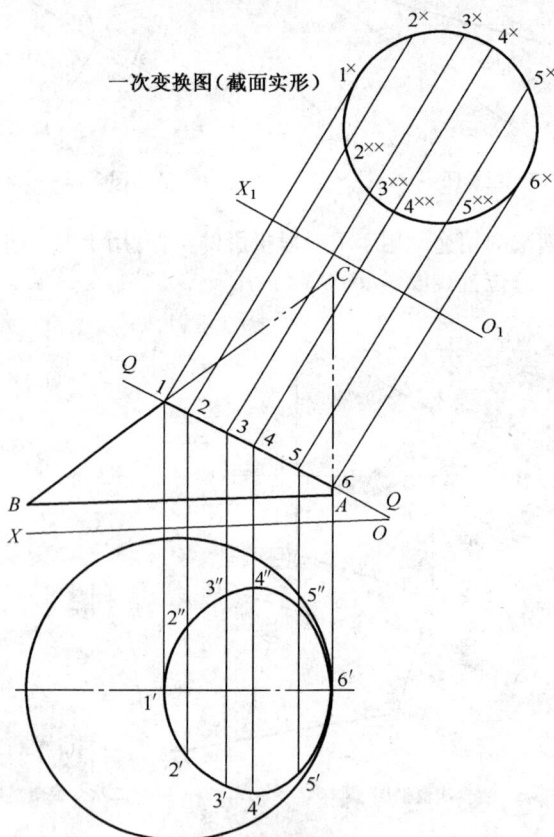

图 2-74　求形体截面的实形

分析　斜圆锥被切面 Q 截切,截交线在水平面图中表现为一条已知的封闭曲线,现求截面的实际形状。

解　如图 2-74 所示,作法如下:

由正面图 QQ 上任意选取 1、2、3…6，并向下引 XO 的垂线，交水平面截交线投影于 1′、2′、3′、4′…6′、5″…2″、1″各点；作 QQ 的平行轴线 X_1O_1，过 1～6 点作 X_1O_1 的垂线；在各条垂线上逆时针顺序截取 1$^×$、2$^{××}$、3$^{××}$…2$^×$ 点到 X_1O_1 的距离分别等于水平面截交线上顺时针顺序各点 1′、2″、3″…2′ 到 XO 轴的距离；光滑连接 1$^×$、2$^{××}$、3$^{××}$…2$^×$、1$^×$ 各点，求得截面实形。

求倾斜线实长的方法总结如图 2-75 所示。

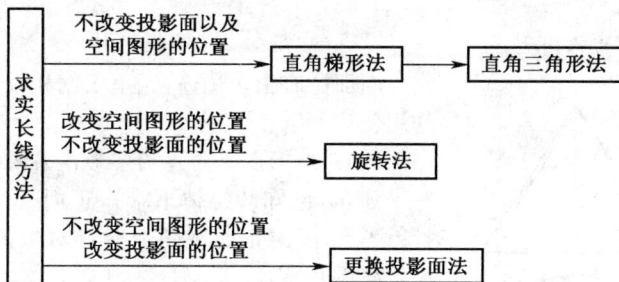

图 2-75　求倾斜线实长方法一览表

二、断面图

反映构件（形体）口端切口实际形状和大小的图形叫端口断面图，简称断面图。例如，用锯床切断钢管，当锯路与钢管中心线垂直时，则断面图为一圆形；锯路不与钢管中心线垂直时，断面图为一椭圆。断面图是放样图的重要组成部分，在整个下料过程中起着重要的甚至关键的作用，因而在叙述作展开图的方法之前必须讨论清楚。

1. 断面图的形成

下面通过叙述画圆管的正面视图（主视图）的断面图说明断面图的形成。如图 2-76 所示，用一个与圆管轴线垂直的切面 Q 截切形体，获得一圆形切口。将该圆随切面 Q 向离开形体的方向转动，一直转动到圆形切口能反映实形为止，这样就形成了断面图，如图 2-77 所示。

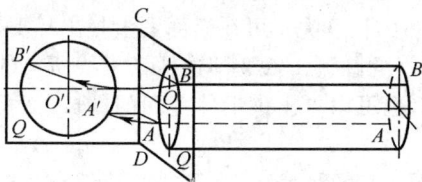

图 2-76　断面图的形成

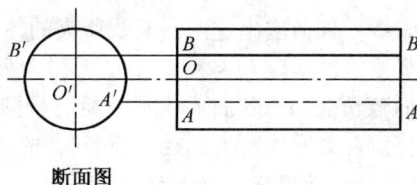

断面图

图 2-77　圆管的断面图

在图 2-76 中，圆管外表面（圆柱面）的 B-B 素线是可见的，它与切面 Q 交于 B 点，随着切面 Q 的转动，B 点在转动后形成了断面图的 B' 点。同样，圆柱面上的不

可见素线 A-A 与切面 Q 交于 A 点,随切面 Q 的转动,A 点在转动后形成了断面图上的 A' 点。由上述可见,断面图上的点与圆柱体的素线有着一一对应的关系。这个关系反映了断面图的基本性质。可概括为:

形体上的可见素线,对应着断面图上离形体视图较远的点;不可见素线对应着断面图上离形体视图较近的点。反之,凡在断面图上离形体视图较远的点,必对应着形体视图上可见的素线;凡断面图上离形体视图较近的点,必对应着形体视图上不可见的素线。

2. 断面图的作用

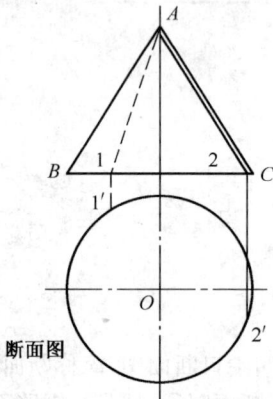

**图 2-78　断面图上的点确定
形体素线的位置**

断面图有很多用途,这里仅就和钣金下料有关的作用叙述如下:

(1)用断面图上的点确定形体素线的位置　如图 2-78 所示,已知圆锥体下端口正面视图的断面图的 $1'$ 和 $2'$ 点,画出正面视图上两点对应的素线 A-1 和 A-2。作图步骤:

①过 $1'$ 点作铅垂线交 BC 于 1 点,因 $1'$ 点为离视图较近的点,因而 1 点与 A 的连线为不可见素线 A-1 的正面投影,所以用虚线连接。

②过 $2'$ 点作铅垂线交 BC 于 2 点,因 $2'$ 点为离视图较远的点,因而 2 与 A 的连线为可见素线 A-2 在正面视图的投影,所以用实线画出。

(2)用断面图来确定形体的形状　构件形体形状确定后,则它的断面图的形状及大小也就确定了。反之,对于某些特定的构件,如果预先确定了断面图的大小和形状,则形体的形状也就确定了。如图 2-79 所示构件的上口为圆,下口为椭圆,那么构件的形体就确定了。

(3)用断面图确定形体截面的周长、面积及任意两条素线间的径向弧长　如图 2-80 所示,由正面视图和断面图可知构件为一圆管。由于断面图为圆形,圆管端口断面周长为 πD,面积为 $\frac{\pi}{4}D^2$。在正面视图上有两条素线 $1'$-$1'$、$2'$-$2'$($2'$-$2'$ 为不可见的素线),如何求出这两条素线所夹的径向圆弧的长度呢? 可在断面图上找出 $1'$-$1'$、$2'$-$2'$ 素线的对应点 1 和 2,于是 1 和 2 两点之间的圆弧 1-A-2 即这两条素线所夹的径向弧长。如果断面形状不是圆而是椭圆的,也可以求出该形体截面的周长、面积及任意两条素线所夹的径向弧长。

(4)断面图可以减少放样图的数量　如图 2-81 所示为一个等径两节任意角度的圆管弯头。如果不采用断面图,至少要画出两个视图才能表达清楚弯头的形状;即使用视图表达得比较清楚了,但只凭视图而没有断面图的配合,还是不能展开的。如图 2-81 中只画出圆管弯头的正面视图及其端口的断面图,不再画出水平面视图,

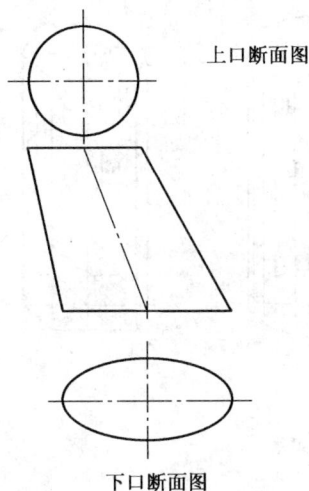

图 2-79 断面图确定形体的形状

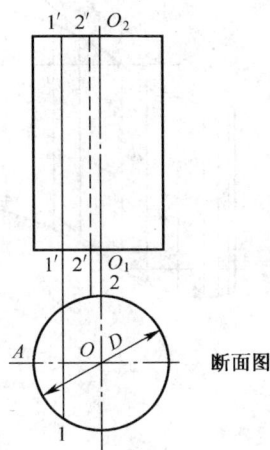

图 2-80 断面图确定形体截面的周长、面积、弧长

也可以清楚地表达出弯头的形状,同时还给之后的展开提供了便利的条件。

所以,恰当地运用断面图,可以达到减少放样图的数量,有利于作展开图,从而达到节约工时的目的。

总之,断面图在下料的整个过程中起着很重要的作用,是下料、展开的重要手段之一,应熟练掌握。

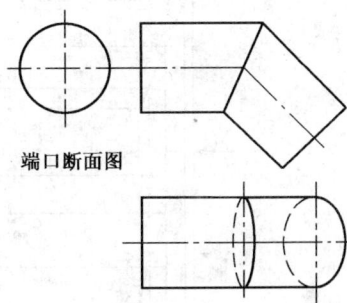

图 2-81 等径两节任意角度的弯头

三、常用作展开图的方法

1. 平行线展开法

如果截体的表面,是由一组相互平行的直素线所构成,如图 2-82 所示。这些截体表面的展开,可以应用平行线展开法,也就是说,平行线展开法常用来展开柱状形体的侧表面。

平行线展开法的原理是将相邻的两条素线及其上下两端夹口线所围成的微小面积,看成近似的平面梯形或长方形,当分成的微小面积无限多的时候,则各小平面面积的和,就等于截体的表面积。若我们把所有微小平面面积按照原来的先后顺序和上下相对位置,不遗漏地、不重叠地铺平开来的时候,截体的表面就被展开了。这跟打开一个卷着的竹帘子的道理是一样的。

生产实际中我们不可能把截体表面分成无限多个小平面,只可将其分成几块乃至几十块小平面。

例 12 如图 2-83 所示,作斜截圆管的侧面展开图,图中尺寸不考虑板的厚度。

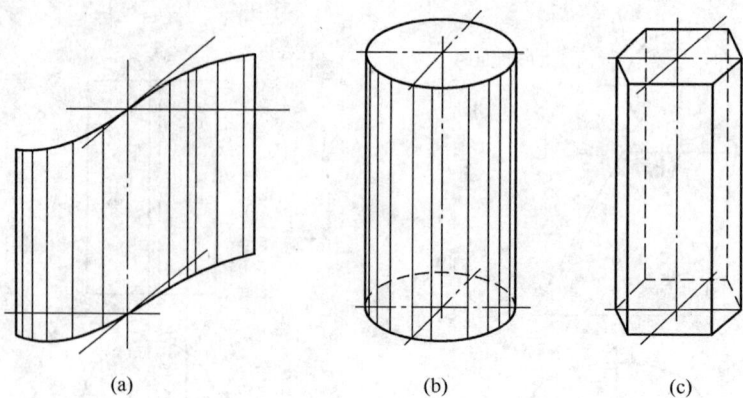

图 2-82 可展开表面实例

(a)挡板 (b)圆管 (c)棱柱

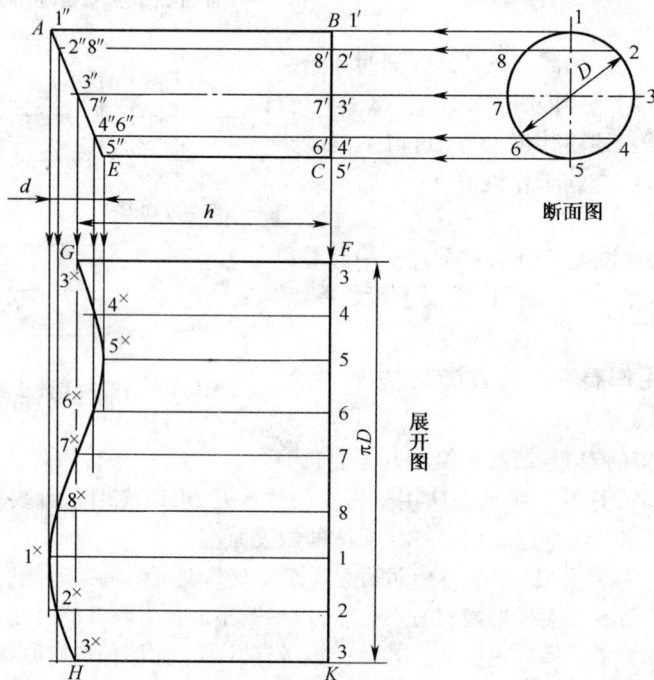

图 2-83 任意斜截圆管的侧面展开

解 由断面图八等分点 1~8 引水平线至正面图 BC 于 1'~8',交 AE 于 1"~8";在 BC 的延长线上取 FK=πD,将 FK 八等分,并标注各等分点 3、2、1、8…3,过 FK 上各点引水平投影线与由正面图中 1"~8"各点所引铅垂投影线同名对应相交于

$3^\times$、$2^\times$、$1^\times$、$8^\times$…$3'$各点,可作出八个等宽的近似梯形。

圆管的展开图中,$3^\times\sim3'$点所确定的不是直线而是曲线,需光滑连接完成展开图。

例 13　如图 2-84 所示,一端被两相交平面斜截,一端被圆柱面截切的圆管截体,求作展开图。

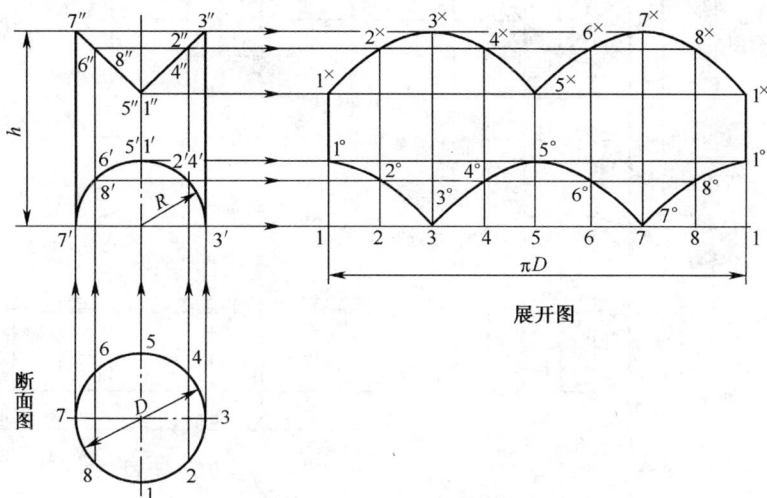

图 2-84　作圆管截体的侧面展开图

过左上正面图 $7'$、$3'$点作水平直线,其上截取 $11=\pi D$,且分成八等分,得等分点 1、2、3、4…8、1,将断面图中圆周八等分,由等分点引线分别交正面图下端线、上端线 $1'8'$、$1''8''$各点;过各交点引 11 的平行线,对应确定 $1°\sim8°$、$1^\times\sim8^\times$各点;光滑连接 $1^\times\sim5^\times\sim1^\times$、$1°\sim3\sim7\sim1°$曲线,完成展开图。

例 14　如图 2-85 所示,作椭圆管被方管垂直截切的截体展开图。

解　①正面图中的正方形即为方管断面图,椭圆管截体的展开应用平行线法。

把方管的断面均分为八等分,由等分点 1~8 引竖线交椭圆管断面图周边于 $1'\sim8'$各点,在垂直于椭圆管轴线的方向上取线段 AB 等于椭圆管断面周长,且对应找出 $1'\sim8'$各点,由 AB 上各截点引 AB 垂线,与正面图中 1~8 各点所引 AB 平行线同名对应相交于 $1^\times\sim8^\times$各点,光滑连接点,并连接 AD、DC、CB,即得椭圆管展开图。

②方管截体的展开应用平行线法。

延长 MN,在其上截取方管断面周长 77,且对应找出 1~8 各点;由 77 上各点引 MN 的垂线,与由水平图中 $1'\sim8'$各点所引 MN 平行线同名对应相交,将交点 $7^\times\sim7^\times$光滑连接,则得方管展开图。

例 15　如图 2-86 所示,作曲面挡板的展开图。

解　用平行线展开法。

图中上方的椭圆管被方管垂直截切的截体展开图，标注有 D、C、$7^\times$、$8^\times$、$6^\times$、$1^\times$、$5^\times$、$2^\times$、$4^\times$、$3^\times$、A、$1'$ $2'$ $8'3'7'4'6'$ $5'$、B 等点，右侧标注"椭圆管展开图"，下方标注"椭圆周长"。左侧标注"方管断面图"，下方标注 h、c。

椭圆管断面图，标注 b、$1'$、$5'$、$2'8'3'7'4'6'$、h_1、M、N。

方管展开图，标注 $1^\times$、$2^\times$、$4^\times$、$5^\times$、$6^\times$、$7^\times$、$8^\times$、$3^\times$、7、8、1、3、4、5、6、a、a、a、a。

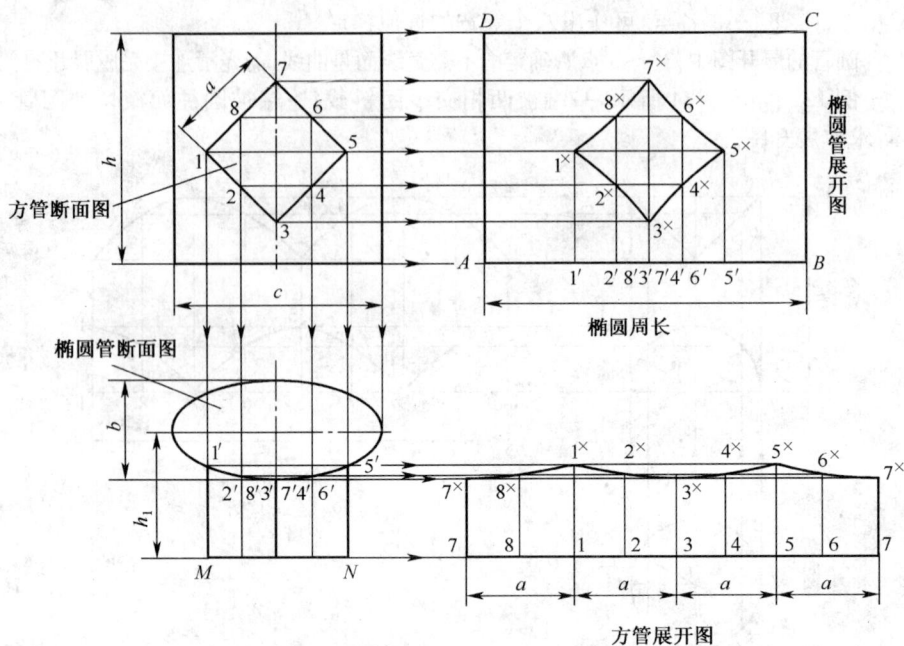

图 2-85　椭圆管被方管垂直截切的截体展开

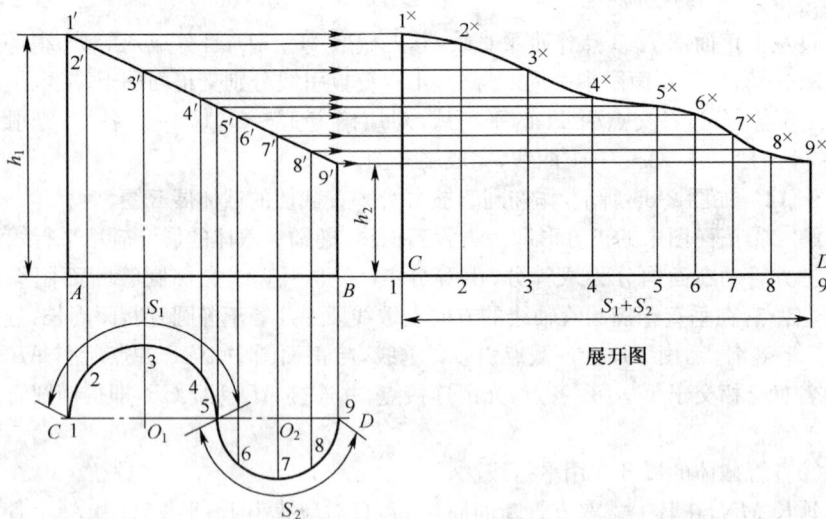

曲面挡板的展开图，正面图标注 $1'$、$2'$、$3'$、$4'$、$5'6'7'$、$8'9'$、h_1、A、S_1、B、C、1、2、3、4、5、O_1、9、O_2、8、D、6、7、S_2。展开图标注 $1^\times$、$2^\times$、$3^\times$、$4^\times$、$5^\times$、$6^\times$、$7^\times$、$8^\times$、$9^\times$、h_2、C、2、3、4、5、6、7、8、9、D、S_1+S_2。

图 2-86　曲面挡板的展开

将水平面图中的曲线任意分截成八等分，过分点 1～9 向上作竖线交正面图于 $1'$～$9'$；在 AB 延长线上取 CD 等于水平面图中曲线长，且对应找出 1～9 各点；由

CD 上各点引垂线,与过正面图 $1'\sim9'$ 各点所引 CD 的平行线,同名对应相交于 $1^{\times}\sim$ $9^{\times}$ 各点;光滑连接 $1^{\times}\sim9^{\times}$ 各点,完成展开图。

平行线展开法作图小结:

①只有当形体表面的直素线都彼此平行,而且都将实长表现于投影图上时,才可使用平行线展开法。

②任意等分(或任意分割)断面图,由各等分点向正面图引投射线,在正面图得一系列交点。

③在与直素线相垂直的方向上截取一线段,使其等于断面(周)长,且找出断面图上各对应分点,过此线段上各点垂线与素线的垂直线对应相交,再把交点顺次光滑连接可得展开图。

2. 辅助圆展开法

平行线展开法的特殊情形可用辅助圆法,此方法只对斜截圆管有效。

例 16　如图 2-87 所示,用辅助圆法展开斜截圆管构件铲 X 形坡口。

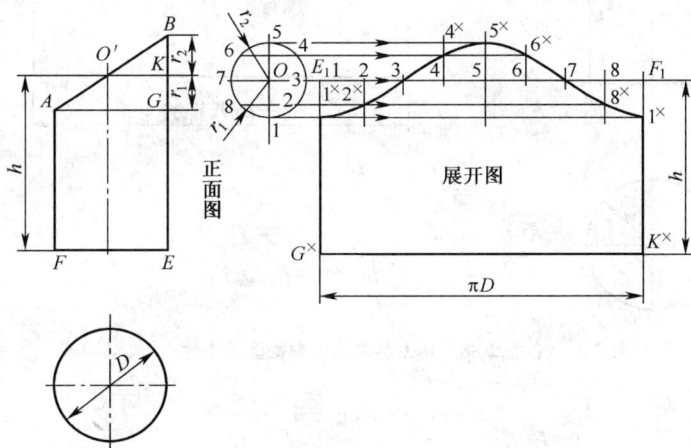

图 2-87　用辅助圆法展开斜截圆管构件

分析　如图 2-87 所示,在斜截圆管的展开图上有一条曲线,这条曲线是一条周期为 πD,振幅为 r 的正弦曲线。因此,我们可以利用辅助圆法直接画出这条曲线。

解　由 A、O' 点引 BE 垂线,交于 G 和 K 点,BK、KG 即是辅助圆的半径,也就是图 2-87 中的 r_1 和 r_2,如果这一构件铲 X 形坡口,则 $r_1 = r_2 = r$;若不铲坡口,则 $r_1 \neq r_2$。以 O 为圆心,辅助圆半径 $r_1(r_2)$ 为半径画圆,且分成八等分,等分点为 $1\sim8$,过圆心 O 作水平线,在水平线上截取 $E_1F_1 = \pi D$。由 E_1F_1 上的八等分点引垂线,与由辅助圆上的八等分点所引水平线,同名对应相交于 $1^{\times}\sim5^{\times}\sim1^{\times}$ 各点;将各点光滑连接,即得展开图中的曲线,再从 E_1、F_1 截取 $E_1G^{\times} = F_1K^{\times} = h$,连接 $G^{\times}K^{\times}$,得到斜截圆管构件的展开图。

辅助圆展开法作展开图小结：

①求出辅助圆半径；

②利用辅助圆求出展开图中的曲线部分；

③再画出其他部分，得一封闭的展开图轮廓线。

3. 系数展开法

系数法仅适用于作斜截圆管的展开图。上例已经说到，斜截圆管展开图中的曲线是正弦曲线，如图 2-88 所示，其方程式如下：

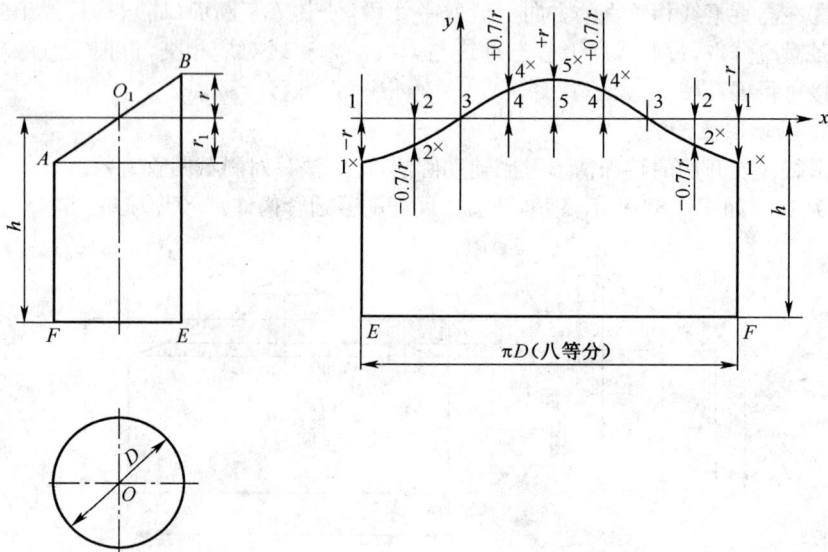

图 2-88　用系数法展开斜截圆管构件

$$y = r\sin\frac{2}{D}x \tag{2-16}$$

式中，r 为辅助圆半径，可由放样图得出；D 为已知的圆管直径；x 为断面圆周 πD 展开线段上任一点到该线段左端距离；y 为对应于 x 值，在展开图上沿圆管素线方向所取的值。

现在将 πD 八等分，则 x 在各等分点上的值依次为 0、$\dfrac{\pi D}{8}$、$\dfrac{2\pi D}{8}$、$\dfrac{3\pi D}{8}$、$\dfrac{4\pi D}{8}$、$\dfrac{5\pi D}{8}$、$\dfrac{6\pi D}{8}$、$\dfrac{7\pi D}{8}$、πD。再把这 8 个值代入 $y = r\sin\dfrac{2}{D}x$ 中，我们就会得到 y 的八个相应的值：0、$+0.71r$、$+r$、$+0.71r$、0、$-0.71r$、$-r$、$-0.71r$、0。展开系数见表 2-8。

表 2-8　圆周八等分时展开系数表

等分点	1	2	3	4	5	4	3	2	1
y 值	$-r$	$-0.71r$	0	$+0.71r$	$+r$	$+0.71r$	0	$-0.71r$	$-r$

例17　如图 2-88 所示,用系数法展开斜截圆管构件。

解　求出辅助圆半径 r;列出展开系数表,详见表 2-8。作线段 11,且分成八等分,等分点为 1、2、3、4、5、4、3、2、1,过各分点引 11 的垂线,从 1 点向下截取 r,2 点向下截取 $0.71r$ 长,依次截取展开系数表中 y 值,"＋"为向上截取,"－"为向下截取,0 在线段上。得截点 $1^\times$、$2^\times$、$4^\times$、$5^\times$、$4^\times$、$2^\times$、$1^\times$,把各点光滑连接,就得到展开图中的曲线。与 11 相距为 h 的地方画一条 11 的平行线,过 11 作垂线交于 E、F,连接 EF,完成展开图。

由作图可以看到,y 值系数的符号,决定了截取的方向,y 值系数的大小决定了截取的长短。

系数展开法作展开图小结:

①求出辅助圆半径 r;

②用 r 乘以各系数,得到 y 值,在 πD 八等分点的垂线上,按正弦曲线的规律,依次截取 y 值,得到展开图的曲线;

③画出展开图的其他所有部分。

如果把圆管周长 πD 十二等分,则根据上述道理可得表 2-9 中系数。

表 2-9　圆周十二等分时的展开系数表

等分点	1	2	3	4	5	6	7	6	5	4	3	2	1
y 值	$-r$	$-0.87r$	$-0.5r$	0	$+0.5r$	$+0.87r$	$+r$	$+0.87r$	$+0.50r$	0	$-0.5r$	$-0.87r$	$-r$

与八等分一样,按正弦曲线的变化规律只要记住 1、0.87、0.5 和 0,或者只记住 0.87 和 0.5 就可以作展开图。

需要说明的是,图 2-88 中接缝选在了圆管的最短素线上,假如接缝选在最长素线上时,只要把等分点标号 5 写到原来 1 的位置上,整个标号顺序变成 5、4、3、2、1、2、3、4、5,再按表 2-8 的系数去"对号"截取。选定其他素线为接缝时可依此类推。

对于斜截圆管侧面的展开,系数法最方便,画线最少,工时最省,其次是辅助圆法,平行线展开法最差,由于画线多,误差也较大。

4. 放射线展开法

如果构件的侧表面由一组直素线构成,而且这组直素线都交汇于一点,那么这样的构件侧表面可以应用放射线展开法画出展开图。放射线展开法主要应用于锥体侧表面及其截体的展开,如图 2-89 所示。

放射线展开法的原理是把锥体或截体任意相邻的两条素线及所夹的底边线,看成一个近似的小平面三角形,当小三角形底边无限短,小三角形无限多的时候,那么各小三角形面积的和与原来的锥体或截体侧面面积相等。当把所有小三角形不遗漏、不重叠、不褶皱地按原先左右上下相对顺序和位置铺平开来,则原形体表面被展开。

例18　如图 2-90 所示,用放射线法展开斜圆锥。

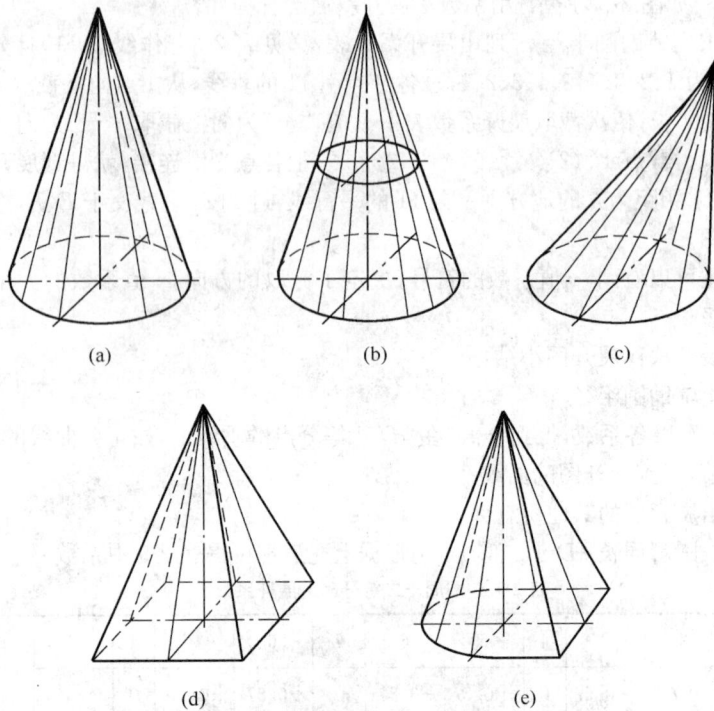

图 2-89　可用放射线展开的构件

(a)正圆锥　(b)正圆锥台　(c)斜圆锥　(d)四棱锥　(e)底面为任一形状的锥形体

斜圆锥的底面是圆形,中心轴线不垂直于底面,它的任何平行于底面的截面都是圆形。如图 2-90 所示,已知尺寸为 D、a、h,展开斜圆锥。

解　①将水平面图中斜圆锥底圆八等分,设每段弧长为 S,将等分点 1、2、3、4、5 与 O' 连接;由等分点 1、2、3、4、5 向正面图引线交底 AB 于 $1'$、$2'$、$3'$、$4'$、$5'$,将 $1'$、$2'$、$3'$、$4'$、$5'$ 与 O 相连。

②用旋转法求斜圆锥侧面八等分素线的实长线。由两视图可知,除 OA、OB 外,其他各条素线均不反映实长。求实长以 O' 为圆心,O' 到等分点 2、3、4 的距离为半径画弧交中心线 $O'5$ 于 $2''$、$3''$、$4''$,再由 $2''$、$3''$、$4''$ 向上引线交 AB 于 $2°$、$3°$、$4°$,则 O 与 $2°$、$3°$、$4°$ 的连线(图中虚线)即为实长线。

③以 O 为圆心,实长 $O1°$ 为半径画弧与过 O 的射线 OE 交于 $1^\times$;以 O 为圆心以实长 $O2°$ 为半径画弧,与以 $1^\times$ 为圆心以 S 为半径所画弧相交于 $2^\times$;以 O 为圆心 $O3°$ 为半径画弧,与以 $2^\times$ 为圆心 S 为半径所画弧相交于 $3^\times$;以 O 为圆心,以实长 $O4°$ 为半径画弧与以 $3^\times$ 为圆心以 S 为半径所画弧相交于 $4^\times$;以 O 为圆心 $O5°$ 为半径画弧,与以 $4^\times$ 为圆心 S 为半径所画弧相交于 $5^\times$,依此类推,一直画出 8 个 S 为止。8 个 S 总长

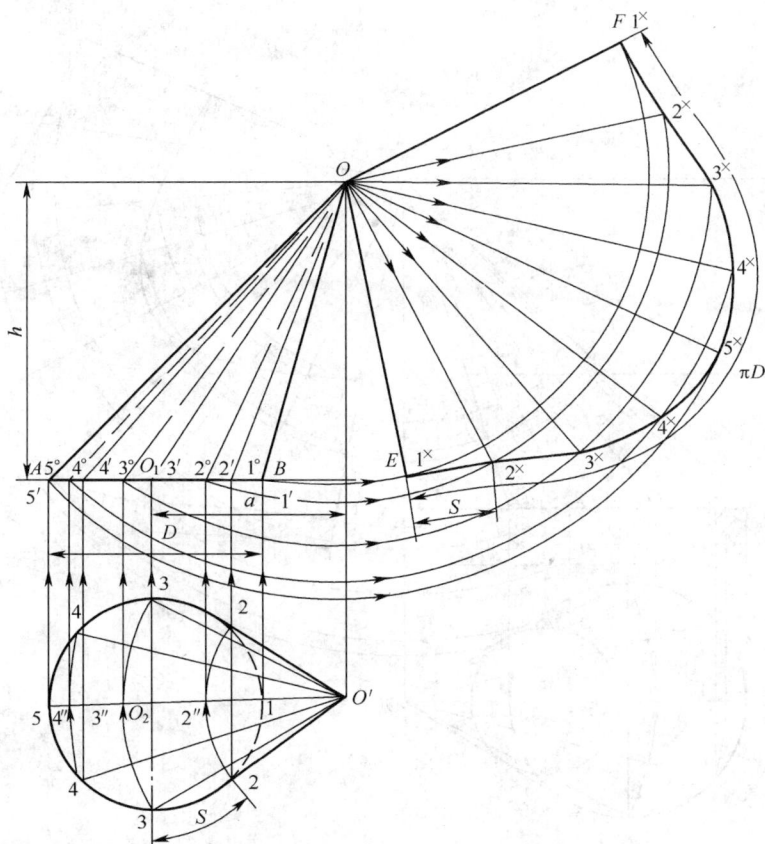

图 2-90 放射线法展开斜圆锥

约为 πD。

④将 O 与 $1^\times$、$2^\times$、$3^\times$、$4^\times$、$5^\times$、$4^\times$…连接,构成一束放射线;再用平滑曲线把 $1^\times$、$2^\times$、$3^\times$…$3^\times$、$2^\times$、$1^\times$ 连接起来。O、E、$5^\times$、F、O 所围图形就是所求展开图。

如果构件不是一个完整的斜圆锥,那么放射线展开法作展开图的实例如下。

例 19 如图 2-91 所示,用放射线法展开斜圆锥台。

解 ①延长正面图中 AE、BC 交于 O,延长水平面图中 32 交于 O',即补画出一个完整的斜圆锥,将斜圆锥侧表面分成八等分,作出八条素线,接下来的作图方法与前例相同;即作出整个斜圆锥的展开图和一束放射线 $O1^\times$、$O2^\times$ 等。

②正面图中实长线 $O1^\circ$、$O2^\circ$、$O3^\circ$、$O4^\circ$、$O5^\circ$ 与斜圆锥台上口 EC 的交点 C、$2''$、$3''$、$4''$、E。

③以 O 为圆心,以正面图中各实长为半径,分别画弧与整个展开图中的各同名放射线对应相交于 $1^\#$、$2^\#$、$3^\#$、$4^\#$、$5^\#$ 等各点,再把 $1^\#\sim5^\#\sim1^\#$ 各点用平滑曲线连

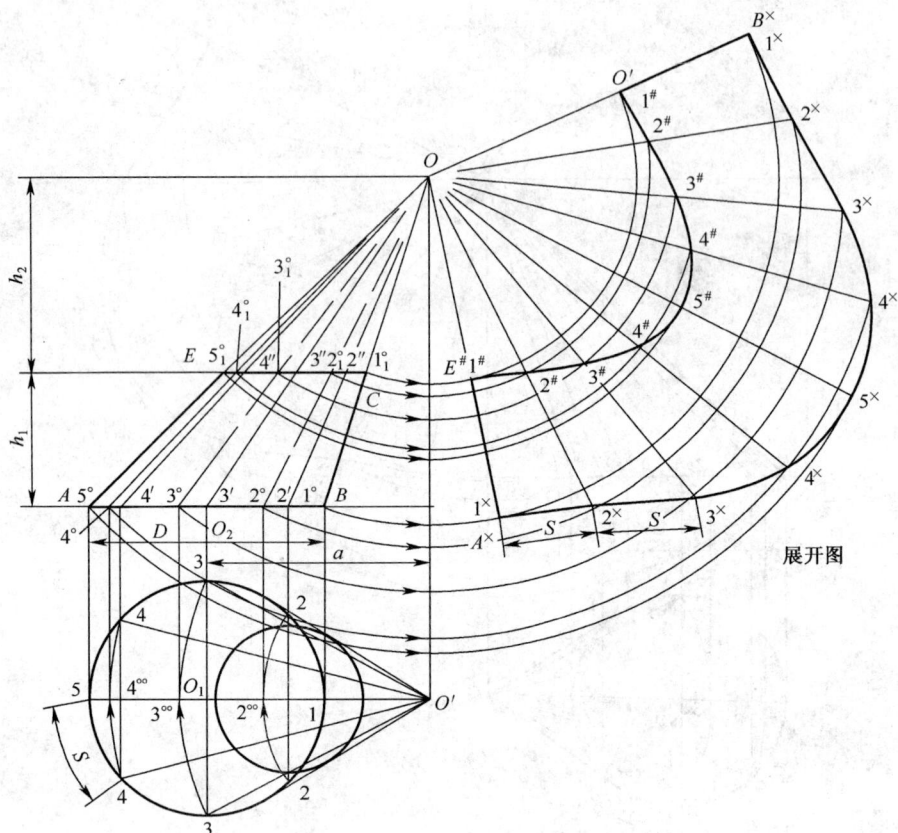

图 2-91　放射线法展开斜圆锥台

接,就得到斜圆锥台上底、下底的展开图。

由此可见,展开图中的放射线是我们确定展开图中 $1^\#\sim5^\#\sim1^\#$ 曲线的必要条件,即通常称放射线是锥状形体展开图的骨架。

例 20　用放射法作正圆锥和正圆锥台的展开图。

解　如图 2-92 所示,作图步骤如下:

①在水平面图中将圆周 12 等分,将等分点 $1\sim7$ 和 O' 分别连接,由等分点 $1\sim7$ 向上引线交正面图下底线于 $1'\sim7'$,再把 $1'\sim7'$ 分别与 O 相连接。

②正圆锥的素线都相等,因此只要求出一条素线实长即可。如正面图中的 $O7'$ 直线,它在水平面图中的相应投影为 $O'7$ 是水平线,所以 $O7'$ 即素线实长。

③以 O 为圆心 $O7'$ 为半径画弧,与过 O 的射线交于 $1^\times$;以 O 为圆心,$O7'$ 为半径画弧,与以 $1^\times$ 为圆心,S 长为半径所画弧相交于 $2^\times$;以 O 为圆心以 $O7'$ 为半径画弧,与以 $2^\times$ 为圆心 S 为半径所画弧相交于 $3^\times$,依此类推,一直画完 12 个 S 长到 $1^\times$ 为

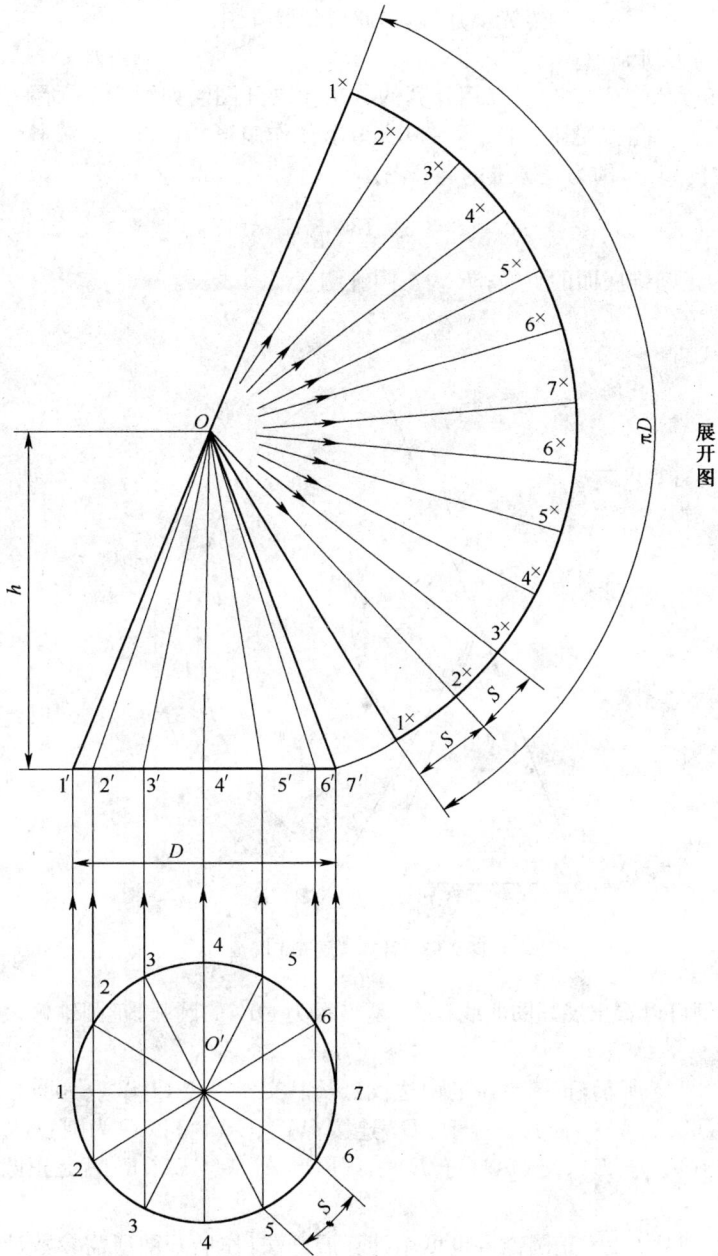

图 2-92 放射线法展开正圆锥

止,12 个 S 的总长约为 πD。由 O 点作过 $1^\times$、$2^\times$、$3^\times$ 等各点的放射线,将 $1^\times$、$2^\times$、

$3^×$、$4^×$、$5^×$、$6^×$、$7^×$、$6^×$ 等点光滑连接,由此得到展开图。

5. 计算展开法

对于正圆锥类构件也可以用计算的方法作展开图。如图 2-93 所示,以任意一点 O 为圆心,以正面图轮廓线 $R＝O1'$ 为半径作扇形 $O12$,使 12 弧长＝πD,或作 $\angle 1O2＝\alpha$ 的扇形,即为正圆锥的展开图。

$$\alpha＝180\frac{D}{R} \tag{2-17}$$

式中,D 为正圆锥底面的直径;R 为正圆锥侧表面素线长。

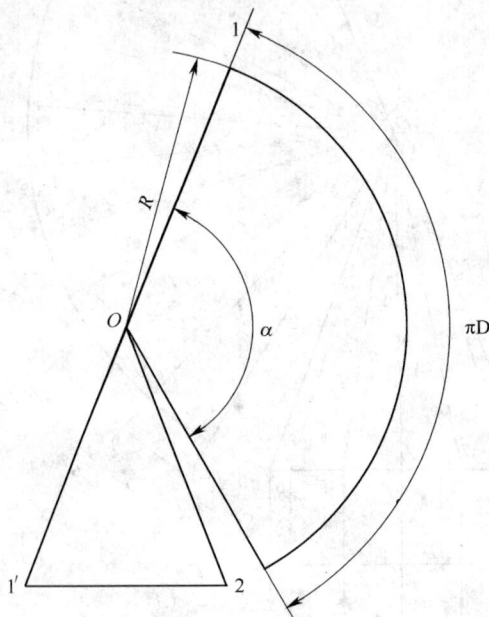

图 2-93　计算法展开正圆锥

由本例可以看出展开图曲线,实际是半径为 $O1'$ 的圆弧,正圆锥侧表面的展开图是扇形。

如图 2-94a 所示,正圆锥台的两边线延长后交于一点 O,以 O 为圆心,OB 为半径画弧,截取 $A^×A^{××}$,使其长等于 πD,连接 $OA^×$、$OA^{××}$;以 O 为圆心,以 OF 为半径画弧,交 $OA^×$ 于 $E^×$,交 $OA^{××}$ 于 $E^{××}$,则扇形 $A^×A^{××}E^{××}E^×$ 就是正圆锥台侧面展开图。

如图 2-94b 所示,正圆锥台也可用计算展开法,作展开图所需参数计算公式如下。

$$h'＝\frac{Dh}{D-d} \tag{2-18}$$

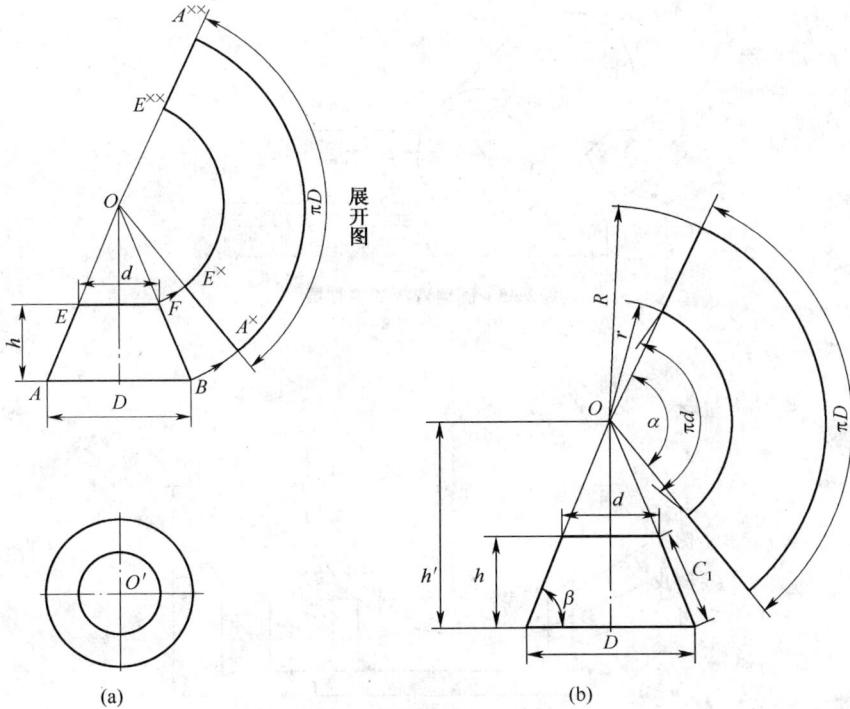

图 2-94 扇形法展开正圆锥台

$$C_1 = \frac{h}{\sin\beta} \qquad (2\text{-}19)$$

第五节 板 厚 处 理

为了说明展开图的画法,前面讲的构件表面展开,都以薄板为对象,没涉及板的厚度问题。薄板的板厚影响可以忽略不计,当板厚>1.5mm 时,画展开图必须考虑板厚对展开图形状和大小的影响。为了消除这些影响,必须采取相应的解决方法,这些消除板厚影响的方法,统称为板厚处理。板厚处理主要包括确定弯曲件中性层和消除板厚干涉两个方面的内容。

如图 2-95 所示,圆筒在由平板弯曲成形过程中,外皮(圆筒外表面)受拉伸,里皮(内表面)受压缩,唯有板厚中间的一层长度等于平板的原有长度,既不受拉伸又不受压缩,这一层称为中性层。由此可见,弯曲圆弧件的展开长度应等于中性层的长度。

在图 2-96 中的支座侧板上,若高度尺寸按 h_2 取,则侧板的一部分就占据了被支撑筒的一些位置,致使筒的中心高度升高 Δh。为保证筒的中心高度 h,消除板厚干涉,必须通过板厚处理来解决。

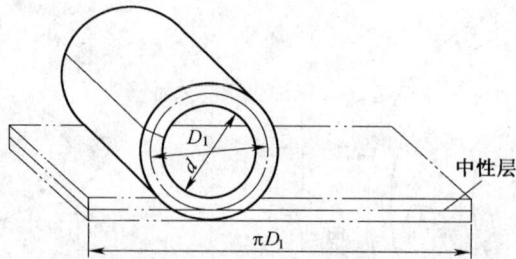

图 2-95　圆筒弯板的中性层

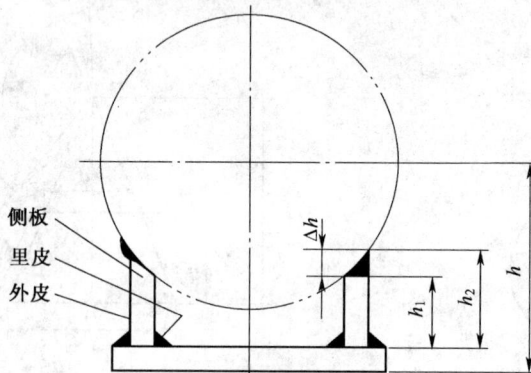

图 2-96　侧板板厚的干涉

一、中性层的位置

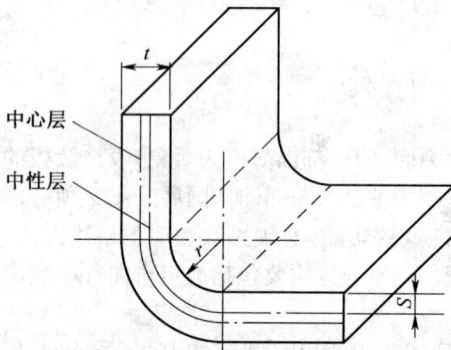

图 2-97　圆弧弯板的中性层

如图 2-97 所示，弯板中性层位置的改变与弯曲半径 r 和板料厚度 t 的比值大小有关。若 $\dfrac{r}{t}>5$ 时，中性层近于板厚的 $\dfrac{1}{2}$ 处（即近似与板料中心层相重合）；若 $\dfrac{r}{t} \leqslant 5$ 时，中性层位置向板厚中心内侧一边移动。各种不同情况下的中性层位置移动系数 X_0 的数值列于表 2-10 中。中性层向板厚中心内侧一边移动，它与内弧的距离关系为

$$S=t\,X_0 \tag{2-20}$$

表 2-10　中性层位置移动系数 X_0

$\dfrac{r}{t}$ [①]	0.25	0.5	0.8	1	2	3	4	5	>5
X_0	0.2	0.25	0.3	0.35	0.37	0.4	0.41	0.43	0.5

注：① r 为弯曲件内弧半径。

1. 截面轮廓形状为曲线的壳体中性层 截面形状为曲线的壳体,多是圆弧形或圆筒形。

(1)圆弧弯板的中性层 如图 2-97 所示,弯板的板厚 t 为 20mm,内弧半径 r 为 16mm。因为 $\frac{r}{t}=\frac{16}{20}=0.8$,从表 2-10 查得 $X_0=0.3$,所以中性层在中心层的内侧。它与内弧的距离可用公式 2-20 求得:$S=tX_0=20\times0.3=6(mm)$。

(2)圆筒弯板的中性层 如图 2-96 所示,圆筒内径 $d=300mm$,板厚 $t=30mm$。中性层直径 D 可由下列方法求得。

因为 $\frac{r}{t}=\frac{d}{2t}=\frac{300}{60}=5$,从表 2-10 查得 $X_0=0.43$。由公式 2-20 得:$S=tX_0=30\times0.43=12.9(mm)$。中性层直径 $D=d+2S=300+2\times12.9=325.8(mm)$。

2. 截面轮廓形状为折线的壳体板厚处理

(1)方筒的板厚处理 如图 2-98a 所示,方筒里皮的四角均为直角。这种方筒在折曲过程中,里皮的长度没有变化,但里皮以外的板拉伸变形较大,因此对于直角的弯曲件可按里皮直线长度展料。图 2-98b、c 为不经过板厚处理的方筒实样图和展开图。

如果方筒是由四块板拼焊而成,则因拼接的形式不同可有不同的板厚处理方法。例如相对的两块板夹住另两块板时,则相邻两板的下料宽度应有所不同,一块应按里皮下料,一块应按外皮下料。

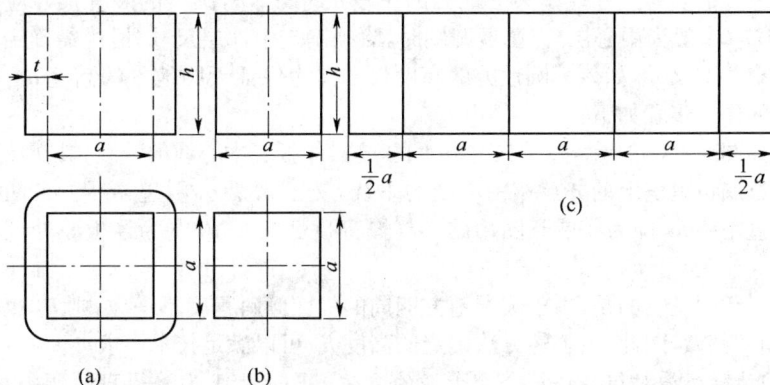

图 2-98 方筒的板厚处理

(2)折弯件的板厚处理 截面为矩形(或方形)的展开料长度按里皮长度计算,这种方法也适用于其他呈任意角度的折线形截面轮廓的零件,如图 2-99a 所示。折弯件的展开长度以里皮为准,其展开图如图 2-99b 所示。

二、消除板厚干涉的方法

消除板厚干涉就是消除板厚对构件连接处尺寸的影响,一般反映在两个或两个

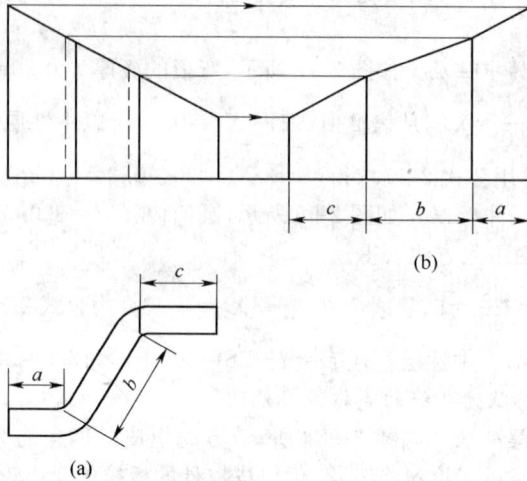

图 2-99　折弯件的板厚处理
(a)实样图　(b)展开图

以上的形体相交处。如图 2-96 所示,支座的侧板通过作实样图求出侧板的两个支承高度 h_1 和 h_2,若选取高度 h_1,即消除了板厚干涉。

(1)消除板厚对构件尺寸影响的方法　图 2-100a 所示为天圆地方构件的实样图。其方口的展开尺寸应是天圆地方的里皮尺寸 $a \times a$,圆口的展开尺寸应是中性层尺寸 D_1(一般为中心层)。画展开图时,除须确定中性层尺寸外,尚需确定其他与展开图有关的尺寸,如该天圆地方的高度尺寸。为保证天圆地方的高度 h_1,消除板厚干涉的作图步骤如下:

①如图 2-100a 所示,过上口外皮上的 m 点作板厚中心线的垂线,其交点为 m_1。

②过底口里皮上的 n 点作中心线的垂线,交于 n_1 点。则过 m_1 与 n_1 两水平线间的垂直距离 h_2 即为作展开图用的实样图高度。图 2-100b 为经板厚处理的放样图。

这里还须说明的是,由于天圆地方四周的板面倾斜程度不一致,则 h_2 也会不一致,但相差甚微,因此,由上述方法确定的高度 h_2 可以满足技术要求。

(2)消除板厚对组合件接合处干涉的方法　图 2-101 为等径直角弯头,其接合处(接口)的板厚干涉问题有 3 种情形。展开高度如按筒外皮取,则两轴线夹角 $\alpha < 90°$;展开高度如按筒里皮取,则两轴线夹角 $\alpha > 90°$;展开高度如按中心层取,则两轴线夹角 $\alpha = 90°$。尽管第 3 种情形满足了角度要求,但上述 3 种情形在接合处均会出现间隙 Δt,而且板越厚间隙越大,同时,筒长 L_1 均大于公称尺寸 L。

如图 2-102a 所示,Ⅰ、Ⅱ两筒中心线交点 $3'_1$ 处,里外皮同高。两筒在 $3'_1$ 点以上于里皮相交,$3'_1$ 点以下于外皮相交。这说明(如Ⅱ筒)应以中心线为界,中心线以左的取外皮高度,中心线以右的取里皮高度,以此来画展开图可消除板厚干涉。

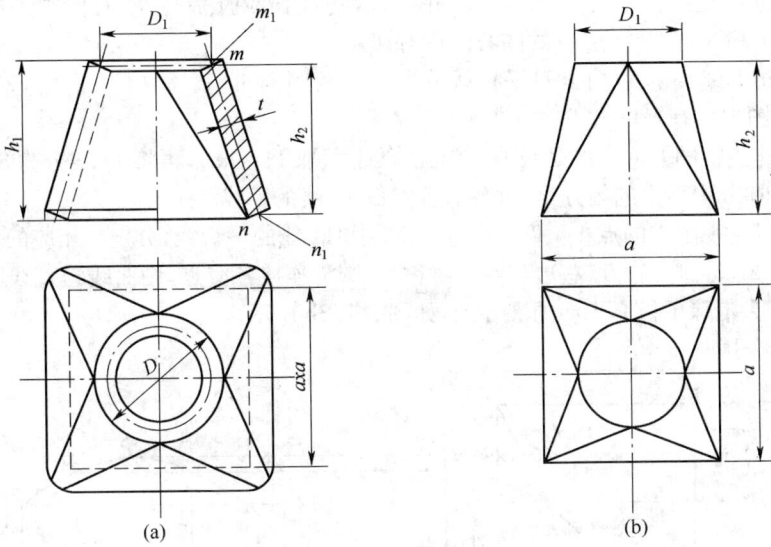

图 2-100 天圆地方的板厚处理

(a)实样图 (b)经板厚处理的放样图

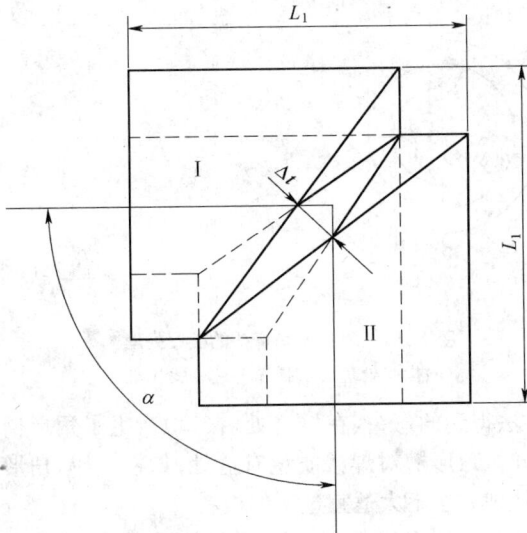

图 2-101 接合处没作板厚处理的弯头

①如图 2-102a 所示,在Ⅱ筒中心线的延长线上任取一点 O,以 O 为圆心,中心层直径 d_2 为直径画圆,并将圆周分为 8 等分,得分点 1、2、3、4、5。以 O 为圆心,以外径 D 之半为半径在左侧画半圆。再以 O 为圆心,以内径 d_1 之半为半径,在右侧画半圆。

②过 O 连接各分点 1、2、3、4、5 并延长，各延长线分别与左、右侧半圆相交于 1_1、2_1、3_1 和 3_1、4_1、5_1（在 O 的同心圆中有四点 3_1）。

③过 1_1、2_1、4_1、5_1 向上引平行线分别与主视图的 $1'_1 5'_1$ 线相交于 $1'_1$、$2'_1$、$4'_1$、$5'_1$（$3'_1$ 图中已有）。

④作主视图 II 底边的延长线，在延长线上截取 $11 = \pi d_2$，再将 11 线分为 8 等分，如图 2-102b 中标出的等分号，过各等分点作 11 线的垂线。

⑤过主视图中的点 $1'_1$、$2'_1$、$3'_1$、$4'_1$、$5'_1$ 作 11 线的平行线，分别与相应的垂线相交于 1_1、2_1、3_1、4_1、5_1（5_1 左边与右边对称）。圆滑连接各交点，则曲线与直线围成的图形，即为消除了板厚干涉的展开图，如图 2-102b 所示。

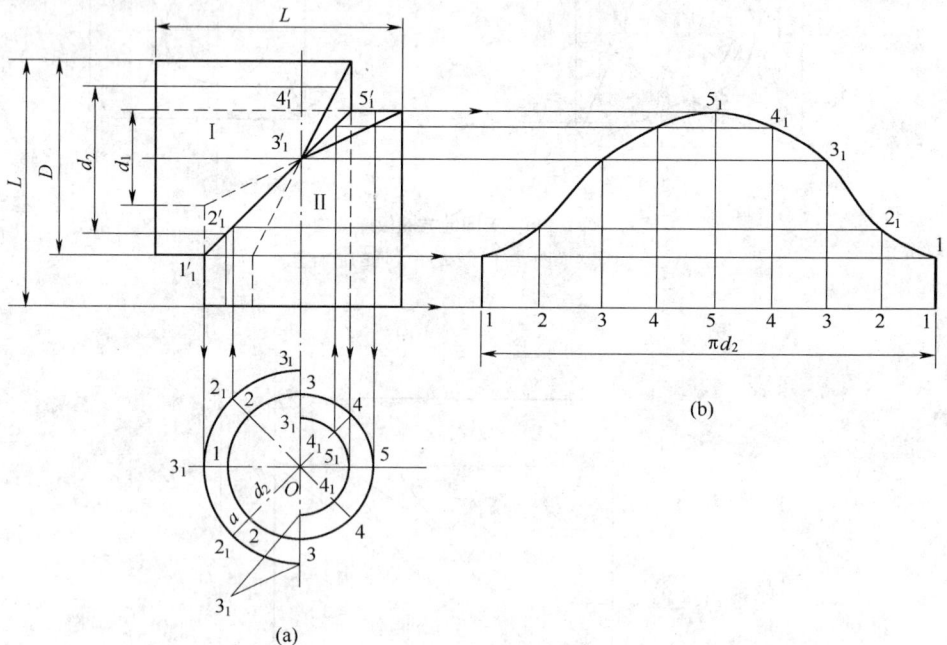

图 2-102 等径直角弯头的板厚处理
（a）板厚处理的实样图　（b）展开图

经此板厚处理方法得到的弯头，在接合处（接口）产生了角形槽，角形槽须用焊肉填补。当板厚适当时，角形槽对焊接质量有益处；如板过厚，角形槽过大，不利于焊接，因此这种板厚处理方法不太适宜过厚的板料。

在特殊情况下，放样时还可以保留板厚的干涉部分，待下道工序加工来解决。如图 2-103 所示的等径直角弯头，在它的接合处（接口）开出 X 形坡口后，都是在板厚中心层接触。因此，在实样图中只画出板厚中心层即可，展开图的高度同样以板厚中心为准。

图 2-104a 为卷曲后的一节弯头，如果加工掉 ae 线以上的尖角部分，可消除板厚

干涉,因此在实样图中仍只画出板厚中心层即可,展开图的高度同样按板厚中心层为准,如图 2-104b 所示的外缘曲线。如果由加工消除板厚干涉是在展开料上进行,则需在展开图上画出干涉部分的位置,如图 2-104b 虚实相接的曲线(画法见图中箭头所示),以便在展开料上划线。在展开料上,该曲线与边缘曲线处的板厚中心 c'、c' 之间形成一曲面(此曲面为接口曲面的展开形),该曲面将展开料分开,其较小部分即为板厚的干涉部分。去掉板厚干涉后的曲线边缘(除 c 点外),即出现像 $P—P$ 和 $Q—Q$ 剖面图所示的坡口。

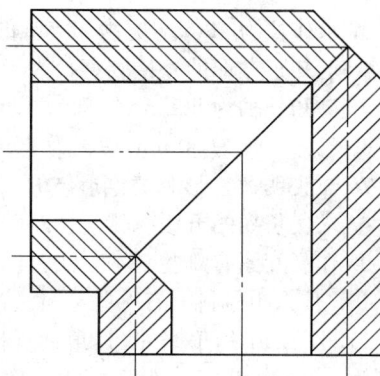

图 2-103 加工消除板厚干涉的实例 1

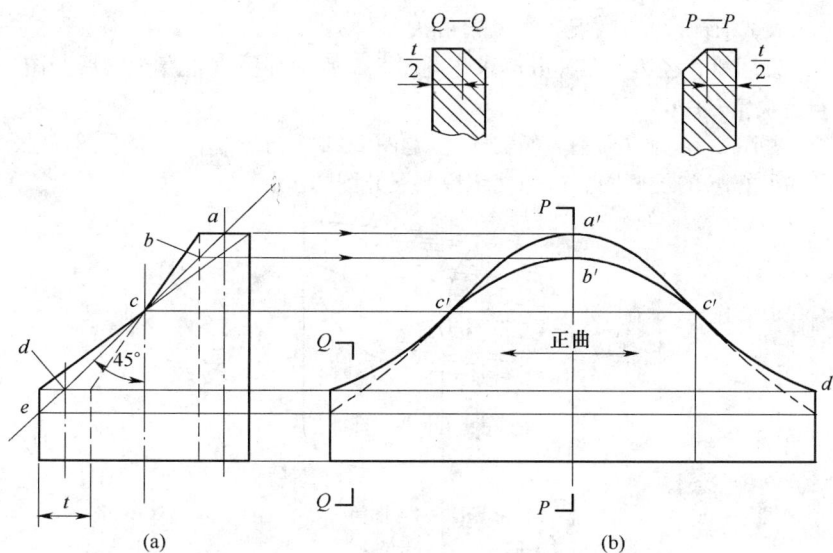

图 2-104 加工消除板厚干涉的实例 2

对于展开料的板厚处理,除特殊情况外,一般都应在放样时进行,以减少施工工艺上的反复。

复习思考题

1. 任作一已知直线的垂线。

2. 试作一 45°的角。

3. 求作长为 40mm，宽为 25mm 的长方形。

4. 已知正方形的外接圆直径为 40mm，求作该正方形。

5. 已知长轴为 50mm，短轴为 30mm，求作一椭圆。

6. 已知长轴为 50mm，短轴为 30mm，试用平行四边形法作椭圆。

7. 试说明棱柱形和棱锥形体的投影特征。

8. 求实长线的方法有哪几种？

9. 作展开图有哪些基本方法？说明这些方法各自的用途和相互关系。

10. 什么叫号料？有哪些号料法？

11. 图 2-14 的角钢件，其角钢规格为 65mm×65mm×8mm，若外皮尺寸 A、B 分别为 800mm 和 250mm，弯曲角 α 为 60°，试求展开长度。

12. 图 2-17 的角钢件，其角钢规格为 90mm×90mm×10mm，若 A、B 分别为 800mm 和 250mm，圆心角 α 为 85°，试求展开长度。

13. 如果图 2-94 锥形筒的大口直径 D 为 ϕ500mm，小口直径 d 为 ϕ200mm，高 h =300mm，试求锥顶高 h'、展开半径 R 和展开角 α。

14. 设圆筒直径 $D=\phi$400mm，求作题图 2-1 所示等径直角弯头的展开图（其余尺寸自行决定）。

15. 题图 2-2a 为方圆三通的实样图，题图 2-2b 为方筒（Ⅱ）的展开图，题图 2-2c 为圆筒方孔（Ⅰ）的展开图。试用文字说明展开图的步骤。

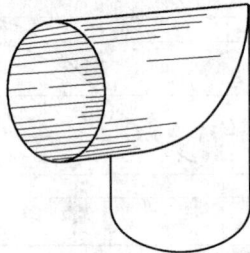

题图 2-1　圆筒

16. 求作题图 2-3 所示各件的展开图。

17. 求题图 2-4 所示上斜截正圆锥展开图。

18. 板厚处理主要解决哪些实际问题？

19. 为什么要确定零件板厚的中性层？

20. 试计算题图 2-5 所示的圆筒周长。

21. 已知圆弧板件的圆心角为 80°，弧板里皮半径 r 为 400mm，壁厚为 20mm，试求弧板的展开长度。

I

展开图

$4_1(3_1)$

$1_1(2_1)$

(b)

1　4　3　2　1

$4L$

(a)

4　1

$L×L$

3　2

I

II

II

长方孔

展开图

$1_1 4_1$或$2_1 3_1$

(c)

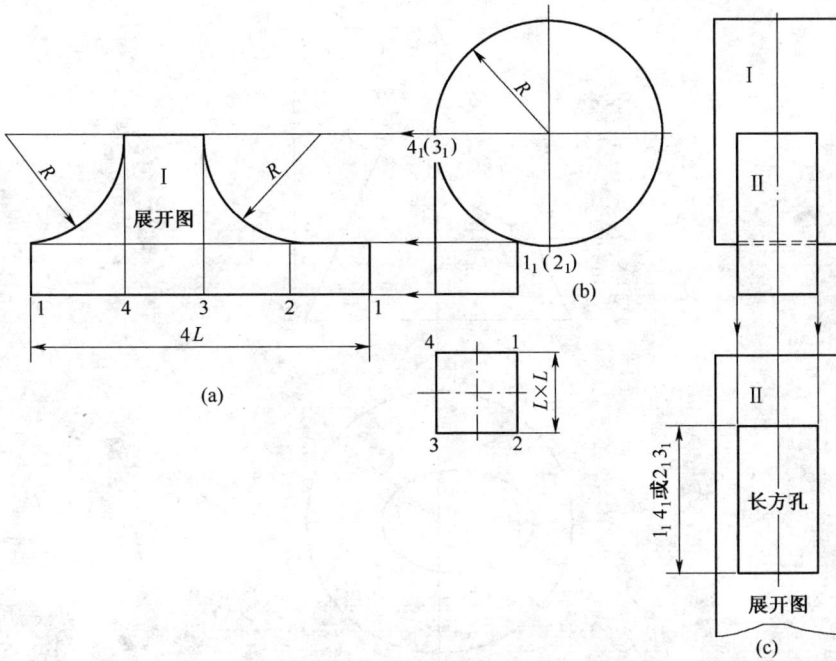

题图 2-2　方圆三通

(a)实样图　(b)方筒(Ⅱ)展开图　(c)圆筒方孔(Ⅰ)展开图

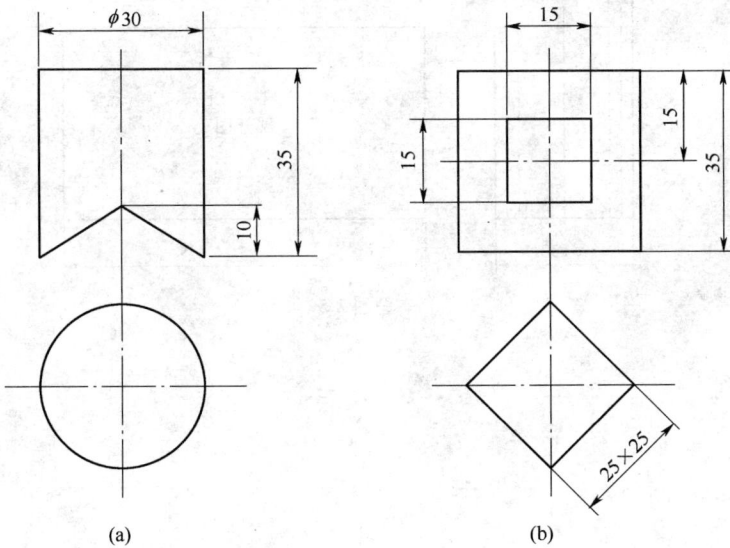

$\phi 30$

35

10

(a)

15

15

15

35

$25×25$

(b)

题图 2-3　零件实样图

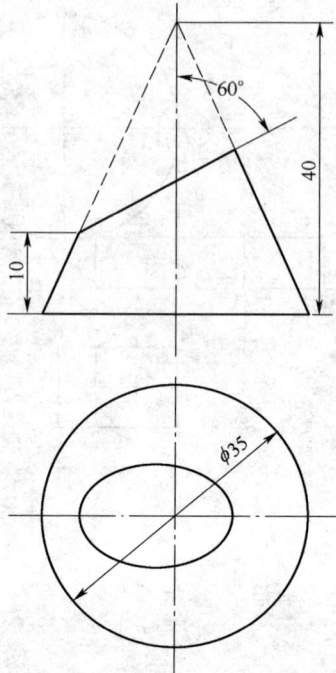

题图 2-4 上斜截正圆锥

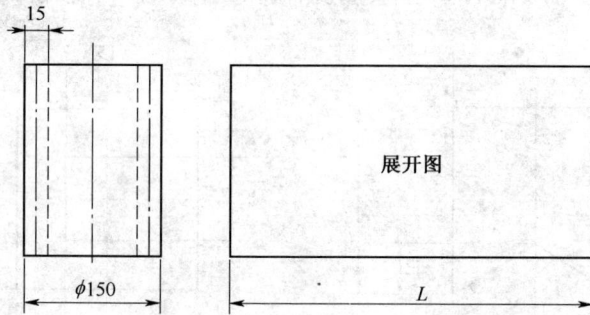

题图 2-5

第三章 下料与矫正

培训学习目的 掌握下料或矫正的各种方法,熟悉下料或矫正时所用的各种手工工具及设备。

第一节 剪切下料

剪切是利用上、下两剪刀的相对运动来切断材料的加工方法。剪切的生产效率高,切口较整齐,能切割各种型钢和中等厚度的钢板。剪切金属材料的方法有机器剪切和手工剪切两类。

一、机器剪切

剪切机简称剪床,它的工作原理与人们日常使用的剪切方法相似。剪切机由机械传动,上、下两个剪刃很大。按其工作性质可分为直线剪切机和曲线剪切机两大类。

1. 直线剪床

剪切直线的剪床,按两剪刀的相对位置不同有平口剪床、斜口剪床和圆盘剪床3种,其剪刀片形式如图3-1所示。

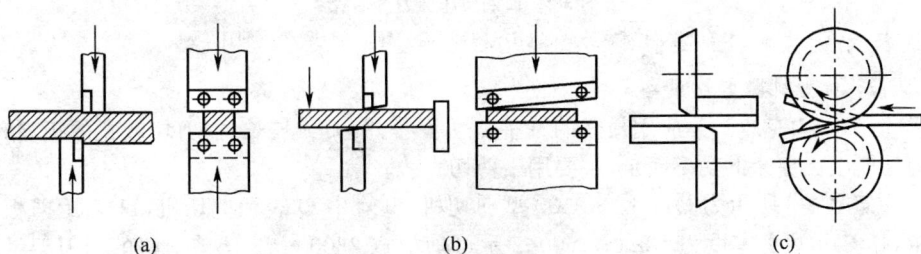

图 3-1 直线剪床剪刀片形式
(a)平口剪床 (b)斜口剪床 (c)圆盘剪床

(1)平口剪床 上下剪刀片的刀口是平行的,剪切时,下刀板固定,上刀板做上、下运动。这种剪床剪切时刀刃同时与材料接触,受力较大,但剪切时间较短,适宜于剪切窄而厚的条钢。

(2)斜口剪床 下刀板在水平位置固定不动,上刀板倾斜一定的角度做上、下运动。剪切时由于刀口逐步与材料接触而发生剪切作用,所以剪切时间较长,但所需要的剪切力比平口剪床小得多,这种剪床适用于剪切较长的钢板,因而应用广泛。

(3)圆盘剪床　剪刀是由一对圆形滚刀所组成。剪切时上、下滚刀做相反方向转动,材料在滚刀之间,一面剪切,一面在摩擦力作用下送进。如果剪床上只有一对圆滚刀称为单滚刀剪床;由多对滚刀组成的剪床称为多滚刀剪床。圆盘剪床适用于剪切很长的条料。它操作方便,生产效率较高,所以应用较广泛。

2. 曲线剪床

曲线剪床按剪刀片形式及结构分为斜置式圆盘剪床和振动式斜口剪床两种,如图3-2所示。斜置式圆盘剪床又分单斜圆盘剪床和双斜圆盘剪床两种。

①单斜圆盘剪床的下滚刀是倾斜的,如图3-2a所示,适于剪切直线、圆弧线;双斜圆盘剪床的上下滚刀都是倾斜的,如图3-2b所示,适于剪切圆、圆环和任意曲线。

②振动式剪床的上刀板是做倾斜的上下运动,下刀板是固定的,如图3-2c所示。振动式剪床中,有的下刀是板状,刃口倾斜;有的是一个圆台。由于刀刃的倾斜角较大,剪切部分短,工作时上刀板每分钟行程有数千次之多,似振动状态,所以能剪切各种形状复杂的板料,还能在材料的中间剪切出各种形状的孔。

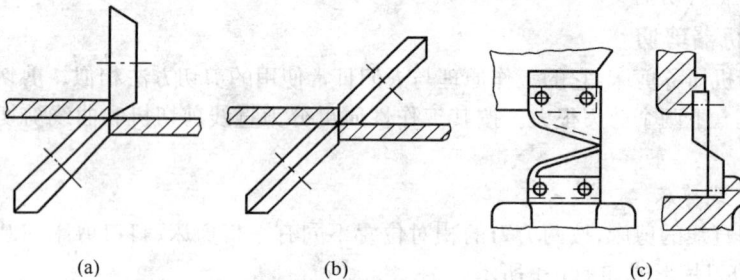

(a)　　　　　　　　(b)　　　　　　　　(c)

图3-2　曲线剪床剪刀片形式

(a)单斜圆盘剪床　(b)双斜圆盘剪床　(c)振动式剪床

3. 典型机器剪切设备

(1)龙门剪床　是应用最广的一种剪切设备,其刀刃较长,能剪切较宽的板料,剪切厚度由剪床的功率而定,主要用于剪切直线。

如图3-3所示为Q11-13×2500型剪切机,型号中Q表示剪切机,11表示剪板机,13表示可剪厚度为13mm,2500表示可剪板宽2500mm。该剪板机的上刀架是由电动机经两级齿轮减速,带动曲柄轴,通过连杆带动上刀架做上、下运动,以完成剪切。

板料在剪切前必须先压紧,以防剪切过程中板料移动或翘起,因此剪床上都有压料装置。在剪切短料时,为了获得较大的压紧力,可将板料向一侧边靠紧。在剪床的工作台前有两个伸出的悬臂支架,上面开有T形槽。如果剪切较多同规格的板料或圆时,可利用该支架安装挡板或定心机架等工艺装备。在剪刀架的后面也有可调的挡板装置,当剪切的数量较多,可调节此架定好尺寸,以免重复划线,提高生

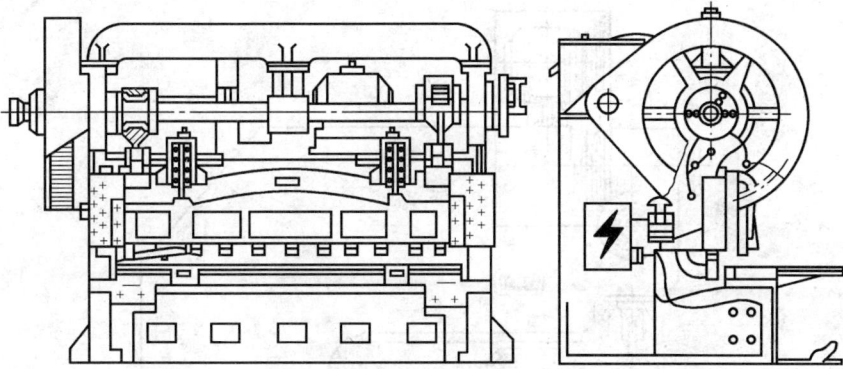

图 3-3　Q11-13×2500 型剪切机

产效率。

（2）联合冲剪机　如图 3-4 所示为 QA34-25 型联合冲剪机，型号中 Q 表示剪切机，A 表示第一次改进，34 表示联合冲剪机，25 表示可剪板厚为 25mm。该冲剪机的传动部分在机架的上部，剪切机的一头装有纵向布置的剪刀板，剪刀板长度为 350mm，可进行剪切加工；另一头可装模具进行冲裁加工；中部还能剪切型钢，一机多用，由同一电动机作为动力。该机能剪切圆钢直径 65mm，方钢边长 55 mm，角钢 150mm×150mm×8mm，工字钢 300mm×126mm×9mm，T 型钢 150mm×150mm×18mm，槽钢 300mm×85mm×7.5mm。能冲制直径为 35mm、板厚为 25mm 的孔。

（3）振动剪床　是一种应用面较广的板料加工机械，其结构简单，容易制造，质量轻，体积小，工艺性广，适用于板料的中、小批量和单件生产。该剪床除了能进行剪切外，还可用来冲孔、冲槽、切口、翻边等。被加工的板料厚度一般在 10mm 以下。振动剪床的外形如图 3-5 所示，它是通过曲柄连杆机构带动刀杆做高速往复运动进行剪切的，行程数由每分钟数百次到数千次不等。由于上刀片往复运动颇似缝纫机的动作，所以又称缝纫剪。上剪刀刃与下剪刀刃相交成 20°～30°的夹角。虽然刀刃是直线型，但由于刀刃长度小，所以能够剪切曲线。刀杆上可装剪刀片或冲头，能沿线或靠模对板料进行逐步剪切，或冲压成形。

该冲剪机的剪切线长度可通过

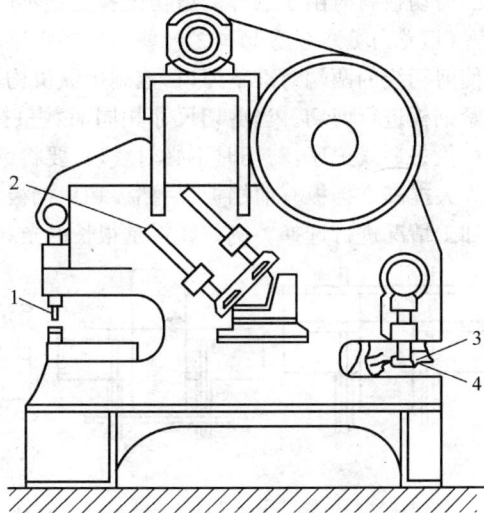

图 3-4　QA34-25 型联合冲剪机
1. 冲头　2. 型材剪切头　3. 上刀板　4. 压杆

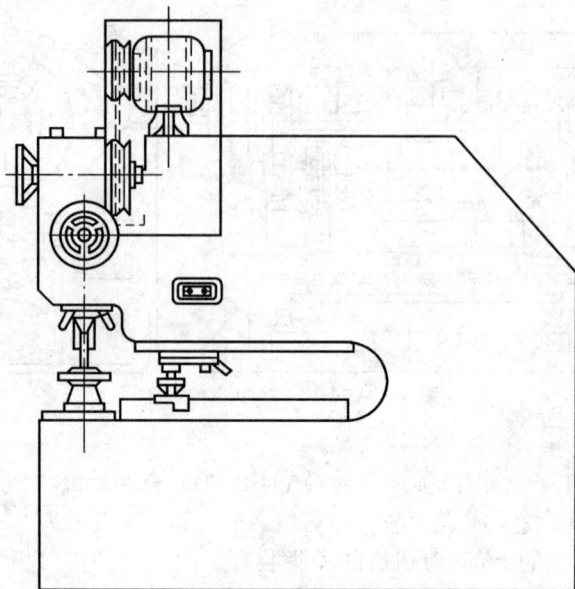

图 3-5　振动剪床

手轮进行调节,当剪切曲率半径较小时,切口长度应较短,一般为 3～5 mm;曲率半径较大时,切口长度可较长,一般为 7～10 mm。如果板料中间需要开孔,只要调节手轮抬高刀板,待板料放入后放下刀板即可进行开孔剪切。

4. 剪切工艺

剪切板料时由于选择的剪切设备类型不同,剪切工艺是有差别的。

(1)龙门剪床的剪切工艺　剪切前要将钢板表面清理干净,划出剪切线,调整钢板使剪切线的两端对准下刀口,控制操纵机构起动剪床,剪刀板向下运动,压料装置压紧钢板进行剪切。当剪切尺寸相同而数量又较多的钢板时,可利用挡板定位,这样可免去划线工序,剪切时不必对线,只要将钢板靠紧挡板即可进行剪切,剪切效率可大大提高。挡板有前挡板、后挡板和角挡板 3 种,如图 3-6 所示,具体可根据不同的加工情况进行选择。例如坯料是很长的条料,而剪切后零件的长度不长,可选择

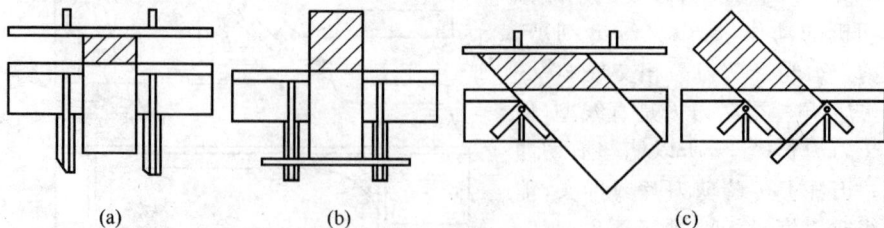

(a)　　　　　　　　(b)　　　　　　　　(c)

图 3-6　挡板形式

(a)前挡板　(b)后挡板　(c)角挡板

前挡板,如图 3-6a 所示,坯料向剪床前面送进,操作方便,生产效率高。挡板形式选定后,要调节挡板的位置,使它与下刀刃口的距离等于所需的剪切尺寸,而后试剪切,再根据剪下板料尺寸的误差,调整挡板,最后锁定挡板进行大量的剪切。在剪切中要抽样检验,适时调整,以保证质量。

当剪切狭长料时,如果压料架压不住板料,可用垫板和压板压紧,如图 3-7 所示。但必须保证垫块和板料的厚度相等,否则会因压不紧而使板料产生移动,影响剪切的质量。

(2)联合冲剪机的剪切工艺 由于剪刀板较短,且没有随刀板而动的压料装置,所以在剪切时板料会发生翻翘、内拉等现象。

翻翘是指剪切时板料在剪刀板力矩的作用下,发生翻转、翘起的现象,如图 3-8a 所示。翻翘量与板厚有关,板料越厚,翻翘量越大。翻翘不仅影响刀板的使用寿命,而且影响剪切质量以及操作者的安全,因此操作时要压住板料,防止翻翘。

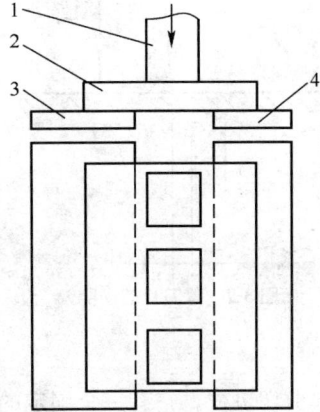

图 3-7 利用垫板压紧剪切
1. 压料架 2. 压板
3. 剪切的狭料 4. 垫板

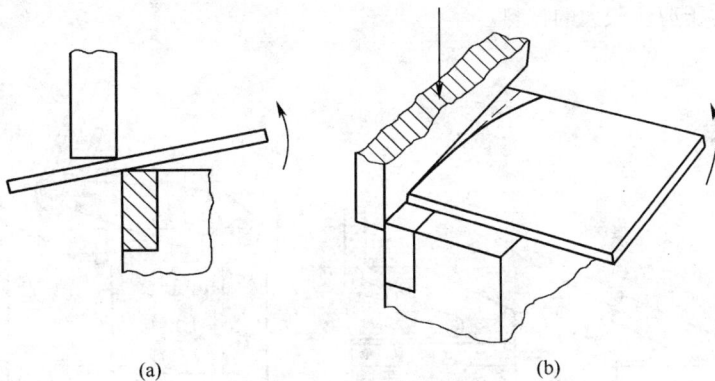

(a)　　　　　　　　　(b)

图 3-8 翻翘和内拉现象
(a)翻翘 (b)内拉

内拉是指剪切较长板料时,在垂直于剪刀板力和剪切点之间的力矩作用下,板料发生向刀刃内旋转,使实际的剪切切口偏离事先对准的剪切线,如图 3-8b 所示。严重内拉可能造成零件报废,一次剪切的长度越长,力矩越大,则内拉量越多。因此剪切长度较长的板料时,可采用放余量法和逐步剪切法来解决。放余量法是在剪切前根据经验事先放出内拉余量,以抵消剪切时内拉造成的偏差,缺点是剪切口边缘中部有凸起的现象。逐步剪切法是在剪切时缩短剪切长度(减小力矩),每次剪切长

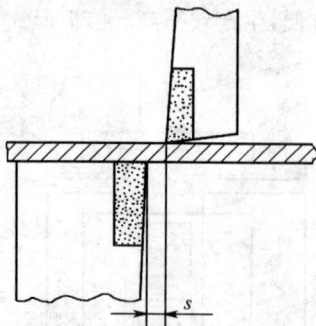

图 3-9　剪刀片的间隙

度为 10～30mm,待被剪下的料卡住下刀板形成一定的反力矩时,再加大剪切长度完成剪切。

剪床的上下刀刃为避免碰撞和减小剪切力,应留有一定的间隙 s,如图 3-9 所示。但间隙必须适当,过大的间隙,在剪切时容易使材料发生翻翘,材料剪切断面粗糙,以致断口形成毛刺;间隙过小,剪切时剪切力增大,刀刃的磨损加快,缩短剪刀板和剪床的使用寿命。

二、手动剪切

1. 手动剪切机

手动剪切机是利用杠杆原理进行剪切的一种简单剪切机械。它有一个固定的下刀刃和利用杠杆或杠杆系统的手动上刀刃,可用它剪切较薄的板材和型材。图3-10所示为手动剪切机的 3 种形式。

(1)台剪　如图 3-10a 所示,该机械由于手柄较长,利用杠杆的作用可产生比手剪刀大的剪切力,可剪切 3～4mm 厚的钢板。使用时,台剪的下刃不动,上刃则由长杆使之动作。

(2)杠杆式台剪　如图 3-10b 所示,利用两级杠杆的作用,可将工作时的力矩放大,剪切厚度达 10mm 的钢板。为防止板料在剪切时移动,该机装有能调节的压紧机构,它适于剪切较大的板料。

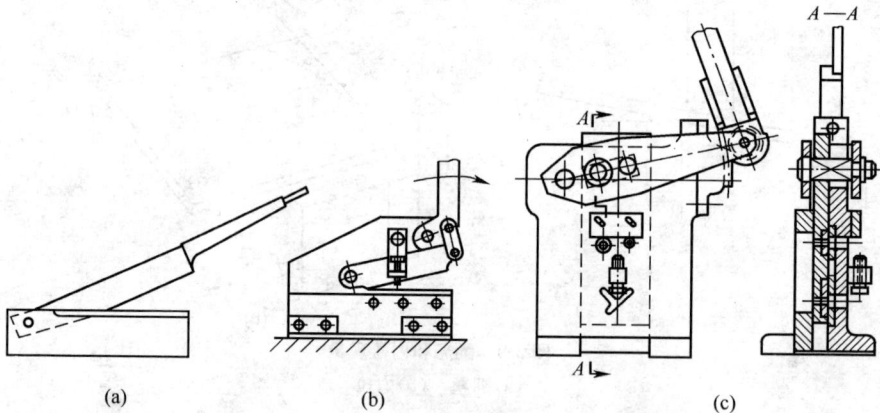

(a)　　　　(b)　　　　(c)

图 3-10　手动剪切机

(a)台剪　(b)杠杆式台剪　(c)封闭式机架台剪

(3)封闭式机架台剪　如图 3-10c 所示,将可动刀片装在两个固定机架的中间,扳动手柄时,使剪刀板在机架中做上、下运动,刀板上制有圆形、方形及 T 形等形状的刀刃,与固定在机架上的刀刃形状一致,剪切时只要将被剪切材料置于相应的刀孔中,并用止动螺钉或压板压紧,扳动手柄即可完成剪切。这种剪切机的特点是既能切割圆钢、方钢、扁钢,又能切割角钢及 T 形钢。

(4)风剪　图 3-11 所示为风剪的外形图,它是利用压缩空气作为动力,风剪刀片的剪切频率为 2100 次/min,功率为 186.5W,使用的压缩空气压力为 0.6 MPa,能剪切钢板的最大厚度为 2mm,质量约为 2kg。风剪操作使用灵活方便,可剪切直线和曲线,并能减轻劳动强度,提高效率。

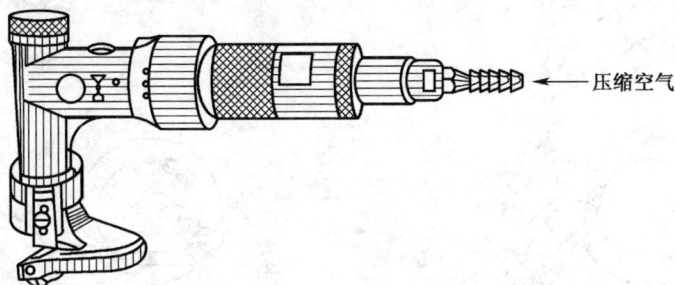

←压缩空气

图 3-11　风剪

2. 手工剪切

(1)常用手剪刀　图 3-12 所示为几种常用手剪刀,用于剪切薄钢板、镀锡板、紫铜板和黄铜薄板等。图 3-12a 所示为小手剪刀,可剪切厚 1mm 以下的钢板。图 3-12b 所示为一种大手剪刀,可剪切厚 2mm 以下的钢板。图 3-12c 所示为弯头手剪刀,用于剪切圆形板或曲线板。

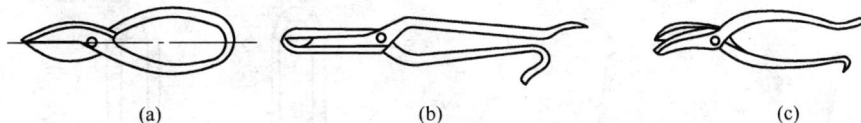

(a)　　　　　　　　　(b)　　　　　　　　　(c)

图 3-12　常用手剪刀

(a)小手剪刀　(b)大手剪刀　(c)弯头手剪刀

如图 3-13a 所示,在剪切短直料时,一般将被剪去部分放在剪刀的右侧,容易观察剪切线。如图 3-13b 所示,剪切较宽板料或剪切长度超过 400mm 时,必须将被剪去部分放在左边,左手将被剪下的部分往上逐步弯曲,这样可以避免剪刀刃口部分卡住,造成移动困难,剪切费力。如图 3-13c 所示,剪切圆料时,当剪切的余料较窄小,可沿圆周逆时针方向剪切;当剪切的余料较宽时,应按图 3-13d 所示的顺时针方向剪切,这样便于使被剪下的余料向上翘起,剪刀刃口沿剪切线方向移动方便,剪切省力。

(2)克切　是手工剪切方法的一种,它与剪板机的原理相同。克切也是利用上下两个刀刃进行剪切。上刀刃是克子,如图 3-14 所示,下刀刃是剪刃,克子有带柄和不带柄两种。带柄的克子可用于板材、型材以及铆钉的分离;不带柄的克子用于

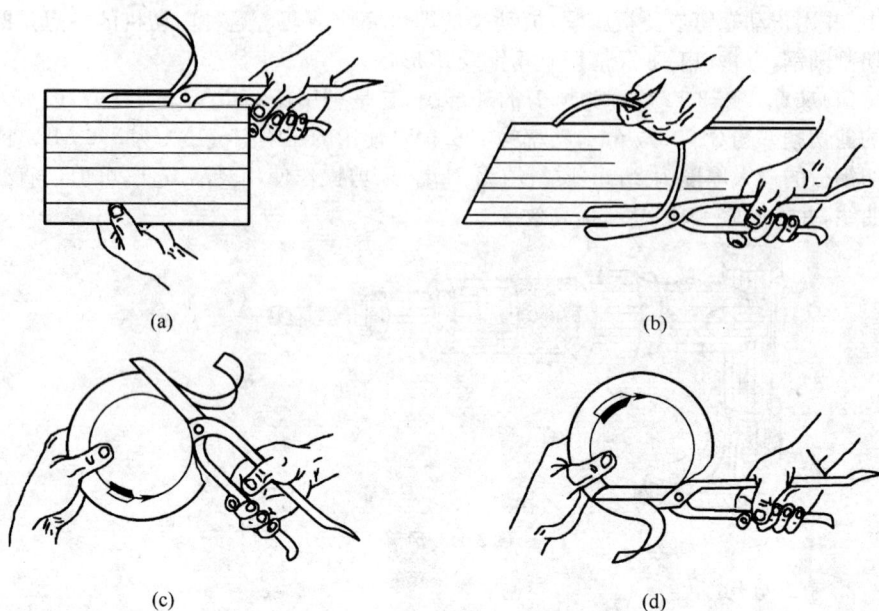

图 3-13　手剪刀剪切方法
(a)剪直短料　(b)剪直长、宽料　(c)逆时针剪圆料　(d)顺时针剪圆料

铆钉的分割。克子刃部的规格尺寸如图 3-14 所示。

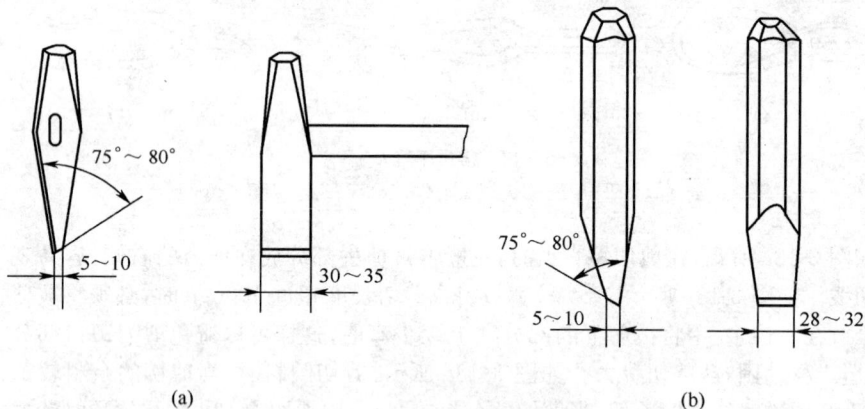

图 3-14　克子
(a)带柄克子　(b)不带柄克子

克切用的下剪刃可根据需要采取不同形式,可以安置在砧子或平台上,在克切钢板时,也可利用槽钢、铁道钢轨等的棱角做剪刃。克切板料或型材时,应将工件放在剪刃上,切线需对准剪刃,如图 3-15 所示。

(3)铲切　如图 3-16 所示,铲切是利用铲子一个刀刃切割。常用铲子有带柄的

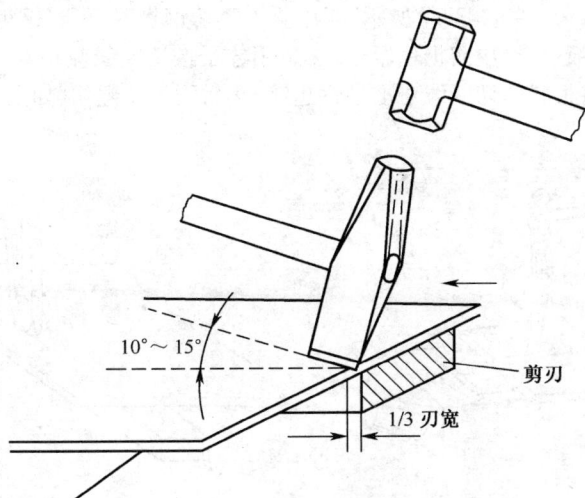

图 3-15　钢板克切

大铲(也称剁子)和不带柄的扁铲(也称手铲、錾子)以及尖铲 3 种。大铲用于剁切钢料;扁铲用于铲切薄板件、断切棱角;尖铲用于开孔、剔键槽等。常用铲子形状及各尺寸规格如图 3-16 所示。

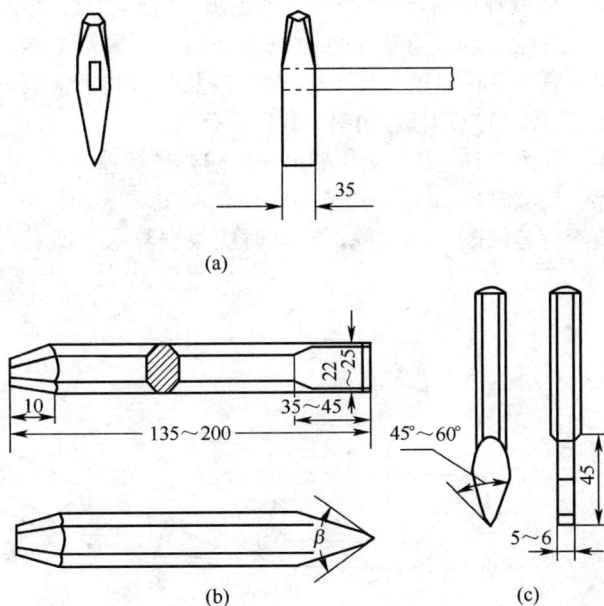

(a)

(b)　　　　　　　　(c)

图 3-16　铲子

(a)大铲　(b)扁铲　(c)尖铲

①板料的錾切　如图 3-17 所示,当用錾子錾切钢板时,可将钢板置于平台或铁砧上,并用软钢板衬垫,以防损伤錾子,然后用錾子按切断线錾切,如图 3-17a 所示;另一种方法是将板料的切断线对准硬钢边缘,然后用錾子錾切,如图 3-17b 所示。

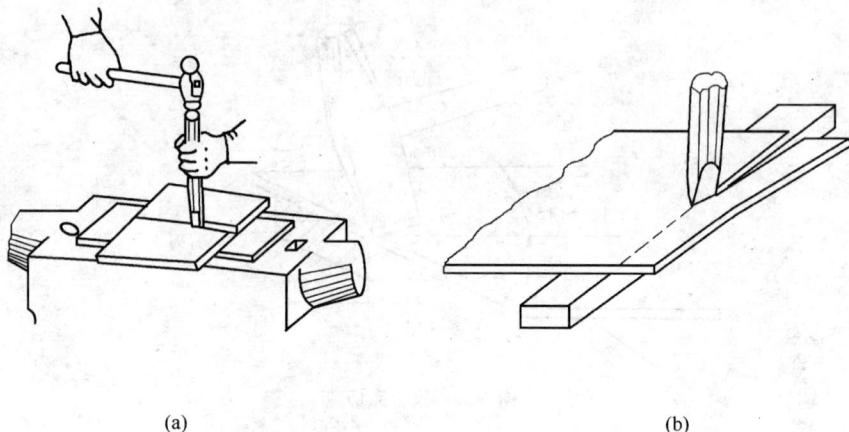

(a)

(b)

图 3-17　板料錾切

(a)衬垫软钢板　(b)对准硬钢边

②錾削焊接坡口　焊接前,将接缝边缘加工出一定斜度,以减小接缝边缘的厚度,保证焊透。当工件不大时,可将工件放于台虎钳上夹紧后錾削,如图 3-18a 所示;工件较大时,可直接进行錾削。錾削时,錾子应根据坡口所需要的角度和尺寸,调整好錾子的角度,控制好錾削量,如图 3-18b 所示。

③焊根挑錾　如图 3-19 所示,当焊缝出现缺陷要进行补焊时,可用窄錾先将焊缝缺陷挑錾去除。挑錾时,从缺陷两边开始逐步錾入,每层錾削量不宜过厚,一般为 0.5～1.5mm,直至焊缝缺陷全部去除。錾削时应根据錾入下凹量,调整好錾子角度,控制好錾削量。

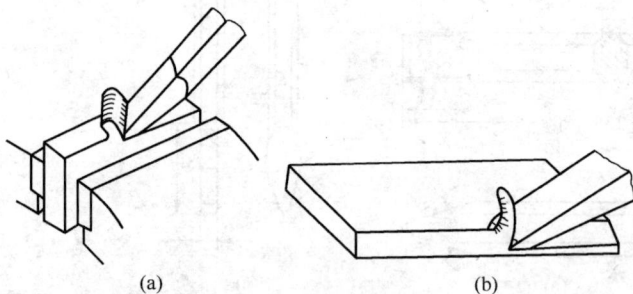

(a)

(b)

图 3-18　焊接坡口錾削

(a)錾削较小工件　(b)錾削较大工件

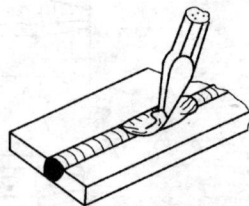

图 3-19　焊根挑錾

第二节　冲裁下料

利用冲模使板料相互分离的工艺称为冲裁。在大批量生产时,采用冲裁分离可以提高生产效率,易于实现机械化和自动化,因而应用广泛。冲裁工艺的种类很多,有落料、冲孔、豁边、切口、切边等,详见表3-1。其中以落料、冲孔应用最多。

表 3-1　冲裁工艺种类

名称	图　　示	说　　　　　　明
落料		切掉零件的周边,中间落下的是零件
冲孔		冲切过程与落料相似,但中间落下的是余料
豁边	(a)　(b)	切去工件周围的某一部分使工件边缘呈现豁口或为一定形状
切口		把工件边缘某一处切开,但不使其分离(如百叶窗)
切边		把压延件周边的多余部分切掉

(1)落料　沿封闭曲线以内被分离的材料是零件的冲裁方法称为落料。

(2)冲孔　封闭曲线以外的板料作为零件的冲裁方法称为冲孔。落料和冲孔的冲裁原理是相同的,但模具工作部分的尺寸是不同的,落料零件尺寸取决于凹模尺寸,而冲孔零件尺寸取决于凸模尺寸。

冲裁可以制成成品零件,也可以为弯曲、压延和成形工艺准备坯料。

一、常用冲裁设备

冲裁是依靠压力机对模具施加外力来完成冲裁工作的,压力机的类型很多,按传动方式分机械压力机和液压机两大类,其中机械压力机在生产中应用较广。

常用的机械式压力机有曲柄压力机、摩擦压力机等,其中又以曲柄压力机最为常用。曲柄压力机是通用性的压制设备,不但可用于冲裁,还可用于压弯、压延等成形加工。曲柄压力机按滑块行程是否可调分为偏心压力机和曲轴压力机。偏心压力机的行程不大,但行程是可调的;曲轴压力机的行程较大,行程为曲轴偏心半径的2倍,是不可调节的,但其装模高度是可调的。装模高度是指滑块在下极限点时,滑块底面到工作台上垫板平面的高度。调节时,旋转连杆上的螺杆,改变连杆长度,从而改变装模的高度。曲柄压力机按机架形式分开式和闭式两种;按连杆数目分单点式、双点式和四点式等。

(1)开式曲柄压力机　按其工作台结构分为固定式、可倾式和升降台式3种,如图3-20所示。固定式压力机的刚性和抗振稳定性好,适用于较大吨位的冲裁;可倾式压力机的工作台可倾斜20°~30°,冲裁后工件或废料可靠自重沿工作台滑下;升降式压力机适用于模具高度变化的冲压工作。

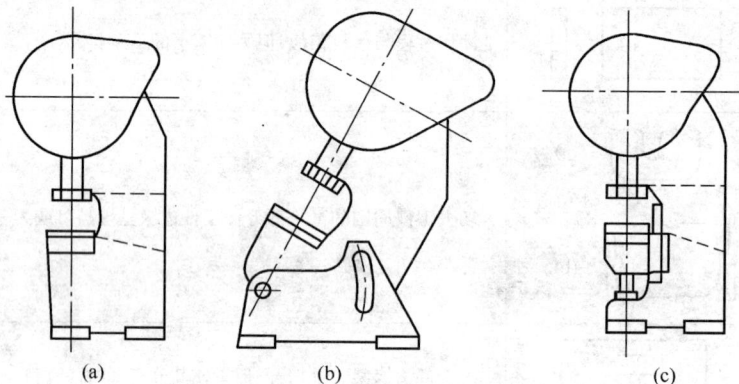

图3-20　开式曲柄压力机
(a)固定式　(b)可倾式　(c)升降式

开式压力机的床身呈C形,其前面、左面和右面3个方向都是敞开的,操作和安装模具都很方便,便于自动送料。但此类冲床的刚性较差,当冲压力较大时,床身易变形,影响模具的使用寿命,因此开式压力机的吨位不能太大,一般为40~4000kN,适用于中、小型工件的冲压。

(2)闭式曲柄压力机　图3-21所示为闭式曲柄压力机结构简图,其床身两侧是封闭的,只能前后送料,操作不如开式压力机方便。但此类压力机刚性好,承受的负荷较均匀,能承受较大的压力。因此闭式压力机的吨位较大,一般为1600~20000kN,适用于大、中型工件的冲压加工。

二、常用冲裁模

冲裁是通过冲裁模来完成的,不同的技术要求、生产条件,需要不同的模具。不同的模具对生产效率、冲裁件的质量及成本等都有直接的影响。冲裁模的结构形式很多,常用的典型冲裁模有简单冲裁模、导柱冲裁模、连续冲裁模和复合冲裁模等。

(1)简单冲裁模 如图 3-22 所示,又称单工序模,在冲床每一个行程内,只能完成落料、冲孔等一个工序。图 3-22 所示是冲制圆形板料的落料模。模具的上模部分由模柄 1、凸模 2 组成,通过模柄安装在压力机的滑块之上做上下运动。模具下模部分由刚性卸料板 3、导料板 4、凹模 5、下模座 6 和挡料块 7 组成,用螺钉固定于工作台上。导料板控制条料的送料方向,挡料块 7 控制每次送料的距离。卸料板的作用是将冲裁后卡在凸模上的条料卸下。

简单冲裁模结构简单,制造容易,成本低;但由于模具无导向装置,完全依靠压力机滑块的导轨导向,不易保证模具均匀的间隙。因此,冲裁工件的精度较差,模具安装调整麻烦,使用寿命低。简单冲裁模只用于精度要求不高、形状简单、产量不大的冲裁加工。

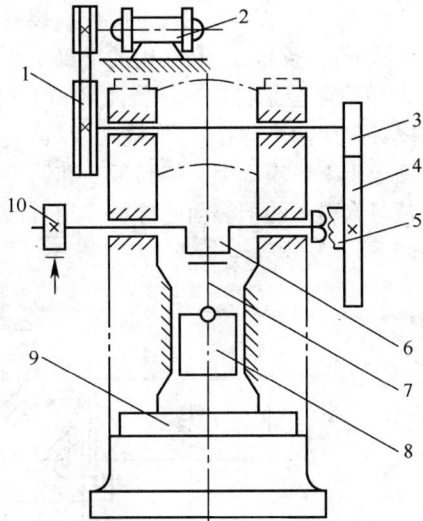

图 3-21 闭式曲柄压力机结构
1. 带轮 2. 电动机 3、4. 齿轮 5. 离合器
6. 曲轴 7. 连杆 8. 滑块 9. 工作台
10. 制动器

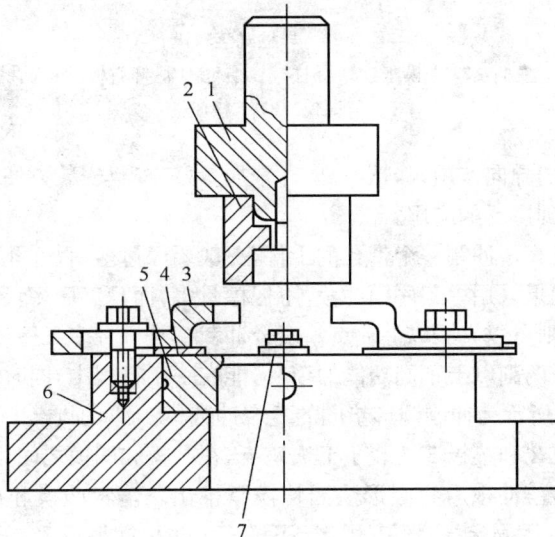

图 3-22 简单冲裁模
1. 模柄 2. 凸模 3. 卸料板 4. 导料板 5. 凹模
6. 下模座 7. 挡料块

(2)导柱冲裁模　上、下模分别装有导套、导柱等导向机构,工作时由导柱和导套进行导向,保证了凹、凸模的准确工作位置。如图3-23所示为导柱式落料模,导柱3、导套4分别固定在下模座8和上模座2上。导柱与导套配合起导向作用。图中模具采用两个导柱,并布置在模具的两侧。凸模6采用凸模固定板、定位销和螺钉固定于上模座2上。卸料板5和凹模7用螺钉、定位销直接固定于下模座8上。冲裁时卸料板的下侧面起导料作用,冲裁后的工件直接从凹模中落下,余料由卸料板卸下。

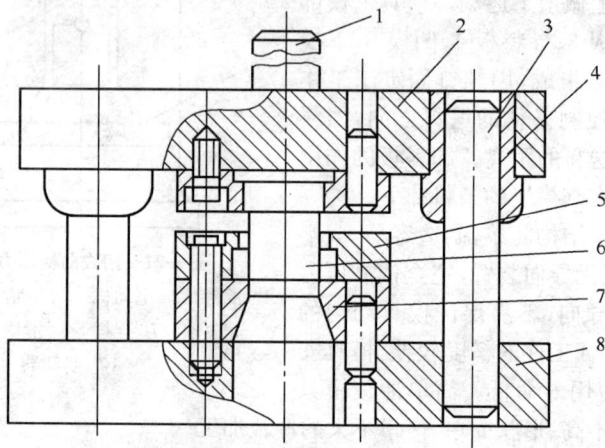

图 3-23　导柱式落料模
1. 模柄　2. 上模座　3. 导柱　4. 导套　5. 卸料板　6. 凸模
7. 凹模　8. 下模座

导柱冲裁模的导向作用好,精度高,冲裁质量好,模具安装方便,使用寿命长,在大批量生产中得到广泛的应用。

(3)复合冲裁模　冲制一个带孔的工件,一般要经过落料、冲孔等几道工序才能完成,这些工序如果采用单工序模冲裁,不但模具多,而且工序多,还要运输半成品,而采用多工序模则可以克服以上缺点。复合冲裁模是一种多工序模,它在模具的同一位置上,安装了两副以上不同功能的模具,能在一次行程中,同时完成内孔和外形的冲裁。图3-24所示为冲制圆形垫圈的复合冲裁模。冲孔凸模1和落料凹模4用螺钉、凸模固定板2和垫板3安于上模座上,在凸模和凹模之间用推杆、推板和推件环组成推料装置,冲裁后将圆形垫圈从模具推出。落料凸模和冲孔凹模做成一体,称为凹凸模8,用固定板、螺钉固定于下模座上。由卸料板7、橡胶和螺钉组成弹性卸料装置,在冲裁后将余料从凸凹模上卸下。挡料销6在板料送进时起定位作用。

复合冲裁模的精度高,冲裁质量好,定位误差小,但模具的结构较复杂,加工要

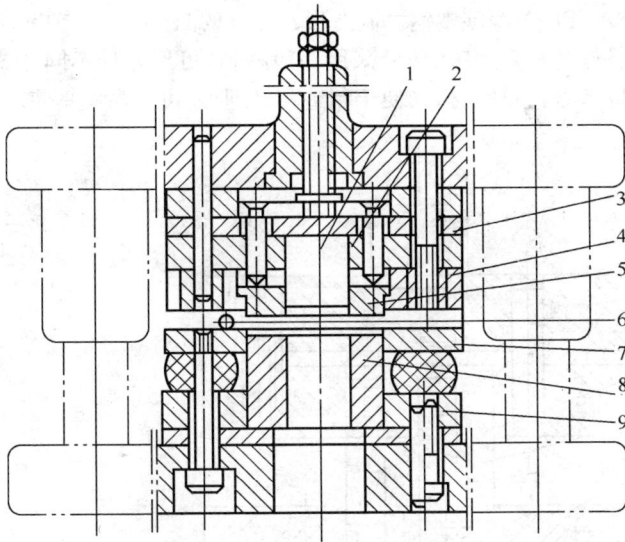

图 3-24   复合冲裁模
1. 凸模   2. 凸模固定板   3. 垫板   4. 落料凹模   5. 推件环
6. 挡料销   7. 卸料板   8. 凸凹模   9. 凸凹模固定板

求较高。当冲制内孔较大而外形尺寸又较小的工件时,由于凸凹模壁厚太薄,不能承受较大的冲击力,而且冲制的工件也不能达到技术要求,因此不宜采用复合冲裁模。

(4)**连续冲裁模**   是一种多工序模,连续模又称级进模或跳步模,它能在压力机的一个行程中,在模具的不同位置上同时完成多道工序的冲裁。工件是在冲模中逐步冲制成形的,可以认为连续模是由两个或两个以上的单工序冲模组合而成。图3-25所示为冲孔和落料的连续冲裁模,采用导板来导向。冲裁时,第一步冲出两个内孔,第二步进行内有 2 圆孔外为长圆形的落料,从而完成工件的冲裁。为了确保内孔与外形的相对位置,模具采用了导正销 5 定位。冲孔凸模 3 和落料凸模 4,用螺钉、凸模固定板等固定于上模座 2 上。冲孔和落料凹模制成一体,安装于下模座上,始用挡料销 7 是在第一件冲孔时,手动推出进行定位,冲孔后退出,以后各次冲裁均由固定挡料销 6 来控制送料的步距。

连续冲裁模可完成多道工序的冲裁,生产效率较高,每一步的冲模结构比较简单,但组合后的模具较大,而且每次步进会存在一定的定位误差。

冲裁模具通常由工作部分和辅助部分所组成。工作部分就是带有冲刃的凸凹模;辅助部分则根据模具的形式而不同,其中有导向零件、卸料零件、连接零件、定位零件等。这些零件都应具有一定的硬度和强度,同时还要求耐用。制造简单凸凹模的材料常用 T8A、T10A 等碳素钢。制造形状复杂的凸凹模,应考虑采用镶块式,即刃口部分选用较好的材料,其他部分采用一般材料,可用各种不同方式把它们连接起来。这样可以节省贵重钢材,又便于制造和修理,还可提高模具使用寿命。

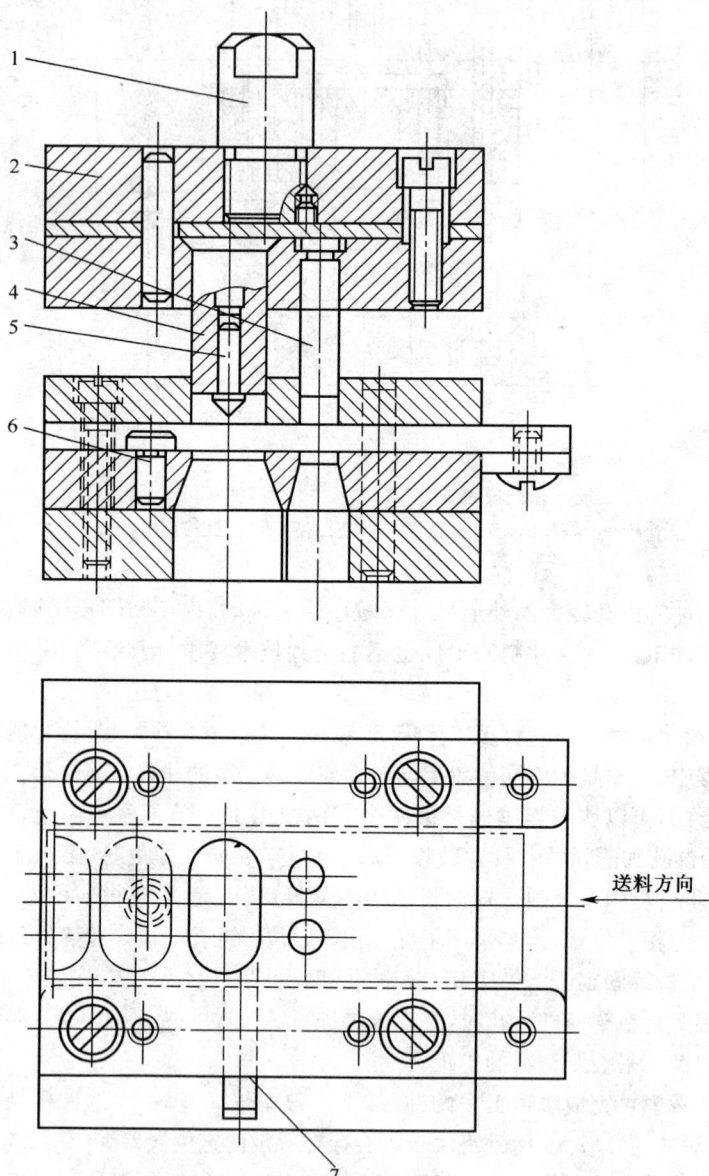

图 3-25　连续冲裁模

1. 模柄　2. 上模座　3. 冲孔凸模　4. 落料凸模　5. 导正销

6. 挡料销　7. 始用挡料销

第三节 锯 切 下 料

锯切下料是通过锯齿的切削运动,把钢材分离。锯切不但能切割金属料材,也可以在金属上锯切口、切槽等。锯切有手工锯切和机械锯切两种。手工锯切为常用的简便锯切方法,它在冷作钣金工艺中,常用于切割型钢、钢管和尺寸不太大的钢板。

一、锯切工具

手工锯切的工具是手锯,由锯架、固定夹头、活动夹头、手柄、锯条等组成,如图3-26 所示。弓形锯架有固定式和可调整式两种,固定式只能安装一种长度规格的锯条;可调整式能安装多种规格的锯条。

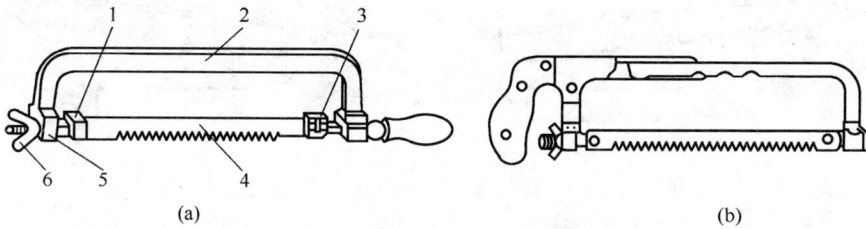

图 3-26 手锯

(a)固定式 (b)可调式

1. 活动夹头 2. 锯架 3. 固定夹头 4. 锯条 5. 方孔导管 6. 翼形螺母

锯条用碳素工具钢制成,常用手锯条的长度为 300mm,宽度为 10~25mm,厚度为 0.6~1.25mm。锯条按齿距分有粗、中、细 3 种,以适应锯切不同材料,粗齿锯条的卷屑槽较大,适用于锯软材料和较大表面的材料,尽管每次锯切所产生的铁屑较多,由于容屑槽大,不会产生堵塞因而影响切削效率;细齿锯条适用于锯切较硬的材料,由于材料硬度较高,每一次产生的切屑较少,不会堵塞容屑槽,而锯齿的增多,使参与切削齿数增加,效率提高,锯齿也不易磨损。此外,锯切管子或薄板时,为防止锯齿被工件钩住而发生锯齿崩断,也必须采用细齿锯条。锯条的选择见表3-2。

表 3-2 锯条的选择

锯 条	锯 割 的 材 料
粗齿	软性材料,如低碳钢、紫铜、铝、塑料等
中齿	中等硬度材料,如中碳钢、黄铜、铸铁以及型钢、厚壁管子等
细齿	硬材料,如高碳钢、合金钢以及薄壁金属、薄壁管子等

二、锯削工艺

(1)锯条的安装 应使锯齿向前,手锯在向前推进时能起到切削作用,不能倒装。锯条在锯架中的张紧程度,可通过调节活动夹头的翼形螺母来控制,张紧程度应合适。装得过紧,在切削时受力不当,锯条容易折断;装得过松,锯缝不易平直,锯条同样也容易折断。

(2)**工件的夹持** 用手锯锯削的材料一般都较小,可用台虎钳等工具夹持,但必须夹紧,不允许在锯切时发生松动,锯缝不应离钳口太远,不然锯削工件时容易发生弹动而折断锯条。圆形工件和管材应采用 V 形架或专用管子虎钳夹紧。

(3)**锯切方法** 起锯有远起锯和近起锯两种,如图 3-27 所示。一般采用远起锯,因锯齿是逐步切入材料,这样不易被卡住;近起锯时,掌握不好锯齿易被工件卡住而发生崩齿。

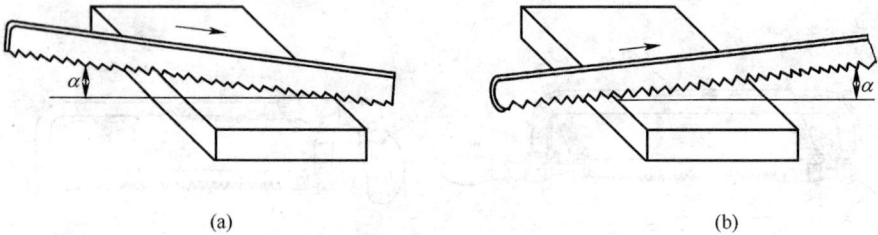

(a)   (b)

图 3-27 起锯方式
(a)远起锯 (b)近起锯

起锯时,锯条与工件成一定的倾角 $\alpha(\alpha<15°)$,可使锯条逐步切入,角度过大易发生崩齿;角度过小,锯条易偏离切割线,损坏工件的表面。

锯切时,推进应对手锯施加一定压力,但不能太大;推进的速度不能过快或过慢,否则易折断锯条。锯条退回时,应微抬手锯,以减少锯齿的磨损。

如图 3-28 所示为角钢、薄板和管子的锯削方法,角钢和薄板为防止勾齿和弹动,用木材夹持以增加厚度和增加刚性,并防止崩齿。锯管子时,当把管壁锯穿后,应将管子转过一定角度,再进行锯削,这样一直到管子四周锯断为止。

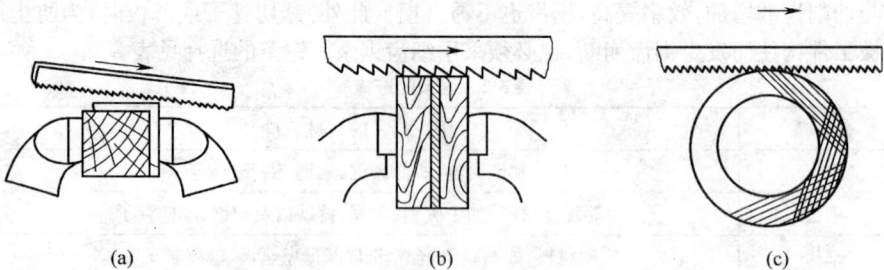

(a)   (b)   (c)

图 3-28 锯削方法
(a)角钢锯切 (b)薄板锯切 (c)管子锯切

第四节 气 割 下 料

气割下料是常用的切割方法之一，气割可以切割任意厚度的钢材，而且设备简单，生产率高，使用灵活，所以得到广泛应用。

一、气割原理和设备

1. 气割原理

气割是利用氧气和可燃气体混合而产生预热火焰，将金属预热到燃烧温度（燃点），然后由高纯度、高速度的氧气流喷射到已预热的金属，于是金属开始燃烧并产生大量的热量，所产生的液态熔渣被高速氧气流吹走，这样上层金属氧化时产生的热量传至下层金属，下层金属也预热到燃点并燃烧，使气割由工件表面深入到整个厚度，直至将金属割穿。随着割嘴的移动，气割过程连续不断地进行，形成切口，割出了所需要的形状。由上可知，气割的过程是金属的预热、金属的燃烧和氧化物（熔渣）被吹走3个阶段。

2. 常用气割设备

常用气割设备和工具有氧气钢瓶、乙炔钢瓶、减压器、回火保险器、橡胶管和割炬等。图3-29所示为手工气割时的设备示意图。氧气瓶和乙炔瓶分别输出高压氧气、乙炔气，用减压器减压，降低到工作压力的氧气、乙炔气，通过橡胶管输送到割炬进行切割工作。

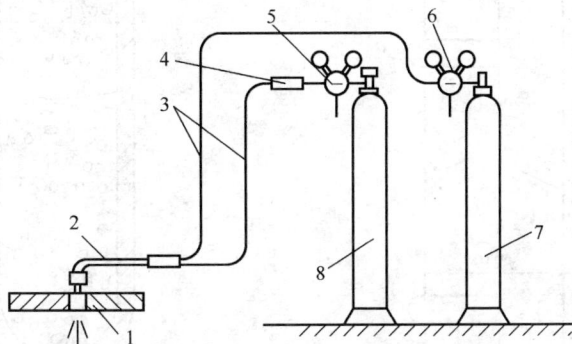

图3-29 手工气割设备示意图
1. 工件 2. 割炬 3. 胶管 4. 回火保险器 5. 乙炔减压器
6. 氧气减压器 7. 氧气钢瓶 8. 乙炔钢瓶

（1）氧气钢瓶 用于氧气储存和运输的压力容器。氧气瓶瓶体为圆柱形，如图3-30所示。它是用低合金钢或优质碳素钢制成，瓶体长度约为1400mm，外径为219mm，容积为40L，总质量约为70kg，额定工作压力为15MPa。瓶体的上部装有氧气阀，瓶头外部装有瓶箍，还装有保护罩，以保护瓶阀。瓶体的底部呈内凹形，使氧气瓶直立时保持平稳。氧气瓶外表为天蓝色，用黑色写明"氧气"字样。

　　氧气瓶与减压器连接时,应放出些氧气吹净接口处的灰尘等杂物,以防阻塞。冬季瓶阀冻结时,应用热水或蒸汽等加热解冻,严禁使用明火烘烤。

　　(2)乙炔钢瓶　是储存和运输乙炔的压力容器,容积约为40L,它的构造比氧气瓶复杂。图3-31所示为乙炔钢瓶结构示意图,其瓶体采用优质碳素钢或低合金钢制成。瓶体上部装有乙炔气阀,在肩部装有易熔塞,当瓶体温度上升到一定的温度时,易熔塞熔化,可防止乙炔瓶爆炸。乙炔瓶底部有瓶座,使乙炔瓶在直立时保持平稳。为了增加乙炔的容量和防止乙炔瓶爆炸,在钢瓶内装入多孔性特殊物质和丙酮。乙炔易溶解于丙酮液体中,当温度为15℃、压力为0.1MPa时,1L丙酮能溶解乙炔23L,使用时溶于丙酮中的乙炔会成为气体,经减压器进入胶管供使用;丙酮仍留在钢瓶中,以后可继续使用。但丙酮随释放乙炔气体会损失一部分,为使损失量不致过多,所以乙炔钢瓶中放出的气体消耗量应控制在1800～2000L/h。若乙炔的需用量很大,应用数个乙炔瓶并联使用。乙炔钢瓶外表为白色,用红色标明"乙炔"字样,它的额定工作压力为1.5MPa。

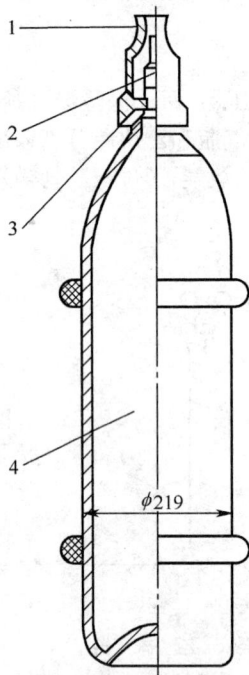

图3-30　氧气瓶

1.瓶帽　2.瓶阀　3.瓶箍
4.瓶体

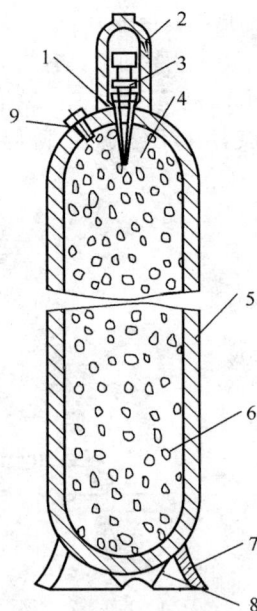

图3-31　乙炔钢瓶

1.瓶口　2.瓶帽　3.瓶阀
4.丙酮　5.瓶体
6.多孔性填料　7.瓶座
8.瓶底　9.易熔塞

　　(3)减压器　是将钢瓶中高压气体降低到较低的工作压力,并使工作压力保持稳定的装置,其结构原理如图 3-32 所示。当开启和调节气压时,应顺时针旋转调节螺钉 5,压缩弹簧 6 通过压板 4、薄膜 3 和顶杆 7 打开活门 9,这时进口的高压气体(压力由高压表 1 显示)穿过活门进入低压室 8,在低压表 11 上显示减压后的压力,再经出口输出。当钢瓶内压力逐渐降低时,作用于活门 9 上的气体压力随之减小,活门 9 失去平衡,在弹簧 6 的作用下,活门 9 下移,以达到新的平衡,此时活门 9 的通道增大,使气体流量保持不变,因而维持出口压力基本不变。安全阀 2 是保护低压表 11 和低压室 8 的安全使用的装置,当压力超过一定许用数值时,就会自动打开放气;当压力降低到许用数值时,又会自动关闭。

氧气减压器和乙炔减压器的工作原理基本相同,只是使用压力高低不同。氧气减压器进气口的最高压力为 15MPa,最大流量 $80m^3/h$,出气口压力调节范围为 0.1～2.5MPa。乙炔减压器进气口的最高压力为 2MPa,最大流量为 $9m^3/h$,出气口压力调节范围为 0.01～0.15MPa。

减压器安装前,应将接口处的灰尘等杂物吹净,连接后应检验是否有泄漏。在打开气瓶阀门前,低压室应关闭(低压表读数为零),打开气瓶阀门时应缓慢,逐渐开大,以免冲坏高压表等事故发生,然后再旋转调压螺钉,使输出气体的压力符合使用要求。工作完毕后,除关闭气瓶阀门外,应放尽减压器中余气,松开调节螺钉,让弹簧恢复到自由状态,使低压表指示为零,以保护减压器;否则减压器就会出现压力显示不准,或无法调节压力等故障。

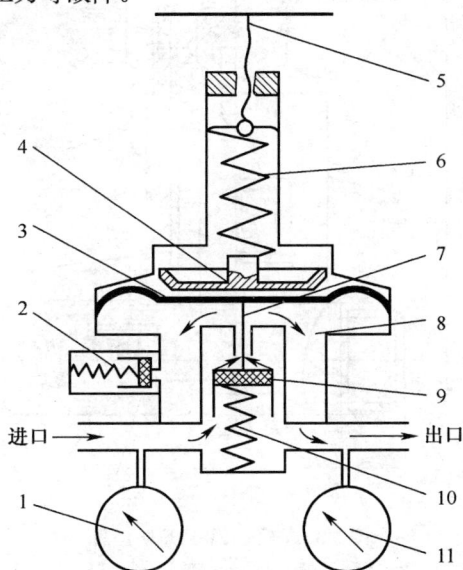

图 3-32 减压器结构原理
1. 高压表 2. 安全阀 3. 薄膜 4. 压板
5. 调节螺钉 6. 弹簧 7. 顶杆 8. 低压室
9. 活门 10. 弹簧 11. 低压表

（4）回烧防止器　在气割或气焊时，气体火焰进入喷嘴内逆向燃烧的现象称回火。回火时如果在管路上不加以阻止，就会引发爆炸等重大事故。回烧防止器（又称回火保险器）的作用是防止火焰倒流入乙炔瓶或乙炔发生器内，是很重要的安全设备。

回烧防止器有水封式和干式两类，如图 3-33 所示为 HF-1 型干式乙炔回烧防止器，它结构简单，质量轻，阻止回火性能好，在低温下也可以使用。在正常工作情况下，乙炔由进气口进入经过滤网 3，清除乙炔中杂质后，再经逆止阀 7、阻火管 13 由出口流出供气割或气焊使用。当发生回火时，压力骤增，在高压冲击波下，一方面经阻火管作用于逆止阀 7 上，切断乙炔的气源，防止火焰倒流进入乙炔管或乙炔瓶内；另一方面顶开泄压阀 16，将燃烧或爆炸气体排出。阻火管 13 内有非直线微孔，使火焰扩散速度趋于零，起到了阻火作用。

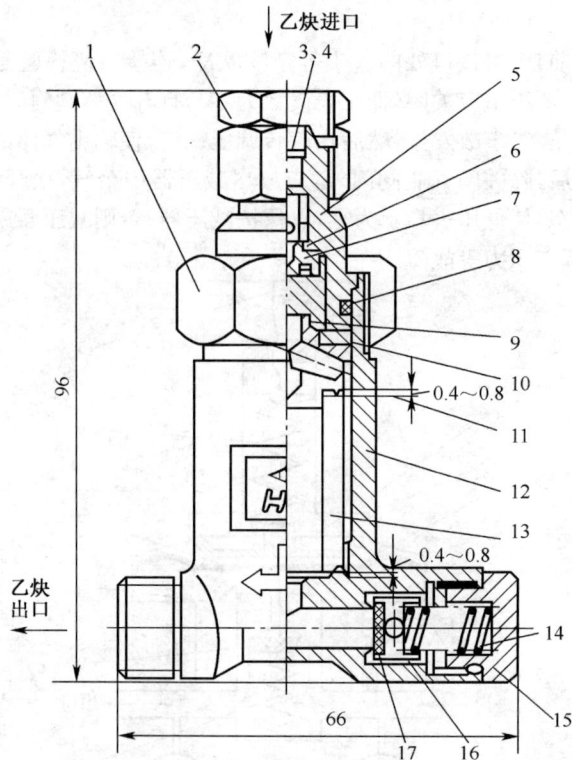

图 3-33　干式乙炔回烧防止器

1. 防松螺钉　2. 联接螺母　3. 过滤网　4. 挡圈　5. 回火防止阀体
6. 小 O 形圈　7. 逆止阀　8. 大 O 形圈　9. 逆气弹簧
10. 弹簧垫圈　11. 压圈　12. 本体　13. 阻火管　14. 泄压阀弹簧
15. 泄压阀螺母　16. 泄压阀　17. 密封垫圈

(5)气焊、气割用胶管 可将氧气或乙炔输送到割炬或焊炬中,胶管采用优质橡胶夹麻织物或棉纤维制成。为便于识别,按国标规定,氧气胶管采用黑色,承受压力为 1.5MPa;乙炔胶管采用红色,承受压力为 0.5MPa。使用时注意胶管的颜色是否与所通气体相符,两种胶管不能互换使用。

胶管的长度通常取 10~15m,不能过长,太长了气体流动的阻力就会增加;但胶管的长度也不能太短,若小于 5m,回火时极易造成重大事故。

(6)割炬 又称割刀,它将可燃气体与氧气混合构成预热火焰,并在预热后从割炬中心喷出高压氧气流,使预热金属燃烧,并利用气体压力吹去熔渣,形成割缝。割炬的种类很多,按预热部分构造可分为射吸式和等压式两种。

①射吸式割炬 如图 3-34 所示,使用时,氧气从混合室喷嘴中以高速喷出,利用射吸原理,吸入周围的乙炔气,形成混合气体,构成预热火焰。预热火焰的大小和性质由乙炔、氧气流量大小所决定,可分别通过乙炔、氧气预热火焰调节阀控制,切割氧调节阀专用于调节切割时的高压氧气。

射吸式割炬由于射吸作用,可使用较低压力的乙炔气,一般压力大于0.001MPa 即可,所以又称低压式割炬,但中压乙炔气也能使用。射吸式割炬结构轻巧、使用方便、乙炔压力适用范围大,所以应用广泛。射吸式割炬的缺点是连续使用时间较长时,因混合管受热温度上升,氧气和乙炔的混合比会发生改变,因此在使用中需要重新调节。

根据射吸式割炬的不同型号,切割的范围不同,如 G01-30 型,型号中 G 表示割炬,01 表示射吸式,30 表示切割钢板最大厚度为 30mm,切割更厚的钢板可用 G01-100型或 G01-300 型等。通常每把割炬配 3~4 个割嘴,分别用 1~4 号表示,供使用者选用,号数越大,切割厚度越厚。

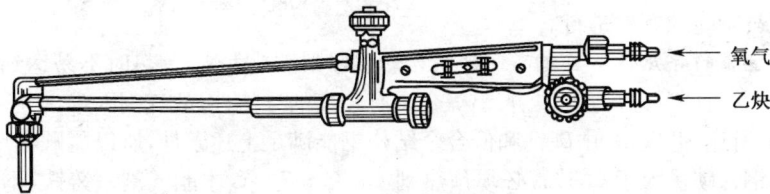

图 3-34 射吸式割炬

②等压式割炬 如图 3-35 所示,氧气和乙炔气分别由单独的通道进入割嘴,在割嘴接头与割嘴间的空隙中混合,然后由割嘴喷出,构成预热火焰,由于使用的乙炔压力较高,所以称中压式割炬。等压式割炬可以产生稳定的混合气体,切割时火焰稳定,不易回火,缺点是不能使用低压乙炔气。常用的等压割炬的型号有 G02-100、G02-500 等,型号中 G 表示割炬,02 表示等压式,100、500 分别表示切割的最大厚度为 100mm 和 500mm。

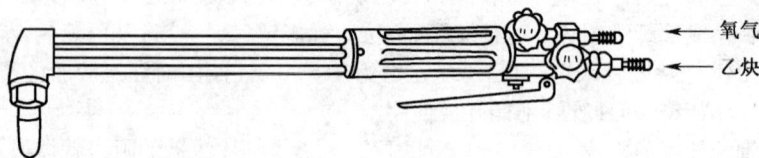

→ 氧气
→ 乙炔

图 3-35 等压式割炬

二、气割条件

不同的金属气割性能是不同的,有些金属甚至不能气割,只有符合下列条件的,才能进行气割。

(1)金属的燃烧点应低于金属的熔点 如果不能满足这一条件,则金属未达到燃烧温度就开始熔化,变成液体状态,那就不能进行气割。例如,低碳钢熔点约为1500℃,其燃点约为1100℃,随着含碳量的增加,钢的熔点逐步下降,其燃点逐步升高,当含碳量达到 0.7%时,燃点和熔点大致相等。当含碳量大于 0.7%时,燃点高于熔点,气割困难。实际上,含碳量大于 0.5%的碳钢,由于钢中含有其他杂质,气割已有一定困难。

铸铁及铜、铝等非铁金属,由于其燃点比熔点高,所以不能进行气割。

(2)氧化物熔点应低于金属本身的熔点 要求金属氧化后,能像液体那样便于从切割处排出,否则会产生粘渣现象,阻碍气割进行。如铸铁、铜、铬、镍、铝等金属,其氧化物熔点均比本身金属熔点高,因此这些金属均不宜气割。

(3)金属在燃烧时应放出较多的热量 满足这一条件,才能使上层金属燃烧产生的热量对下层金属起预热的作用,使气割迅速延续而不致中断。如气割低碳钢时,由于金属燃烧所产生的热量约占 70%,而由预热火焰所提供的热量仅占 30%左右,所以气割能顺利地进行。

(4)金属的导热性不应过高 金属导热性好则散热太快,预热时不易达到燃点,气割易中断,且割缝过宽。如铜、铝等金属有较高的导热性,故气割困难。

综上所述,低碳钢、中碳钢和低合金结构钢能满足上述条件,所以能顺利地进行气割,当钢含碳量大于 0.5%,必须预热到 400℃～700℃才能气割。铸铁、不锈钢、铜、铝等金属均不能气割。

三、气割工艺

(1)气割前的准备工作 气割前应矫平钢板,清除钢板表面的油污、铁锈等杂质,在钢板上划出切割线,并把钢板垫起,钢板下面要留出一定的空间,不能密闭,以保证切口熔渣能向下顺利排除,否则有爆炸的危险。

(2)乙炔和氧气的压力 根据被切割钢板的厚度而定。通常手工气割中厚钢板,乙炔压力取 0.05～0.1MPa;氧气压力取 0.5～1.0MPa。氧气压力过低,金属燃烧不完全,气割速度慢,熔渣吹除不干净,切口背面有粘渣现象,甚至不能割透;氧气压力过高,过剩的氧气反而起冷却作用,使气割速度降低,切口表面高低不平。

(3)预热火焰　由于氧气和乙炔气的混合比例不同,预热火焰的形状和性质不同,可分为碳化焰、氧化焰、中性焰3种,如图3-36所示。如图3-36a所示的碳化焰,由于乙炔没有达到完全燃烧,火焰呈现两层白色的焰心,会使高温金属增碳。因而称为碳化焰。如图3-36b所示的氧化焰的氧含量高,焰心呈现蓝白色的尖形,这种火焰对高温金属有氧化作用,所以称为氧化焰。如图3-36c所示的中性焰的焰心为圆柱形,这种火焰没有增碳和氧化作用,称为中性焰。气割时通常采用中性焰。

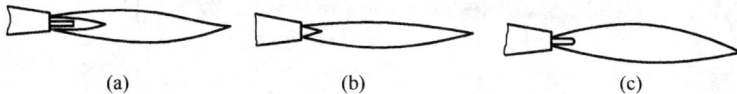

图3-36　预热火焰
(a)碳化焰　(b)氧化焰　(c)中性焰

(4)气割方法　气割时调整好预热火焰(中性焰),将割嘴对准钢板边缘进行加热,为了清晰观察切割线,准确切割,通常气割自右向左进行。当金属温度到达燃点时,打开高压氧气,使金属燃烧、吹渣,并按切割线匀速移动割炬进行切割。气割时割嘴与钢板表面应保持垂直,钢板表面与焰心的距离一般为2~4mm,当钢板厚度较厚(大于100mm),其距离应增大些,防止飞溅物阻塞割嘴造成回火。气割近终点时,应将割嘴向切割前进的相反方向倾斜一些,以利于钢板下部提前割透,使收尾的割缝较整齐。

当切割不能从钢板边缘开始,而必须从中间开始时,就要在钢板上先切出孔后,再按切割线进行切割。切孔时,首先用切割器预热需要切孔的地方,如图3-37a所示;然后将割嘴头提起,离钢板约15mm,如图3-37b所示;再慢慢开放切割氧气阀,并将切割器稍向旁移动和倾斜,如图3-37c所示,使熔渣吹出,直至钢板被穿通为止。

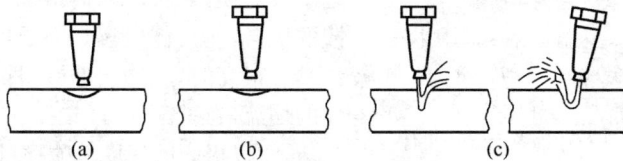

图3-37　在钢板上切孔
(a)预热　(b)提起割嘴　(c)开放氧气阀并倾斜切割器

(5)气割形式　有手工气割和机械气割两种。

①手工气割　是工人用前面介绍的割炬在划好线的材料上进行切割。这种切割操作简单,但切割下的材料轮廓不太规则,误差较大,适用于单件或小批量的下料。

②机械气割　是用机械设备来进行切割,它不需要提前在材料上划线。目前,典型的机械气割设备是仿形气割机和数控气割机。

仿形气割是将做好的样板安装在气割机上,靠气割机的仿形机构来控制割矩的运行轨迹。受仿形机构的限制,仿形气割机不能加工内圆弧太小的工件。

数控气割机是典型的机电一体化设备,割炬的运动轨迹靠数控程序控制,它可切割任意形状的工件,切割效率较高。

机械气割切割的工件轮廓非常规则,适合于切割量较大的生产。气割切下的工件轮廓的表面粗糙度较差。

第五节　等离子切割及其他切割下料

一、等离子切割

将电弧强迫集中"压缩",可以获得一种比电弧温度更高、能量更集中的热源——等离子弧。等离子弧的温度高达15000℃～30000℃。现有的任何高熔点金属和非金属材料都可被等离子弧熔化。等离子弧的焰流具有很高的流速,产生很大的冲刷力。等离子切割能够切割不锈钢、铝、铜、铸铁以及其他难熔金属和非金属材料,而且切口较窄,切割边的质量较好。

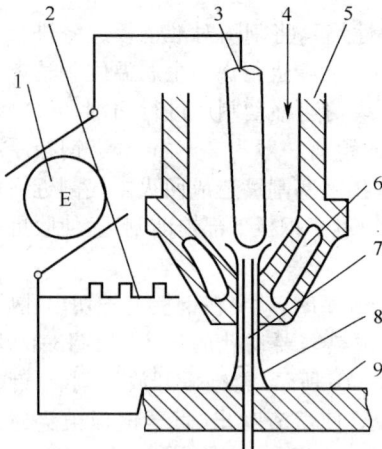

图3-38　等离子切割

1. 直流电流　2. 限流电路　3. 柱状电极(石墨或钨钛合金)　4. 冷却气体　5. 喷嘴(紫铜或铜合金)　6. 喷嘴冷却水　7. 等离子体焰流　8. 气体绝缘套　9. 工件

等离子切割法是利用如图3-38所示的装置产生的高温等离子体进行的。当两极通电起弧后,在断面很小的喷嘴内通入3～5个大气压的冷却气体,如氩、氮或其他混合气体;电弧的外围被冷却气体包围后,迫使通入弧柱的电流自然地向弧柱中心密集,使得各粒子彼此挨得很近,因而增加了粒子互相碰撞的机会,使气体电离。高温电离的等离子体具有很高的导热性和导电性,高温等离子体的焰流,在一定压力(4～5大气压)的气体吹送下,以极高的速度从喷嘴口喷出,使被切割工件切口的金属(或非金属)立即熔化,并被高速气流吹走(其中有部分金属变为蒸气),从而切开工件。

二、其他切割下料

(1)电弧气刨　利用电弧的高温作为热源,使金属的某一部分在此高温状态下熔化,同时又用高压空气流把此熔化状态下的液态金属吹走,这一工艺方法就叫电弧气刨。它除了常用于加工坡口、焊道清根外,也被用于切割。图3-39是电弧气刨的示意图。图中炭棒1被刨钳2夹住。通电时,刨钳接正极,工件4接负极,在炭棒接近工件处产生电弧,并熔化金属;高压空气流 3 随即把熔化的金属吹走,完成刨切。如图 3-40 为气刨枪,是电弧气刨的工具。操作时要注意掌握排渣的方向,收弧时要把熔化的钢水排除。

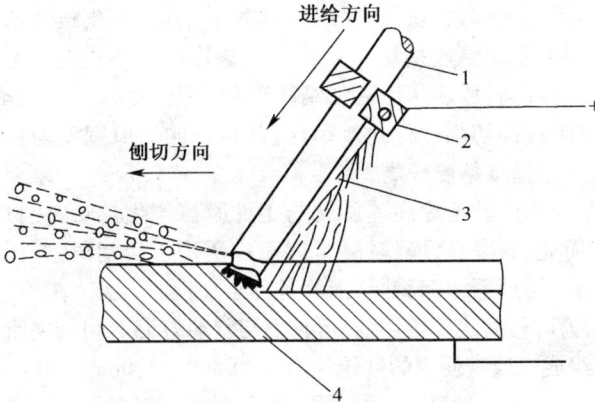

图 3-39　电弧气刨
1. 炭棒　2. 刨钳　3. 高压空气流　4. 工件

　　电弧气刨比手工用风铲铲坡口生产效率高,操作方便,只要能放进气刨枪的地方都能使用;对于氧炔焰不能切割的高碳钢、铸铁、不锈钢等,均可用电弧气刨,但切割质量较差。

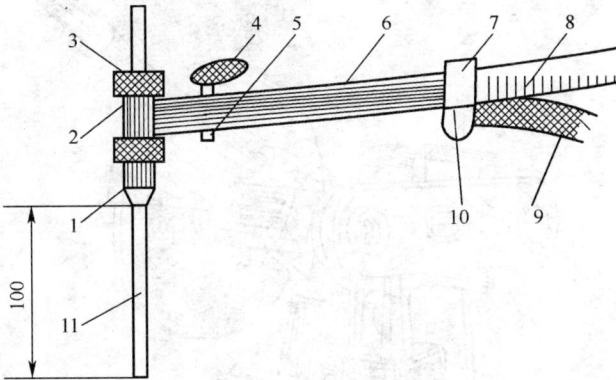

图 3-40　电弧气刨枪
1. 嘴头　2. 刨钳　3. 紧固螺母　4. 空气阀　5. 空气导管　6. 绝缘手把
7. 导柄套　8. 空气软管　9. 导线　10. 螺栓　11. 炭棒

　　(2)激光切割　激光技术是 20 世纪 60 年代初期科学技术发展中的新成果。利用原子受激辐射原理,使物质受激发射出波长均一、方向一致及强度非常高的光束,称为激光。激光与普通光(电灯光、太阳光、烛光等)不同,它具有能量密度高(可达 $10^5 \sim 10^{13}\,W/cm^2$)、单色性好及方向性好等许多特征。因此它被用于精密测量、物体探测、光谱分析、通信、计算机、医疗等各个领域。由于它的能量密度高,热量集中,所以也被用于金属和非金属材料的焊接、穿孔和切割。

产生激光的器件称为激光器,产生激光的物质可以是固体,如红宝石激光器、半导体激光器等;也可用气体,如氦-氖激光器、氩激光器、二氧化碳激光器等。

激光切割金属的主要特点是切口宽度小和热作用区小。由于可用气流冷却切削区,并且切削速度较高,故热作用区和结构变化区仅为 0.05~0.2mm。切割金属时,一般都用氧气来提高切割过程的效率,全部材料的切口宽度均在 0.5~1mm 范围内。切口的表面粗糙度精度较高。

(3)砂轮切割　利用砂轮片高速旋转与工件摩擦产生热量,使材料熔化而形成割缝。砂轮切割简捷、效率高、操作简便,因而广泛用于切割角钢、槽钢、扁钢、钢管等型材,尤其适用于切割不锈钢、轴承钢等各种合金钢。

图 3-41 所示为可移动式砂轮切割机,它由切割动力头 4、可转夹钳 1、中心调整机构 3 和底座 2 等组成。通常使用的砂轮片直径为 300~400mm,厚度为 3mm,砂轮转速达 2900r/min。为防止砂轮破裂,可采用有纤维的增强砂轮片。整个动力头和砂轮中心可根据切割需要进行调节,其旋转可通过手柄来实现,手柄上还装有开关 5,用以控制电动机的运行。可转夹钳根据切割需要,可调节其与砂轮主轴的夹角(0°~45°),调节时只要松开内六角螺钉,拔出定位销,钳口就能以支点螺钉为圆心旋转到所需要的角度。在底座下装有 4 个滚轮,这样整个砂轮切割机便可移动。

图 3-41　可移动式砂轮切割机
1. 可转夹钳　2. 底座　3. 中心调整机构　4. 切割动力头
5. 开关　6. 砂轮

砂轮切割时,将型材装在可转夹钳上,并夹紧,打开手柄上开关驱动电动机,通过带传动,砂轮片做高速旋转,待砂轮转速达到稳定时,操纵手柄进行切割。开始切割时,由于砂轮与型材处在磨削状态,其摩擦热的温度还未达到材料的熔点,这时用力不能过猛,否则极易造成砂轮崩裂而酿成事故,待其温度到达熔点后,再匀速进给,便可完成切割。当切口为斜口时,只要将可转夹钳转过一个与斜口要求相符的角度,拧紧定位螺钉固定,然后再夹紧材料即可切割。

砂轮切割只能切割直线,也就是将材料切断。砂轮切割后,其断面应采用锉削、錾削等方法去除边缘毛刺。

第六节　钢材的矫正

钢材和制件因受外力或加热等因素的影响,会产生各种变形,如弯曲、扭曲和局部变形等,这将直接影响产品的制作质量,因此必须对变形的钢材或制件进行矫正。

一、原材料产生变形的原因

(1)钢材残余应力引起的变形　钢材在轧制过程中,由于轧辊调节机构失灵等原因,造成轧辊的间隙不一致。使钢材沿轧制方向的延伸不一致。间隙小的部分,钢材的延伸大;间隙大的部分,钢材的延伸小。因此,延伸较大的部分受到延伸较小部分的阻碍而产生压缩应力,而延伸较小的部分则产生拉应力,当钢材的冷却速度较快或由于其他原因,使这部分应力残留在钢中,形成残余应力。当钢材受热或受其他因素的影响,其残余应力部分被释放,钢材便产生了变形。

(2)钢材加工过程引起的变形　由于受外力或不均匀加热,都可能造成钢材的变形。例如,钢板经剪切、气割或焊接,由于受力、不均匀加热和冷却,都会引起钢材的变形。

(3)钢材因运输、存放不当引起的变形　冷作钣金使用的原材料均是较长、较大的钢板和型钢,如果吊装、运输和存放不当,钢材就会因自重而产生弯曲、扭曲和局部变形。

综上所述,造成钢材变形的原因是多方面的,如果钢材的变形量超过允许偏差,就必须进行矫正。

二、矫正方法

1. 冷作矫正

根据对钢材是否加热分为冷作矫正和加热矫正两种;根据外力的来源和性质,又可分为手工矫正和机械矫正。

冷作矫正的基本原理就是借外力的作用使钢材的变形获得矫正。

2. 加热矫正

加热矫正是对变形钢材先加热到一定温度再进行矫正的方法,简称热矫正。热矫正方法有全部加热和局部加热两种。

(1)全部加热矫正　指对全部工件变形区域加热后的矫正。加热温度应在750℃～900℃之间,使钢材变软,再用手工或机械进行压力矫正。全加热要消耗较多能源,因此,它常在材料较硬和工件变形严重等不适于冷作矫正时才被采用。

(2)局部加热矫正　指利用金属热胀冷缩的物理性能,使钢材变形的松弛区域收缩。因受热膨胀的金属受到加热区周围冷金属方向的反作用力,反映为凸起处形成压缩力,该应力在一定温度时,可超过加热金属的屈服点,而使凸起处的金属产生挤压变形——收缩;同时加热金属冷却时,周围冷金属阻止加热金属收缩而产生拉应力,促使钢板变平。两个过程都起到平衡"松"、"紧"的作用,从而消除变形达到矫正的目的。

局部加热矫正时,常使用氧炔焰(氧气-乙炔焰)及其他火焰,通常把局部加热矫正叫做火焰矫正。

局部加热矫正使用的工具较简单,操作方便,不受工件厚度、大小、变形位置和复杂程度限制,因而得到广泛的应用。但只适用于塑性较好的金属材料,不适于高合金钢、铸铁等脆性金属材料。局部加热矫正的注意事项主要有以下几方面:

①钢材厚度＜8mm时,可以在加热后采用水冷却,这是由于钢材较薄,散热快,表面与内部温差不大,能够很快地达到表里温度均匀。而厚度＞8mm时,则不宜用水冷,水冷将使钢材表面很快冷却,表面与内部温差过大,容易产生裂纹。

②易于淬火、硬脆的材料在加热后不允许浇水冷却。

③加热位置应在工件松弛处的凸面,因为变形处凸面的面积大于凹面,故加热凸面可使其收缩量大于加热凹面。

④局部加热面积的大小,与工件厚度有直接关系。一般来说厚度越大,加热面积就要相应大些,薄钢板的加热面积就应该小些。

⑤加热温度与速度都和材料厚度有着直接关系。一般钢材的加热温度应在800℃左右,低碳钢以不大于1000℃为宜。有些厚度较小的应低于800℃。温度愈低,收缩量愈小,但加热温度过高将引起脆裂。加热速度与材料厚度同样有着直接关系,薄钢板的加热速度要快些,厚度较大的钢材则要慢些。

(3)局部加热的形式　局部火焰加热钢材变形区域时,在加热处可呈现点状、线状和三角形3种形式。

①点状加热　指加热处呈小面积的圆形。该圆形可看做大"点",其面积大小,以及点与点的距离,应根据变形区域、工件厚度和变形程度来确定。厚度大的和变形量小的点直径和间距要大些;厚度小的和变形量大的,则点的直径和间距要小些。点状加热的特点是"点"的周围向中心收缩。

②线状加热　指加热处呈带状。带的宽度要根据工件厚度确定,厚度越大,加热线越宽。线状加热的特点是"线"的宽度方向收缩量大,长度方向收缩量小。

③三角形加热　指加热区呈等腰三角形,有一边是工件的边缘。它的加热面积较大,因此收缩量较大,这种加热的特点是收缩量从三角形的顶点起沿等腰边逐渐

增大。

3. 机械矫正

机械矫正是用专用或通用设备,对变形钢材施加外力,使其纤维长度趋于一致,从而消除钢材变形。机械矫正效率高,劳动强度低,矫正质量好。矫正设备有专用设备和通用设备两种,专用设备有钢板矫正机,圆钢、钢管矫正机和多辊型钢矫正机等;通用设备是指一般的压力机,采用卷板机也可矫正弯曲变形的钢板。

(1)钢板矫正机　由上下两排交错分布的辊轴组成。矫正时,钢板通过一系列辊轴,在辊轴的作用下,钢板发生反复弯曲,使较短的纤维拉长而趋于平整。图 3-42 所示为钢板矫正机的工作示意图。一般下排是主动辊轴,由电动机带动旋转;上排是被动辊轴,能做上下调节,以适应矫正不同厚度的钢板。在上排辊轴两端是导向辊,能单独上下调节,以引导板料出入矫正机。

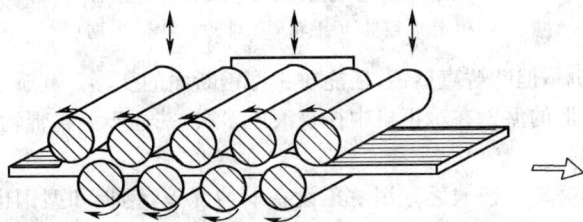

图 3-42　钢板矫正机工作示意图

钢板矫正机有多种形式,根据辊轴的排列情况,有上下排辊轴平行排列、上排辊轴倾斜排列和成对导向辊矫正机等多种。根据辊轴的多少,有 5、7、9…21 辊等多种,辊轴的数目越多,矫正的质量越好。

矫正时,先将钢板吊运至矫正机平台上,调整上辊轴下压,使上、下辊之间隙略小于钢板厚度,然后让钢板进入矫正机进行矫正。矫正时,让钢板反复来回滚动,并由小到大逐步调整下压量,使钢板弯曲所产生的应力超过材料的屈服极限,直到矫正的钢板达到预定的平直度要求。

薄钢板的刚性较差,其矫正效果比厚钢板差,可加一块较厚钢板作为衬垫一起矫正,也可将数块薄钢板叠在一起矫正,以提高效率。

如图 3-43 所示,小块的板材也可以在矫正机上矫正,只要将相同厚度的小块板材放在一块较大的衬垫钢板上,然后一起进入矫正机进行矫正。

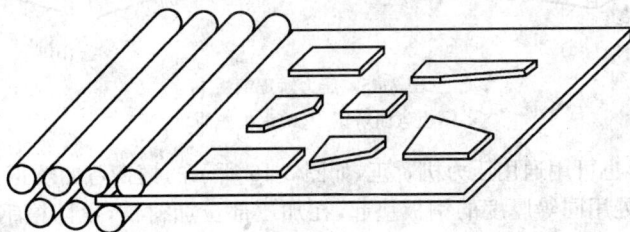

图 3-43　小块板材的矫正

（2）多辊型钢矫正机　让型钢通过一系列辊轮,型钢在辊轮之间反复弯曲,将较短的纤维拉长,从而消除型钢原先的变形。图 3-44a 所示为多辊型钢矫正机工作示意图。矫正机辊轮分上下两排交错排列,下辊轮为主动轮,由电动机经变速后带动;上辊轮为被动轮,能通过调节机构做上下调节,产生不同的压力。不同型钢的截面不同,可选用相应的辊轮,如图 3-44b 所示。

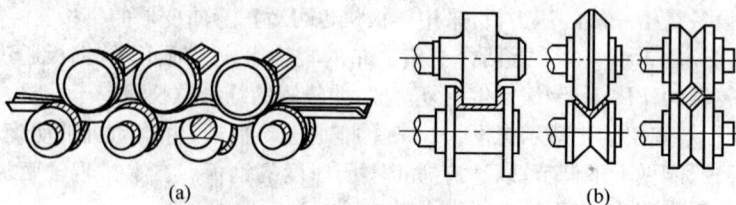

图 3-44　多辊型钢矫正机工作示意图
(a)工作原理　(b)辊轮形状(槽钢、角钢、方钢)

型钢矫正机不但能矫直型钢,还能矫正型钢断面的变形。其矫正过程与钢板矫正机相似,让变形的型钢在矫正机中往复滚压多次,并逐步调整辊轮加压,直至达到矫正目的。

（3）压力机矫正　在缺乏专用矫正设备的情况下,钢板和型钢也可以在通用压力机(油压机、水压机等)上进行矫正。

钢板弯曲矫正时,先目视或用直尺对钢板进行测定,了解其变形情况,并找出弯曲部分最高点,将凸起朝上,用两块同等厚度的钢板间隔一定距离垫在钢板较低处,如图 3-45a 所示。两垫板间距随钢板弯曲情况而定,在凸处可加一方钢,使压力机加压时受力均匀。由于钢板弯曲变形时总有一定的弹性变形,因而矫正时,应适当过弯一些,以补偿外力释放后钢板的回弹。钢板扭曲矫正如图 3-45b 所示。若钢板既有扭曲又有弯曲变形,应矫正扭曲后再矫正弯曲。

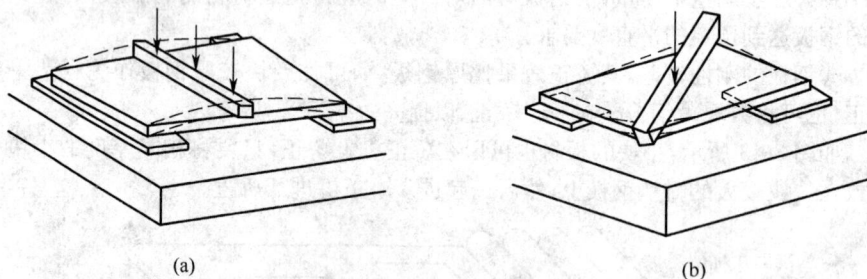

图 3-45　压力矫正钢板
(a)钢板弯曲矫正　(b)钢板扭曲矫正

型钢变形也可用通用压力机矫正,如图 3-46 所示的槽钢弯曲矫正,让凸起部分向上,在较低处用同等厚度的钢板垫起,在加压部位加衬铁,以防槽钢翼板局部变形,衬铁的形状和尺寸由槽钢大小而定。

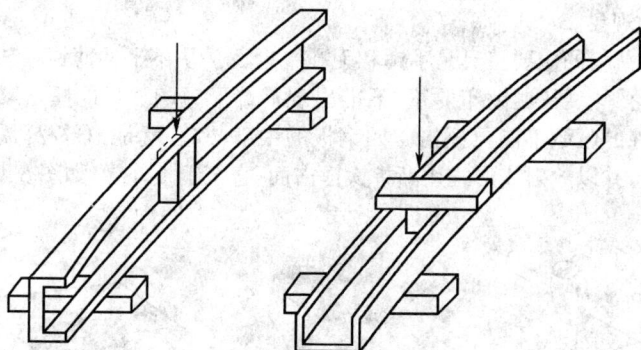

图 3-46 压力机矫正槽钢弯曲变形

4. 手工矫正

手工矫正是采用手工工具,对变形钢材施加外力,达到矫正变形的方法。手工矫正一般用于小型构件、原材料和局部变形的矫正。具体方法在下一节介绍。手工矫正常用工具如下:

(1)大锤和手锤 可用来直接打击工件。

(2)型锤 平锤、撑子、压弧锤等的统称。铆铆钉的"窝子"也可认为是专用的型锤,型锤的用途是为了保护工件表面的平整和圆滑过渡等。打锤时的捶击力通过型锤的锤面作用在工件上。型锤多作压型模具使用,型锤的形状如图 3-47 所示。

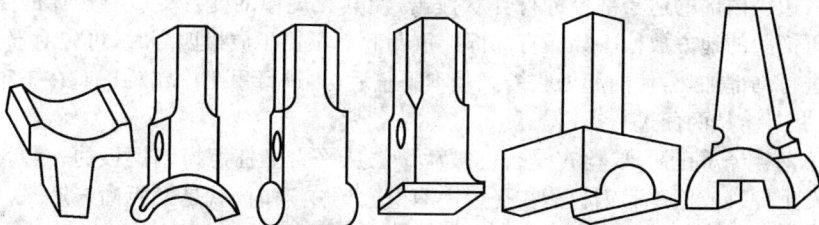

图 3-47 型锤

(3)工作台 平台和砧子等。

(4)简单机具 调直机、铆钉枪等。

(5)加热设备和工具 加热炉、烤枪、乙炔发生器等。

第七节 各种板材、型材的矫正

一、钢板冷作矫正

1. 薄钢板的手工矫正

在矫正之前,应检查工件的变形情况,钢板的松或紧可以凭经验判断。如看上去较平的区域就是"紧"的现象;而看上去有凸起或凹下,并随着压力的移动能起伏的区域是松的现象。

手工矫正薄板的主要工具是手锤和无孔平台。一块不平的薄钢板放在无孔的平台上，打锤的落锤点要准，锤印要正，不准出现马蹄形锤印。只能捶击紧缩区域使之扩展，原已松弛的区域不能再捶击。如钢板的中部凸起，就是中部松，周围紧。用锤打击紧的地方，并以放射线形式逐渐扩大捶击面，直至钢板外缘，如图 3-48a 所示。

(a)　　　　　　　　　　　　　(b)

图 3-48　手工矫正薄钢板捶击方法
(a)中间凸起薄钢板　(b)四周荷叶边薄钢板

如果钢板的四周呈荷叶边状的起伏变形，就是四周松，中间紧。矫平时则应从紧的边缘向紧的中心进行捶击，如图 3-48b 所示。有的钢板变形，松紧处一时难辨，可以从边缘内部的适当部位进行环状捶击，使其无规律的变形变成有规律的变形，而后再把紧的地方放松。如遇有局部严重凸起而不便于放松四周时，可先对严重凸起处进行局部加热，使凸起处收缩到基本平整后，再进行手工冷作矫正。在矫正时，应翻动工件，从两面进行捶击。

薄钢板经矫正后，要检查是否已被矫平。从平台上任意掀起钢板的一边，如掀动时发生弹跳或松手后钢板落在平台上有"噗隆"响声时，就是钢板尚未矫平；如掀起时没有弹动，并且落在平台上有"噗"的响声时，即钢板已被矫平。

2. 厚钢板的手工矫正

(1)直接捶击凸起处　捶击力量要大于材料抵抗变形能力，这样才能把凸起处矫平。

(2)捶击凸起区域的凹面　捶击凹面可用较小的力量捶击，使材料仅在表层扩展，迫使凸面受到相对压缩。由于厚钢板的厚度大，在它凸起处的断面两侧边缘近似为两个同心圆弧，凹面的弧长比凸面弧长短。因此，矫正钢板时，捶击四面，使其表面扩展，再加上钢板厚度大，打击力量小，凹面的表面扩展并不会导致凸面随之扩展，从而使钢板矫平。

对于厚钢板的扭曲变形，可沿其扭曲方向和位置，采用这种反变形的方法进行矫正。

手工矫正厚钢板时，往往与加热矫正等方法结合进行。

二、钢板加热矫正

1. 薄钢板变形的局部加热矫正

(1)波浪形变形的矫正 如图 3-49 所示,应先将钢板放在有孔平台上,然后用羊角卡(也叫大弯子,大卡子,鹤嘴卡)将钢板四边的 3 个边卡压在平台上,用氧炔焰以线状加热形式对凸起处的凸峰两侧分别加热,加热线的长度应短于变形的凸起长度。如钢板厚度在 2~4mm,则加热宽度应在 10~20mm。钢板较薄时,加热速度要快些,加热用的"烤枪"(即氧炔焰焊枪)应选用小喷火口的 2 号或 3 号烧嘴,加热温度应在 600℃~700℃。随着烤枪的移动,可在火焰对工件加热的近处用水冷却。钢板厚度为 4~7mm 时,可选用 4~6 号烧嘴,加热温度应在 700℃~800℃,加热线宽度应在 15~25mm,火焰与冷却水的距离应略大于上述薄板,为 30mm 左右。对于含碳量稍高的材料,火焰与浇水的距离要适当远些,有的淬脆性材料则不允许用水急冷。各加热线之间的平行距离,应根据变形波峰高度而定,凸起越高,距离就要近些,加热温度略高些。如一次矫不平,再进行第二次加热,加热线应在第一次加热线之间。必要时应用手工矫平。

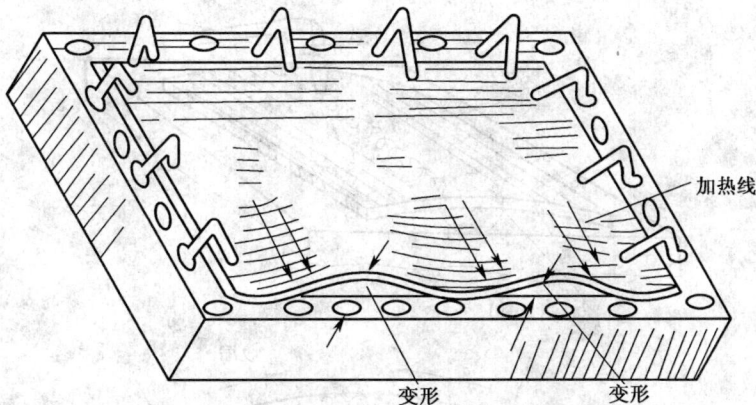

图 3-49 薄钢板四边"松"的局部加热矫正

(2)中间凸起的矫正 把工件放在平台上,检查变形情况后,将钢板四周用羊角卡压住,在凸峰的两侧进行线状加热,加热线应逐渐靠近凸峰。如松开羊角卡后仍有不平,可再进行第二次加热,直到矫平为止。有时,仅用局部加热的方法不能达到矫正的目的,则应采用机械矫正或手工矫正。

(3)局部严重变形的矫正 对于钢板边缘上局部翘起,可采用火焰在变形的凸起处进行三角形加热或点状加热等办法进行矫正,必要时,应用手工进行矫正。

2. 较厚钢板的局部加热矫正

厚度在 8mm 以上的钢板变形,矫正前,应在平台上用平尺检查其变形情况。如钢板呈不均匀的多处小变形、角变形、边缘或中间局部凸起等,可在凸起处的凸面加热。其烤枪应大些,并用 7~8 号烧嘴,但不要用水冷却加热区。必要时可用锤打击加热区的外围以减小应力。图 3-50 所示为钢板均匀弯曲变形的局部加热矫正的方法。从图中可以看出,这种变形是上凸面横向的弧长,下凹面横向的弧短。矫正的方法就是使上面横向的弧长收缩。因此,在加热时,就要采用线状加热的方法,使上下两面有较大的温差。如钢板加热呈红色为合适的温度,但加热时在其厚度上所呈红色不应超过钢板厚度的一半,这样冷却后才能达到上面收缩,下面不缩或少缩的效果。在适当数量的横向收缩以后,即可将钢板矫平。加热时要注意,如果加热深度过大,造成两面的温差很小,则冷却后的两面收缩量也相差很小,就不能矫平。钢板矫正后,要用平尺检查,如发现不合要求时,还要进行矫正,但加热应在上次加热线之间。

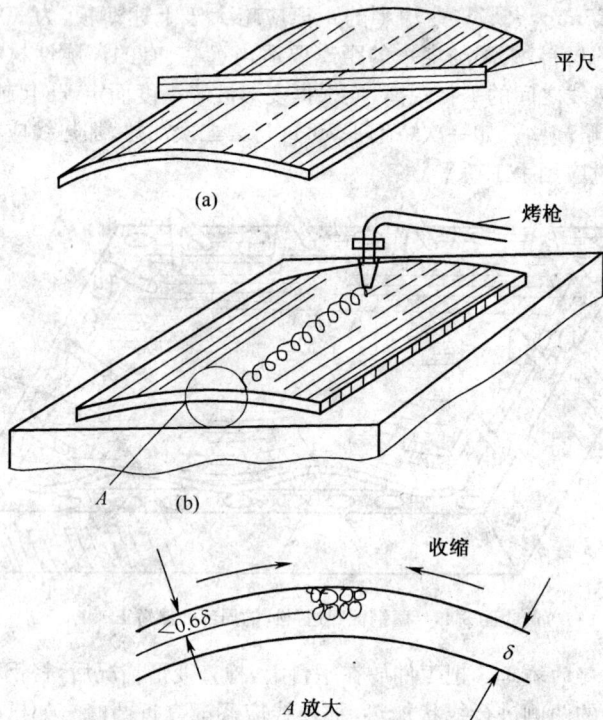

图 3-50　厚钢板均匀弯曲变形的局部加热矫正
(a)平尺检查　(b)线状加热

三、扁钢的矫正

扁钢变形有平面弯曲、旁弯和扭曲 3 种。

1. 扁钢平面弯曲的调直

(1)手工调直　手工调直扁钢平面弯曲的情况有两种。一种是捶击力量大于材料抵抗变形能力;另一种是用较小的捶击力量矫正较厚工件的变形。

①如图 3-51 所示,将工件放在平台上,用木锤(或用大锤垫上平锤)沿扁钢凸面

纵向中心线进行捶击,即可将工件调直。捶击时落锤点不要偏在扁钢边缘,以免发生旁弯。

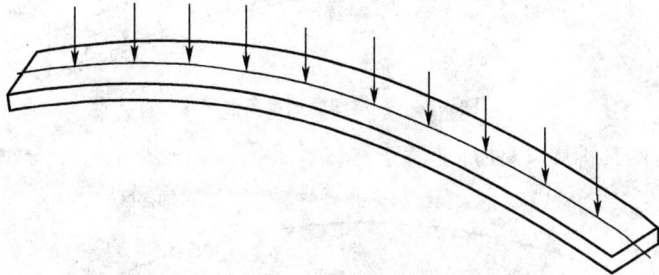

图 3-51 捶击凸面中心线调直扁钢

②在材料强度大、捶击力量小的情况下,对扁钢较大平面弯曲变形的调直,可采用扩展凹面的方法进行冷作矫正,如图 3-52 所示。此方法也适用于方钢的矫正。

③对于材料规格较大或硬脆的扁钢,不适于手工冷作矫正时,可对工件全加热后进行手工或机械矫正。如工件的局部有急弯,也可对急弯处加热后进行矫正。

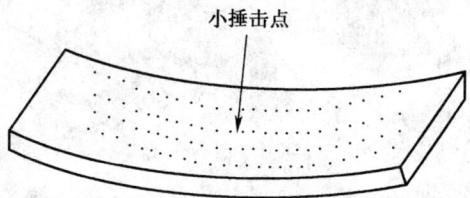

图 3-52 扩展凹面调直厚扁钢

(2)机械调直 采用滚压设备矫正扁钢平面弯曲是又快又好的方法。其方法与钢板的机械矫正相同。

2. 扁钢旁弯的调直

扁钢的立面弯曲叫旁弯。由于工件尺寸和变形状况不同,矫正的方法也不同。

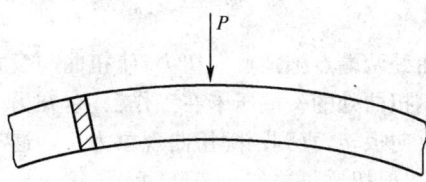

图 3-53 扁钢旁弯的调直

(1)较厚扁钢旁弯调直 可用大锤或顶床、压力机等直接加压力于凸起处进行矫正。由于扁钢立面的面积较小,所以在对立面凸起处施加压力之前,要把工件摆正(以防歪倒而发生事故)再施加压力进行矫正,如图 3-53 所示。

(2)厚度较小或宽度较大的旁弯调直不适于直接打击凸起处矫正,可采用扩展凹面平面的方法进行矫正,如图 3-54 所示。捶击时,靠凹边的捶击点要密,逐渐稀少,凸边不要捶击。捶击一面后,应翻转工件,依此方法直至矫直为止。

(3)扁钢旁弯加热调直 采用局部加热进行矫正,即加热凸起处使之收缩。如图 3-55 所示,用氧炔焰对工件的凸起处进行三角形加热,冷却后凸起处收缩。适当地加热几处后,即可使工件矫正。在对凸边进行局部加热矫正时,也可在凹边进行

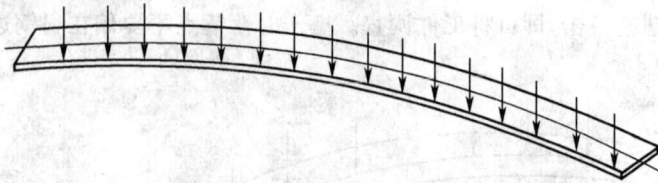

图 3-54　扩展凹面调直扁钢旁弯

必要的捶击,使其扩展,以便加速矫正。

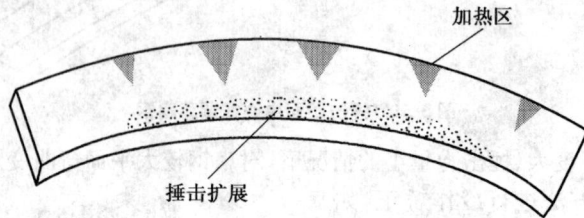

图 3-55　加热凸边、扩展凹边调直扁钢旁弯

(4)扁钢较大旁弯调直　不适于冷作矫正时,可全加热后采用手工或机械撖扁钢圈的方法进行矫正。

3. 扁钢扭曲的矫正

扁钢扭曲变形时,常伴有平面弯曲和旁弯。如先矫正平面弯曲或旁弯,则不能解决扭曲的问题,因此,在一般情况下,先要对扭曲进行矫正,再矫正平面弯曲和旁弯。

(1)扁钢扭曲的冷作矫正

①扳扭　扳扭的方法就是对扁钢的扭曲处两端点施加反向扭力,使扭曲与反扭曲的力量抵消而使其矫正。扳扭时先将扁钢扭曲处的一端压卡在工作台上,在另一端套上叉子(扳子)并用人力沿扁钢扭曲的反向扳转,直到消除扭曲现象为止。遇有工件扭曲较大时,可移动工件分段进行扳扭。扳扭矫正法如图 3-56 所示。

②捶击　扁钢扭曲变形用捶击的矫正方法与上述扳扭方法的道理相同,不同的只是捶击的力量大于扳扭力量。如图 3-57 所示,捶击的方法是将扭曲的扁钢斜放在平台边缘上,以平台边缘与工件接触点为支点,将扭曲处伸在平台边缘之外,沿扭曲的反向进行捶击。捶击扁钢时,要使落锤点在平台边缘外面的 20～40mm 处。落锤点与平台边缘过近容易损伤工件,过远则效果差。在支点的另一端,常用人工掌握。如扁钢的总长度全扭曲,就应从中间开始,矫正一段后,再调转工件矫正另一段。

(2)扁钢扭曲的加热矫正　扁钢扭曲较大或不适于冷作矫正时,可将扁钢扭曲处

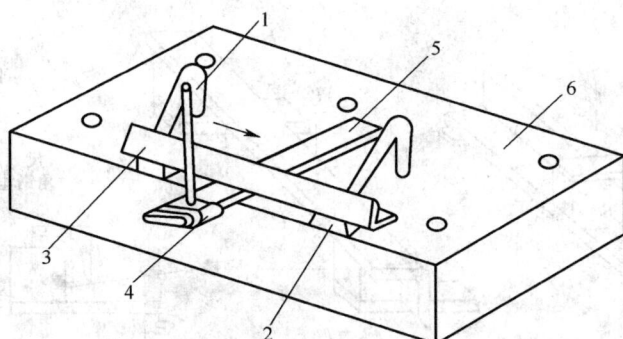

图 3-56　扳扭矫正扁钢扭曲

1. 羊角卡　2. 垫铁　3. 压铁　4. 叉子　5. 工件　6. 平台

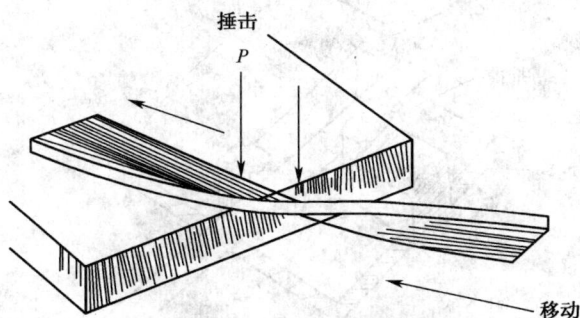

图 3-57　捶击矫正扁钢扭曲

全加热或分段加热后进行矫正。其方法是在材料加热变软后,用钳子夹住,往平台上摔,再用平锤修平。对于扁钢局部扭曲严重的,也可以对变形区进行局部加热矫正。

四、角钢的矫正

角钢变形有扭曲、弯曲和两面不垂直等。

1. 机械矫正

(1)用型钢矫正机矫正角钢　矫正角钢之前,应预备好相应规格的辊轮,并装在矫正机上,如图 3-44b 所示,其操作方法与矫正其他型钢方法相同。

(2)用压力机矫正角钢　如图 3-58 所示,压力机配合规铁等工具,常用来矫正角钢。

①预制的垫板和规铁,应符合角钢断面内部形状和尺寸要求,以防止工件在受压时歪倒和撤除压力后的回弹,见图 3-58 所示。操作时,要根据工件变形的情况调整垫板的距离和规铁的位置。

②对工件的矫正要经过试验,以观察施加压力的大小、回弹情况等,然后再正式矫正。

(3)用机械矫正角钢的两面垂直度　常采用如图 3-59a、b 所示的方法。

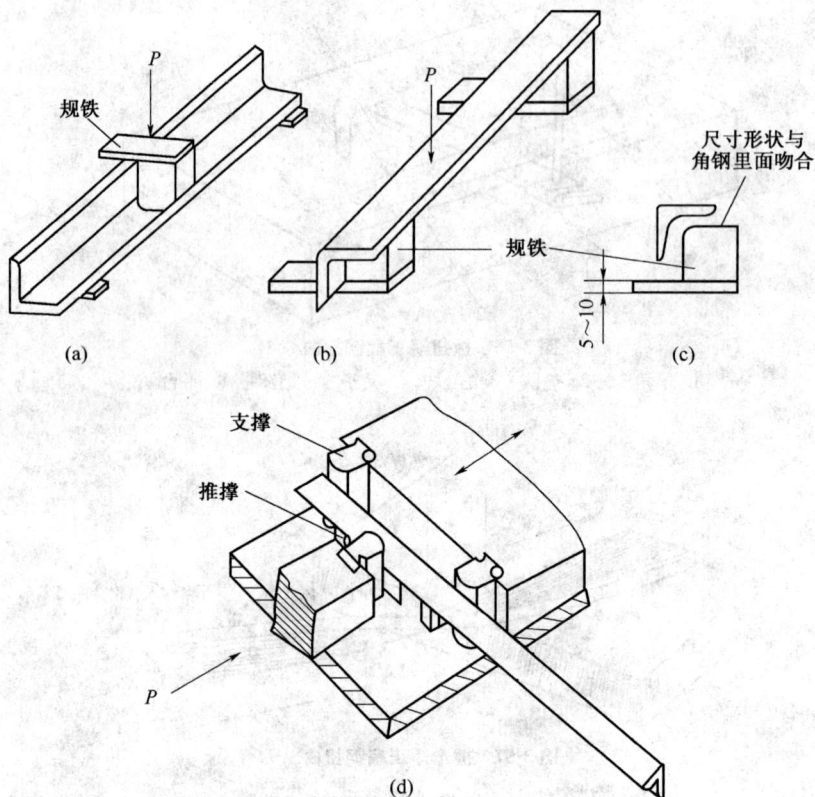

图 3-58 用压力机矫正角钢
(a)角钢平面在下的压力矫正   (b)角钢平面在上的压力矫正   (c)规铁   (d)用顶床矫正

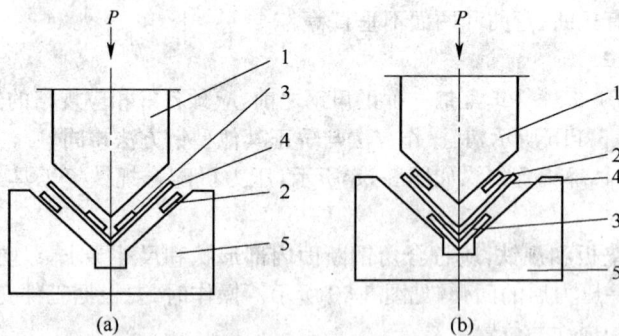

图 3-59 角钢两面不垂直的压力矫正
(a)大于 90°的矫正   (b)小于 90°的矫正
1. 上胎   2、3. 垫铁   4. 工件   5. V 形下胎

2. 手工矫正

在手工矫正角钢时,一般应先矫正扭曲,然后矫正弯曲和两面垂直度。

(1)角钢扭曲的矫正 与扁钢扭曲的矫正方法相同,即对小角钢可用叉子扳扭;对较大的可在平台边缘上捶击。对于有急弯扭曲等不适于手工冷作矫正时,可采用全加热或局部加热的方法进行矫正。在加热矫正时应垫上平锤后捶击,如工件较大,应在冷却后再移动,以防变形。

(2)角钢两面不垂直的矫正 手工矫正时,要预备垫铁等工具。

①在角钢两面夹角大于 90°时,应将大于 90°的区段放在 V 形槽垫铁或平台上,另一端用人工掌握,捶击角钢的边缘,打锤要正,落锤要稳,否则工件容易歪倒,造成伤人事故。其矫正方法如图 3-60 所示。

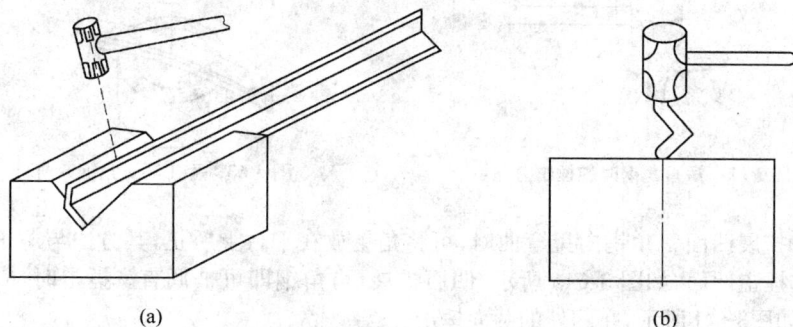

(a)   (b)

图 3-60 角钢大于 90°的手工矫正
(a)用 V 形槽垫铁 (b)用平台作垫

②角钢两面夹角小于 90°时,可将角钢仰放,使其脊线贴在平台上,另一端用手掌握住,将平锤垫在角钢的小于 90°段里面,再用大锤打击平锤,使角度劈开为直角。其操作方法如图 3-61 所示。

大于或小于 90°的角钢被矫正后,其两面靠近脊线处出现凸起或凹下现象时,应垫上平锤用大锤修平。在角钢大于或小于 90°,又不便于冷作矫正时,可进行加热矫正。

(3)角钢弯曲的手工矫正 有捶击凸处、扩展凹面等方法。

①捶击角钢弯曲的凸处 应把角钢的弯曲位置放在平台或钢圈上,使凸面在上,凹面在下。为预防回弹和便于操作,还应在角钢下面垫有适当的两个支点。在支点外掌握住工件,摆好捶击点的位置,再由打锤者直接捶击角钢凸起处。打锤时,应使捶击的力量方向略微向里,如图 3-62 所示,以

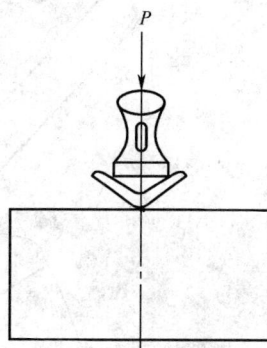

图 3-61 角钢小于 90°的手工矫正

避免角钢歪倒。手工矫正角钢弯曲的方法如图 3-63 所示。如角钢两面弯曲,应翻转工件对两面进行捶击。

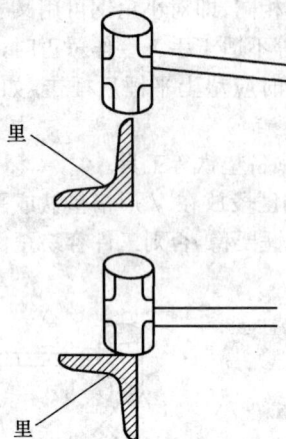

图 3-62　矫直角钢时的捶击方向

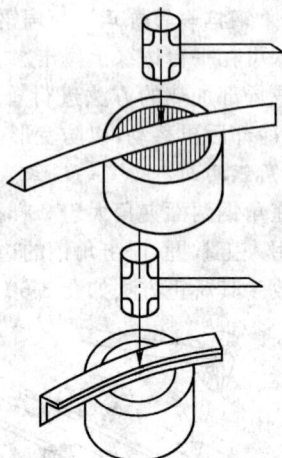

图 3-63　手工矫正角钢弯曲

②扩展凹面　角钢向里弯曲时,可将角钢放在平台上矫正,其方法与矫正扁钢相同。捶击凹面,如图 3-64a 所示,凹面扩展后,角钢即可被调直。捶击时,应翻动角钢,如图3-64b所示,在凹处的两面捶击。

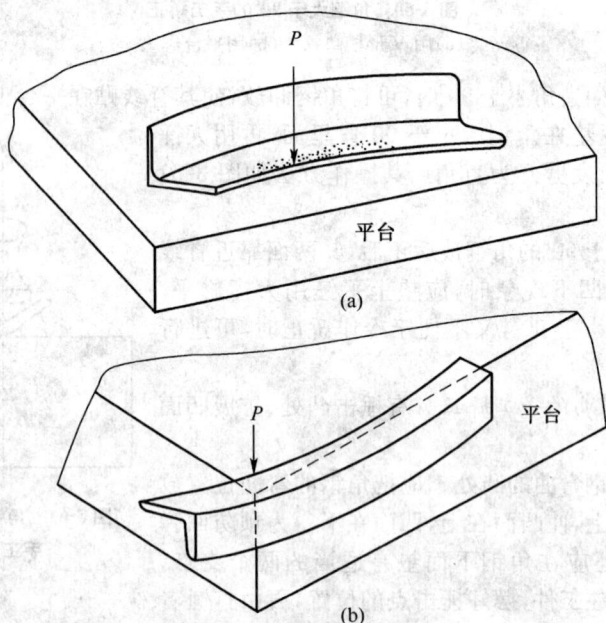

(a)

(b)

图 3-64　扩展凹面矫正角钢

　　③角钢的加热矫正　当角钢有急弯等复杂变形，又难于冷作矫正时，可进行全加热矫正。矫正时，应垫上平锤。

　　有的角钢弯曲既不适于冷作矫正，又不便于全加热矫正，则可用火焰对局部加热进行矫正，与扁钢旁弯的局部加热矫正方法相同。角钢弯曲的局部加热矫正如图3-65所示，如局部加热后工件略呈反弯曲时，可采用捶击，扩展凹面的方法来矫正。

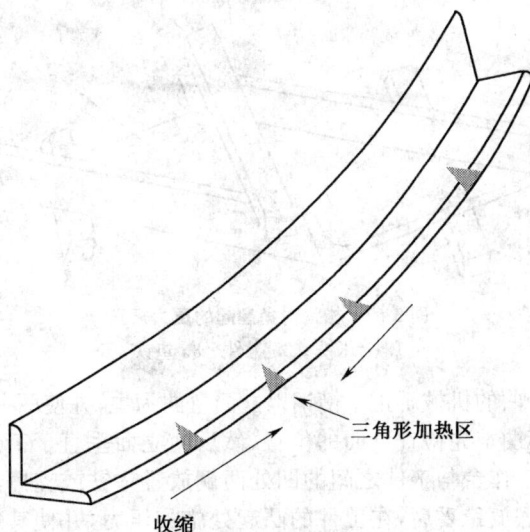

三角形加热区

收缩

图 3-65　角钢弯曲的局部加热矫正

五、槽钢的矫正

槽钢各部名称如图 3-66 所示，槽钢的变形有扭曲、弯曲和翼板、腹板变形等。

1. 机械矫正

（1）用型钢矫正机矫正槽钢　使用如图 3-44b 所示的型钢矫正机矫正槽钢之前，应预备好相应规格的辊轮，并装在矫正机上，其操作方法与矫正其他型钢方法相同。

（2）用压力机矫正槽钢　由于槽钢腹板的厚度较薄，并且它偏置于槽钢小面的一侧，受力时会产生变形，因此在机械矫正时，要在槽内的受力处加上相应规格的规铁、垫铁。

　　①槽钢对角上翘的机械矫正　槽钢对角上翘（或叫对角下落），就是把槽钢大面贴在工作台上检查时，有一对角接触工作台，而另一对角翘起。矫正时，应将接触工作台的对角垫起；然后，在向上翘的对角上放一个有

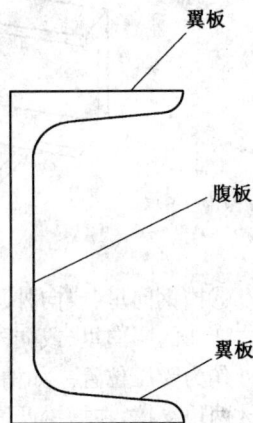

翼板

腹板

翼板

图 3-66　槽钢各部的名称

足够刚度的压铁;再将机械压力施加在压铁中心的位置,使工件略呈反向翘曲,如图3-67所示。除去压力后,工件会有回弹,回弹量与反翘量相抵消,就可使槽钢获得矫正。这种回弹量的大小,要根据具体情况和实践经验来确定。如除去压力后仍有翘曲,或呈反向翘曲,就要以同样的方法再矫正。对于一个角翘起的槽钢,也可采用上述方法进行矫正。

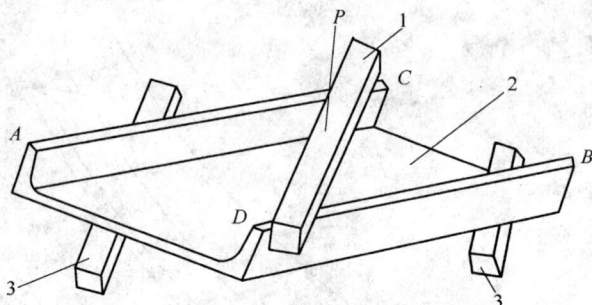

图 3-67　槽钢对角翘起的压力矫正
1. 上压铁　2. 工件　3. 垫铁

②槽钢立面弯曲的机械矫正　槽钢以立面弯曲为主,并使两个翼板平面也随之弯曲的叫做立面弯曲。先检查弯曲的位置,然后使立面垂直于工作台,凸起处置于施压位置中间,在工作台与工件之间的凹处两侧放置垫铁或支撑,在工件槽内的受压位置放上规铁,摆放稳妥后,在工件的凸起处施加压力,并使其略呈反变形,如图3-68所示,除去压力后反变形被弹回,从而得到矫正。

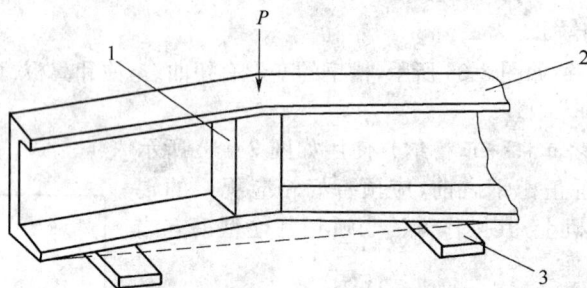

图 3-68　机械压力矫正槽钢立面弯曲
1. 规铁　2. 工件　3. 支撑

③槽钢向里(或向外)弯曲的机械矫正　槽钢两翼板(小面)旁弯而引起腹板也随之弯曲的叫向里(或向外)弯曲。检查弯曲位置后,将槽钢放于工作台上,并使凸起处作为受压位置。如槽钢向里弯曲,则将槽钢放在工作台上,在其背面的适当距离放两块支撑,在槽钢凸面的受压位置放一块压铁,而后使机械压力通过压铁传导到工件上,并使工件略呈反变形,如图3-69a所示,除去压力后,反变形量被弹回,从而得到矫正。如槽钢向外弯曲,也应使槽钢凸面受压,在凸起处的腹板上,放置规

铁,使压铁能够同时接触翼板和规铁,在槽钢与工作台之间的适当距离放两块垫铁或支撑,如图 3-69b 所示。

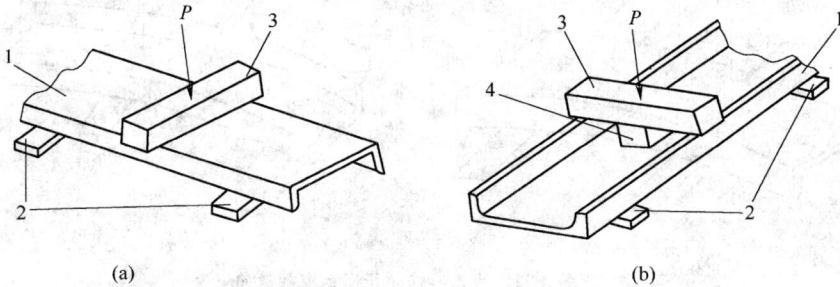

图 3-69 槽钢弯曲的机械压力矫正
(a)向里弯曲 (b)向外弯曲
1. 工件 2. 垫铁 3. 压铁 4. 规铁

2. 手工冷作矫正

(1)槽钢大面立弯冷作矫正 检查确定大面立弯位置后,将槽钢大面垂直平台放置,如图 3-70 所示,使凸起处在上,槽钢与平台之间的适当位置垫上垫铁,用羊角卡或大锤将工件压住,再用大锤打击腹板上边的凸起处。大面立弯调直后,再对腹板和翼板的变形进行矫正。

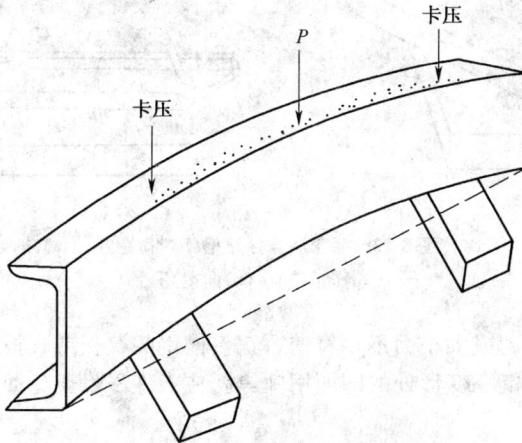

图 3-70 手工冷作矫正槽钢大面立弯

(2)槽钢翼板的矫正 槽钢变形有翼板弯曲、对角翘起和大小面不垂直等。

①槽钢翼板弯曲的矫正 检查弯曲位置后,把槽钢凹面朝向平台,适当在槽钢与平台之间垫上垫块,用羊角卡或大锤压住工件,用大锤打击凸起处,如两侧凸起,即应交错地捶击两侧,如图 3-71 所示。调直后再矫正翼板、腹板的变形。矫正这类

弯曲也可利用调直器。

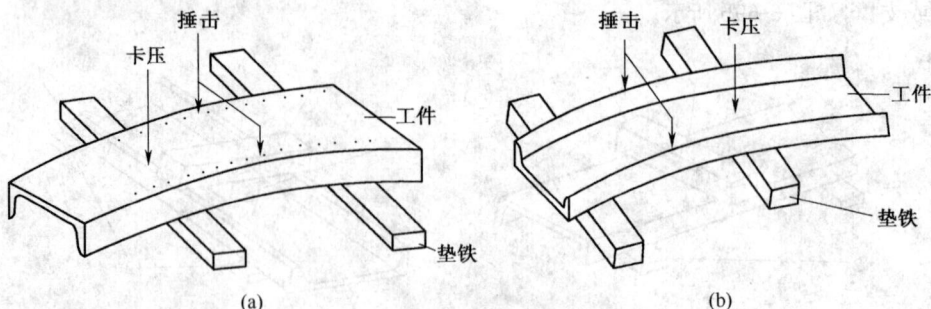

图 3-71　手工冷作矫正槽钢翼板弯曲

(a)向里弯曲　(b)向外弯曲

②槽钢对角翘起的矫正　对角翘起可以看做是扭曲,因此,其矫正方法与角钢扭曲的矫正方法相似。如图 3-72 所示,将槽钢斜放在平台边缘上,并使扭曲位置略伸出平台之外,在平台上的一段用羊角卡或大锤压住,再用大锤打击伸出平台外悬空上翘的翼板,矫正一段后,再调头矫正另一段。

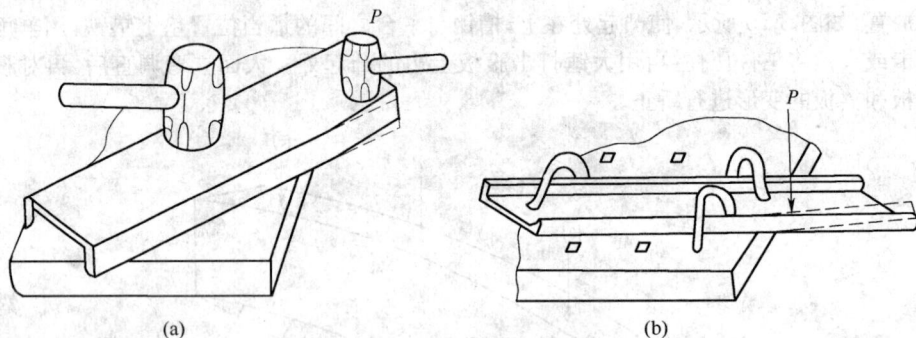

图 3-72　手工冷作矫正槽钢对角翘起

(a)向外翘　(b)向里翘

③槽钢局部凸起或大小面不垂直的矫正　槽钢的翼板或腹板局部凸起时,可直接捶击凸起处。如能在变形处的凹面用锤等托住工件尽量避免回弹,则捶击的效果要好些。

槽钢的大面和小面不垂直,可采用角钢两面不垂直的矫正方法。

(3)槽钢的加热矫正　如有急弯、变形严重等不适于冷作矫正时,可进行加热矫正。全加热矫正时,应以平锤找平。

槽钢规格较大时,可采用局部加热矫正。即对凸起处用氧炔焰进行三角形加热,其加热方法与角钢变形的局部加热矫正方法相似,区别仅在于两翼板要同时加热,如图 3-73 所示。加热后可施加外力矫正,以提高矫正效率,如图 3-74 所示。

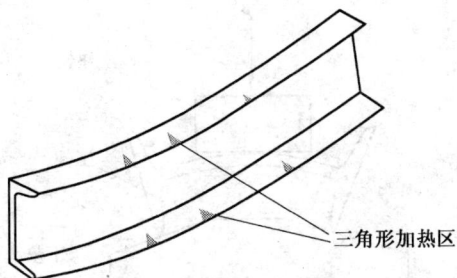

图 3-73 局部加热矫正槽钢弯曲

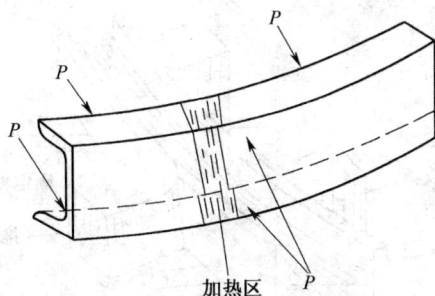

图 3-74 局部加热和强力矫正槽钢弯曲

六、工字钢的矫正

1. 用型钢矫正机矫正

工字钢各部名称如图 3-75 所示。使用型钢矫正机之前,应准备相应规格的辊轮,并安装在型钢矫正机上,如图 3-76 所示。在滚压一侧翼板后再滚压另一侧翼板,直到将工字钢矫正。

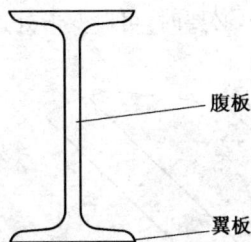

图 3-75 工字钢各部位名称

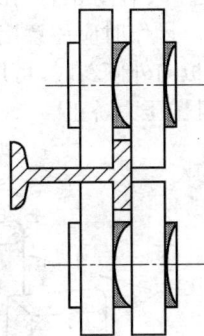

图 3-76 型钢矫正机矫正工字钢

2. 用压力机矫正

矫正前,要对变形情况进行检查,确定其变形位置。

(1)工字钢大面(或小面)的矫正 其矫正方法与槽钢的矫正方法相似,如图 3-77所示。

(2)工字钢腹板的矫正 工字钢由于腹板慢弯常引起两翼板不平行,其矫正方法如图 3-78 所示。

矫正前,须预制两个垫铁。上垫铁的高度要大于翼板宽度的 1/2,宽度应为腹板高度的 1/3 左右。下垫铁如图 3-78 所示。

矫正时,将工字钢放在压力机工作台上,调整工件和垫铁的位置,而后施加压力。移动工字钢时,应使垫铁的位置保持在压力中心。移动工件并施加压力,腹板的慢弯即可消除,两翼板也会平行,并且垂直于腹板。

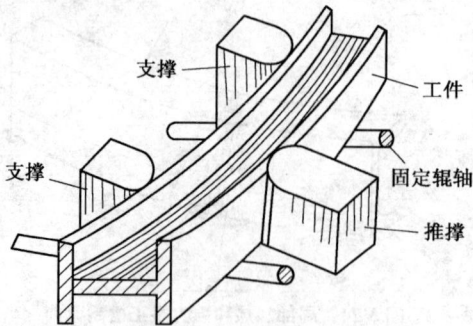

图 3-77 压力矫正工字钢立弯

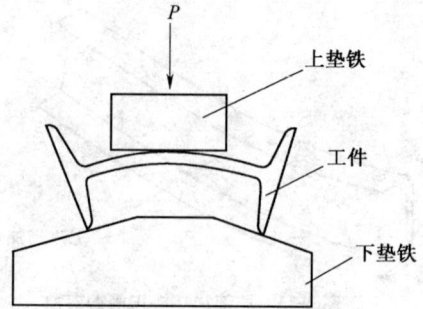

图 3-78 压力矫正工字钢腹板弯曲

（3）工字钢翼板的矫正 工字钢的翼板倾斜,有向内倾斜和向外倾斜两种。向内倾斜时可采用如图 3-79 所示的方法进行矫正。即预制一个有足够强度的接杆,其长度要大于工字钢大面的高度。矫正时,将工件的倾斜处放在工作台上,摆好支撑、工件、接杆与压力头的位置,使机械压力通过接杆作用在内倾的翼板上。如果变形严重,不适于冷作矫正,可在变形处,即翼板与腹板连接处用火焰加热,再施加压力进行矫正。操作时应注意接杆两端面要平,并且在承受压力时不要歪斜,以免发生事故。翼板向外倾斜时,可用压力直接顶住倾斜处,必要时,可对变形处进行火焰加热,再用机械压力矫正。

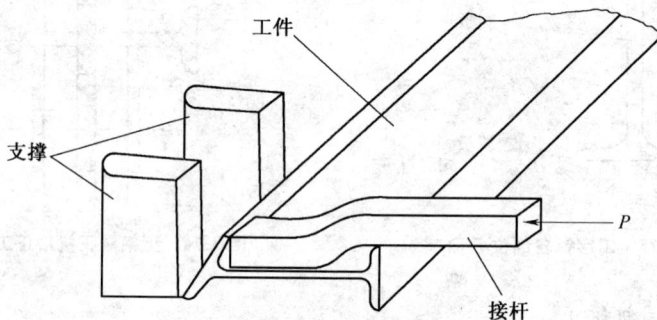

图 3-79 机械矫正工字钢翼板倾斜

3. 用调直器矫正翼板旁弯

旁弯较小时,可以冷作矫正,即将工字钢放在平台上,捶击两侧翼板的凹边,使之扩展。对小规格的工字钢,在捶击力量大于材料抗力的情况下,也可直接捶击翼板的凸边。捶击前,要在平台和工件之间的适当距离处垫上支撑,以便更好地发挥捶击力量和预防捶击后工件的回弹。

用调直器调直工字钢翼板旁弯。把调直器的丝杠压块与挂钩的距离调到大于工字钢翼板宽度。将调直器压块对准工件翼板的凸边上,并把两个挂钩挂在翼板的凹边,摆正位置后,转动扳把,使工件略呈反弯曲(预做回弹量),并可捶击原凹边,使之扩展。卸掉调直器,工件即可被调直。其矫正方法如图 3-80 所示。如两侧翼板旁弯,可依此方法进行矫正。如调直器力量不够时,可与火焰加热结合矫正。

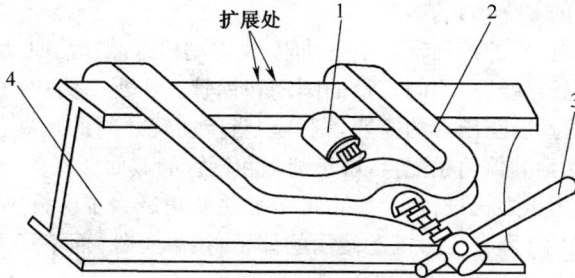

图 3-80 用调直器矫正工字钢
1. 调直器的压块 2. 调直器横梁挂钩 3. 扳把 4. 工件

4. 加热矫正工字钢

工字钢变形严重,不适于冷作矫正时,可采用全加热矫正。工件的加热长度要大于变形区域的长度。由于设备条件等原因,对工件可以分段进行加热。小规格工字钢腹板立弯时,可在加热后,往平台上摔打,再用平锤修理,使之调直。对于较大规格的工字钢腹板立弯,在矫正前,应预制规铁,以防腹板变形。为在矫正时保持腹板的平整,还可预制串联式规铁,如图 3-81 所示。

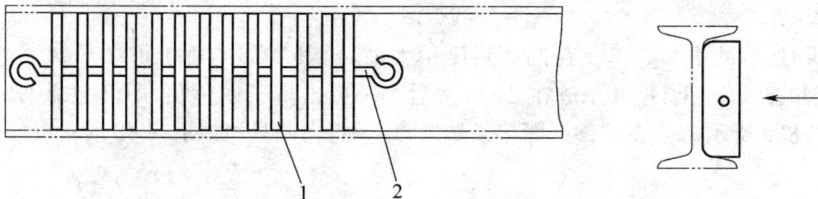

图 3-81 用串联式垫铁矫正工字钢腹板立弯
1. 串联式规铁 2. 铁丝

这种规铁可用厚度不大的普通钢板,制成与工字钢槽内形状和尺寸相应的"卡板",并在中间钻孔。将多个垫块用铁丝串起,使每个垫块之间有串动空隙,再把串联的铁丝两端拧牢。使用时,先将工字钢腹板立弯处加热,把串联式规铁预放在工作台上,再把工字钢腹板凸起处的一面(槽)扣住串联式规铁,卡压住工件一端后,即可对弯曲处施加矫正力。此时,串联式规铁就随着腹板弯曲度的改变在平面上移动。两翼板中间距离由于串联式规铁的支撑可以得到保持。如腹板上凸和翼板等变形,由于下面垫铁支撑则可用平锤修平。

七、圆钢和钢管的矫正

1. 机械矫正

圆钢和钢管可用矫正效率高、矫正效果好的多辊式斜辊矫正机进行矫正,如图 3-82 所示,该矫正机的工作部分由一系列轴线呈一定角度分布的双曲线压辊所组成。矫正时圆钢或钢管在压辊作用下,一方面做螺旋运动,另一方面受压弯曲,使其纤维长度趋于一致而得以矫正。由于压辊的轮廓为双曲线,所以在矫直的同时也矫正了圆钢或钢管的截面形状。

圆钢、钢管矫正机的传动辊 1 是主动辊,由电动机经减速后驱动,传动辊的轴线角度可以调整,以适应矫正不同直径的圆钢和钢管。压辊 2 为被动辊,可根据不同直径的圆钢、钢管及矫正压力的需要,调节它与传动辊之间的距离。压辊的角度也可调整,并和传动辊的偏角相配合,矫正圆钢和钢管的截面形状。

有些圆料可用压力机进行调直,也可全加热矫正。为了保持工件的圆度,调直时应使用上、下扣子(即在压力机上使用的摔子)接触工件,而不让工件外表面产生压痕或不圆。

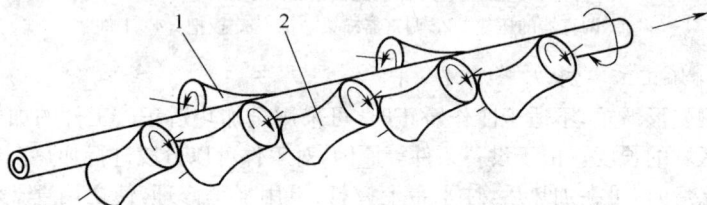

图 3-82　圆钢、钢管矫正机矫正圆管
1. 传动辊　2. 压辊

2. 手工矫正

(1)圆钢的手工矫正　在圆钢强度不大时,对其变形的矫正可在平台上进行。将圆钢的凸弯向上,把摔子放在凸处,然后用锤打击摔子的锤顶,即可把圆钢矫正,如图 3-83a 所示。或在工件下面垫以垫铁,用锤打击凸处,如图 3-83b 所示。

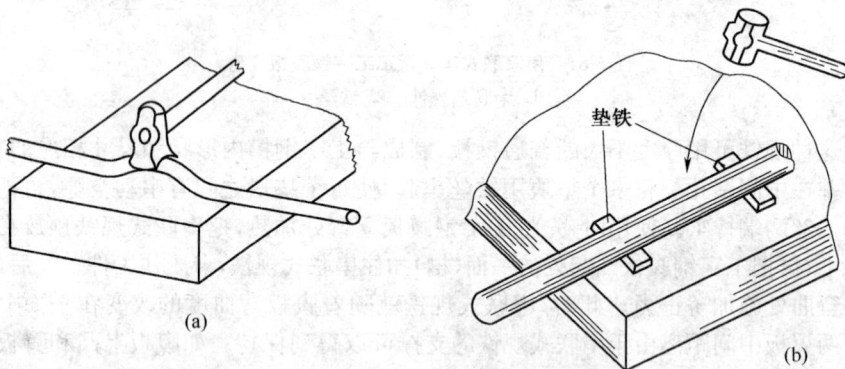

图 3-83　圆钢的手工矫正
(a)用摔子调直　(b)用垫铁调直

当圆钢截面较大,而弯曲较小时,也可对凸起局部用火焰加热进行矫直。对圆钢的急弯等不适于上述方法矫正时,可将弯曲处全部加热,而后垫上摔子进行矫正。

(2)钢管的手工矫正　由于钢管是空心型材,对它的变形进行矫正时,除一般的采用上、下捧子扣住圆弧进行捶击外,还可采用手工搣钢管灌沙子的方法进行矫正。就是用上、下捧子扣住捶击凸起处,或卡压在平台上进行矫正(调直)。调直后,再对其不圆处进行修理。合格后,打开两端管口,去掉沙子即可。

矫正钢管也可采用局部加热矫正的方法。即用火焰对凸处进行点状加热,加热点的面积大小和各点间距离,要根据具体情况而定,在管壁厚度较小和材质允许时,可在加热后用水冷却,但不能用捶击,以免将钢管打扁或直径缩小。其矫正方法如图 3-84 所示。

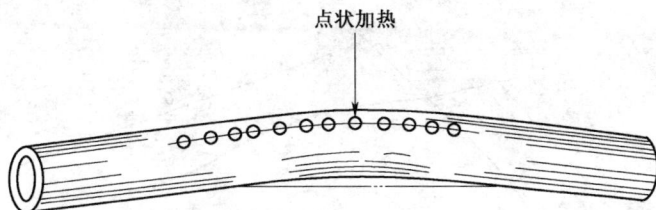

图 3-84 用火焰点状加热矫正钢管

第八节 矫正技能训练实例

一、手工矫正薄钢板中间凸起变形技能训练实例

(1)技术要求 工件如图 3-85 所示,材料 Q235,钢板平面度公差为 2mm;矫正后的钢板要求表面光滑、无明显锤痕、硬伤等缺陷。

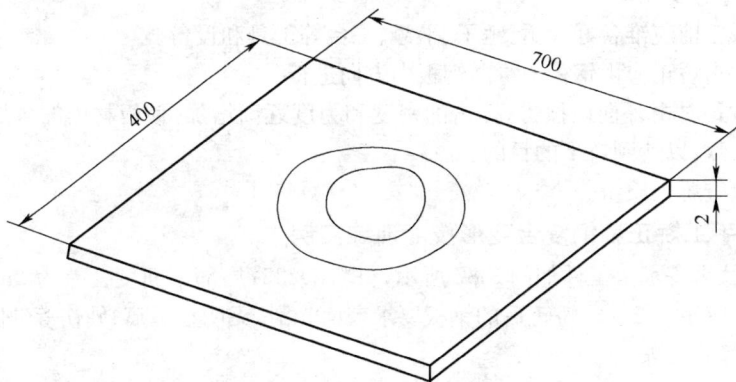

图 3-85 中间凸起薄钢板

(2)操作要点
①矫正前应准备好大锤、锤子、平锤、平台等工具和设备。

②捶击矫正的位置应由凸起处周围向钢板四周进行捶击。

③由凸起处的边缘开始向钢板周边呈放射形捶击进行矫平,越向外捶击密度越大,捶击力也相应加大。

④检查矫正质量。

二、手工矫正薄钢板边缘波浪变形技能训练实例

(1)技术要求 工件如图 3-86 所示,材料 Q235,钢板平面度公差为 2mm;矫正后的钢板要求表面光滑、无明显锤痕、硬伤等缺陷。

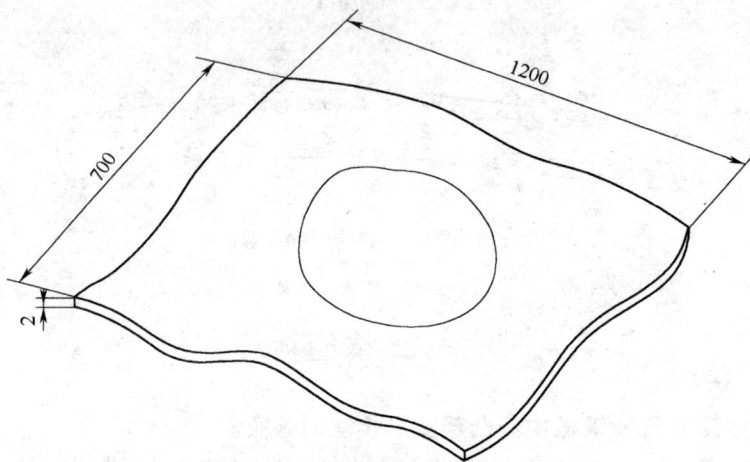

图 3-86 边缘波浪形薄钢板

(2)操作要点

①矫正前应准备好大锤、锤子、平锤、平台等工具和设备。

②捶击矫正应由钢板边缘向钢板内方向进行。

③矫正时由外向内捶击,捶击的密度和力度逐渐增加,使板材内的各层纤维长度趋于一致,以达到矫平的目的。

④检查矫正质量。

三、手工矫正扁钢复合变形技能训练实例

(1)技术要求 工件如图 3-87 所示,材料 Q235;局部平面度公差为 2mm,各向弯曲挠度应小于 2mm,矫正后的钢板要求表面光滑,无明显锤痕、硬伤等缺陷。

(2)操作要点

①矫正前应准备好大锤、锤子、平锤、平台、扳手等工具和设备。

②用扳扭法或捶击法矫正扭曲变形。

③用大捶击打扁钢的凹侧,利用金属材料的延展性矫正立面弯曲变形。

④沿扁钢纵向中心线进行捶击,矫正平面弯曲变形。

⑤检查矫正质量。

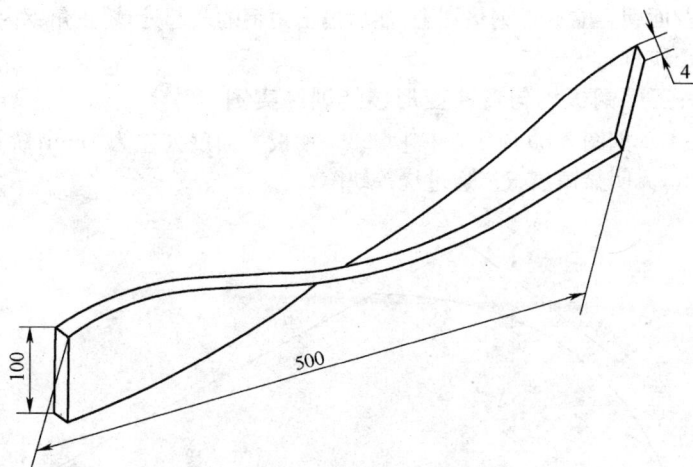

图 3-87　复合变形扁钢

四、手工矫正角钢弯曲变形技能训练实例

（1）技术要求　工件如图 3-88 所示，材料 Q235，规格 50mm×50mm×5mm，长度 1500mm；各平面平面度公差为 2mm，两边垂直度公差 1mm；矫正后的角钢表面光滑，无明显锤痕、硬伤等缺陷。

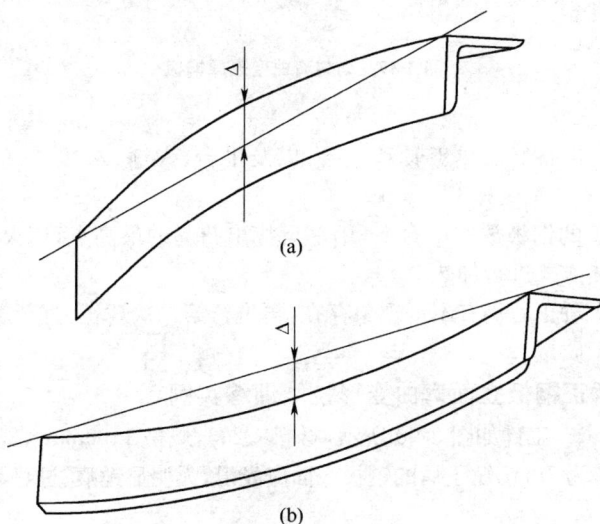

图 3-88　弯曲变形角钢

（a）内弯　（b）外弯

（2）操作要点

① 矫正前应准备好大锤、锤子、平锤、平台等工具和设备。

② 将角钢背面朝下平放在钢垫圈上，然后捶击角钢的凸起处，矫正角钢外弯。

③将角钢背面朝上立放在钢垫圈上,然后捶击角钢的凸起处,矫正角钢内弯。
④检查矫正质量。

五、火焰矫正厚钢板均匀弯曲变形技能训练实例

(1)技术要求　如图 3-89 所示,材料 Q235,钢板平面度公差为 1mm;矫正后的钢板表面应光滑,无明显锤痕、过热、过烧等缺陷。

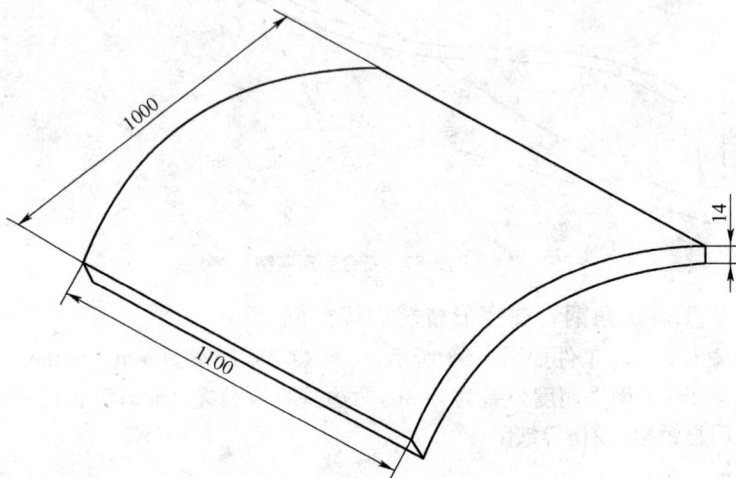

图 3-89　均匀弯曲变形厚钢板

(2)操作要点

①矫正前应准备好加热工具和设备,以及平台、大锤、木锤、羊角卡、盛水器具等。

②将被矫正的钢板放在平台上,用平尺找出凸起的最高点,用火焰在最高点附近采用线状加热方式进行加热。

③若第一次矫正后仍有不平现象存在,再进行第二次矫正,直至矫平。

④检查矫正质量。

六、火焰矫正钢板立面弯曲变形技能训练实例

(1)技术要求　工件如图 3-90 所示,材料 Q235,规格 1100mm×250mm×16mm,钢板平面度公差为 1mm,矫正后的钢板表面应光滑,无明显锤痕、过热、过烧等缺陷。

(2)操作要点

①矫正前应准备好加热工具和设备,以及平台、大锤、盛水器具等。

②火焰矫正的位置应位于钢板的凸起侧,采用中性火焰,在钢板凸起侧用三角形加热方式加热出若干个等腰三角形。

③若第一次矫正后仍有不平现象存在,再进行第二次矫正,直至矫平。

④检查矫正质量。

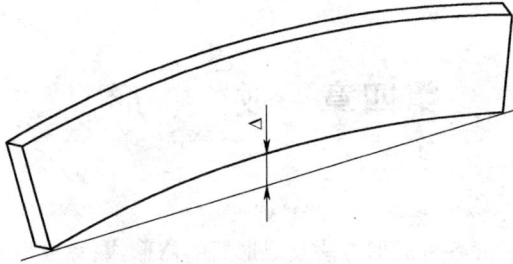

图 3-90 立面弯曲变形钢板

复习思考题

1. 试举例说明由于内应力引起的钢材变形。

2. 何谓外力引起的钢材变形？试举例说明。

3. 矫正钢材变形的要领是什么？

4. 什么叫冷作矫正？冷作矫正的基本原理是什么？举例说明。

5. 手工矫正时,常用工具有哪些？为什么要用型锤？

6. 常用的矫正设备有哪几种？哪些属于专用设备？哪些是通用设备？

7. 加热矫正分几种？

8. 什么叫全加热矫正？矫正钢材的加热温度应为多少？

9. 在什么情况下可以采用全加热矫正？全加热矫正的优缺点是什么？

10. 局部加热矫正时,在什么情况下可以用水冷却？在什么情况下不宜用水冷却？为什么？

11. 试述局部加热矫正的适用范围。

12. 局部加热矫正时,一般钢材的加热温度应为多少？最高温度不应超过多少？

13. 用火焰加热局部矫正时,常采用的加热区有哪几种形状？它们的各自特点是什么？

14. 试简要说明钢板矫正机的工作原理。

15. 在钢板矫正机上矫正钢板时,有时要加薄钢板垫,它的作用是什么？

16. 试述手工矫平薄钢板时应用什么样的平台？应捶击什么区域？为什么？

17. 用局部加热的办法矫正薄钢板和矫正厚钢板有哪些不同的地方？举例说明之。

18. 扁钢变形有几种情况？对它的调直有哪些办法？

19. 角钢扭曲应怎样调直？

20. 角钢两面大于或小于 90°时,手工矫正的方法如何？用压力机矫正的方法如何？

21. 在用压力机矫正槽钢腹板旁弯时,为什么要加衬垫？

22. 在型钢用压力机械矫正时,为什么要预留回弹量？试举例说明。

23. 钢管弯曲的矫正有哪些方法？

24. 圆钢弯曲的矫正有哪些方法？

第四章 成 形

> **培训学习目的** 掌握各种成形方法及成形后的修形,熟悉成形时所用的各种手工工具和设备。

将板材或型材加工成所需形状的工艺称为成形。在金属结构中,成形件占有很大的比重,因此成形件的好坏直接影响着整个结构的质量。随着机械化水平的提高,成形加工已经逐步地摆脱了笨重的体力劳动,实现了模具化、半机械化和机械化。

按成形工件的加热程度来分,可分为冷曲成形和热曲成形。冷曲成形是指在常温下将毛料成形;热曲成形是指将毛料加热到一定温度后再进行成形。

按成形操作方法来分,可分为压弯、滚弯、拉弯、折弯和手工弯曲等。这些弯曲方法,各有特点,可根据工件的特点和已有的设备能力,选择不同的方法。

第一节 压 弯

利用模具对板料施加外力,使它弯成一定角度或一定形状的加工方法,称为压弯。

一、压弯时材料的变形和回弹

1. 压弯时材料的变形特点

图 4-1 所示为钢板在 V 形弯曲模上变形的过程。开始压弯时,材料处于弹性变形阶段,当外力消除后,材料会恢复到原形状,随着凸模的下压,材料开始塑性变形,处于自由弯曲阶段,如图 4-1a 所示。此时材料的弯曲半径 R_0 较大,与凸模半径无关,当凸模继续下压,弯曲半径 R_0 和 L_1 逐步减小,材料与凹模表面逐步靠近,如图 4-1b 所示。弯曲区不断减小,直到与凸模三点接触,如图 4-1c 所示。凸模再继续下压时,材料的直边部分开始向相反的方向弯曲,贴紧模具,如图 4-1d 所示。此时弯曲半径等于凸模的半径,达到预定的要求。

此外,材料的压弯部分截面也会发生变化,当板料宽度 B 小于板厚 t 的 2 倍 ($B < 2t$) 时,弯曲后其横断面呈扇形,如图 4-2a 所示。对于板宽 $B > 2t$ 的宽板,弯曲后在横向无明显的变形,但在厚度方向,无论是宽板、窄板弯曲后其弯曲变形区域厚度均减薄,如图 4-2b 所示。

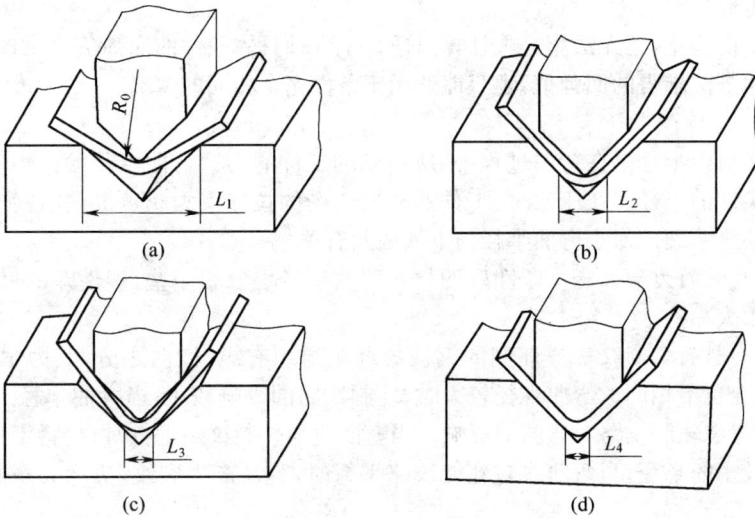

图4-1 压弯变形过程

(a)自由弯曲阶段 (b)接触弯曲阶段 (c)三点接触弯曲阶段 (d)校正弯曲阶段

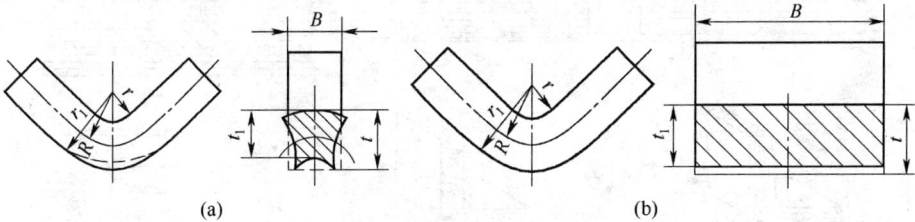

图 4-2 压弯断面和厚度变化

(a)断面扇形变化 (b)厚度减薄

2. 弯曲时的回弹

弯曲成形时,在塑性变形的同时,有弹性变形存在。由于弯曲时板料的外表面受拉,内表面受压,所以当外力去掉后,弯曲件要产生角度和半径的弹性回弹,这叫回弹或回跳。回弹的角度叫回弹角或回跳角。即使在原模具和原位置上将工件重复压弯多次,仍然有回弹。

回弹是冷弯曲工件的共有特性,它使工件不易达到弯曲的要求,增加矫正的工作量。影响回弹的因素主要有以下几个方面。

(1)材料的机械性能 材料的屈服强度 σ_s 越高,回弹越大。

(2)变形程度 在弯曲中变形程度用相对弯曲半径 R 和材料厚度 t 的比值 R/t 来表示。R/t 越大,回弹也越大。

(3)弯曲角度 一般地说弯曲角度越大,说明变形区域越大,因此回弹也越大。

(4)其他因素的影响 例如零件的形状、模具的构造、弯曲方式、板料的宽度等对回弹也有一定的影响。

到目前为止,还无法用公式计算出适合于各种具体条件的回弹值来。现在一般使用试验方法求得的回弹值,也只能适用于条件完全相同的情况。

3. 最小弯曲半径

最小弯曲半径是在弯曲过程中,所得到的工件的内边弯曲半径的最小值,它等于凸模尖部的半径。在压弯时,工件的外层所受的拉伸应力超过极限时,工件将产生裂纹甚至断裂。最小弯曲半径与下列因素有关。

(1)材料的力学性能　塑性好的材料弯曲半径可以小一些,塑性差的材料弯曲半径必须大一些。

(2)材料的轧制纹路　轧制的钢板的纤维组织有纵、横向之分,其力学性能在纵、横向上也不相同。弯曲半径较大时,轧制纹路的影响较小;当弯曲半径 $R \leqslant 0.5t$ 时,必须考虑轧制纹路对弯曲的影响。当弯曲线与轧制纹路垂直时,材料不易断裂,可采用较小的半径;当弯曲线与轧制纹路平行时,容易产生裂纹,应增大弯曲半径,如图 4-3 所示。

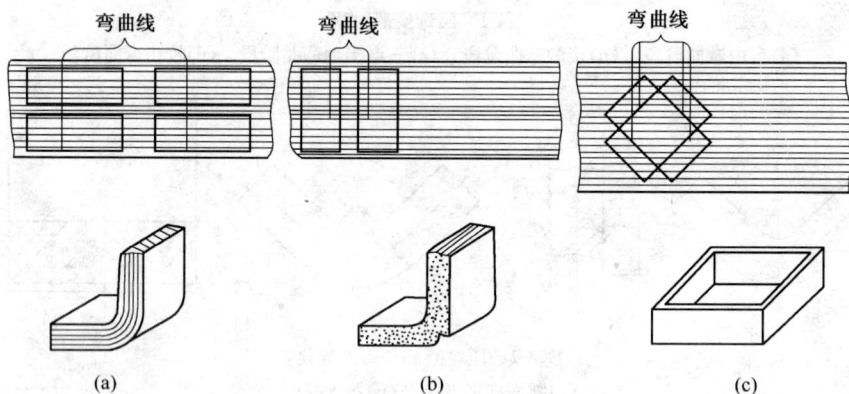

图 4-3　弯曲线与轧制纹路的关系
(a)弯曲线与辗压方向垂直　(b)弯曲线与辗压方向平行　(c)弯曲线与辗压方向成一定角度

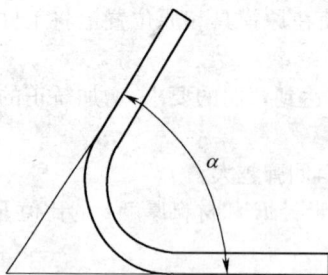

图 4-4　弯曲件的弯曲角度

(3)弯曲角度　是指弯曲件两翼边的夹角,如图 4-4 中的 α 角。在相同的弯曲半径中,α 角越小,工件外表面拉伸的程度越大且易裂;反之,则不易裂。也就是说在弯曲角度小的情况下,应考虑加大弯曲半径。

(4)其他影响因素　材料的厚度和材料边缘的毛刺对弯曲半径也有很大的影响。薄板材料可取较小的弯曲半径;厚板材料须取较大的弯曲半径。另外,材料的边缘应先去掉毛刺,毛刺往往会导致工件产生裂纹。

4. 压弯的操作方法

根据被压弯工件所需的弯曲力,选择好适当的压力机床。首先要调整好模具,使模具的重心与压力头的中心在一条线上,并使上模的上平面与下模的下平面平行,上、下模间的间隙均匀,并保证上模有足够的行程。开动压力机,用上模压住下模,再用压板、螺钉等紧固下模。紧固后,抬起压力头,清除模具中杂物,轻轻地试压几次,看是否有异常现象,再做调整。对于压弯成形后,难于从模具中取出的工件可适当加润滑油,减少摩擦,使之容易脱模。

压弯前,应检查来料的件号、尺寸是否符合图样的要求,料边是否有影响压弯质量的毛刺。对于批量较大的工件,须加能调整的挡块定位,出现偏差可及时纠正挡块的位置。压弯时,要进行首件检查,合格后方可连续压制,压制过程中要注意抽检。

多人同时操作时,须听从一人指挥。禁止用手在模具上取放工件,对于较大的工件,可在模具外部进行取放,对小于模具的工件,可借助于其他器具取放,防止发生人身事故。

模具用完后,要妥善保管,不宜乱扔,要防止锈蚀。

5. 压弯操作注意事项

①弯曲工件的直边长度,一般不得小于板材厚度的2倍,小于2倍时,可将直边适当加长,弯曲后再切除。弯曲工件的宽度一般不得小于板厚度的3倍,否则弯曲区内的外层因受拉而宽度缩小,内层因受压而宽度增大。宽度若大于板材厚度的3倍时,其横向变形受到材料的阻碍,宽度基本不变,如图4-5所示。

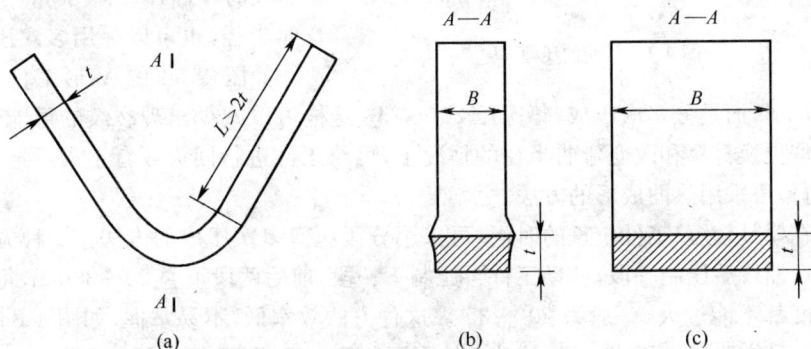

图 4-5　板材的变形
(a)弯曲工件　(b)$B \leqslant 3t$　(c)$B > 3t$

②需要局部弯曲的零件,为避免弯裂,应钻止裂小孔或将弯曲线向外平移一段距离,如图4-6所示。

③弯曲带孔的工件,孔的位置不宜安排在弯曲变形区内,以免孔变形;不可避免时,可先弯曲后钻孔。

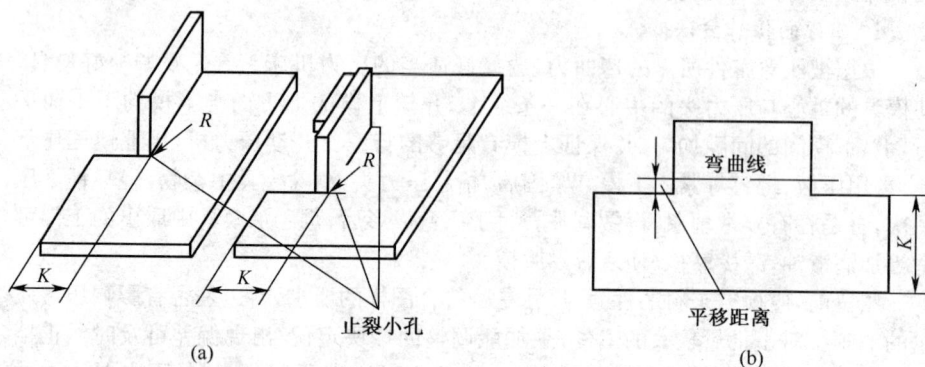

图4-6 局部弯曲件防裂措施

(a)止裂小孔 (b)弯曲线平移距离

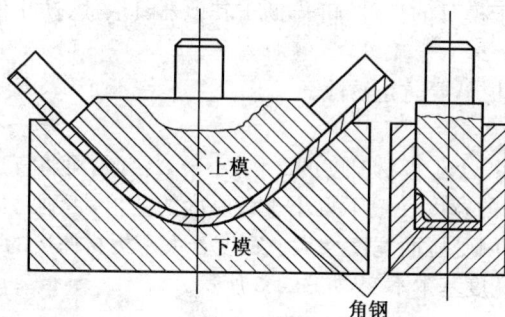

图4-7 角钢的压弯

④较长的板材或型材弯曲后,容易产生扭曲现象。为了避免扭曲,在压弯过程中,变形部分应始终处在模具的夹持状态下,如图4-7所示。

⑤对由于弯曲半径小而出现裂纹的工件,如果不十分强调弯曲半径时,可修钝凸模尖角,加大弯曲半径,也可以采用多次压弯法。如压弯90°的V形工件,不要一次成形,而是分多次压成,每次压20°~25°,这样可以减少出现裂纹的可能性。在不允许更换材料和改变弯曲半径的情况下,可将工件进行回火或者正火后再压,如再不行,可采用热曲成形的方法。

⑥在模具较短、工件较长的时候,可采用分段压弯多次压成的方法。一种方法是划出弯曲线后压制一段,移动工件再压制下一段,前后两段重叠20~30mm,每次弯曲角度都不能过大,一般为20°~25°。这种方法效率低,不易掌握,如图4-8a所示。另一种方法是先压成一段,移动工件再压制下一段,每段间相隔20~30mm,再移动工件,使两段间的接头处处于模具中间,再压到底便成,如图4-8b所示。这种方法效率高、质量好、易掌握。

压弯成形一般都采取冷曲成形,因为在冷状态下成形比较方便、效率较高。而热曲成形,工件须加热,除消耗燃料和增加人力,劳动条件也比较差,因此除特殊情况外,尽量不采用。

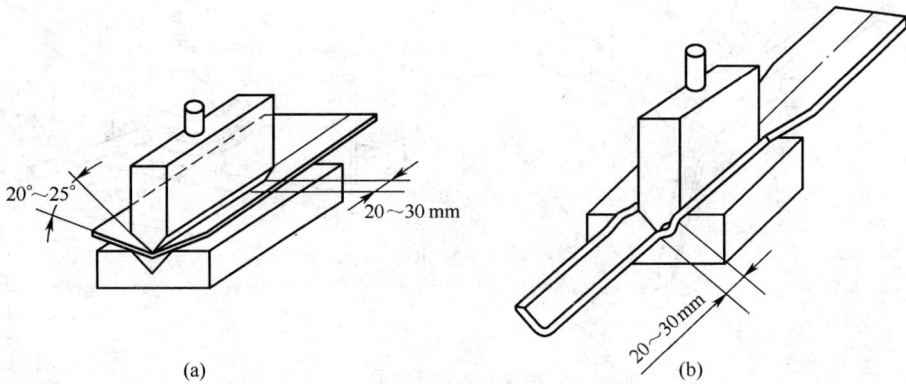

图 4-8 分段压制法

6.压弯件的修形

由于压力的大小、模具的形状和尺寸、材料的弹性及压弯方法等因素的影响,使压弯后的工件的形状和尺寸往往与所要求的有些差异。如 V 形弯曲件和圆弧形工件经常会出现扭曲(见图 4-9a)、弯曲不足(见图 4-9b)、弯曲过大(见图 4-9c)等缺陷,需要进行矫正。

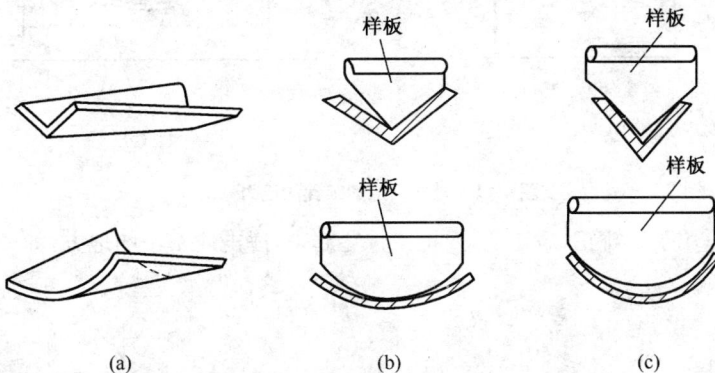

图 4-9 弯曲件的常见缺陷
(a)扭曲 (b)弯曲不足 (c)弯曲过大

①对于扭曲必须采用反向扭曲的方法来矫正。先固定其一端,用器具夹住另一端,进行反向扭曲。扭曲矫正时应注意保持工件截面不变,如图 4-10 所示。

②对于弯曲不足的工件,须在弯曲曲率小的地方重压或捶击,使之合乎要求的曲率。

③对于 90°弯曲件可在工件上垫小角铁后重压,如图 4-11a 所示。对于圆弧形弯曲件,可在曲率小的地方垫 2mm 厚、20mm 宽的小铁条后重压,如图 4-11b 所示。

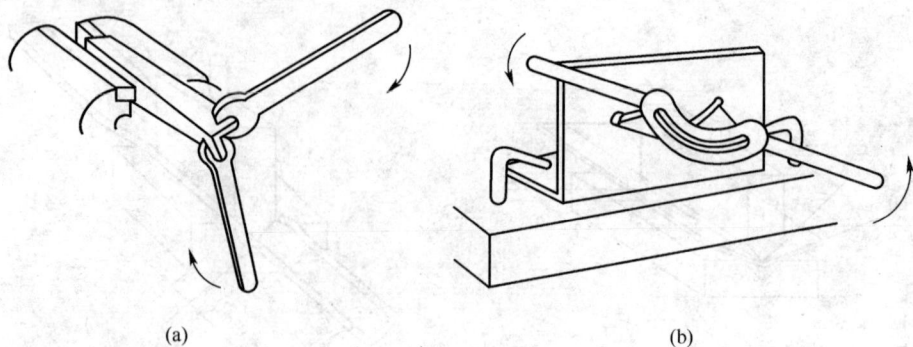

(a)   (b)

图 4-10   矫正扭曲

(a)V 形工件   (b)圆弧形工件

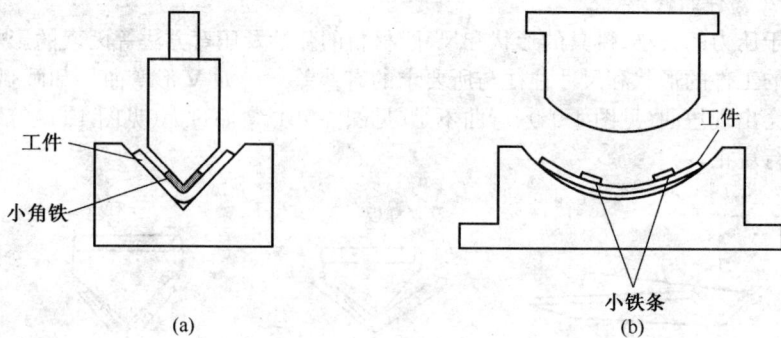

工件

小角铁

工件

小铁条

(a)   (b)

图 4-11   弯曲不足的工件的压力修形

也可以用手工矫正,矫正前,要把工件垫起来,捶击曲率小的地方,如图 4-12 所示。

图 4-12   弯曲不足的工件的手工修形

④对于弯曲过大的工件,可将工件反扣在工作台上,捶击曲率大的地方,如图 4-13 所示。

图 4-13 弯曲过大的工件的手工修形

在整个矫正过程中,捶击的位置要准,力量要适当,要勤用样板检查。

第二节 滚 弯

滚弯是将板材或型材通过旋转的辊轴使其弯曲的一种工艺方法。凡属圆筒形产品,如锅炉、钢水包、油罐等圆弧形工件,一般都采用滚弯的方法来制造。

一、滚弯的基本原理

在辊板机上滚圆筒,板材的弯曲是借助于上辊轴向下移动时所产生的压力来达到,如图 4-14 所示。

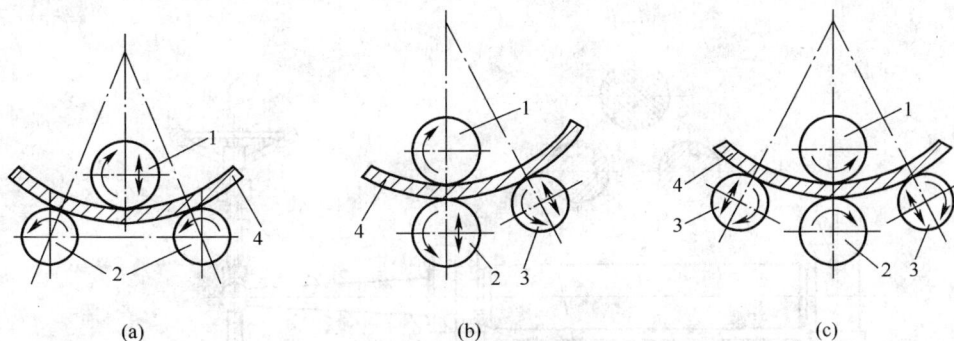

(a)   (b)   (c)

图 4-14 辊板机工作原理

(a)对称式三轴辊板机 (b)不对称式三轴辊板机 (c)四轴辊板机

1. 上辊 2. 下辊 3. 侧辊 4. 板料

当上辊轴下降时,板材产生弯曲;当下辊轴旋转时,板材依靠上、下辊轴间的摩擦力朝着下辊轴旋转的方向向前移动,产生进一步弯曲,并带动上辊轴旋转,使板材在辊到的范围内形成圆弧。所以滚弯的实质就是连续不断地压弯。在滚弯的过程中,板材的外层纤维伸长,内层纤维缩短,而中性层不变。板材的外伸内缩是有限度的,它取决于弯曲半径 R 和板厚 t。钢板在冷态下弯曲,工件的半径 R 应大于 $25t$,当 R 小于 $20t$ 时,应热态滚弯。加热滚弯的原理与冷滚弯相同,只在工件弯曲半径太小、辊板机功率不足的情况下才采用。热弯时,应将钢板加热到 950℃～1100℃ 之间,加热要均匀,滚动要迅速,终了温度不得低于 700℃。

二、滚弯设备

滚弯设备主要指不同形式的辊板机。辊板机有三轴和四轴两种。卧式三轴的又分对称式和不对称式。辊板机的截面形状如图 4-14 所示。大型辊板机的安装方式,一般都从工作方便出发,把机座埋入地坑里,使下辊轴略高于地面,操作便利而且安全。有的大型辊板机在辊轴上加工出纵向的槽,槽深可达 100mm,它所起的作用不仅能够有利于工件的找正定位,还能够利用凹槽进行钢板的折边工作。

1. 对称式三轴辊板机

对称式三轴辊板机,其 3 个辊轴的轴心成等腰三角形。一般两个下辊轴为主动轴,因此,它们的位置是固定的。上辊轴是从动的,能做垂直方向的调整,调整的方法有采用手轮带动和电动两种。为了便于取出圆筒形工件,上辊轴的支承部分有一端是活动的,如图 4-15 所示。下辊轴由电动机通过减速机构带动,以相同的速度向同一方向旋转。由于辊轴和板材之间的摩擦作用,当两个下辊轴开始旋转时,便带动板料前进,板料则带动上辊轴也旋转起来,这样就可对板料进行滚弯。如果一次辊压之后,工件不能达到所要求的曲率,可适量地降低上辊轴,再反向辊压一次,这样反复辊压直至辊压成所需的形状。

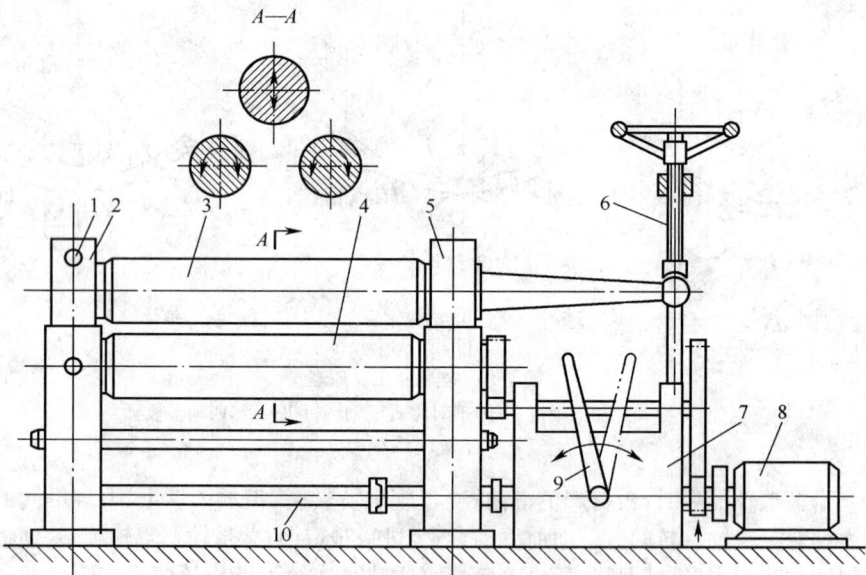

图 4-15　对称式三轴辊板机

1. 插销　2. 活动轴承　3. 上辊　4. 下辊　5. 固定轴承　6. 卸料装置

7. 减速箱　8. 电动机　9. 操作手柄　10. 上辊压紧传动杆

　　从经验知道,凡属制作圆筒形工件,成形的关键在于纵向焊缝的对接部位,也就是说,对接部位应该获得与其他部位相同的曲率,才能圆满地完成弯曲工作。可是,对称式三轴辊板机的不足之处恰恰在于它不能解决这个矛盾。因为它的3根辊轴是呈等腰三角形,所以在滚弯工作中,工件的两端都必然地会留有直线段。这部分直线段是辊轴无法压到的地方,直线段的长度约等于两个下辊轴中心距的一半。

　　尽管对称式三轴辊板机具有上述缺点,但由于这种辊板机结构简单,造价较低,因此应用较为广泛。至于消除直线段的问题,可以结合具体情况,采用下列方法解决。

　　(1)手工预弯　如图 4-16a 所示,将钢板置于铁轨或圆钢上,用捶击方法弯曲直边部分,此种方法适用于厚度较薄的板料。

　　(2)压力机预弯　如图 4-16b 所示,在压力机上用模具一次压弯,或利用通用压弯模多次压弯成形,压制时应注意下压量不能太大,让板料处于自由弯曲状态,防止弯曲过度出现压痕,影响成形质量。

　　(3)三轴辊板机上用楔形块预弯　此方法是直接将板料边缘置于下辊筒近中心处,放入楔形垫块,压下上辊即可进行预弯,如图 4-16c 所示。其弯曲半径是通过移动楔形垫块的位置和调节上辊的下压量来实现的,因而操作比较繁琐。

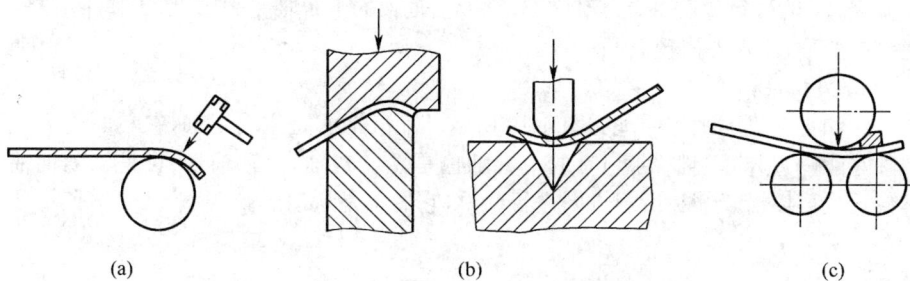

图 4-16　常用的预弯方法
(a)手工预弯　(b)压力机预弯　(c)用楔形块预弯

　　也可利用垫板在三轴辊板机上预弯钢板,用此方法时,垫板本身应先制成适当的曲率,并且要比被弯曲的板料厚些,最好是厚 1 倍以上,如图 4-17 所示。

　　(4)下料时两端都留出适当的工艺余量　待两端滚压出一定长度之后,再将余量部分(直线段部分)割去,而后继续滚弯成形。为了不使材料浪费,加长的工艺余量可作其他零件使用。

　　在预弯中应经常用弯曲样板检查弯曲曲率,使预弯半径达到预定的弯曲半径。如果预弯不足,会造成外棱角缺陷,如图 4-18a 所示;如果预弯过大,则引起内棱角缺陷,如图 4-18b 所示。

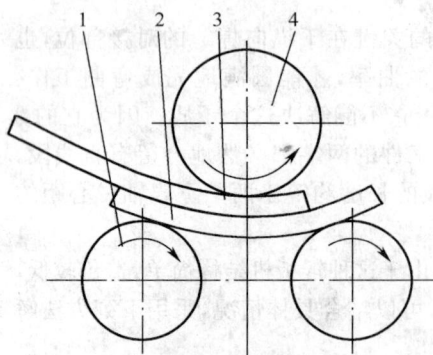

图 4-17　在辊板机上预弯钢板

1. 下辊轴　2. 垫板　3. 板材　4. 上辊轴

图 4-18　预弯缺陷

（a）外棱角　（b）内棱角

2. 不对称式三轴辊板机

不对称式三轴辊板机的辊轴排列方法，是为了消除工件上的直线段而设计的。由于不对称式三轴辊板机辊轴的排列是将一个下辊轴和上辊轴的水平中心距缩小到很小的位置，另一个下辊轴放到侧面，如图 4-14b 所示，所以滚压出来的工件，仅仅是起端有直线段，只要在第一次滚完之后，将工件掉过头再滚一次，起端变成了末端，两端的直线端都可消除。这就是不对称三轴辊板机的优点。但由于辊轴是不对称排列，因此两个下辊轴受力不均匀，靠近上辊轴的下辊轴受力很大，工作中容易产生弯曲变形，使工件出现鼓凸。

3. 四轴辊板机

四轴辊板机的工作原理如图 4-19 所示。上滚轴Ⅰ是主动辊轴，它是固定的，下辊轴Ⅱ能垂直升降调整距离，有的下辊轴也是主动辊轴，侧辊轴Ⅲ、Ⅳ是辅助辊轴，其位置也可以沿着箭头所示方向进行调整，它们都是从动的。

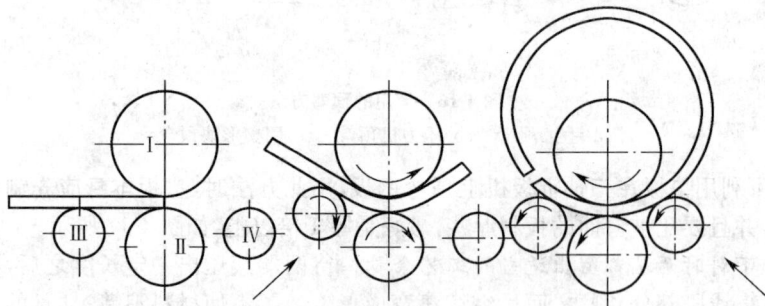

图 4-19　四轴辊板机的工作原理

四轴辊板机工作时，先把钢板放到上下辊轴Ⅰ、Ⅱ之间，升起下辊轴将钢板压紧，然后升起侧辊轴Ⅲ将钢板压到一定程度，便可开动电动机进行第一次滚弯。此时，Ⅰ、Ⅱ、Ⅲ辊轴恰好构成不对称三轴滚圆机。由于末端还有一段直线段尚未被滚

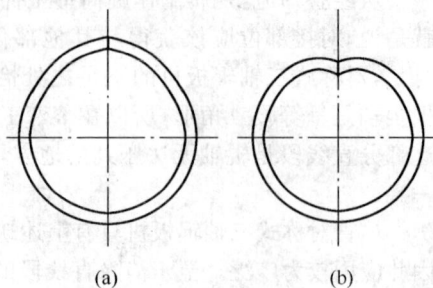

着,所以还要进行第二次滚弯。此时,再升起侧辊轴Ⅳ,使Ⅰ、Ⅱ、Ⅳ构成另一组不对称式三轴辊板机。再次开动辊板机让主轴反转,这样就可以将钢板的两端全部滚压到,而不致留下直线段。

前述不对称式三轴辊板机,虽然也能消除直线段,但在辊压过程中,必须从机器上取下工件倒过来滚压一次。而四轴辊板机却不需要这样做就能完成全部滚弯工作,具有简化工艺过程,提高工作效率的特点。

三、滚弯工艺

(1)圆筒形工件的滚弯 这类工件表面除素线是直线外,没有其他任何直线。在滚弯圆筒形工件时,在操作方法上要掌握以下几点。

①板料在上、下辊轴之间的位置必须放正,务必使板料上的素线与辊轴中心线严格保持平行,否则辊出来的工件会出现歪扭,如图4-20a所示。为了便于对正板料,可采用目测或90°角尺来校正;利用辊板机上的挡板或下辊轴上的对中槽来找正;采用倾斜进料,用另一辊轴定位找正,如图4-21所示。

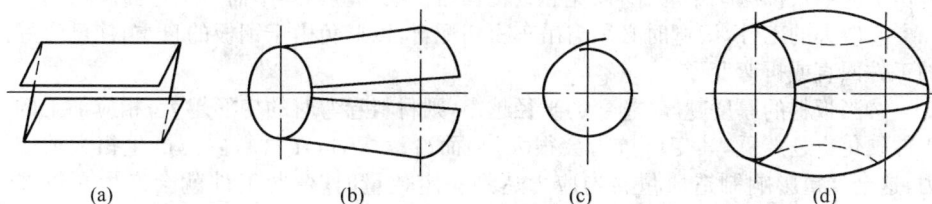

(a) (b) (c) (d)

图 4-20 滚弯圆筒时可能出现的缺陷

(a)歪扭 (b)曲率不一 (c)滚压过多 (d)鼓凸

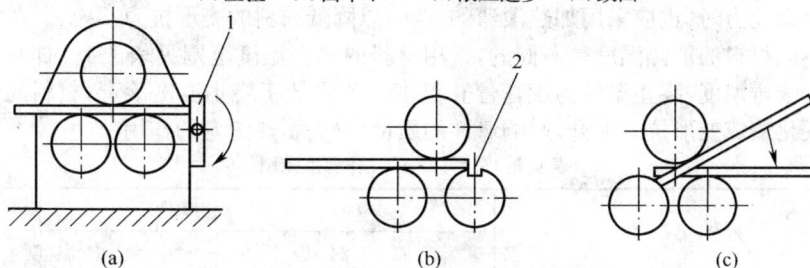

(a) (b) (c)

图 4-21 板料找正

(a)挡板找正 (b)对中槽找正 (c)斜进料找正

在板料的滚弯过程中,要勤于检查,发现偏差及时纠正。尤其是对厚板料、大型工件的修形,不但工作量大,而且比较困难。

②滚制圆筒形工件在调整辊轴的距离时,上辊轴的升降应左右对称。如果不对称,被调整的辊轴就不能与其他的辊轴互相平行而产生倾斜,造成一端曲率大,另一端曲率小,使工件产生锥度,如图4-20b所示。

③工件曲率的大小取决于辊轴间的距离,在滚弯过程中应随时控制。控制不好

便会出现工件曲率过大或过小的现象,如图 4-20c 所示。必须在滚弯工作刚开始的时候,就用样板多次检查,随时调整辊轴之间的距离,从中找出规律。根据组装的要求,只要曲率一致,圆筒稍微滚小一点,在组装时放开并不困难,只需在圆筒外圆均匀捶击就能达到目的。如果滚的曲率不够,需要将圆筒收小则很不容易,因此,一般宜滚小一点。但钢板较厚时,将圆筒收小也有困难,通常则采取滚好之后对齐,用电焊点焊牢,然后再将圆筒从辊板机上取出。

④造成如图 4-20d 所示的鼓凸现象可能是由设备引起的,也可能是由操作引起的。例如较细长的辊轴因受力过大而出现弯曲,因而引起鼓凸现象;操作上因一端压得过紧,使工件产生喇叭形状,为了解决这一问题,又使另一端压得过紧,因此,又产生倒喇叭,而形成了鼓凸。解决鼓凸的办法是在圆筒初步滚好后,再在圆筒鼓凸和下辊轴之间处放一块垫板一起滚压便可解决。垫板的厚度要根据滚弯件的厚度和鼓凸的大小来决定,一般为 2～6mm。

⑤进入辊板机的毛料均应具有较好的表面质量。如气割边缘留下的残渣或焊缝留下的疤痕都应铲平磨光,以免导致辊轴硌伤或因应力集中而产生弯曲。

⑥较大的工件,滚弯时必须与吊车密切配合,以避免由于钢板的自重,使已弯好的工件回直或折弯变形。

⑦当板料的厚度越厚,卷弯的半径越小,则材料卷弯时的变形越大,相应加工的工件硬化也越严重,其变形抗力会很大,因而冷滚弯时,在材料内部产生很大的应力,这会严重影响制造质量。当应力达到一定数量时,弯曲工件就会产生裂纹造成产品报废。因此一般碳素钢,当板料厚度 t 大于或等于内径 D 的 1/40 时($t \geqslant D/40$),应进行加热滚弯,以增加材料的塑性。此外,当弯曲件的弯曲力大于设备的承载能力时,也应采用加热滚弯的方法,以降低材料的变形抗力。

不同材料的加热温度是不同的,常用材料的热作温度范围见表 4-1。加热温度为开始滚弯温度,终止温度为滚弯停止温度。如果低于终止温度滚弯,材料易出现加工硬化造成变形抗力上升,影响弯件的质量,失去了热滚弯的作用。

表 4-1　常用材料的热作温度范围

材 料 牌 号	热 作 温 度/℃	
	加 热 温 度	终 止 温 度
Q235,15,15g,20,20g,22g	900～1050	＞700
16Mn,16MnR,15MnV,15MnVR	950～1050	＞750
15MnTi,14MnMoV	950～1050	＞750
18MnMoNb,15MnVN	950～1050	＞750
15MnVNRe	950～1050	＞750
Cr5Mo,12CrMo,15CrMo	900～1050	＞750
14MnMoVBRe	1050～1100	＞850
12MnCrNiMoVCu	1050～1100	＞850
14MnMoNbB	1000～1100	＞750

续表 4-1

材料牌号	热作温度/℃	
	加热温度	终止温度
0Cr13,1Cr13	1000～1100	＞850
1Cr18Ni9Ti,12Cr1MoV	950～1100	＞850
黄铜·H62、H68	600～700	＞400
铝及其合金 L2、LF2、LF21	350～450	＞250
钛	420～560	＞350
钛合金	600～840	＞500

加热滚弯时,由于材料的塑性很好,不必考虑回弹,但在滚弯过程中,必须及时清除氧化皮,否则剥落的氧化皮在钢板与辊轴之间滚轧,压入钢板的表面,致使弯件内壁形成凹坑和斑点,影响工件的质量。热成形后,不能立即将温度很高的工件从辊板机上卸下,否则会造成工件的变形,应让工件在终弯的曲率下不断滚动,直至温度低于 500℃ 为止。

钢板加热时表面会产生氧化皮而损失部分材料,同时在滚弯时,钢板在辊轴的压力下也会使厚度减薄,总的减薄量为 5%～6%,而长度方向尺寸略有增加,因此在下料时,应根据加热次数适当增加钢板厚度尺寸,减小长度尺寸。

(2)锥形工件的滚弯　从表面上看来,使两根下辊轴保持平行,上辊轴保持倾斜状态,即可滚成锥形工件,但是实际上还需要解决毛料的移动速度问题,才能使毛料按技术要求成形。

锥形工件两端的曲率不同,展开长度也不相同,因此要求两端有不同的滚弯速度。对板材来说,即大口一端要求滚得快一些,小口一端要求滚得慢一些。可是,辊轴本身是圆柱体,根本不可能产生不同的滚弯速度。钢板的移进是靠辊轴与板料的摩擦阻力而带动的,也只能随着辊轴的旋转做等速的移进。为了解决这个矛盾,除了使上辊轴保持适当的倾斜度外,主要措施是分段滚弯,即在板料的内表面画出若干素线,滚完一段后随即转动板料再滚下一段。这实际上是按近似筒形来滚弯,是通过分段转动板料来补偿材料移进速度差。

由于锥形体的滚弯很容易出现各种偏差,所以更应该注意滚弯的步骤。如将扇形板料划为 4 个滚弯区域,先滚两端,最后滚中间,依次进行滚压。尤其要注意板料在辊轴中的定位应以每一区域的中心线为基准。4 个区的划分如图 4-22 中的Ⅰ、Ⅱ、Ⅲ、Ⅳ。

滚弯锥形件的另一方法是在辊板机底座上焊一根用圆钢做成的顶柱,顶柱的上端与上辊轴相平。或在两个下辊轴的外侧安置两根滚柱,如图 4-22 中的滚柱 5,这两根滚柱的上端与上辊轴的中心线平齐。滚弯时可将圆锥筒小口边缘靠紧顶柱或滚柱,以增加小口边缘在滚弯时的摩擦力,使移进速度降低,而大口边缘由于没有任何阻挡而移进速度较快,从而达到滚弯圆锥的目的。

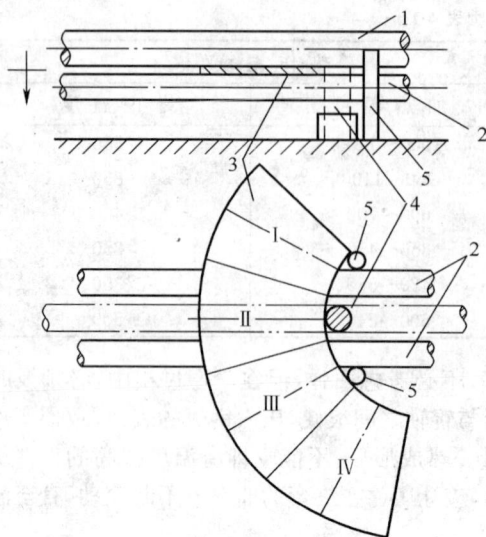

图 4-22　在辊板机上滚制锥形件

1. 上辊轴　2. 下辊轴　3. 工件　4. 顶柱　5. 滚柱

(3)型钢的滚弯　型钢滚弯比板料的滚弯复杂,因为它需要一些特制的滚弯模具或专用设备。对于不对称的断面型钢弯曲,由于弯曲应力的着力点与断面重心线不重合,会导致钢材的扭曲或改变型钢断面形状。如角钢在滚弯中可能使两筋展开或折叠。因此,型钢滚弯除了达到所需的曲率之外,还要防止上述变形。

除了用专用的型钢的滚弯机弯曲型钢外,也可以用普通的辊板机和撼圆机弯曲型钢,不过滚弯时会造成应力集中,弯曲前要考虑设备的能力是否允许。常见滚弯方法如下。

①采用钢模套的滚弯　角钢外弯需要两副钢模套分别装在两根下辊轴上,如图 4-23 所示。角钢内弯只要一副钢模套,把它装在上辊轴上,就可进行角钢的滚弯,如图 4-24 所示。在弯曲半径比较小时,可加热后滚弯。

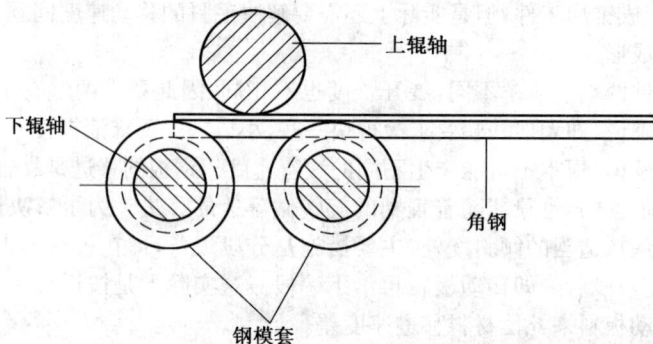

图 4-23　角钢外弯的滚弯方法

②不采用模具滚弯　关键是保证型钢在上下辊轴之间的稳定性,如角钢滚弯应采用正反两根并列,点焊后同时滚弯,但要注意焊点不得高出角钢平面。

③采用撼圆机滚弯　各种型钢和扁钢都可以在撼圆机上滚弯。撼圆机的构造如图 4-25 所示。转盘 3 从电动机 1 经减速箱 2 获得低速旋转的动力,模具 4 用螺钉固定在转盘 3 上,活动横梁 7 和 8 经两根丝杠 9、10 相互连接,两根丝杠的上端分别装有蜗轮 11、12,固定横梁 6 上装有两个丝杠螺母,电动机 13 的正反转,可通过丝杠 14、蜗轮 11、12,丝杠 9、10 带动活动横梁 7、8 上下移动,活动横梁 8 上有丝杠 15,开动电动机 16,可通过丝杠 15 的传动使转轮 5 沿丝杠移动。

间隙 0.5

间隙 0.1~0.2

钢模套

上辊轴

下辊轴

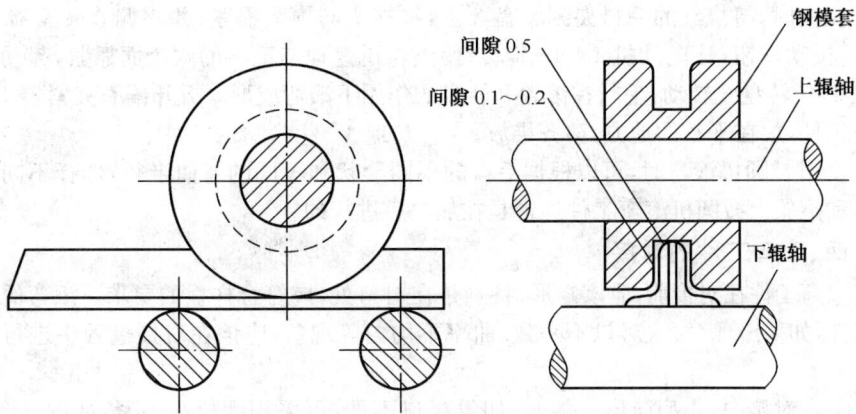

图 4-24 角钢内弯的滚弯方法

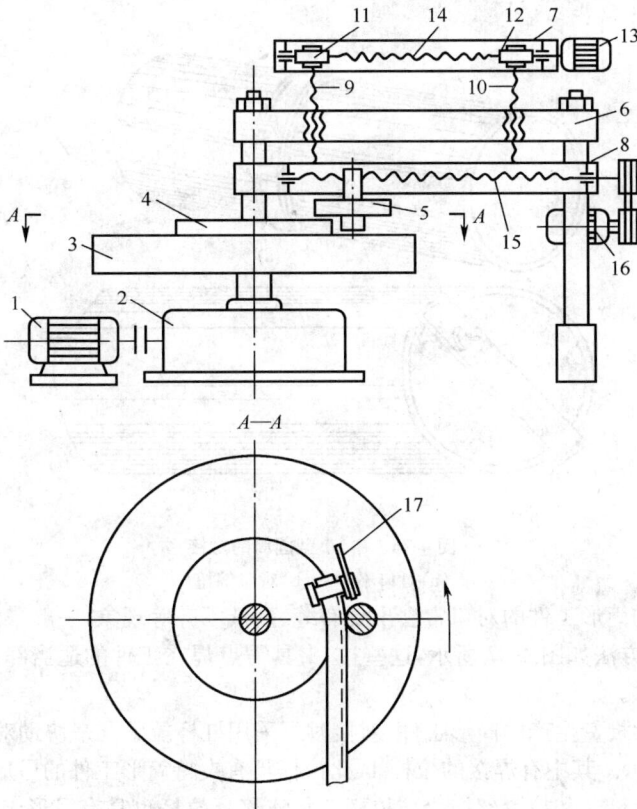

11 14 12 7 13

9 10

6

8

4

5

A

A

3

15

1 2

16

A—A

17

图 4-25 撖圆机滚弯工作原理

1、13、16. 电动机 2. 减速箱 3. 转盘 4. 模具 5. 转轮 6. 固定横梁 7、8. 活动横梁

9、10. 丝杠 11、12. 蜗轮 14、15. 丝杠 17. 偏心夹紧器

撖曲时,将烧红的毛料夹到转盘3上,将端头与模具靠紧,并用偏心夹紧器17夹紧,按动按钮,让电动机13、16旋转,使滚轮迅速地与毛料的两个面靠紧,起动电动机1,使转盘3转动,毛料在滚轮和转盘的作用下滚弯成形。扳开偏心夹紧器17,取下工件,放在平整的地方,整齐堆放。

使用撖圆机滚弯时,可以根据毛料的不同形状和不同的弯曲半径,选择不同的模具和滚轮。撖圆机滚弯工件经常是在加热后进行的。

四、滚弯工件的对接

滚弯工件在对接前,应该修形,特别是在对口处,应符合样板的要求。滚弯的筒形工件,如果出现歪扭、对口不一致、曲率不均匀等现象,应该在对接过程中进行补救。

①在对接中、小型筒形工件时,如果对口不严,可采用螺栓来夹紧,如图4-26a所示。当对口偏扭错牙时,可用拉杆和压板进行拉正对齐后,施点固焊,如图4-26b所示。

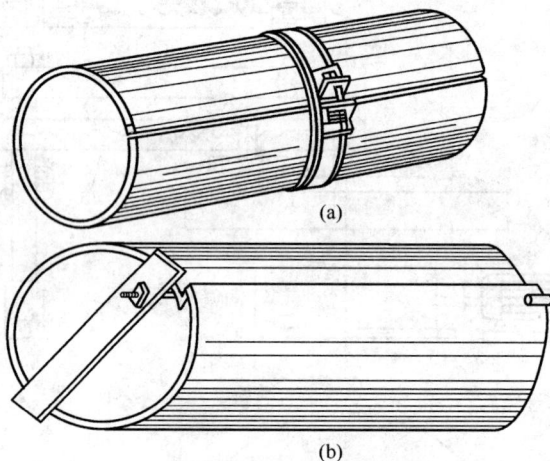

(a)

(b)

图4-26　中、小型圆筒的对接
(a)对口不严　(b)对口偏扭

②滚弯的筒形工件的对口常会出现有缝、高低不齐等现象,一般采用各种拉、夹具来消除,其方法如图4-27所示,这些拉、夹具需点焊在工件的适当部位,将工件制成以后再去除。

③对于大批量生产的筒形工件,对接时可采用杠杆拉紧器来协助对接。其结构如图4-28所示。其中有焊接的拉杆1,此拉杆具有夹持筒形工件的弓形卡2,拉杆1通过铰接的螺母3和拉紧丝杠4与拉杆5相连接。拉杆也具有弓形卡2、丝杆6用来夹紧筒件。所装配的圆筒两边缘,借助于拉紧丝杠7,通过拉杆1和5上的铰接螺母3来拉紧。对齐边缘是由拉紧丝杠4来实现的。利用这种拉紧器,可以使筒件纵向接口平滑相接,并且具有推撑作用,以调整焊缝所需的间隙,便于焊接。如果筒

件产生歪扭,可用两个这样的夹具分别装在两头,再用一个拉杆,将筒件拉正后,再施点固焊。

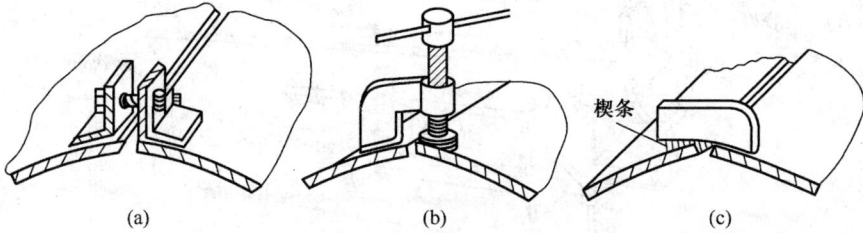

图 4-27 对接圆筒的拉、夹具

(a)螺旋拉紧 (b)螺旋压马 (c)楔条压马

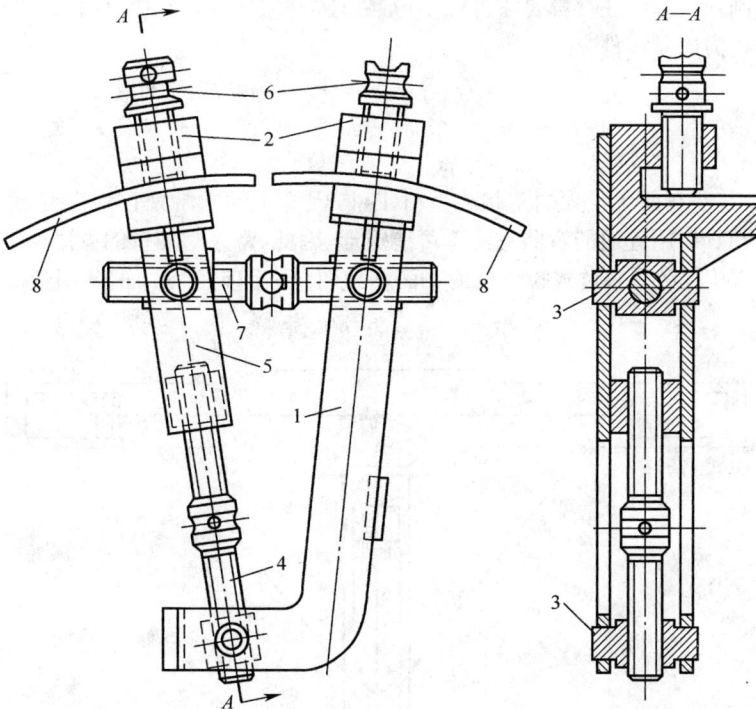

图 4-28 用拉紧器对接圆形工件

1、5. 拉杆 2. 弓形卡 3. 螺母 4、7. 拉紧丝杠 6. 丝杆 8. 工件

④当圆筒形工件是用两瓣半弧板对接而成时,可采用如图 4-29 所示的方法进行拼装。首先要按圆筒的外径制出模板,模板圆弧处可以开一些缺口,用数块模板组成模板胎。组装时,先将半圆形工件仰放在胎座上,后将按圆筒内径做的样模板置于其上,然后将另一块半圆形板盖在上面,进行对接。

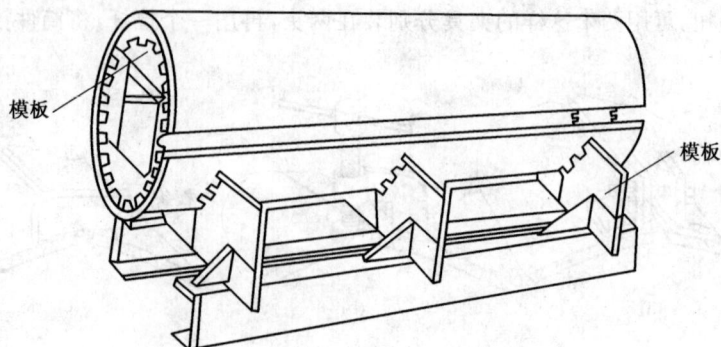

图 4-29 两瓣圆筒的对接

滚弯后的工件,往往都是零件的半成品,还需经过修形、对接、焊接、再修形直至合格,才成为成品零件。

第三节 拉 弯

对于某些弯曲半径大的条状或型材工件,因为工件常常处在弹性变形中,随时会回跳为原形,用普通的弯曲方法不可能成形,因此,常采用拉弯的方法加工。

图 4-30 所示为转臂式拉弯机的平面示意图。在固定台面 1 的两侧铰接两个转

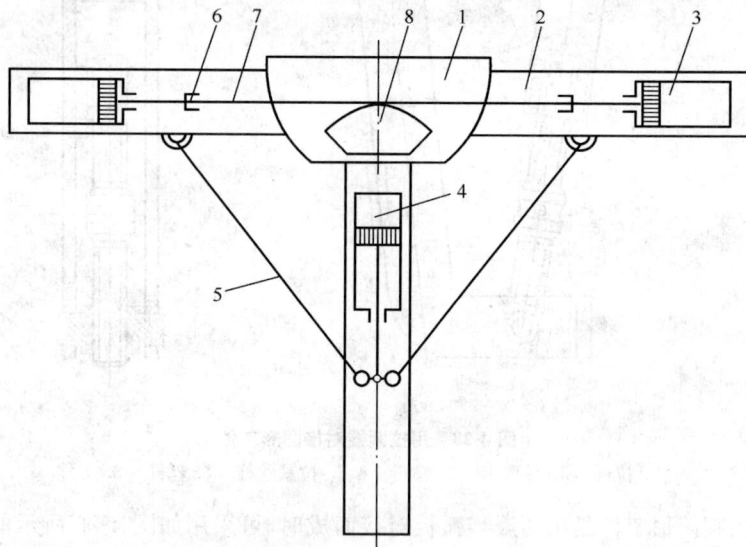

图 4-30 转臂式拉弯机的结构形式(一)
1. 固定台面 2. 转臂 3. 拉伸油缸 4. 弯曲油缸 5. 拉杆 6. 夹头 7. 毛料 8. 拉弯模

臂 2,每个转臂上分别装有拉伸油缸 3,转臂 2 在弯曲油缸 4 和拉杆 5 的带动下旋
转,同时带动毛料 7 旋转。拉伸油缸 3 的活塞前端装有夹头 6,用来夹持毛料。拉弯
模 8 对称地装在台面 1 的轴线上。工作时,先装好拉弯模,调整拉伸油缸活塞杆的
伸出量和拉伸时的收回量,夹好毛料,开动拉伸油缸预拉毛料,左右两油缸的拉力要
相等。保持预拉力不变,开动弯曲油缸,转动转臂使毛料绕拉弯模弯曲,最后加一定
的补拉力,使毛料完全贴模,工件成形。

一、拉弯的变形特点

①拉弯与压弯、滚弯相比较,它的特点在于内部的切向应力的分布情况有所不
同。压弯和滚弯都属单向弯曲,普通弯曲时断面上产生内层受压、外层受拉、中性层
不变的应力状态,如图 4-31a 所示。在拉弯过程中,沿弯曲方向加拉力 P,使外层拉
应力加大,内层开始也出现压应力,但很快减小,随后也开始受拉,如图 4-31b 所示。
当拉力 P 使材料最里边的 A 点的拉应力超过屈服点 σ_s 时,去掉拉力 P 以后,能使
工件基本保持拉弯时所获得的形状,回弹现象极微小。

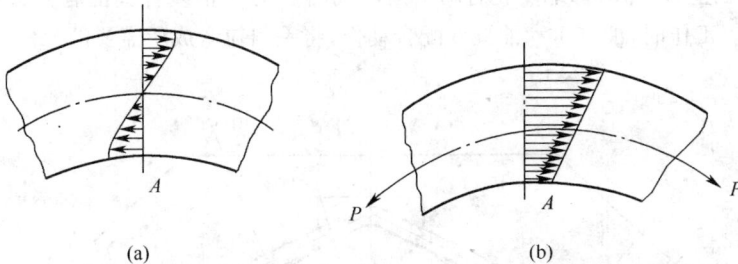

图 4-31　弯曲应力的比较
(a)普通弯曲　　(b)拉弯

②拉弯保证工件质量良好。用其他方法弯曲各种型材,均难以控制断面的扭
曲。而采用拉弯时,由于材料内部的压应力很快减小,型材沿着模具被拉弯,全部成
形过程比较稳定,扭曲现象可以基本消除。

③拉弯所需的力较小,所用工具简单,容易制造,经济效益显著。

二、拉弯力的计算

拉弯时单位面积上所需要的拉力应大于材料屈服强度 σ_s,同时又要小于其强度
极限 σ_b,故一般可取拉力为

$$P=(1.1\sim1.2)F\times\sigma_s \tag{4-1}$$

式中,P 为拉弯时所需的拉力(N);F 为拉弯毛料的断面面积(mm²);σ_s 为拉弯毛料
的屈服强度(MPa)。

拉弯时材料的拉伸应力和变形,都比普通弯曲要大,所以它要求材料具有较高
的塑性,尤其当弯曲半径较小时。工件在拉弯前,一般都经过退火,但塑性好的材料

可不必。塑性较差的材料可以采用热拉,其拉力比冷拉要小。在操作时,拉力的大小可用压力表控制。

三、毛料长度的确定

确定拉弯工件的毛料长度,一般可按下列公式计算

$$L=L'+2B \tag{4-2}$$

式中,L 为拉弯工件的毛料长度(mm);L' 为拉弯工件的展开长度(mm);B 为每端的夹头余量,B 值与夹头的结构及工件的大小有关,一般为 100mm 左右。

四、拉弯机的结构形式

根据生产条件和产品的实际需要,拉弯机可设计为不同的形式。

①图 4-30 所示为转臂式拉弯机的一种结构形式,应用较为普遍。其优点是在拉弯过程中,拉弯模固定不动,这样在结构上比较牢靠。

②图 4-32 所示为转臂式拉弯机的另一种结构形式,其拉弯模 4 是由油缸 6 来驱动的,同时,在工作台面 2 上还有一个固定凹模 3,拉弯模 4 可以说又是一个凸模。在工作台面上,左右对称地安装有两个回转式油缸 1,其活塞杆头部有夹头,用来夹持毛料 5。工作时,油缸 1 和油缸 6 配合动作,将毛料拉弯成所需要的工件。

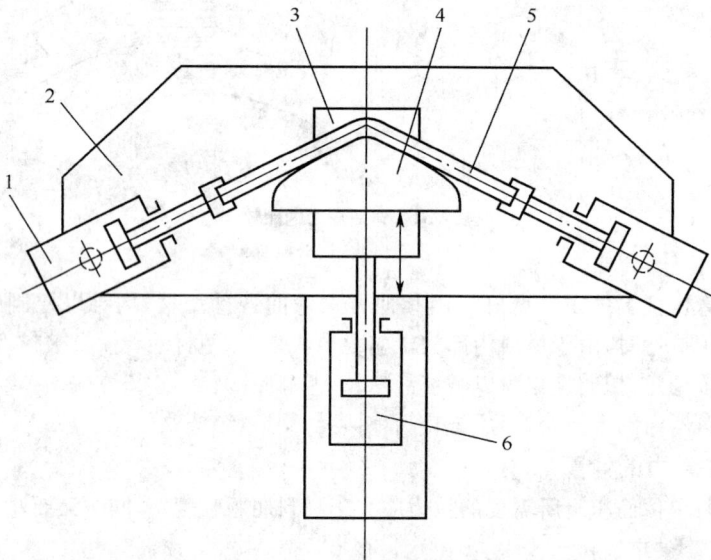

图 4-32　转臂式拉弯机结构形式(二)
1、6. 油缸　2. 工作台　3. 固定凹模　4. 拉弯模　5. 毛料

③图 4-33 所示为转盘式拉弯机,它和一般的弯管机相类似。这种形式适用于较小工件的拉弯。

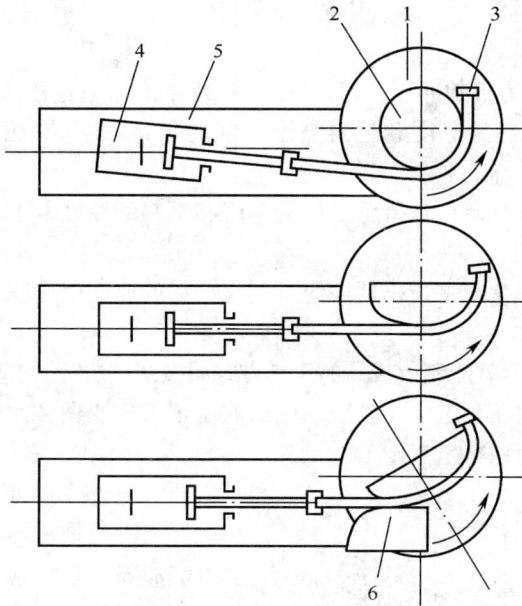

图 4-33　转盘式拉弯机

1. 转盘　2. 拉弯模　3. 固定夹头　4. 油缸　5. 工作台　6. 靠模

五、拉弯机操作注意事项

①正确地安装拉弯模。模具的中心线要对准拉弯机的中心线,模具的高度要使毛料截面的中心线与油缸的中心线在同一水平面,模具要固定牢靠。

②模具工作部分要与毛料的截面形状相吻合,不要有过大的间隙,以免拉弯后的工件成形不好。模具的工作面要光滑,拉弯之前可涂适量的润滑剂。

③模具的两端头,一般根据装配的要求和加工的需要应加长 10mm 左右。安装孔一般制成腰圆形,便于安装时调整位置。拉弯模的两端应制有缺口,以便于拉弯时使夹头能自由地进到模具的后方。另外,模具边缘应倒角。

④夹持毛料的夹头一定要牢靠。

⑤拉弯前要计算所需的拉弯力或根据经验进行试验性拉弯,而后进行拉力调整。在任何情况下不得一开始就用很大的拉力,以免破坏钢材内部的组织。

⑥夹牢毛料后,当毛料还没有弯曲而处于直线状态时,要进行预拉。预拉使毛料先承受一定的拉伸应力,并在此状态下完成弯曲变形,最后补加适量的拉力,可使工件与模具严密贴合。预拉的作用在于减少工件与拉模之间的摩擦。如果先弯后拉,摩擦力必然大大增加,会使拉力很难均匀地传递到毛料的所有断面上去,结果造成应力集中,可能使工件破裂。

第四节 压 延

压延是指在压力机的冲压下,将平板毛料或半成品通过压延模制成工件的工艺过程。按照压延件的厚度和毛料厚度之间的关系来区分,压延可分为以下两种:

(1)板厚不变薄压延 是指压延件的厚度和毛料的厚度基本一致,如锅炉的封头、常用的饭盒、面盆等。

(2)板厚变薄压延 是指压延件的厚度比毛料的厚度明显减薄,如子弹壳的压延过程。

凡通过一次压延就能制成成品的压延方式叫做一次压延,它适用于较浅的压延件;凡需要经过数道压延工序才能制成成品的压延方式叫做多次压延,它适用于较深或较复杂的压延件。

一、压延成形过程

压延是冲压工作中比较复杂的加工工艺。最简单的压延是将一块圆形平板毛料压延成一面开口的平底圆筒工件,如图 4-34 所示。模具的工作部分分为环形凹模和凸模,凸、凹模之间具有略大于毛料厚度的间隙。当凸模向下运动时,毛料即被压入凹模而成工件的形状。由于毛料的直径 D 大于凹模孔的直径 d,在压延过程中,毛料将沿圆周方向产生压缩,毛料的中心部分将成为压延件的底部,环形部分被凸模拉入凹模内,成为压延件的侧壁。

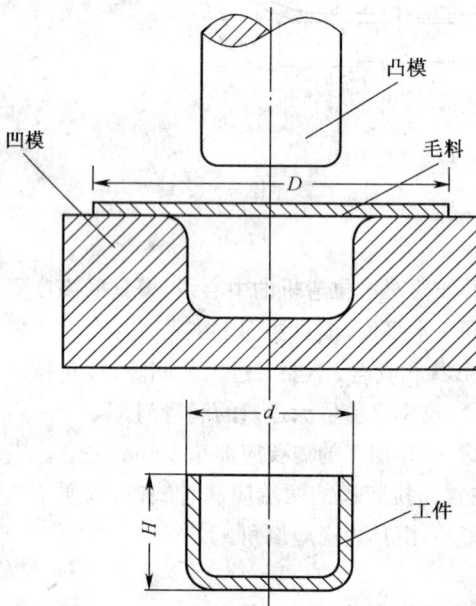

图 4-34 压延成形

图 4-35a 所示,如将毛料的环形部分划分为若干窄条和扇形,然后将所有扇形部分切除,余下的许多长方形窄条沿底部圆周 $\overset{\frown}{aa}$ 弯成 90°,这样便可拼合成一个平底的筒形零件,如图 4-35b 所示。由此可见,毛料圆环部分被转变成为侧壁时,其中多余的扇形部分在压延过程中将被挤出,而沿毛料的半径方向流动,致使毛料环形部分的直径不断缩小,而筒壁的高度增加,厚度也稍有增加。

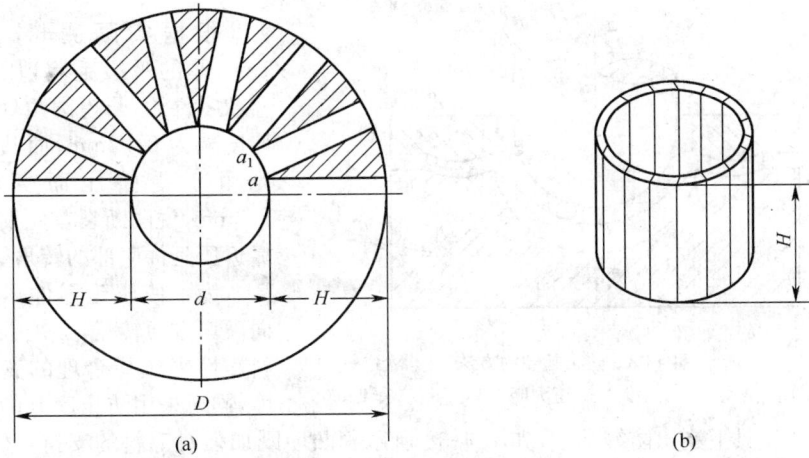

图 4-35 毛料成形

如果毛料圆环部分转变为筒壁多余部分的压延过程中,不能顺利地沿着毛料的半径方向流动,那么随着凸模的下降,外力不断增加,同时毛料抵抗变形的内力也不断增加,当压延力大于毛料凸缘的临界应力时,凸缘就要失去稳定而起皱,如图 4-36 所示。若凸模继续下降,已经进入凹模内的圆角部分重新产生塑性变形,从而引起筒壁厚度不断变薄,直到该处横截面上的应力超过材料的强度极限而破裂,如图 4-37 所示。

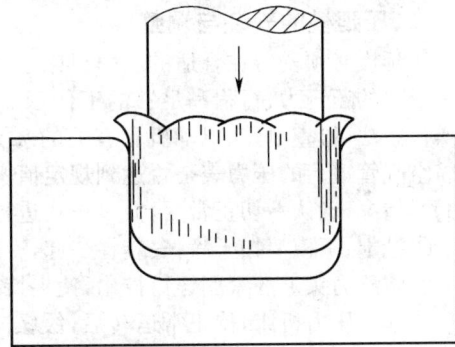

图 4-36 压延起皱现象

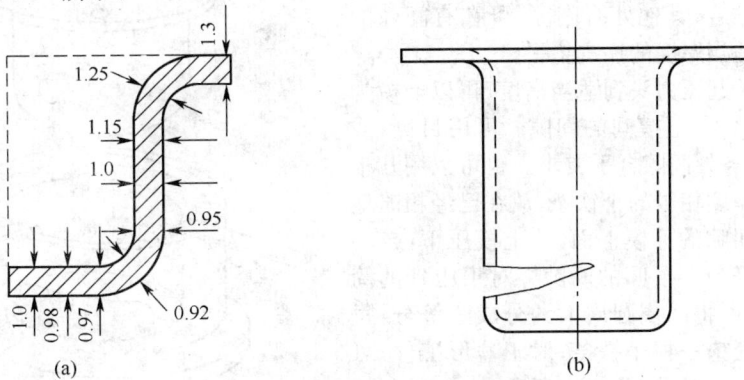

图 4-37 压延件厚度的变化和破裂

(a)毛料的厚度为 1mm (b)拉裂的废品

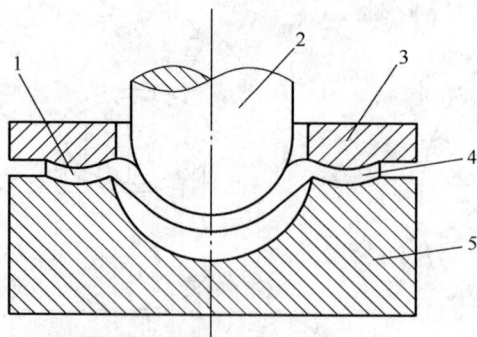

图 4-38　防止起皱的方法
1. 防皱凸埝　2. 凸模　3. 压力圈　4. 毛料　5. 凹模

根据实际测量,采用 1mm 厚的平板毛料,压延成盆状零件后,凸模圆角处毛料厚度减为 0.92mm,而凸缘处则由于受挤压而变厚为 1.3mm,说明断裂首先发生在靠近压延件底部的转角处。

为了使压延零件尽量不向破坏方面转化,必须根据材料塑性来选择合理的变形程度,同时采用防止起皱的压边装置,在模具上制出防皱凸埝,如图 4-38 所示。凸埝既加强对毛料的支持,又提高毛料的临界应力,以保证压延工序的顺利进行。

二、压延模的安装与调整

压延模必须安装在合适的压力机床上,才能完成压延工作。这就要求压力机床具有必要的压延力、行程和足够的工作台面积。使用压力机床前,要熟悉压力机床的操作方法,检查电路、电动机和有关的泵、阀是否正常,用气动操纵或控制的要看压缩空气管道上的压力表是否达到规定值。正式操作前必须经过试运转,并逐一检查润滑情况,确认一切正常后,方可正式进行操作。

①把上、下模清扫干净,安装在一起,一起放到清理好的压力机床工作台面上。

②将压力头上的紧固螺钉拧出,使夹持模柄的夹紧孔内无障碍。

③起动压力机床,待正常运转后,缓缓降下压力头,调整模具,使上模柄进入夹紧孔内。待上模板表面与压力头底面贴合时,让压力头停止运动。拧紧紧固螺钉,后再使压力头稍抬起,轻压几下,再拧紧紧固螺钉。如果压力头只有局部表面与上模板表面贴合,其他处有间隙,可在有间隙的地方加适当厚度的铁皮垫平。

④抬起压力头到适当高度,再以上模为基准调整上、下模间的间隙。可用目测(或尺量)使各处间隙合乎要求。也可以用几根与毛料厚度相等的小铁条,放在已经粗略地调整过间隙的下模上面,让上模压下,自动地调整好与上模间的间隙。对于压延的筒形工件,可将凹模圆周大约分成三等分,每一等分处垫一根小铁条;对于盆形工件,可对称地垫 4 根,如图 4-39 所示。

⑤降下压力头,使上模轻轻地压住下

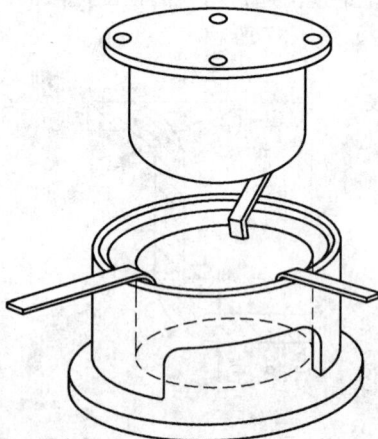

图 4-39　垫铁条调整模具间隙的方法

模,用足够多的螺栓和压板将下模牢牢紧固在工作台上。

⑥抬起压力头,清理上下模表面的污物,并加注适量的润滑剂。

⑦试压延首件,合格后投入成批生产。

三、压筋与滚筋

压筋与滚筋是用局部拉伸的方法,使毛料或半成品成为局部凸起或凹下的形状。压筋与滚筋工作,也称为起伏压延。它大多数是在平板毛料上压制或滚制出各种不同形状的加强筋,其常用断面形状如图 4-40 所示。经过压筋与滚筋加工后,不仅提高了板料的刚度,而且可提高工件表面质量,对于减少焊接变形也有一定的作用,因此广泛地应用在航空、车辆、化工设备的制造中。

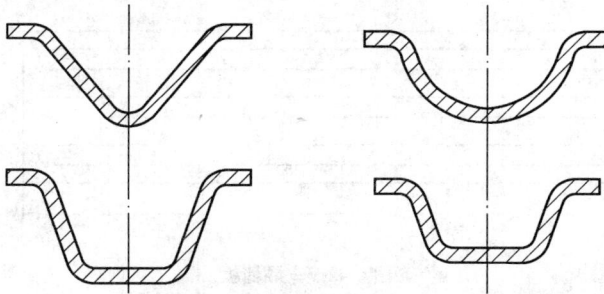

图 4-40　压筋与滚筋的常用断面形状

(1)压筋　是在压力机上用压模进行加工。如果压筋模制作得不合理或超出材料塑性的允许范围,往往会出现压筋断面与图样要求不符,或起皱甚至压裂等缺陷。为了避免上述情况产生,必须合理地选材,确定凸筋的设计尺寸以及压筋模的结构形式和尺寸。以图 4-41 所示两端封闭形加强筋为例,将其一次压制的最大尺寸列于表 4-2。

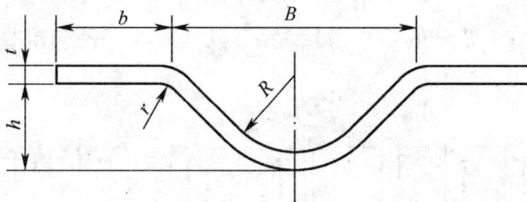

图 4-41　封闭形加强筋

表 4-2　封闭形加强筋的尺寸

材　　料	R	h	B	r	b
普通低碳钢板	$(5\sim6)t$	$\leqslant 5t$	$\geqslant 3h$	$2t$	$\geqslant 3h$
16Mn、09Mn2	$(4\sim5)t$	$\leqslant(3\sim4)t$	$\geqslant 3h$	$2t$	$\geqslant 3h$

压制加强筋的压延力可由下列公式计算

$$P = KLt\sigma_b \tag{4-3}$$

式中,P 为压延时所需的压力(N);K 为系数,与筋的宽度及深度有关,一般 $K = 0.7 \sim 1$;L 为加强筋长度(mm);t 为工件厚度(mm);σ_b 为材料的抗拉强度(MPa)。

压制筋条时,四周往往形成波浪形,因此需要进行矫正。

(2)滚筋 批量较大的长条筋,具有生产效率高、操作方便、劳动强度低、质量高的优点。图 4-42 所示为车厢墙板外形,一般用滚筋方法制造。对滚筋设备的一般要求如下:

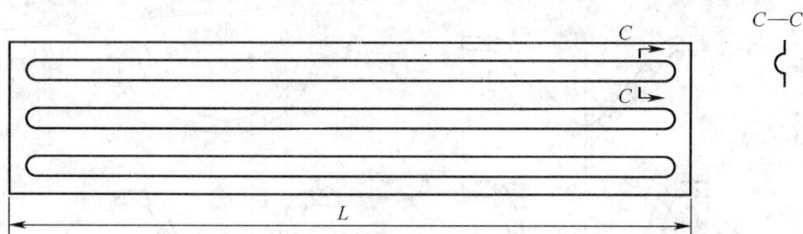

图 4-42 车厢墙板

①辊轮 初辊设备与精辊设备的上、下辊轮尺寸,可按凸、凹压模的尺寸制作。两辊轮之间的间隙要大于板厚,一般每侧间隙取 $1.4t \sim 1.5t$,上辊轮可调节,以保证合理的间隙。初辊轮的筋高一般为产品图上筋高的 $2/3$,同时使筋顶圆弧半径、筋间距离均略大于图样尺寸,如图 4-43a 所示。精辊轮的筋高则为产品图上所要求的尺寸,如图 4-43b 所示。

②多轴式辊板机 用于滚筋前将板料上的小波浪及局部弯曲矫平。由于需要的矫平力比较小,辊轴的直径可小些。滚筋后产生的较大弯曲和凸凹不平也要由多轴式辊板机矫平,由于要求的矫平力较大,一般辊轴的直径较粗些,以保证有足够的矫平力。

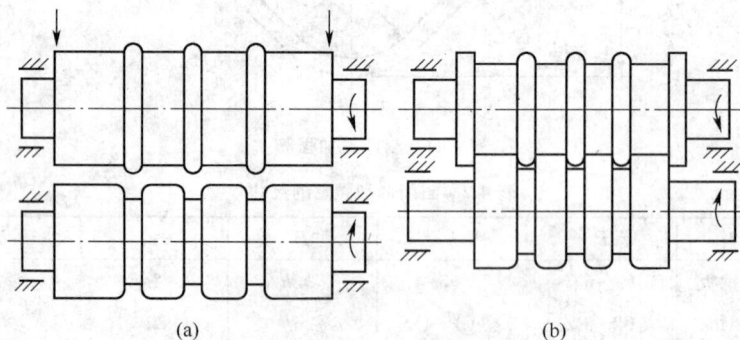

(a)   (b)

图 4-43 车厢墙板辊轮

第五节 弯 管

一、常用弯管方法

常用机械弯管方法有压弯、滚弯、回弯和挤弯 4 种,如图 4-44 所示。

(1)压弯 分为简单弯曲和带矫正弯曲两种,如图 4-44a、b 所示。

(2)滚弯 是在辊板机或型钢弯曲机上,用带槽滚轮弯曲,如图 4-44c 所示。

(3)回弯 是在立式或卧式弯管机上弯曲,分碾压式和拉拔式两种,如图 4-44d、e 所示。

(4)挤弯 是在压力机或专用推挤机上弯曲,它分型模式和芯棒式两种,如图 4-44f、g 所示。型模式挤弯一般采用冷挤,芯棒式挤弯一般采用热挤。

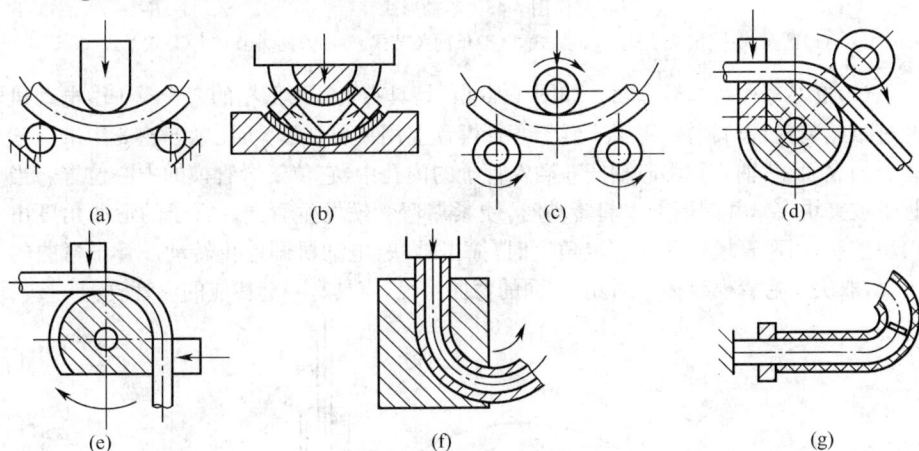

图 4-44 常用机械弯管方法
(a)简单压弯 (b)带矫正的压弯 (c)滚弯 (d)碾压式回弯
(e)拉拔式回弯 (f)型模式挤弯 (g)芯棒式挤弯

二、有芯弯管

有芯弯管是在弯管机上利用芯轴沿模具回弯的方法,芯轴的作用是防止管子弯曲时断面的变形。

(1)芯轴形式 如图 4-45 所示,有圆头式、尖头式、勺式、单向关节式、万向关节式和软轴式等多种。

①圆头式芯轴 制造方便,其头部呈半球状,伸入管中时无方向定位要求,因此弯管时芯轴定位方便,但防扁效果较差。

②尖头式芯轴 可向前伸进量较大,以减小与管壁的间隙,防扁效果较好,且有一定的防皱作用。

③勺式芯轴 与外壁支承面较大,防扁效果比尖头式好,具有一定的防皱作用。

④单向关节式、万向关节式和软轴式芯轴　能深入管子内部，与管子一起弯曲，防扁效果更好。弯后借助于油缸抽出芯轴，同时可对管子进行矫圆。

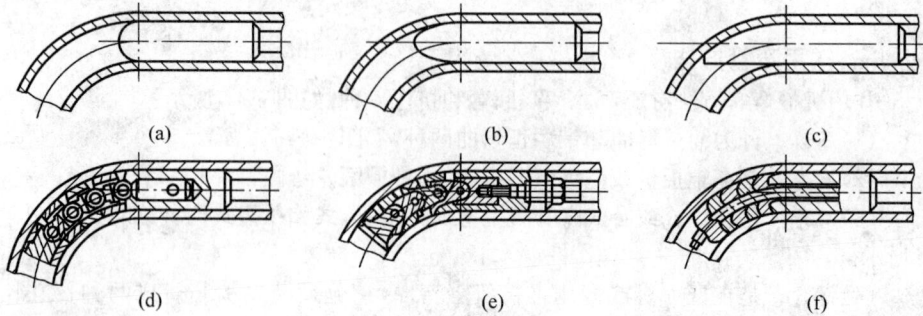

图 4-45　芯轴形式

(a)圆头式　(b)尖头式　(c)勺式　(d)单向关节式　(e)万向关节式　(f)软轴式

(2)**有芯弯管的工作原理**　如图 4-46 所示,具有半圆形凹槽的弯管模 1 由电动机经过减速装置带动旋转,管子 4 置于弯管模盘上用夹块 2 压紧,压紧导轮 3 用来压紧管子的表面,芯轴 5 利用芯轴杆 6 插入管子的内孔中,它位于弯管模的中心位置。当管子被夹块夹紧并同模子一起转动时,便紧靠弯管模发生弯曲。管子的弯曲角度由挡块控制,当弯管模转动到一定角度时,撞击挡块,电动机即停止转动。管子弯曲的半径,取决于弯管模半径。因此,不同的弯曲半径,应具有一套相应的弯管模。

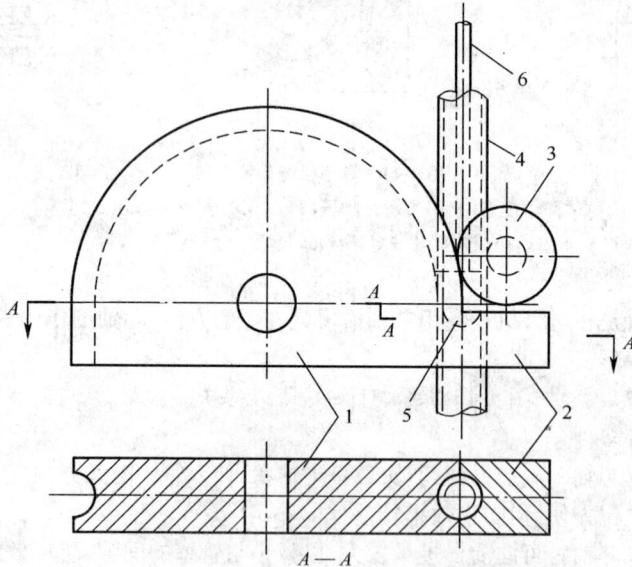

图 4-46　有芯弯管工作原理

1. 弯管模　2. 夹块　3. 压紧导轮　4. 管子　5. 芯轴　6. 芯轴杆

　　有芯弯管的质量取决于芯轴的形状、尺寸及伸入管内位置,如图 4-47 所示。一般半圆头芯轴的直径为管子内径 90%以上,或比管子内径小 0.5~1.5mm;芯轴的长度一般取其直径的 3~5 倍。

　　芯轴的位置应比弯模中心线超前一段距离 e,e 的大小应根据管子直径、弯曲半径、管子与芯轴间的间隙大小而定,一般简便确定芯轴位置的方法为模拟弯曲法,如图 4-48 所示。将管子切成短圆环,沿弯管模的半径圆槽滑动,以模拟出管子弯曲的轨迹,同时调节芯轴的位置,使管环内壁能恰好通过。

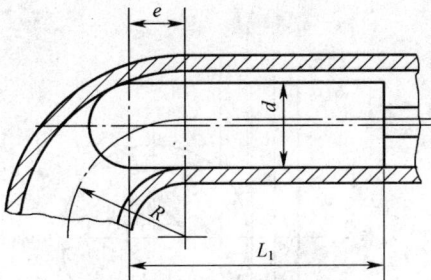

图 4-47　有芯弯管芯轴的位置和尺寸　　　图 4-48　模拟弯曲法确定芯轴位置
　　　　　　　　　　　　　　　　　　　　　　1. 管子　2. 弯管模　3. 管环　4. 芯轴

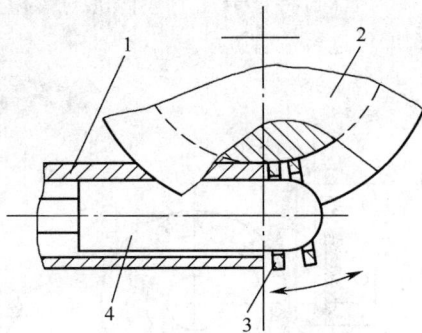

　　弯管前,为了保证弯管质量,管子内壁必须清理,因为在运输和仓储过程中,管子内部难免要生锈和有污物进入,这种铁锈和污物的存在会在弯管过程中造成芯轴和管内壁之间的摩擦,极易引起管子内壁的拉伤,甚至裂开,而这些拉伤大多是无法发现的,这将严重影响以后的使用性能。管子清洗后,要在内壁涂油润滑,或采用芯轴喷油,以减少弯管时芯轴与管内壁的摩擦。此外,弯管前还必须将管子分组,由于制造时的误差,同一种规格管子的壁厚和内径均有所差异,要得到满意的弯管,芯轴的直径必须和管子的内径相适应。所以,先要将管子按内径分为若干组,并配选适当的芯轴,以适应弯管需要。

　　弯管时,将管子置于弯管机的弯管模上,穿入芯轴,调整好芯轴的超前量,夹紧管端,然后起动弯管机进行弯管。

　　有芯弯管适用于相对直径较大而壁厚较薄或要求较高的管子弯曲。

三、无芯弯管

　　无芯弯管是在弯管机上利用反变形法来控制管子断面的变形。弯管时,管子在进入弯曲变形区前,预先给以一定量的反向变形,使管子外侧向外凸出,用以抵消或减少管子在弯曲时断面的变形,从而保证弯管的质量。如图 4-49 所示为无芯弯管的工作原理,管子 5 置于弯管模 1 与反变形滚轮 3 之间。用夹块 2 压紧于弯管模上,当弯管模由电动机带动旋转时,管子发生弯曲。

反变形滚轮压紧管子,使管子产生反变形。导向轮的凹槽为半圆形,在弯管中起引导管子进入弯管模的作用。如图 4-49a 所示为采用反变形滚轮的无芯弯管,如图 4-49b 所示为采用反变形滑槽的无芯弯管。

反变形滚轮无芯弯管时摩擦较小,但弯管的终点部分由于反变形量无法完全恢复,截面会呈现椭圆形,影响外观;反变形滑槽无芯弯管时,虽然摩擦较大,但弯管终点部分的反变形消除比滚轮弯管好。

弯管时,将管子置于弯管机的弯模上,用夹块夹紧管端,压紧反变形滚轮或滑槽,即可进行弯管。

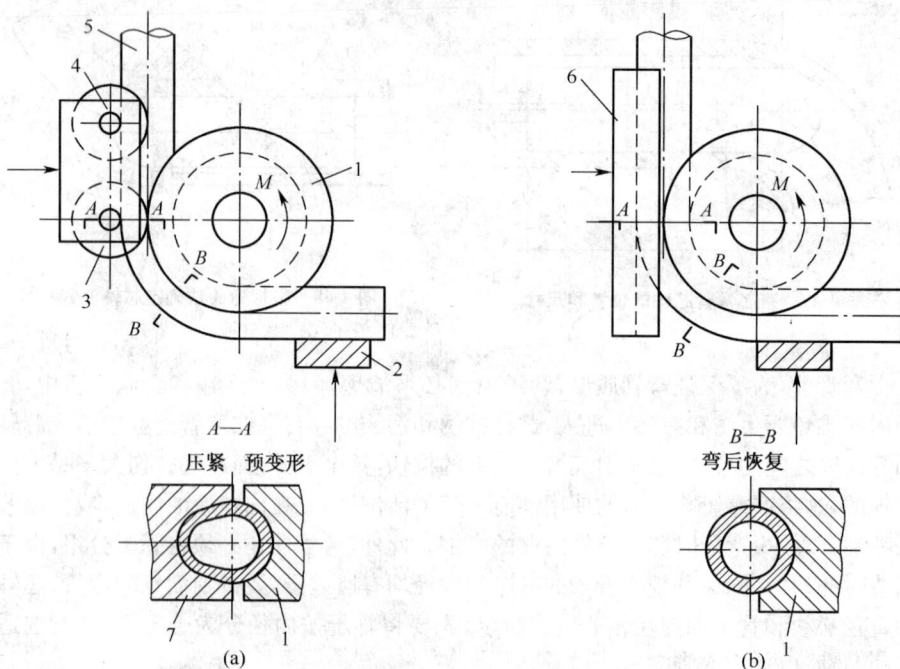

图 4-49　无芯弯管工作原理
(a)反变形滚轮无芯弯管　(b)反变形滑槽无芯弯管
1.弯管模　2.夹块　3.反变形滚轮　4.导向轮　5.管子　6.反变形滑槽　7.滚轮或滑槽

四、无芯弯管与有芯弯管相比的优点

①大大减少弯管前的准备工作,提高了劳动生产率。

②管内不需要润滑,节省润滑液和喷油设备。

③避免芯轴消耗。

④质量好,不仅保证圆度,同时管壁拉薄和内壁因振动而引起的波纹也有很大

改善。

⑤弯曲时无振动现象,没有芯轴与管子间的摩擦,降低了弯管力矩,延长弯管机的使用寿命。

无芯弯管由于具有上述优点,所以得到广泛应用,当管子的弯曲半径大于管子直径 1.5 倍时,一般都采用无芯弯管。

考虑到管子弯曲后的回弹,弯管模的半径应小于管子的弯曲半径,通常按下列经验数据来确定:

对于合金钢管,弯管模的半径 $R_模 = 0.94 R_弯$;

对于碳素钢管,弯管模的半径 $R_模 = (0.96 \sim 0.98) R_弯$;

式中,$R_弯$ 为管子弯曲半径。

第六节 折　弯

折弯是在折板机上弯曲简单的直线工件。折板机按传动分为机动和手动两种,一般常用的是机动折板机。折板机的工作部分,是固定在台面和折板上的镶条,其安装方法如图 4-50 所示。

上台面和折板上的镶条一般是配套的,具有不同的角度和弯曲半径,这可根据需要选用。折板机的操作步骤如下:

①升起上台面,将选好的镶条装在台面和折板上。如所弯制零件的弯曲半径比现有镶条稍大时,可加垫板,如图 4-51 所示。

②下降上台面,翻起折板至 90°,调整折板与台面的间隙,以适应材料厚度和弯曲半径。为避免折弯时擦伤毛料,间隙应稍大些。

③退回折板,升起台面,放入的毛料靠好后挡板。若弯折较窄的零件,或不用挡板时,毛料的弯折线应对准台面的镶条外缘线。

④下降上台面,压住毛料。

⑤翻转折板至要求的折弯角度。为得到尺寸准确的工件,要根据回弹量的大小来控制和调整折弯角度。

⑥退回折板,升起上台面,取下零件。

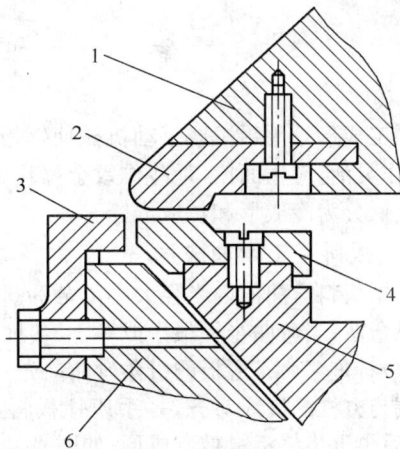

图 4-50　折板机镶条的安装
1. 上台面　2. 上台面镶条　3. 折板镶条
4. 下板镶条　5. 下台面　6. 折板

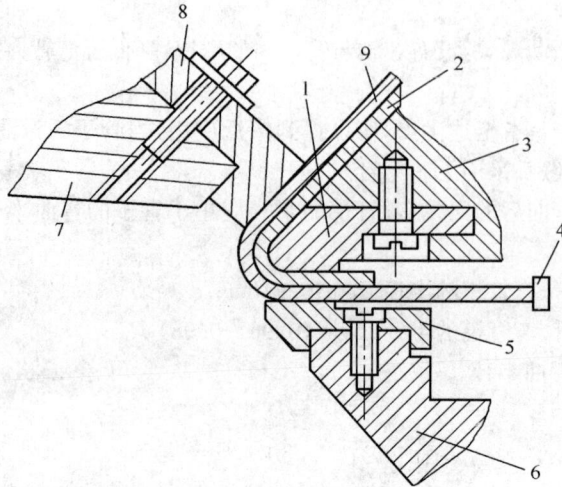

图 4-51　折板机的操作
1. 上台面镶条　2. 垫块　3. 上台面　4. 挡块　5. 下台面镶条
6. 下台面　7. 折板　8. 折板镶条　9. 工件

第七节　手 工 成 形

手工成形是用手锤或手动机械使钢板和型钢成形的方法。手工成形的工具简单,操作灵活,应用面广,是冷作钣金操作的基本功之一,手工成形根据成形材料的温度高低分为冷成形和热成形。

一、板料手工弯曲成形

根据板料弯曲的内半径大小可分为折角弯曲和圆弧弯曲,当弯曲半径较大时,为圆弧弯曲;当弯曲半径很小或等于零时,为折角弯曲。

(1)折角弯曲　薄板的折角弯曲前先划出弯曲线,然后将板料放在方杠上,弯曲线两端与方杠的棱线对齐,一手压住板料,用木拍先把两端弯成一定角度,以此定位,然后再逐步将板料敲弯成形,如图 4-52a 所示。

当弯曲的板料厚而宽时,可用两根角钢或方杠夹住板料,两端用弓形夹具夹紧,再用锤子或木锤敲弯成形,如图 4-52b 所示。

弯制如图 4-53 所示的方形封闭工件,若用压力机和模具成形比较困难。弯曲时,先要在展开料上划好弯曲线,以 a、b 线定位,用规铁夹在虎钳上,使弯曲线和规铁的棱边相重合,规铁高出垫板 2~3mm。然后用手锤捶击,先弯曲 a、b 两条线,如图 4-54a、b 所示。捶击时用力要均匀,并要有向下压的分力,以免把弯曲线拉出而跑线。再弯曲 c、d 两条线。这时使用的规铁的形状、尺寸必须和方形工件内部的形状、尺寸相同。将规铁放在凵形工件里,底部与工件靠严,规铁上部仍要高出垫板

2～3mm,夹紧后,用手锤弯曲成形,如图 4-54c 所示。

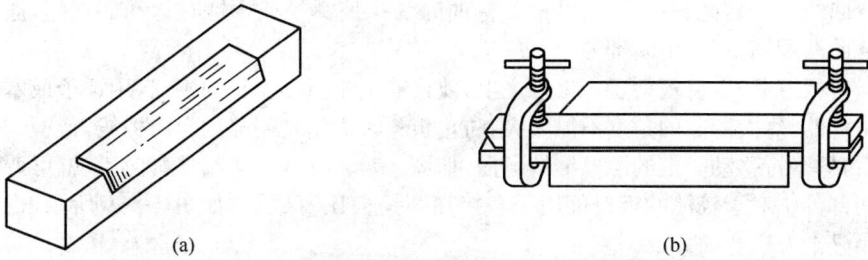

图 4-52 薄板折角弯曲

(a)敲击折弯 (b)夹持折弯

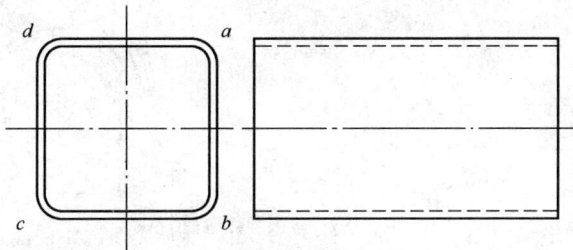

图 4-53 方形工件

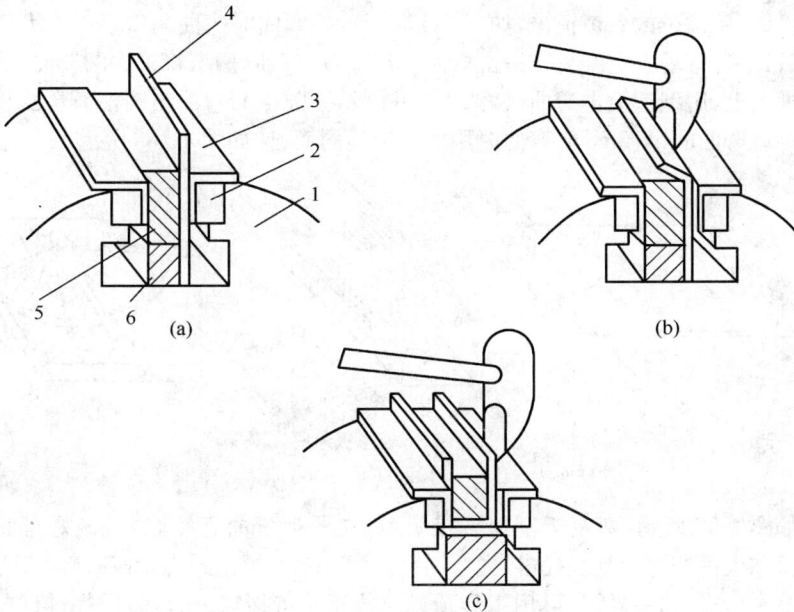

图 4-54 方形工件的弯曲

1. 虎钳 2. 钳口 3. 垫板 4. 板料 5. 规铁 6. 垫铁

（2）圆弧弯曲 是将板料弯成圆柱面、圆锥形或圆管形。弯曲前先在板料上划出弯曲线，作为弯曲时的捶击基准。弯曲时为了使锤子或木锤有运动的空间，通常先弯曲两端，后弯曲中间部分。

薄板弯曲时，将板料置于方杠之上，使弯曲线平行于方杠的棱线，用锤子或木拍敲击弯曲，每次弯曲的角度不能太大，防止板料表面出现明显的弯曲棱线，待板料弯曲后，再平行移动一定的距离继续弯曲，如图 4-55a 所示。两端都弯曲后，就可弯曲中间部分。对于较薄的板料可用手直接在圆钢上压弯成形，如图 4-55b 所示，也可采用敲击方法弯曲。

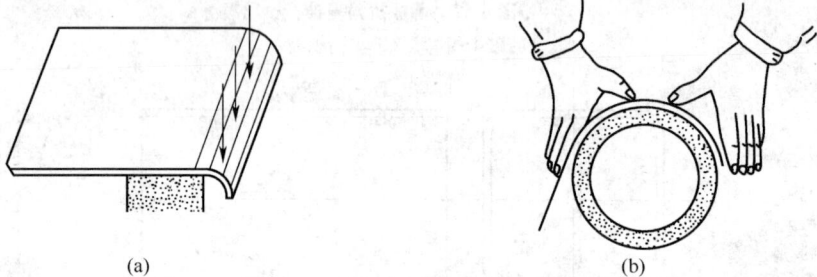

图 4-55 薄板圆弧弯曲
（a）捶击弯曲 （b）用手压弯曲

较厚板料弯曲时，将板料置于圆钢或钢轨上，使弯曲线平行于圆钢轴线或钢轨的边缘线，用锤子或大锤捶击，如图 4-56a 所示。弯曲时弯曲角度不能太大，待一处弯曲后，平行移动一定距离再捶击弯曲，待两端均弯曲好时，将工件翻转向上置于胎架或槽钢上，用型锤捶击弯曲，如图 4-56b 所示。圆锥面弯曲与圆柱面弯曲相同，只是大小口弯曲的半径不同，弯曲时用的胎架不同而已，如图 4-56c 所示。

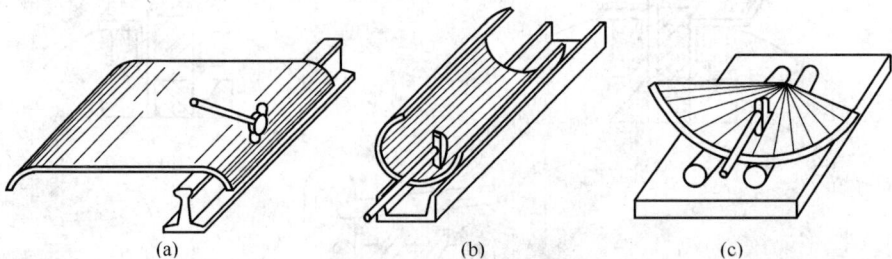

图 4-56 较厚板弯曲
（a）圆柱面两端弯曲 （b）圆柱面中间弯曲 （c）锥面弯曲

如图 4-57 所示，弯制天圆地方接头，首先要把弯曲素线画好，做好弯曲样板。用弧锤和大锤按弯曲素线捶击，先弯两头，后弯中间，捶击的力量应有轻有重并不断用样板来检查，如果外扭，可用工具顶或拉找正。待接口重合后，固焊、修圆、找方，直至尺寸合格。

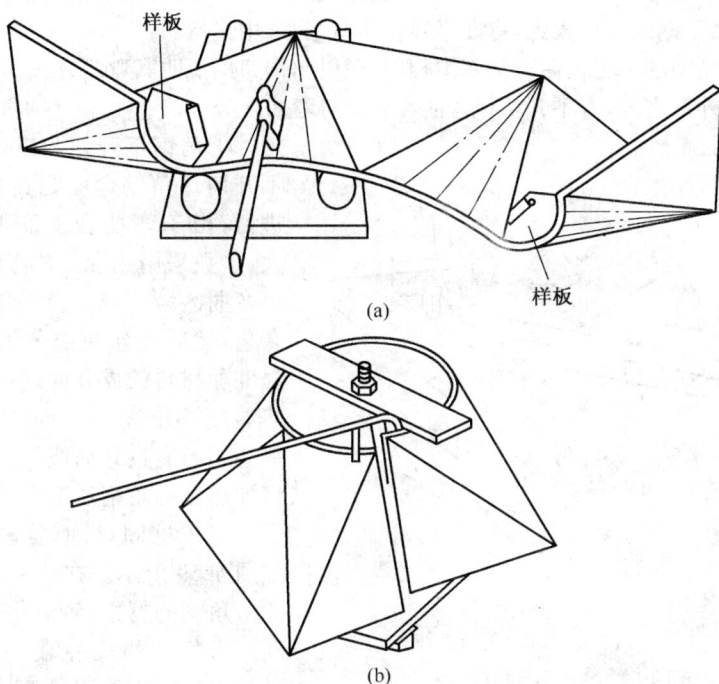

样板

样板

(a)

(b)

图 4-57 弯制天圆地方接头

（3）型钢弯曲 由于重心与力的作用线不在同一平面上，所以弯曲后型钢的截面产生畸变。如角钢外弯时，两翼边的夹角增大；角钢内弯时，两翼边的夹角减小，如图 4-58 所示。型钢弯曲时，应设法减小其截面的变形。

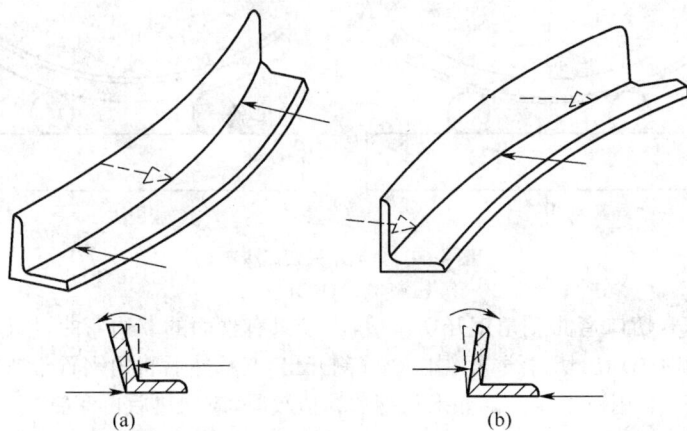

(a)

(b)

图 4-58 弯曲后型钢截面变形

型钢手工弯曲有冷弯和热弯之分,当型钢的尺寸较小,弯曲半径又较大时,可采用冷弯;当型钢的尺寸较大,弯曲半径较小时,应采用热弯。

各种型钢的手工弯曲方法基本相同,现以角钢为例说明其弯曲方法。角钢弯曲有内弯和外弯之分,有不开切口弯曲和开切口弯曲之分。

①角钢不开切口弯曲　一般不开切口角钢弯曲是在弯曲模上进行,由于弯曲变形和弯曲力较大,多数采用热弯。在弯曲前先划出弯曲区域,两端适当加放一定的余量,然后将弯曲部分加热,加热温度随材料的成分而定,碳钢的加热温度不能超过1050℃,否则材料会因温度过高而烧坏。弯曲时,将加热后的角钢对准弯曲模,用卡子和定位桩固定,而后进行弯曲,如图4-59所示。在弯曲中用锤子捶击角钢的翼边,防止翼边翘起。

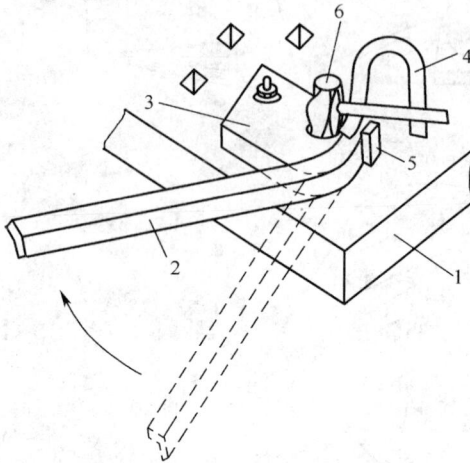

图4-59　角钢不开切口热弯
1. 带孔平台　2. 角钢　3. 弯曲模
4. 卡子　5. 定位桩　6. 锤子

当角钢的尺寸较小、弯曲半径较大时,可采用冷弯。将划出弯曲区域的角钢置于胎架上,用锤子捶击内侧,使角钢弯曲,如图4-60所示,并将角钢不断移动,以能均匀弯曲,弯曲半径用样板检验。应及时注意角钢的截面变形,当截面变形过大时,应及时予以矫正。

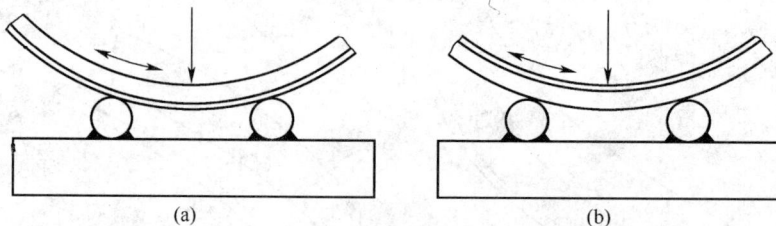

图4-60　角钢不开切口冷弯
(a)内弯　(b)外弯

②角钢开切口弯曲　角钢开切口后,由于只有立面的翼边弯曲,所以其弯曲力较小。弯曲时先划出切口线,用锯削或气割开出切口,然后将角钢置于弯模上弯曲,如图4-61所示,用锤子修正。如果角钢的翼边较厚,应加热后再弯曲。

(4)管子弯曲　由于受力不同,弯曲部分变形各不相同,外侧会拉薄,内侧会增厚,其截面会发生椭圆变形。管子的弯曲变形程度取决于管子的直径、壁厚及弯曲半径等因素,因此管子在弯曲时,应设法减少其变形。

手工弯管适用于无弯曲设备、单件、小批量生产,手工弯管的主要工艺为灌沙、划线、加热和弯曲等。

①灌沙 手工弯管时,为防止截面变形,采用管内充装填料。填料有石英砂、松香、低熔点金属等,其中石英砂为常用填料。灌入管中的沙子应清洁、干燥、杂质少,颗粒一般小于2mm,但不为粉状,因而在使用前,沙子要经过水冲洗、干燥和过筛。灌沙前,一端用木塞塞住,木塞上开有通气孔,以排出管子加热时管内膨胀的气体,灌装

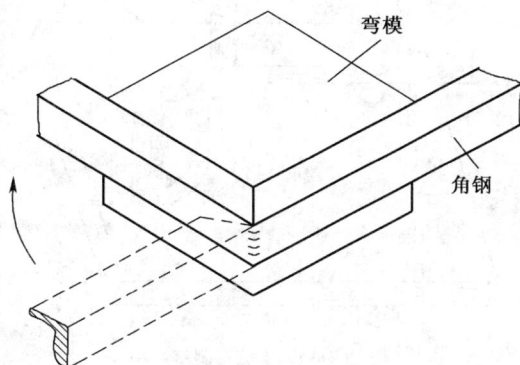

图 4-61 角钢开切口弯曲

后将管子的另一端也用木塞塞住。在灌沙中,应一边灌沙一边用锤子轻击管壁,产生振动,使沙子填实。

②划线 目的是确定加热长度和弯曲位置,先按图样要求确定弯曲位置和长度,在此基础上加上管子的直径,即为加热长度。

③加热 管子的加热应缓慢均匀,加热温度随材料的成分而定,一般碳素钢的加热温度在1050℃左右。当管子加热到该温度后,应保温一定的时间,让管内的沙子也达到同样的温度,以利于弯曲。

④弯曲 如图4-62所示,弯管模具有与管子外径相适应的半圆形凹槽,模具固定于平台上,加热后管子1取出对准弯管模2,一端用压板压住,然后扳动杠杆4,通过滚轮3将管子弯曲成形。

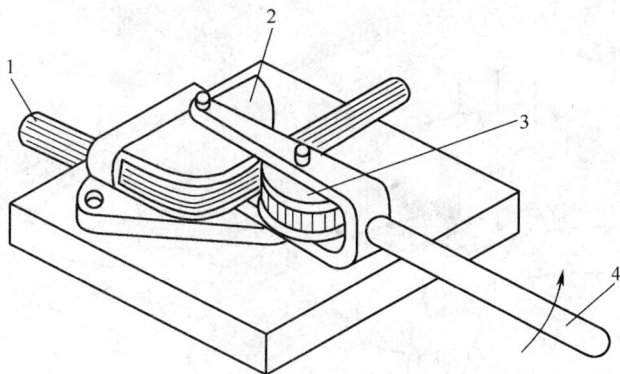

图 4-62 管子手工弯曲
1. 管子 2. 弯管模 3. 滚轮 4. 杠杆

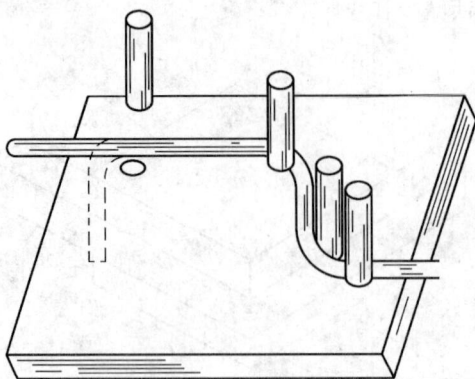

图 4-63　卡桩弯制法

若管子弯曲后的半径略大于所要求的半径,可采取在热态管子的弯曲内侧用水冷却,增加管子内侧收缩,以减小弯曲半径;反之,在外侧用水冷却,可增大弯曲半径。

(5)圆钢弯制　如图 4-63 所示,卡桩弯制法的工艺过程是在一块较厚的板料或其他型钢上,按产品的要求,在弯曲的转折点钻孔,孔的大小以销子的外径为准。一般在不影响弯曲的地方,尽量采用固定销;影响弯曲的地方才采用活动销。热弯可用焊炬烤红,也可以在加热中烧红,一般细的圆钢可直接冷弯。

二、放边

放边是使工件单边延伸变薄而弯曲成形的方法。打薄捶放和拉薄捶放是放边中常用的两种方法。

(1)打薄捶放　是通过捶打使一部分材料变薄延伸而成形。如图 4-64 所示为凹曲线弯边零件的制作,捶放时,将经过角形弯曲的坯料置于铁砧上,与铁砧贴平,用锤打薄边缘捶放,捶放用力应均匀、适当,越近边缘处,伸长量应越大,使坯料逐渐被捶放成曲线弯边零件。

打薄捶放效果较显著,但零件表面不光洁,并且厚度也不够均匀。

(2)拉薄捶放　将放在木墩或橡皮上的工件用木锤或锤子捶放,利用木墩和橡皮的弹性,使坯料伸展拉长成形,如图 4-65 所示。拉薄捶放一般用于凹形曲线零件的成形。

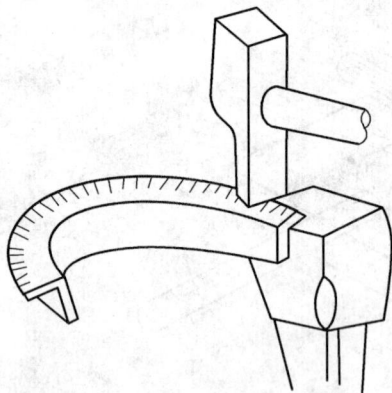

图 4-64　打薄捶放

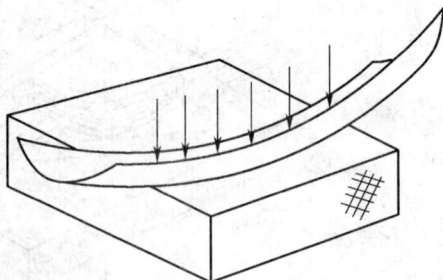

图 4-65　拉薄捶放

用拉薄捶放成形的零件表面光滑,厚度比较均匀,但拉薄捶放效果较差,而且易拉裂。

三、收边

(1)收边的定义 使毛料纤维收缩变短的过程。加工凸曲线弯边一般采用收边。

(2)收边原理 首先在毛料边缘"起波",使纤维沿纵向长度变短,在不让波纹向两侧伸展恢复的情况下,将波纹消平,这样材料就会被收缩起来。

(3)变形特点 收边属于压缩变形,使材料纤维缩短,厚度增加。收边是塑性变形过程,对材料敲击越多,冷作硬化越加剧,变形抵抗力增加,严重时将产生裂纹。为使收边工作顺利进行,防止裂纹产生,操作方法要恰当,变形大的还要安排中间退火。

(4)收边的基本方法

①用起皱钳收边 根据零件曲度的大小,用起皱钳在收边部位折起若干个皱,再在铁轨上逐个收平皱纹,如图 4-66 所示。

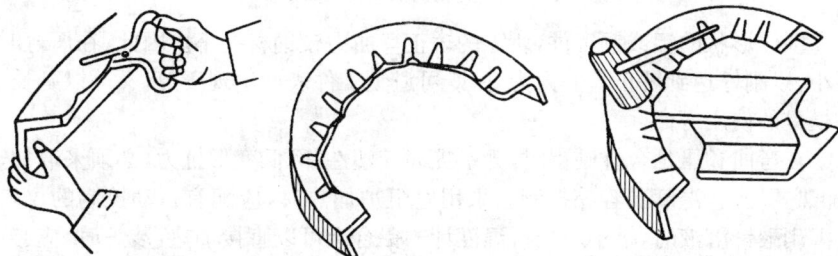

图 4-66 用起皱钳收边

②搂边 将毛料夹紧在型胎上,毛料下面用顶棒顶住,再用木锤敲打顶住的毛料部分,使毛料收缩靠模。

③用橡皮打板收边 抽打时,橡皮打板因惯性而产生弯曲,此时底面长度大于原始长度。当橡皮接触毛料波纹时,波纹受压后有向外舒伸趋势,但因橡皮底面迅速缩短,而使橡皮包覆区内材料收缩。橡皮打板用中等硬度的厚橡皮板制造。这种方法收得均匀,工件表面光滑,但收边量不大,效率较低。

④收缩机收边 当上下模相碰时,楔形收缩块紧压材料向内移动,使边缘收缩。这种方法的主要缺点是容易咬伤零件表面,最好是在边缘留出余量,收边后剪去。

第八节 非铁金属材料的弯曲与压延

铜和铝及其合金在工业中的用途较为广泛,这些非铁金属材料的特性决定了其弯曲与压延方法有它的特殊性。

①为了提高铝合金的耐腐蚀能力,铝板表面都有一层软铝的覆盖层,在弯曲和

压延过程中要严防磕碰划伤,以免降低耐腐蚀能力。对于质地比较软,塑性比较好的铝、铜及其合金可以直接用弯曲机械或手工成形的方法进行加工。为了保持工件光洁的表面,模具的加工表面应有较高的表面粗糙度精度。也可以采用橡胶皮包住模具或辊轴的加工表面,然后再弯曲,如图4-67所示。

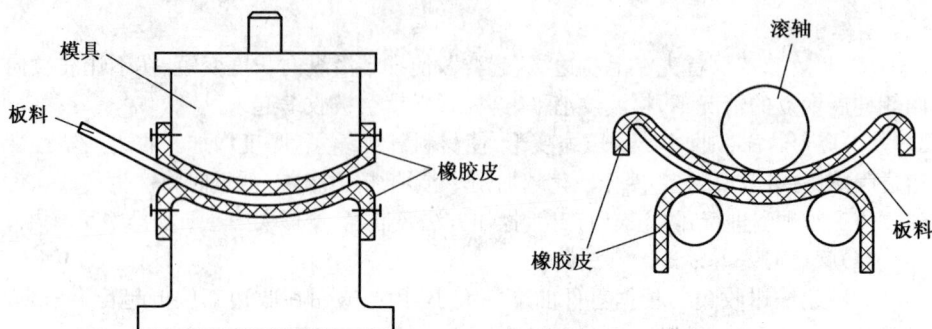

图 4-67　弯曲时的橡胶皮保护

②同样形状的铝或铜工件,所需的矫正弯曲力较钢材要小。因此,在压弯时,压力要小,以刚好达到矫正弯曲力为好,既可避免工件表面出现压痕,又可以延长压力机和模具的使用寿命。

③在弯曲和压延合金硬铝时,为了提高其塑性,降低变形抗力,必须采取加热措施,加热要均匀,温度要容易控制。采用电阻炉加热时,应配有自动控制的仪表;采用高温硝酸钾溶液时,槽中应配有温度计。铝合金可以直接加热,装炉时,应避免和钢料一起加热,因为铝屑和氧化铁屑在一起容易发生爆炸。毛料的加热速度可以按每毫米直径或厚度1.5min左右的时间进行。实际上加热时间可略长一些,其加热温度极限为490℃。

用电炉加热的合金硬铝,弯曲或压延后,可在空气中堆放冷却。在硝酸钾溶液中加热的合金硬铝,弯曲或压延后,可放在冷水中,洗掉冷凝在工件表面的硝酸钾,使表面光亮。

④在铝合金弯曲和压延中,由于铝合金的黏附力大,流动性差,因此除了要求工件的圆角半径较大外,还要求对模具表面进行抛光,其磨痕的方向最好顺着金属的流动方向。模具表面粗糙度精度最好达到$Ra3.2$以上。模具在工作前应预热,预热温度为250℃。

⑤一般供应状态的铜及铜合金,往往是通过加工硬化来提高其强度和硬度的,但塑性会降低。为了提高塑性,便于弯曲和压延成形,对供应状态的紫铜和黄铜要进行再结晶退火处理。紫铜的退火温度在600℃～700℃,黄铜的退火温度在500℃～700℃。

⑥在电阻炉中加热铜合金时,用热电耦控制炉温比较准确,而火焰炉中加热时,炉温的测量误差较大。为了防止火舌引起局部过烧,应将薄钢板垫在毛料下再加

热。为了使铜及铜合金毛料在退火后很快地冷却下来,可以用水冷却后,再进行弯曲和压延。

⑦在弯曲和压延铝、铜及其合金工件时,应加适当的润滑剂,如鱼鳞片状石墨、38号或24号气缸油等。润滑剂的配比,可根据生产情况自行控制。

除上述几点外,铝、铜及其合金工件的弯曲与压延方法和钢材基本相同。对铝制弯曲件修形时,应使用橡胶锤和木锤;铜制弯曲件可以用手锤进行修形,但是捶击的力量要轻,尽量少出锤痕。其修形方法与钢件相同。

第九节 弯曲、压延成形后的修形

经过弯曲或压延后的工件,还需进行修形,有的还需进行第二次号料、下料、拼接、焊接、矫正等工序才能合格。下面以内弯角钢圈和封头的加工过程为例来讲述弯曲和压延成形后的修形。

一、内弯角钢圈

1. 内弯角钢圈常见缺陷及修形

内弯角钢圈在弯曲后经常出现扭曲、直头、局部曲率过大或过小等缺陷,对这些缺陷必须进行矫正。

(1)扭曲修形 首先要矫正扭曲,如图4-68所示,把半角钢圈放在平台上,用一把锤或羊角卡卡住翘起的一端,使两端头都落在平台上,用另一把锤子捶击角钢与平台有较大间隙的地方,直至修平为止。修形时,捶击点应在立筋上,其效果显著。

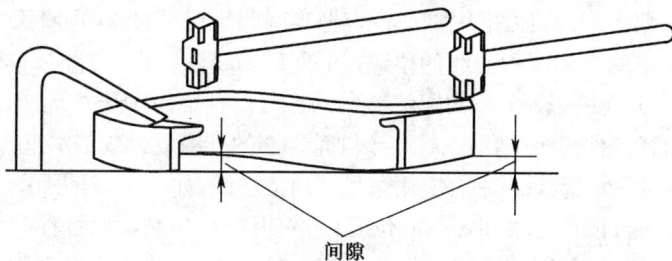

间隙

图 4-68 扭曲角钢圈的修形

(2)直头修形 直头可在丝杠顶弯机上进行修形,如图4-69所示。

也可以用大锤修形,要把直头段垫起来,然后用大锤捶击平筋立面上的曲率不足之处,大锤的落点要准,力量要视曲率缺陷的大小而定,如图4-70所示。

修好直头后,用圆弧样板依次检验其他部分,曲率不合适的地方,都可用丝杠顶弯机和大锤进行修形。圆弧修好后,再把角钢圈平放在平台上,检验是否平整,如果不平整可依照前述方法,再次修平。

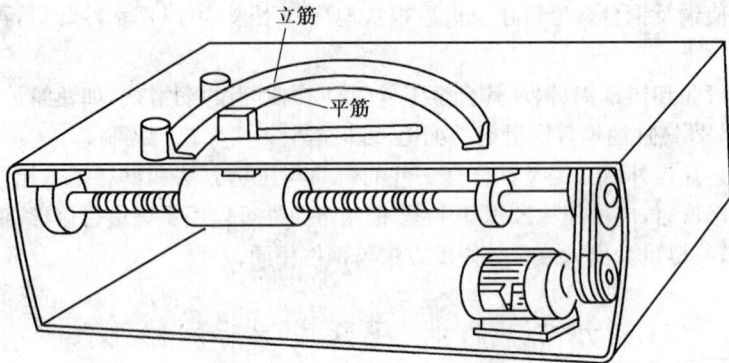

图 4-69　丝杠顶弯机角钢圈直头修形

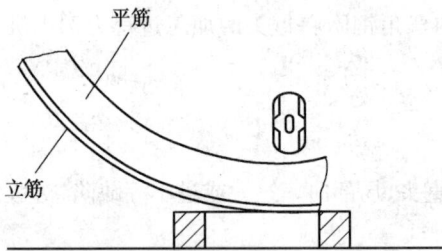

图 4-70　用大锤对角钢圈直头修形

2. 角钢圈拼接前的二次号料和切割

正常情况下,拼接前的半圆角钢圈的周长,都略大于半圆,还需要进行二次号料和切割,才能拼接。号料的方法有很多种,常用的有平台划线法和样杆划线法两种。

(1)平台划线法　首先用划规和划针在涂有粉线的平台上把图样上所要求的外圆弧线和中心线划好,如图 4-71a 所示;把半圆角钢圈平放在平台上,使半圆角钢圈的外缘与平台上所划的圆弧线重合,再用角尺把平台上的中心线过到半圆角钢圈上,划出端线,如图 4-71b 所示;把半圆角钢圈翻过来,用直尺把两端线连接起来,划出半圆角钢圈中心线的位置,如图 4-71c 所示。

(2)样杆划线法　样杆要做成丁字形,一头带短直角钩,把样杆放在半圆角钢圈上,使钩子勾紧工件,样杆两端刻线与半圆角钢圈的外缘重合或基本重合,即可划出中心线,如图 4-72a 所示;在平台上用角尺划出两端线,如图 4-72b 所示。

(3)拼接　按照中心线和端线的位置,用割炬进行切割,割后清除毛刺,在平台上进行拼接。拼接时,要使两接头平滑过渡,不许出现交错不齐等现象。拼接好后实施点固焊,然后交付焊接。

3. 拼接后的修形

①焊后的角钢圈,还可能出现不平或在接头处的圆弧与样板不符等缺陷,如图 4-73 所示。将不平的角钢圈放在平台上,用大锤捶击与平台间有较大间隙处的立筋即可修平。凹变形,可用丝杆顶弯机或大锤矫正,如图 4-74a 所示。较小的凹变形可采用焊炬将接头处烤红后,水冷收缩矫正,如图 4-74b 所示;对于凸变形,可用大锤捶击变形处平筋的平面,利用金属材料的局部膨胀来实现修形的目的,如图 4-75

所示。

②把两个接头处修好后,再用样板检查其他部位的圆弧,如有不合适处,还要修形,直至角钢圈的外圆弧达到要求,最后用卷尺或样杆在两个互相垂直的方向上测量角钢圈的直径。如果出现椭圆,可像前述修凸变形的方法,在短半轴处用大锤捶击平筋平面进行修形,直至角钢圈圆度误差在公差范围之内。

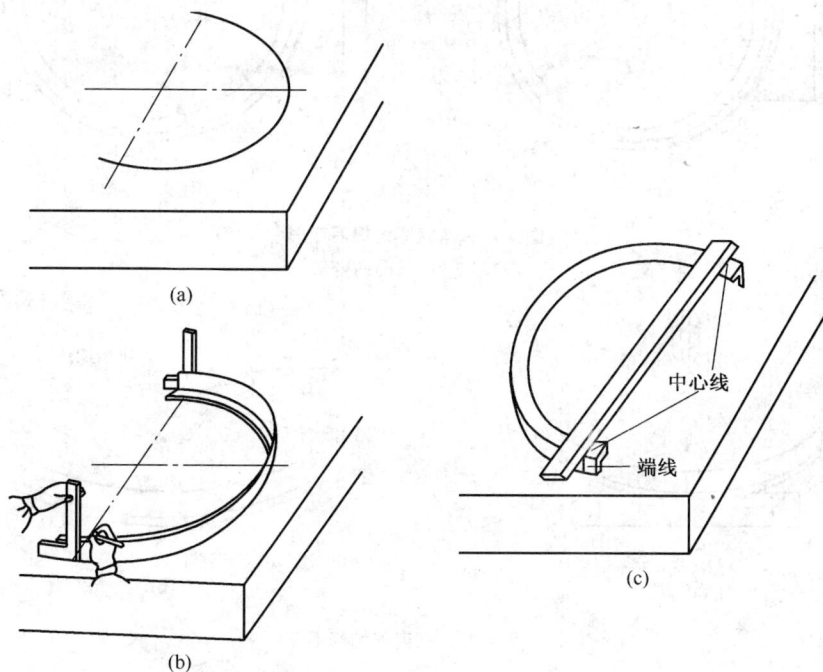

(a)

(b)

(c)

图 4-71 平台划线法

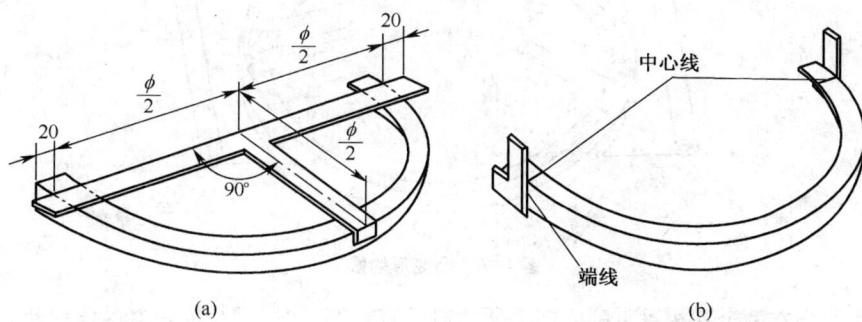

(a)

(b)

图 4-72 样杆划线法

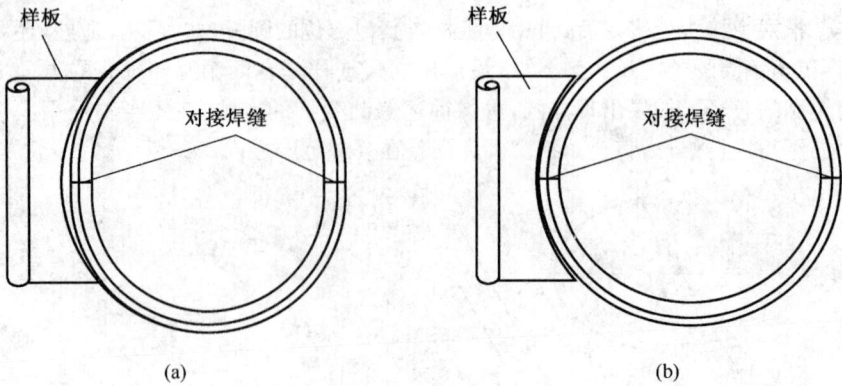

图 4-73　角钢圈的焊后变形
(a)凹变形　(b)凸变形

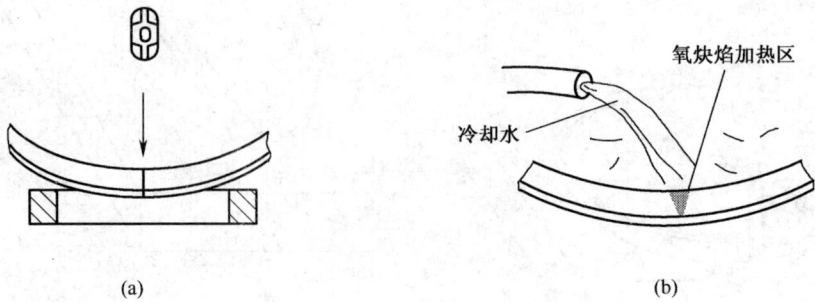

图 4-74　凹变形的修形

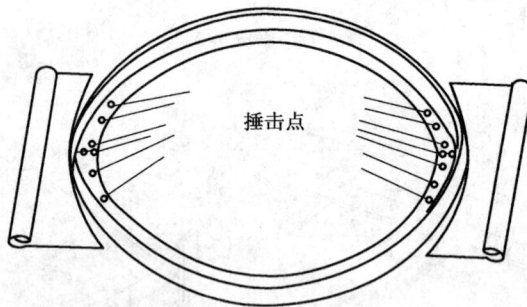

图 4-75　凸变形的修形

③当在两个互相垂直的方向上所测得的直径都小时,只好将一个焊缝割开后添加适当宽度的钢条,重新焊接和修形。如在两个互相垂直的方向上所测得的直径都大时,应把角钢圈割去一小段,重新焊接、修形。

二、封头

压延后的封头,常有偏斜、多肉和出皱纹等缺陷,如图 4-76 所示。

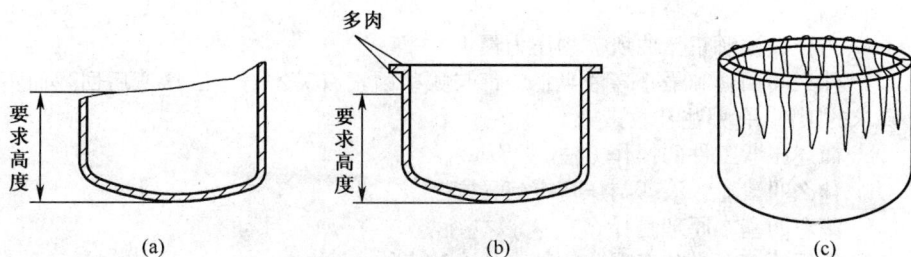

图 4-76　压延后的封头常见缺陷

(a)偏斜　(b)多肉　(c)皱纹

号料时,在平台上可用 3 个千斤顶将压延后的封头顶起,如图 4-77 所示,调整千斤顶的高度使外侧壁垂直于平台平面。用划针盘测量出封头底部的高度,再加上封头所要求的高度,沿封头圆周划线。为了使划线清晰,划前可在封头侧壁涂抹白土粉,划线后隔一定距离打一个样冲眼,以防切割或车削时界线不清。用割炬按线切割去掉多余部分,并可切出 V 形坡口。也可以在车床上按划线找正后车削,同时可车出 V 形或 U 形坡口。

如果切割或车削后的封头仍有皱纹,可用焊炬将褶皱烤红,一边垫上大锤,一边用手锤捶击。如果封头的外径大,手锤可从外向里捶击;反之,可用手锤从里面往外捶击;也可以将封头全部烧红,套在原来的凸模上用手锤或木锤进行修形。修形后要用样板和刻度尺找圆,再交付组装。

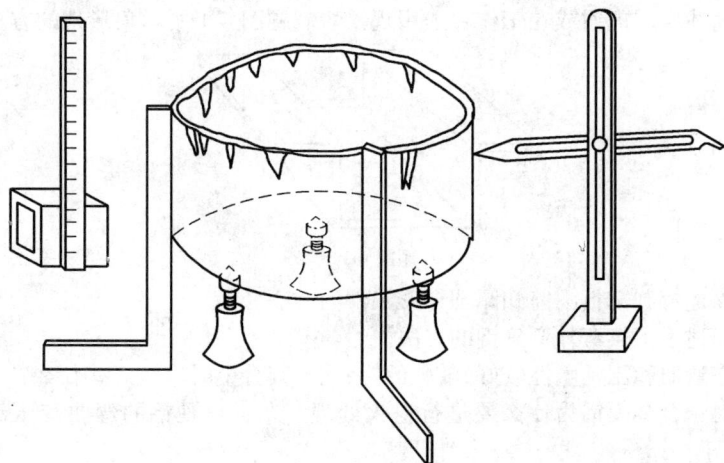

图 4-77　封头划线

复习思考题

1. 为什么说矫正弯曲所需的压力最大?

2. 什么叫回弹和最小弯曲半径? 都与哪些因素有关? 对于因压弯后回弹而不合要求的工件,有哪些补救措施?

3. 简述压弯工件的操作方法。

4. 什么叫滚弯? 滚弯与压弯有何异同?

5. 滚弯的基本原理是什么?

6. 常用的滚弯设备有哪些? 都有什么特点?

7. 简述圆筒形和圆锥形工件的滚弯过程。

8. 以角钢圈为例,叙述型钢的滚弯方法。

9. 为什么要采用拉弯工艺? 它有哪些特点? 其毛料长度如何确定?

10. 什么叫压延? 可分为哪几种? 举例说明。

11. 简述压延成形的过程。并说明在什么情况下工件出现破裂,用什么方法可以防止?

12. 怎样安装与调整压延模?

13. 什么叫压筋和滚筋? 有什么作用?

14. 什么叫冷弯曲? 什么叫热弯曲? 分别在什么情况下采用?

15. 举例说明钢材加热后其极限强度如何变化?

16. 弯管时为什么不允许管子截面产生较大的椭圆? 用什么方法可以避免?

17. 简述手工弯管过程。

18. 怎样用弯管机弯管?

19. 什么叫手工成形? 在什么情况下采用?

20. 简述利用虎钳或在工作台上用规铁弯制题图 4-1 所示角形件的方法。

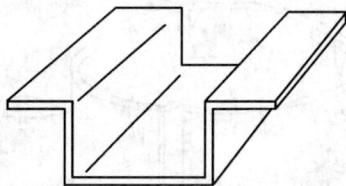

题图 4-1

21. 简述弯制薄板圆筒和厚圆台形工件的方法。

22. 简述手工热弯外弯角钢的方法。

23. 在弯曲和压延塑性较好、较软的铝、铜及其合金时应注意些什么?

24. 对于合金硬铝为什么要进行退火处理? 在合金硬铝的弯曲和压延中应注意些什么?

25. 为什么对供应状态的铜及其合金进行退火处理? 在加热中应注意些什么问题?

第五章　零件的预加工

培训学习目的　零件的预加工主要是指为拼接、焊接、铆接及装配做准备而在零件上进行的孔加工、攻螺纹、套螺纹、刨边、开坡口等工作。通过学习应掌握各种零件的预加工方法,熟悉预加工所用的各种手工工具和设备,了解加工工艺过程。

第一节　孔　加　工

一、钻孔

1. 钻孔的基本概念

用钻头在实心工件上制作孔的工作叫钻孔,如图 5-1 所示。钻孔时工件固定不动,钻头要同时完成两种运动:一种是钻头绕其旋转中心进行的连续旋转运动,即切削运动;另一种是钻头沿其旋转轴线向下的直线运动,即进给运动。也就是说在钻孔过程中,钻头既要完成旋转运动,又要完成直线进给运动。

2. 钻头

(1)标准麻花钻　钻头是钻孔的主要切削工具。钻头工作部分的材料,一般是用高速钢(W18Gr4V)制成,淬硬至 62～68HRC,具有较高的强度和刚度。标准麻花钻是最常用的钻头,因为它的外形像根麻花,所以称之为麻花钻。

一般钻头直径<13mm 时,因传递的扭矩较小,往往将尾部做成直柄,配合钻夹使用,如图5-2a所示。

钻头直径>13mm 时,往往将尾部做成锥柄,配合主轴孔或钻套使用,这样可以传递较大的扭矩,如图 5-2b 所示。

(2)标准麻花钻的组成　由 3 部分组成,如图5-2 所示。

①工作部分　由切削部分和导向部分组成,切削部分担负主要的切削工作,导向部分是在钻孔时引导钻头钻孔,同时也是切削

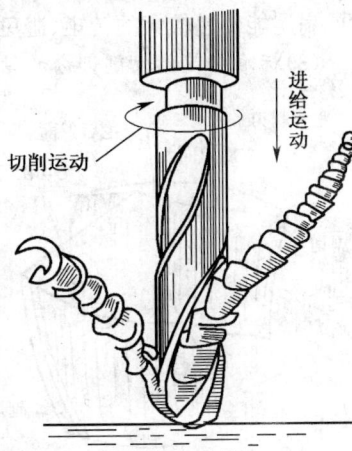

图 5-1　钻孔

(a)

(b)

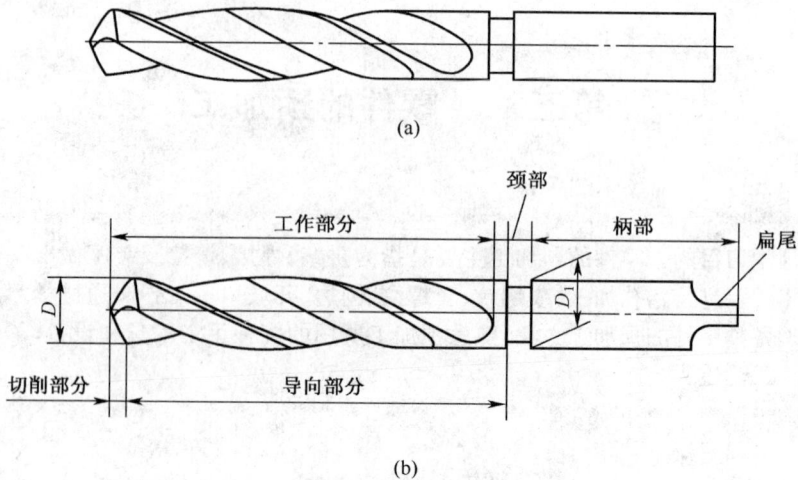

图 5-2　标准麻花钻

(a)直柄钻头　(b)锥柄钻头

部分的后备。标准麻花钻的工作部分有两条螺旋槽,其作用是形成切削刃,输入或流出冷却润滑液,是容纳、排除切屑的通道。导向部分的外缘有两条棱边,它能减少钻头与孔壁的摩擦,起导向与修光孔壁的作用。

②颈部　位于工作部分与柄部之间,供磨制钻头时砂轮退刀用,一般此处刻有商标和钻头规格。

③柄部　是钻头上供装夹的部分,并用来传递钻孔所需要的转矩和轴向力。锥柄的扁尾能传递较大的转矩、避免钻头在主轴孔或钻套中打滑。

(3)标准麻花钻切削部分的结构特点　如图 5-3 所示,由三面三刃构成。

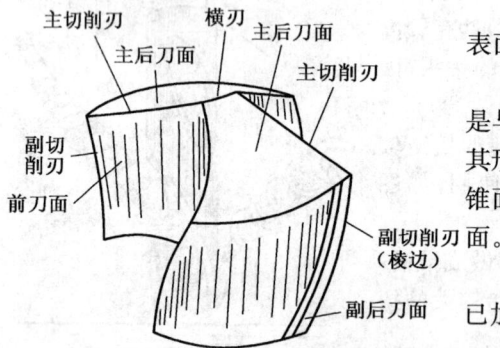

图 5-3　标准麻花钻切削部分的结构

①前刀面　是螺旋槽表面,切屑沿此表面排出。

②主后刀面　位于工作部分的端部,是与工件加工表面(孔底)相对的表面。其形状由刃磨方法决定,可以是螺旋面、锥面或平面。而手工刃磨时,则一般是曲面。

③副后刀面　是钻头的刃带,与工件已加工表面(孔壁)相对的表面。

④主切削刃　是前刀面与主后刀面的交线。

⑤副切削刃　是前刀面与副后刀面的交线。

⑥横刃　是两主后刀面的交线,位于钻头的最前端,又叫钻头尖。

标准麻花钻在钻孔时共有一尖(钻头尖)三刃(两条主切削刃和一条横刃)参与主要切削工作。

(4)标准麻花钻的切削角度　切削角度的大小对钻孔质量和钻头的使用寿命有着直接的影响。

①基面　如图 5-4 所示,主切削刃上任意一点的基面,是指通过主切削刃上一点并且垂直于这一点的相对切削高度方向的平面。

②顶角(2φ)　钻头的两条主切削刃间的夹角。在切削条件相同的条件下,顶角大时钻尖的强度高,切削时进刀阻力大;顶角小时钻尖的强度低,但切削阻力小。在生产中,顶角的大小视材料而定:材料硬时,顶角可磨大些;材料软时,顶角可磨得小些。

③前角(γ)　主切削刃上任意一点的基面与前刀面之间的夹角称为前角。由于前刀面是螺旋槽表面,而钻头的不同半径处,螺旋槽的螺旋角是变化的,因此在切削刃上各个点的前角的数值是变化的,靠近外缘的点前角大些,一般在 $18°\sim30°$ 之间。前角越大,切屑层流出方向改变就越小,则切屑变形也小,摩擦力也小,切削省力,但刀刃的强度差;前角若小,则切削阻力大,但是刀刃的强度相对好些。所以在不影响钻头刃口强度的条件下前角大些好。一般钻较软的工件时,钻头的前角可大些;钻较硬的工件时,前角可小些。

④后角(α)　主切削刃上任意一点的后角是这一点的切削平面与后刀面(或者是后刀面的切平面)之间的夹角。后角的大小在主切削刃的各点上也是

图中标注:
A点对切削刃的切线
切削平面
A
A点的切削速度方向
基面

图 5-4　钻削的切削平面和基面

不相同的,靠近中心处的后角大些,靠近外缘处的后角小些。后角大时可以减少刀刃和被加工表面的摩擦,可以提高刀刃的寿命。在不影响刀刃强度的条件下,一般在钻较硬工件时,后角可以适当地增大,但不得超过 $12°$;在钻较软的工件时,后角应该小些,以防止产生"自动进刀"的现象。

⑤横刃角(Ψ)　横刃与主切削刃在垂直于钻轴端面投影图中所夹的角。横刃角是在刃磨钻头后面时自然形成的。横刃角越大,横刃越短,强度也低,易磨损,但是钻头阻力较小;横刃角小,则横刃长度增加,但是钻头阻力较大,易折断。一般横

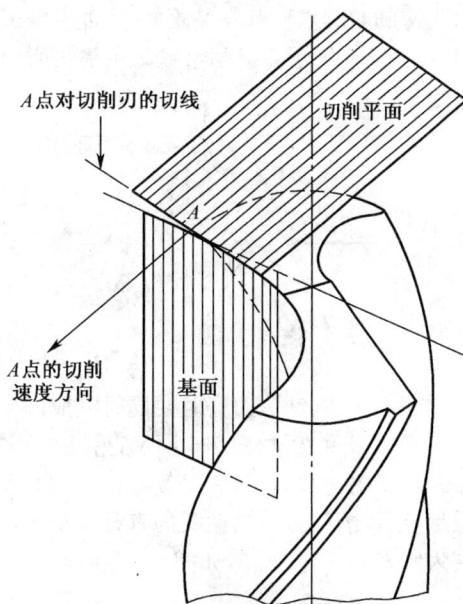

刃角在 $50°\sim55°$ 范围之间。

(5)标准麻花钻的刃磨　刃磨钻头的切削部分,使主切削刃和横刃的角度符合要求,两条主切削刃等长,顶角对于钻轴对称,因为这些都对钻孔的质量和效率有着直接的影响。

钻头的刃磨通常是手持钻头在砂轮上进行的。磨钻头的砂轮的砂粒粗细必须和钻头的直径相适宜,直径大的钻头用粗砂轮,直径小的钻头用细砂轮。此外还要求砂轮表面必须平整,有棱角,外圆跳动量小。

刃磨时两脚叉开,左手握住钻柄,右手握持钻身,使钻头的轴线与砂轮轴线所夹角＝1/2 顶角,且钻身向下倾斜 $8°\sim15°$,如图 5-5 所示。右手靠在支架上作为支点,将钻头的主后刀面轻轻地压在砂轮面上。刃磨首先从主切削刃开始,左手按顺时针方向将钻头捻动并使钻柄逐渐下降,动作要迅速,防止钻头过热退火,注意压力不宜过大并随时蘸水冷却。待磨好一面后再刃磨另一个主后刀面,其磨痕应与圆周平行,如图 5-6 所示。磨削量顺图中箭头所示方向增加。

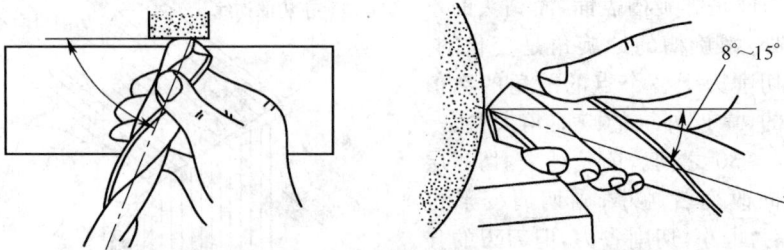

图 5-5　手持钻头的刃磨方法

综上所述,钻头刃磨时要同时完成两个运动:一个是绕中心线的转动,其转角应不小于横刃角 Ψ,如图 5-6 所示;另一个是钻头尾部向下转动,其角度约等于后角。

除了主切削刃外,为了改善钻头的切削条件和定心性,提高钻削工作的效率和质量,还要磨横刃。当钻头的直径＞5mm 时,往往要把横刃磨短,修磨后的横刃长度为原来的 $1/3\sim1/5$,如图 5-7 所示。

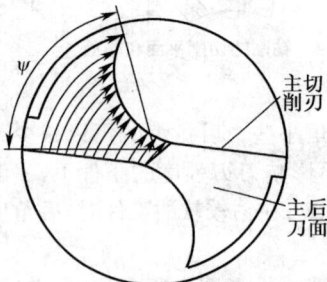

图 5-6　主后刀面刃磨痕迹

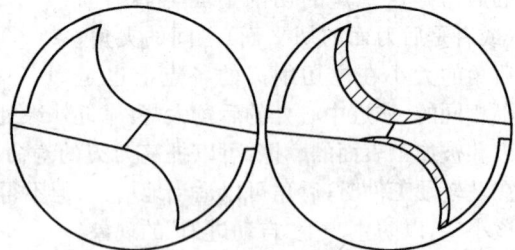

图 5-7　横刃磨短

如果钻较硬的钢件时,不但上述各部分要刃磨,还要修磨前角并磨掉横刃,如图

5-8 所示。

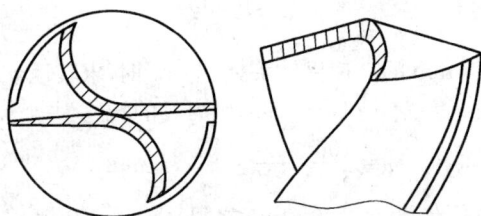

图 5-8 修磨前角并磨掉横刃

用砂轮角磨小前角、磨短横刃,如图 5-9 和图 5-10 所示。

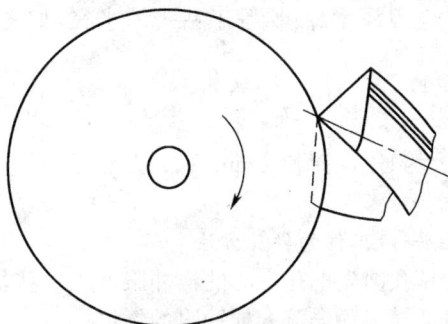

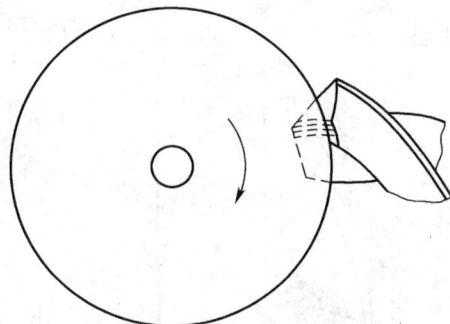

图 5-9 修磨前角 | 图 5-10 磨短或磨掉横刃

普通尖头麻花钻钻薄板时钻孔往往不圆,而成多边形,孔口易出现飞边、毛刺,甚至使薄板产生较大的变形。如果孔心距板边较近时,孔容易被撕破;当钻心尖刚钻透时,钻头因失去定心能力会发生抖动;开钻时刀刃突然"插入"薄板,还易造成折断钻头或其他事故。因此,厚度在 1.5mm 以下的薄板钻孔时,将钻头磨成三尖钻(又称薄板钻),如图 5-11 所示。采用这种钻头的优点是在钻削时,钻心尖先切入材料定位中心,起到定位作用,两个锋利的外尖迅速旋转,将中间的屑片与薄板切离,即得到所要求的孔。

3. 钻孔方法

(1)切削用量的概念 是切削速度、进给量和吃刀(切削)深度的总称。

①切削速度(v) 是钻削时钻头直径上任意点的线速度。它可由下式计算

$$v = \frac{\pi D n}{1000}$$

式中,v 为切削速度(m/min);D 为钻头直径(mm);n 为钻头的转速(r/min)。

而在实际加工时,可从金属切削手

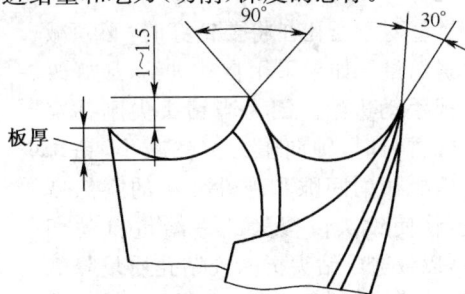

图 5-11 薄板三尖钻

册中根据被加工材料和刀具材料查出刀具的切削速度 v，反过来计算刀具的转速 n。

$$n=\frac{1000v}{\pi D} \qquad (5-1)$$

例1　直径 $D=10\text{mm}$ 的高速钢钻头，钻削 45 钢，求转速 n。

解　查得其切削速度为 $v=20\text{m/min}$，则刀具的转速为

$$n=\frac{1000\times20}{3.14\times10}\approx637(\text{r/min})$$

刀具的转速可选择在 600～700r/min 之间。

②进给量（s）　是钻头每转 1 周向下移动的距离，单位以 mm/min 计算，如图 5-12 所示。

③吃刀深度（t）　等于钻头的半径，如图 5-12 所示。

$$t=\frac{D}{2} \qquad (5-2)$$

式中，t 为吃刀深度（mm）；D 为钻头直径（mm）。

（2）一般工件的钻孔方法

①钻孔前先把孔中心的样冲眼冲大一些，这样可使横刃预先落入样冲眼的锥坑中，钻孔时钻头就不易偏离中心。钻孔时使钻头对准钻孔中心（要在垂直的两个方向上观察），先试钻一浅坑，如钻出的锥坑与所划的钻孔圆周线不同心，可及时找正。找正靠移动工件或移动钻床主轴来解决。如果偏离较多，也可用样冲或扁錾在需要多钻去一些的部分錾几条槽，以

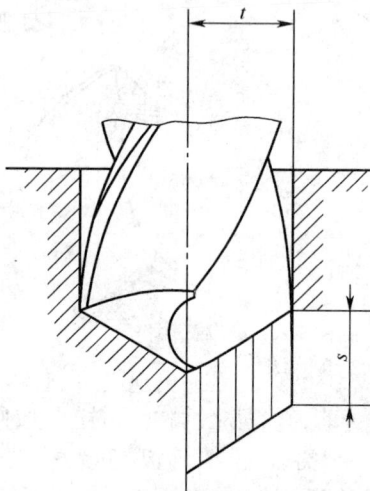

图 5-12　钻孔时的进给量和吃刀深度

减少此处的切削阻力而让钻头纠正偏孔，达到找正的目的，如图 5-13 所示。当试钻达到同心要求后，即可把钻床主轴中心与工件钻孔中心正确地固定下来，继续钻孔。

②对于通孔在将要钻穿时，必须减小进给量。如果采用自动进给，最好改换成手动进给。因为当钻头尖刚钻穿工件材料时，轴向阻力突然减小，钻床进给机械的间隙和弹性变形的突然恢复，将使钻头以很大的进给量自动切入，以致造成钻头折断或钻孔质量降低等现象。若用手动进给操作，可注意减

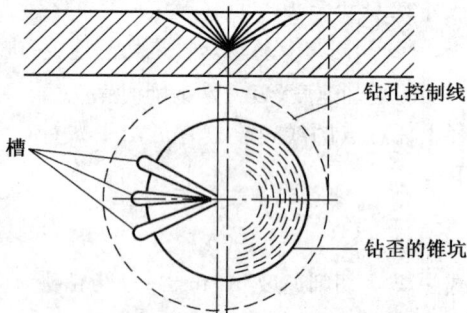

钻孔控制线

槽

钻歪的锥坑

图 5-13　用錾槽来纠正偏孔

小进给量,使轴向阻力较小,以避免上述问题。

③钻不透孔时,可通过测量按钻孔深度调整挡块。钻深孔时,一般钻进深度达到直径的3倍时,钻头就要退出排屑,以后每钻进一定深度,钻头都要退出排屑一次。要防止连续钻进而排屑不畅的情况发生,以免钻头因切屑阻塞而扭断。

直径超过30mm的大孔可分两次或三次钻削,先用0.5～0.7倍孔径的钻头钻孔,然后再用所需孔径的钻头扩孔,这样可以减小轴向力,保护机床,提高钻孔质量。

(3)冷却方法 钻头在钻削过程中会产生大量的热量,如果不采取有效的冷却措施,就会使磨损加速,甚至变色、退火而失去切削能力。不断地将冷却液加在正切削的钻头上,不仅能使钻头持久地保持较好的切削力,而且能提高孔的加工精度。各种材料钻孔时所用的冷却液见表5-1。

表5-1 钻孔时各种材料常用冷却液

工 件 材 料	冷 却 液
各种钢材	水、肥皂水、机油
铜合金、镁合金、硬橡皮、胶木	可不加冷却液
纯铜	肥皂水、豆油
铝、铝合金	肥皂水、煤油
铸铁	煤油或不加冷却液

二、钻孔机具

1. 钻孔机械

常用的钻孔机械分手动和机动两类。手动钻孔机械有手摇钻和手扳钻;机动钻孔机械有手风钻、手电钻、台钻、立式钻床和摇臂钻床等。

(1)手摇钻 常见形式及构造如图5-14所示。使用时左手握住把手,肩顶住顶把,右手将摇把沿箭头方向连续转动,传动小齿轮将按一定的传动比把摇把的转动传给同轴的钻头,从而完成钻孔工作。手摇钻的效率极低。在没有电的情况下,尤其在钻薄板小孔时使用还是很方便的。手摇钻的转动部分要经常注入少量的机油。大小伞齿轮的齿面要经常清洗,防止齿槽内存有污物。在钻夹头上装卸钻头要用钥匙,严禁用手锤或其他器具敲打,以免损坏钻夹。

(2)手扳钻 如图5-15所示,凡是由于工件外形限制不能用其他钻孔机械加工的地方,均可用手扳钻来工作。钻头装在钻夹头上,当扳手来回扳动时,棘爪推动棘

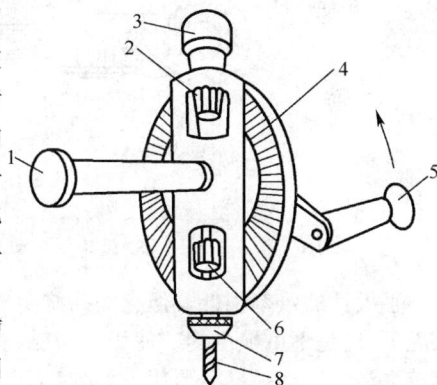

图 5-14 手摇钻
1. 把手 2. 定位小伞齿轮 3. 顶把
4. 大伞齿轮 5. 摇把 6. 传动小伞齿轮
7. 钻夹头 8. 钻头

轮使钻轴间断地向右旋转。手扳钻是利用螺母来推动送进。钻孔时,一手扳动扳手,另一手须握住螺母,使螺母不和转轴一起转动。由于螺母中的螺纹作用而使钻轴慢慢地旋出,迫使钻头向工件进给。螺母的上端是一个经过淬硬的顶尖。

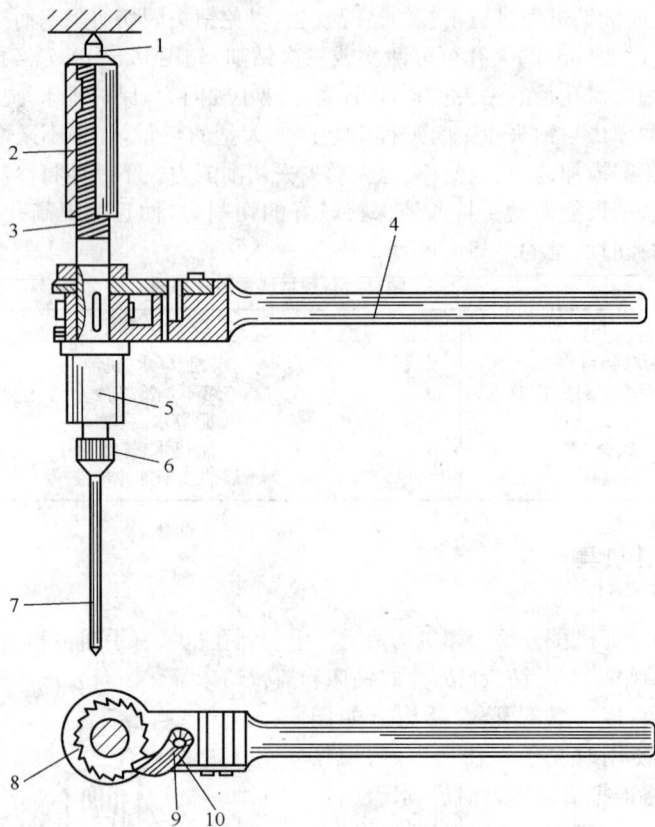

图 5-15 手扳钻

1. 顶尖　2. 螺母　3. 螺杆　4. 扳手　5. 钻体　6. 钻夹头　7. 钻头
8. 棘轮　9. 棘爪　10. 弹簧撑片

手扳钻的效率很低。但它的结构简单、携带方便、操作容易,在缺乏机动钻床的情况下,还是不可缺少的。使用手扳钻时,转动部分要经常加油润滑,棘轮、棘爪要保持清洁。转动手柄时要用力均匀,不得用锤敲击。

(3)**手风钻**　如图 5-16 所示,由开关、钻裤、钻体、手把等部分组成。它是以压缩空气为动力、推动风轮而使钻裤头带动钻头旋转。初钻时,应小开风门,并查看已钻孔窝的位置是否正确,当没有差错时,便可放大风门,及时拧紧顶尖手把,向钻头注入冷却液,连续钻进。

使用手风钻在接风管之前,应先吹扫风管和风钻的接头,以防杂物进入钻体。

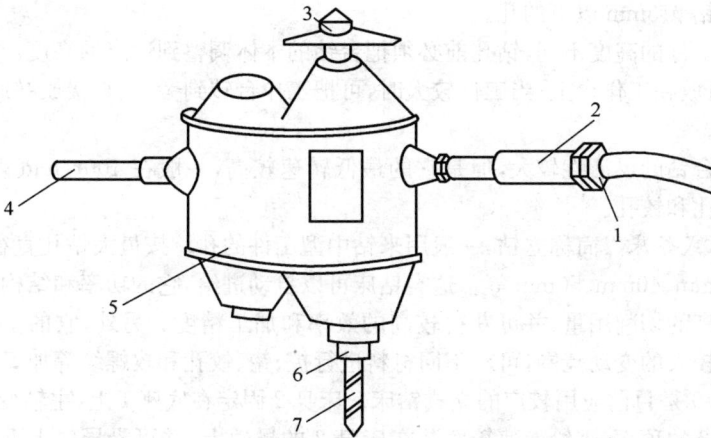

图 5-16 手风钻

1. 风管接头 2. 开关 3. 顶尖 4. 手把 5. 钻体 6. 钻裤 7. 钻头

风管接头要拧紧在风钻上，不得松动和漏风。装钻头时，将顶尖拧起；卸钻头时，将顶尖拧下，方可顶出。两人协作操作时，按、抬风钻的力量要平衡，以免折断钻头或将孔钻偏。使用后的风钻应妥善存放，并经常向钻体内加入适量润滑油。

（4）电钻 如图 5-17 所示，一般由手柄、开关、变速齿轮、钻夹头、电动机、壳体等部分组成。钻孔时，用手指按住开关、接通电源，钻体内的电动机立即转动，经过变速齿轮带动钻夹及钻头旋转。电钻的进给运动通常是靠人体的推力来实现，因此，它只适用于钻直径较小、板料较薄的孔。

电钻是由人工直接握持操作，因此外壳的绝缘性是极为重要的。电源的引线长度要适宜，绝缘要可靠。另外，使用电钻时，两脚叉开，身体要站稳，压力要均匀，孔要钻透时，压力要小。装卸钻头时，要用钥匙，不得用器具敲打。

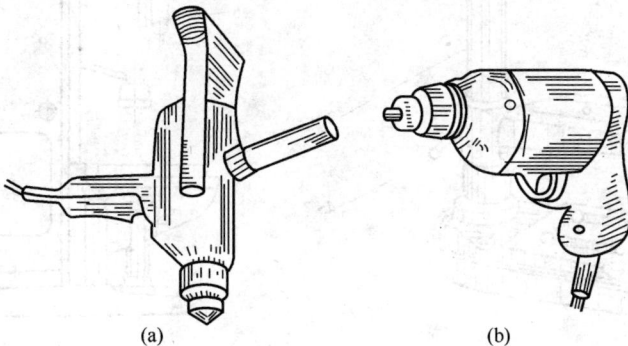

图 5-17 电钻

（a）手提式 （b）手枪式

（5）台式钻床 如图 5-18 所示，是一种小型钻床，一般放在工作台上或专用支架上。可钻 $\phi13mm$ 以下的孔。

由于工件的高度不同,钻孔前必须把台钻的本体调整到适当的高度。钻小工件时,工件可放在工作台上;当工件较大时,可把工作台转到旁边,直接放在底座 10 上进行钻孔。

这种台钻的灵活性较大,但是它的最低转速较高,一般在 400r/min 以上,所以不适于锪孔和铰孔。

(6)立式钻床 简称立钻,一般用来钻中型工件的孔。按最大钻孔直径,规格有 25mm、35mm、40mm、50mm 等。这类钻床可以自动进给,它的功率和结构强度都允许采用较高的切削用量,并可获得较高的效率和加工精度。另外,它的主轴转速和进给量有较大的变动范围,可对不同材料进行扩、锪、铰孔和攻螺纹等加工。

图 5-19 是目前应用较广的立式钻床。床身 2 固定在底座 1 上,主轴变速箱 3 固定在床身 2 的顶部,进给变速箱 6 装在床身 2 的导轨上,并可沿导轨上下移动。床身内挂有起平衡作用的链条及重块,绕过滑轮与主轴套筒相连,以平衡主轴的重量,使操纵轻便。工作台 7 装在床身下方,可沿导轨做上下移动,以适应钻削不同高度的工件。

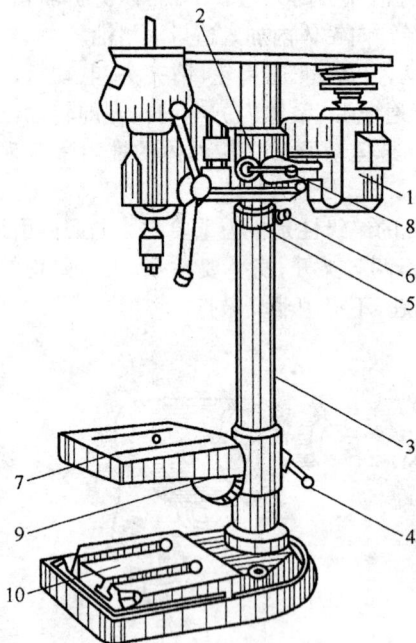

图 5-18 台式钻床

1. 电动机 2. 本体 3. 立柱 4. 手柄
5. 保险环 6. 螺钉 7. 工作台 8. 手柄
9. 螺钉 10. 底座

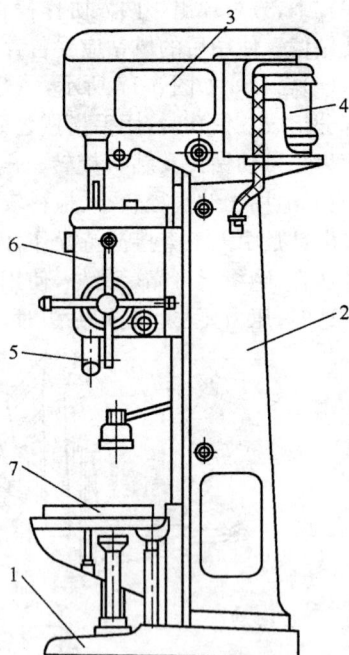

图 5-19 立式钻床

1. 底座 2. 床身 3. 主轴变速箱
4. 电动机 5. 主轴 6. 进给变速箱
7. 工作台

（7）摇臂钻床　如图 5-20 所示,适于加工大型工件和多孔的工件,也可用于扩、铰等孔加工。工作中工件不动而移动钻床的主轴来对准工件上孔的中心,所以加工时比立式钻床方便。主轴变速箱 4 能在摇臂 3 上做大范围的移动,而摇臂又能回转360°,所以摇臂钻床能在较大范围内进行孔加工。工件不太大时,可压紧在工作台 5 上加工,若工作台上放不下,可把工作台吊走,把工件直接放在底座 1 上加工。根据工件的不同高度,摇臂可沿立柱 2 上下移动。钻床主轴移动到所需的位置后,摇臂可用电动胀闸锁紧在立柱上,主轴变速箱可用电动锁紧装置固定在摇臂上。加工时,主轴位置不会变动、刀具也不易受振动。

钻床除必须按照正确的操作规程合理使用外,还需做好日常的维护保养工作,其保养的内容如下:

①保持外表清洁无锈蚀、无污秽。要清洗立柱、工作台、齿条和摇臂导轨及升降丝杠。

②油路畅通、清洁无铁屑,检查油质,应保持良好,油杯齐全、油窗明亮。

③管路牢固、畅通,清洗冷却液槽,无沉淀杂质,根据情况调换冷却液。

④清扫电器箱、电动机,检查限位装置是否安全可靠。

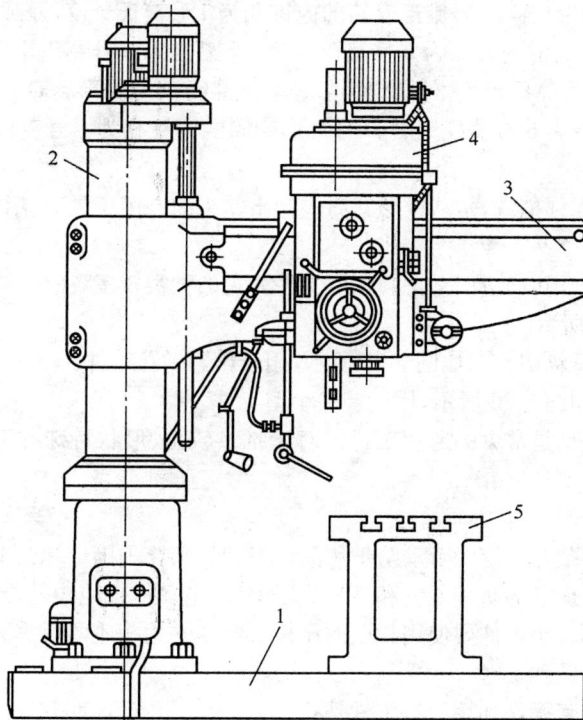

图 5-20　摇臂钻床
1. 底座　2. 立柱　3. 摇臂　4. 主轴变速箱　5. 工作台

2. 钻孔夹具

(1) **钻夹头**　如图 5-21 所示,用于装夹钻头,常见规格能装夹 $\phi 1 \sim \phi 13mm$ 的钻头,用时配合钥匙锁紧钻头。

(2) **锥形套筒**　又称钻库、钻套,如图 5-22 所示,用于装夹锥柄钻头。锥形套筒上端的腰形孔供拆卸钻头用。锥形套筒的内锥孔用莫氏锥度表示,选用时,应和钻头柄部的莫氏锥度等级相同。

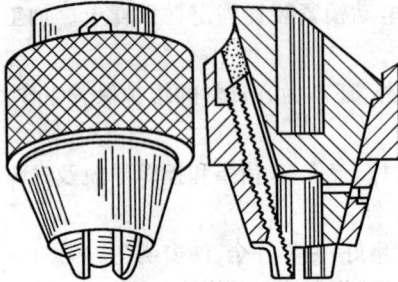

图 5-21　钻夹头

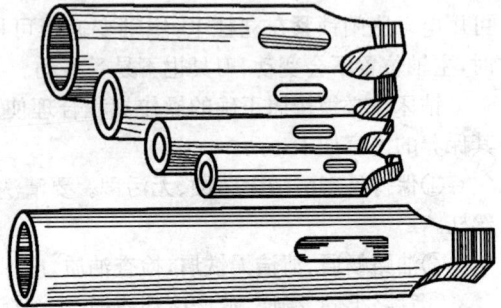

图 5-22　锥形套筒

锥形套筒分为 5 号,1 号锥形套筒的内锥孔为 1 号莫氏锥度,外圆锥为 2 号莫氏锥度;2 号锥形套筒的内锥孔为 2 号莫氏锥度,外圆锥为 3 号莫氏锥度;3 号锥形套筒的内锥孔为 3 号莫氏锥度,外圆锥为 4 号莫氏锥度;4 号锥形套筒的内锥孔为 4 号莫氏锥度,外圆锥为 5 号莫氏锥度;5 号锥形套筒的内锥孔为 5 号莫氏锥度,外圆锥为 6 号莫氏锥度。

(3) **楔铁**　也称梢铁,是从锥形套筒中卸出钻头的专用工具,使用方法如图 5-23 所示。

(4) **V 形铁**　用以放置、夹持圆柱形工件。它的种类较多,往往与压板螺栓配合使用,如图 5-24 所示。

(5) **压板及压板螺栓**　如图 5-25 所示,用于压紧钻孔工件。

(6) **虎钳**　如图 5-26 所示,用于装夹小型工件。

上述钻孔夹具是常见的通用工具。对于批量较大、形状特殊的工件,往往都有专用的钻夹具。

3. 钻孔安全注意事项

①工作前穿戴好规定的劳动防护用品,工作时,禁止围围巾和露发辫。

②检查机器设备的防护装置和工具是否完善,电动机接地线是否牢固。

③操作时,大、小工件要使用相应的压板、螺栓,并用相应的扳手紧牢,太小的工件可用台钳夹牢钻孔。

④禁止戴手套操作和用手持工件钻孔。

⑤经常用器械清屑,禁止用手直接清屑,要防止长钻屑随钻头旋转。

⑥凡离开工作岗位、停电、设备有异声、装卸钻头、润滑设备、修理设备、扫铁屑

等都要停车。

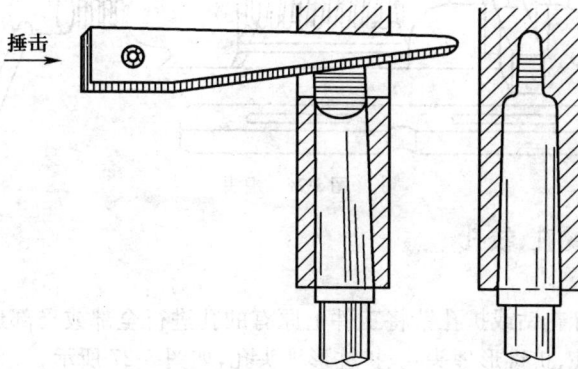

图 5-23 楔铁的使用

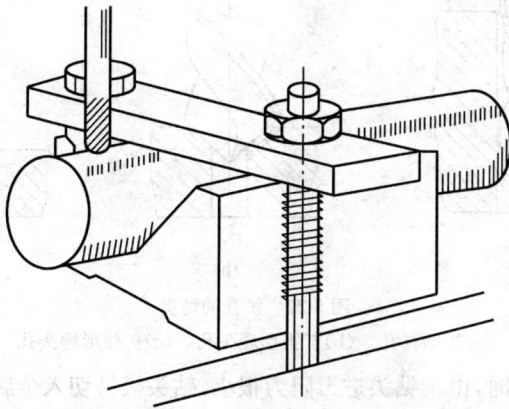

图 5-24 V 形铁的使用

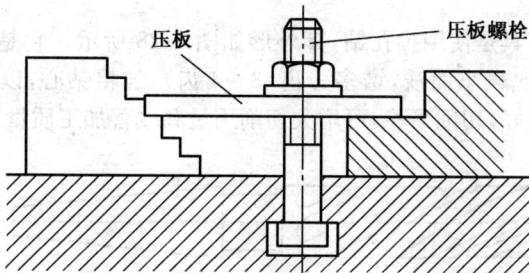

图 5-25 压板及压板螺栓的使用

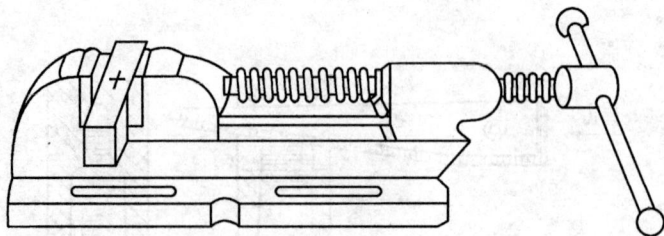

图 5-26   虎钳

三、扩孔、锪孔、铰孔

1. 扩孔

扩孔是用麻花钻或扩孔钻将工件上原有的孔进行全部或局部地扩大。扩孔的种类有扩圆柱孔、扩锥形埋头孔、扩柱形埋头孔，如图 5-27 所示。

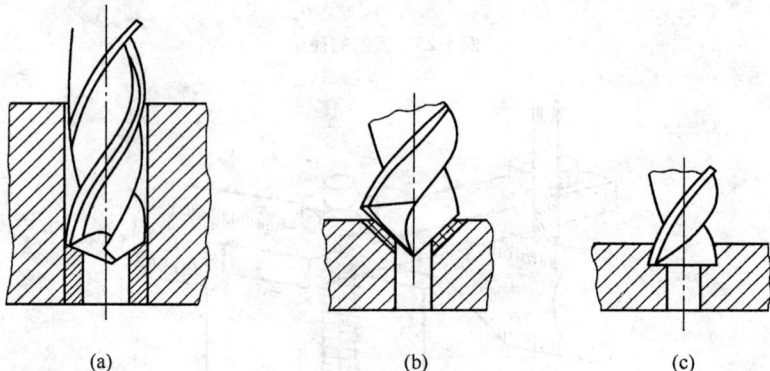

    (a)   (b)   (c)

图 5-27   扩孔的种类

(a)扩圆柱孔　(b)扩锥形埋头孔　(c)扩柱形埋头孔

用麻花钻扩孔时，由于钻头进刀阻力很小，钻头极易切入金属，引起进刀量自动增大，从而使孔面粗糙并产生波纹，因此，用麻花钻扩孔，须将后角修小，使切削刃外缘吃刀，避免横刃所引起的一些不良影响，而且切屑少，易排除，可以提高孔的表面粗糙度精度。

扩孔的理想刀具是使用扩孔钻，其外形如图 5-28 所示。它是根据切屑少的特点，将容屑槽做得比较小而浅，增多刀齿(3～4 齿)，加粗钻心，以提高扩孔钻的刚度。扩孔时导向性好，切削平稳，可增大切削用量和改善加工质量。

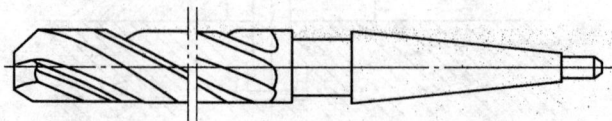

图 5-28   扩孔钻

扩孔钻的切削速度可为钻孔的 0.5 倍,进给量为钻孔的 1.5～2 倍。扩孔前,可先用 0.9 倍孔径的钻头钻孔,后再用等于孔径的扩孔钻头进行扩孔。

2. 锪孔

在孔口表面用锪钻或改制的钻头加工出一定形状的孔或表面,称为锪孔。锪孔包括锪圆柱形埋头孔、锪锥形埋头孔、锪凸台的平面和锪端面,如图 5-29 所示。

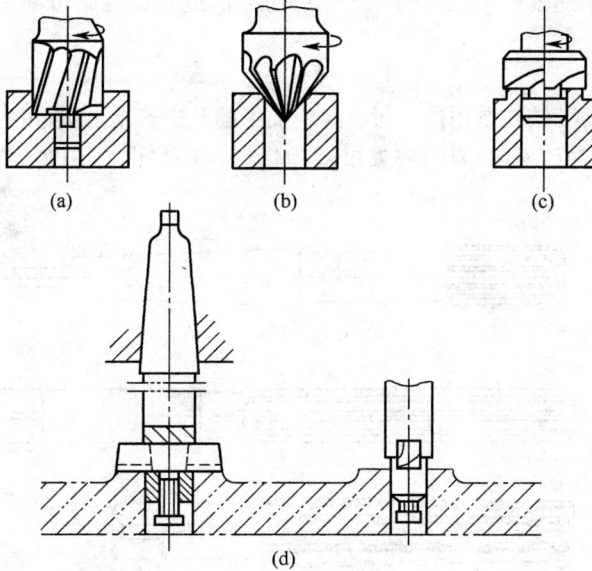

图 5-29　锪孔

(a)锪圆柱形埋头孔　(b)锪锥形埋头孔　(c)锪凸台的平面

(d)锪端面

①柱形锪钻是端面刀刃起主切削作用,锪钻前端的导柱起导向作用。也可将麻花钻改成柱形锪钻,如图 5-30a 所示,在刃磨时应注意导向部分与钻头外缘同心,并和已有的孔有较小的间隙。导向部分的两条螺旋槽的锋口倒钝,主切削刃的后角应在 8°左右。不带导柱的平底锪钻,如图 5-30b 所示,这种锪钻前角应为 3°～8°,后角为 1°～4°。

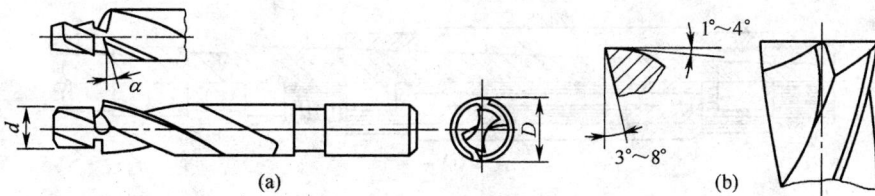

图 5-30　麻花钻头改制的柱形锪钻

(a)带导柱的锪钻　(b)平底锪钻

②除了标准的锥形锪钻外，也可用麻花钻改制。首先将顶角磨成所需大小，后角应磨的小些，在外缘处的前角也要磨的小些，两切削刃磨的对称，这样锪出的锥坑才能光滑。

③端面锪钻有简单端面锪钻和多齿端面锪钻，如图 5-29c、d 所示。端面锪钻可锪正面或反面的凸台平面。

锪孔时，切削速度是钻孔时的 0.3～0.5 倍，而进给速度则可高些，是钻孔时的 1.5～2 倍之间。

3. 铰孔

(1)铰刀种类　铰孔是用铰刀对已经粗加工的孔进行精加工，可提高孔的精度。铰孔的切削工具是铰刀，铰刀的种类很多，如图 5-31 所示，按用途分有圆柱铰刀和圆锥铰刀。

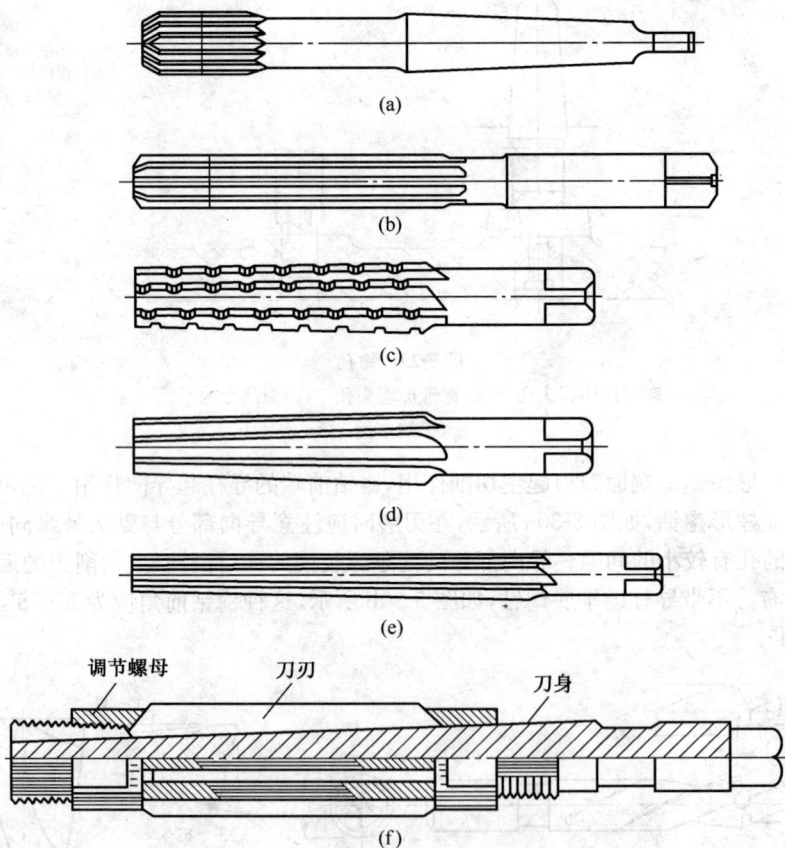

(a)

(b)

(c)

(d)

(e)

调节螺母　　刀刃　　　　刀身

(f)

图 5-31　铰刀
(a)圆柱机铰刀　(b)圆柱手铰刀　(c)粗锥铰刀　(d)精锥铰刀
(e)1∶50 锥度销子铰刀　(f)活络铰刀

圆柱铰刀包括有固定圆柱铰刀和活络圆柱铰刀,固定圆柱铰刀又有机铰刀和手铰刀两类。

锥铰刀按其锥度有 1:10 锥铰刀、莫氏锥铰刀(锥度近似于 1:20)、1:30 锥铰刀、1:40 锥铰刀和 1:50 锥铰刀。

(2)**铰孔方法** 铰孔时必须选择好铰削用量和冷却润滑液,铰削用量包括铰孔余量、切削速度(机铰时)和进给量,这些对铰孔的精度和表面粗糙度都有很大影响。

铰孔余量要恰当,太小对上道工序所留下的刀痕和变形难以纠正和除掉,质量达不到要求;太大将增大铰孔次数和增加吃刀深度,会损坏刀齿。表 5-2 列出了常用铰削余量的范围,适用于机铰和手铰。

表5-2 铰削余量 (mm)

铰孔直径	<5	5～20	21～32	33～50	51～70
铰削余量	0.1～0.2	0.2～0.3	0.3	0.5	0.8

切削速度和进给量也要选择适当。使用普通铰刀铰孔,当加工材料为铸铁时,切削速度不应超过 10m/min,进给量在 0.8mm/r 左右;当加工材料为钢时,切削速度不应超过 8m/min,进给量在 0.4mm/r 左右。

在铰削过程中必须采用适当的冷却润滑液,借以冲掉切屑和消散热量。不同材料冷却润滑液的选择见表 5-1。

铰孔的具体操作要求是工件要夹正,铰刀的中心线必须与孔的中心保持一致;手铰时,两手要均匀用力,转速为每分钟 20～30 转,进刀量大小要适当,并要均匀;可将铰削余量分为两、三次铰完,铰削过程中要加适当的冷却润滑液,铰孔退刀时仍然要顺转;对于铰锥孔,有的是在已钻的直孔上铰削,有的是在已钻出的阶梯孔上铰削。铰刀用后要擦干净,涂上机油,刀刃勿与硬物磕碰。

第二节 攻螺纹与套螺纹

一、攻螺纹

用丝锥在孔壁上切削出内螺纹的过程叫攻螺纹。

1. 攻螺纹工具

(1)**丝锥** 是加工内螺纹的切削工具,有手用和机用的两种,每种又分粗牙和细牙两类,其构造如图 5-32 所示。每支丝锥可分为切削部分、导向部分和柄部。切削部分磨有锥角,在攻螺纹时起引导作用。如图 5-32b 所示,在切削部分的各个截面上都有 3～4 个刀齿和齿槽,这样切削负荷便分布在几个刀齿上,使工作省力,排屑容易,不易崩刀和折断。标准丝锥刀齿的前角 γ 为 8°～10°。丝锥的导向部分是用来校准和修光已切出的螺纹,并引导丝锥沿轴向前进,柄部供夹持用。

手动丝锥为了减少切削力和提高耐用度,往往将整个的攻螺纹过程分配给几支丝锥来担任。通常 M6～M24 的丝锥每套两支,M6 以下和 M24 以上的丝锥每套 3

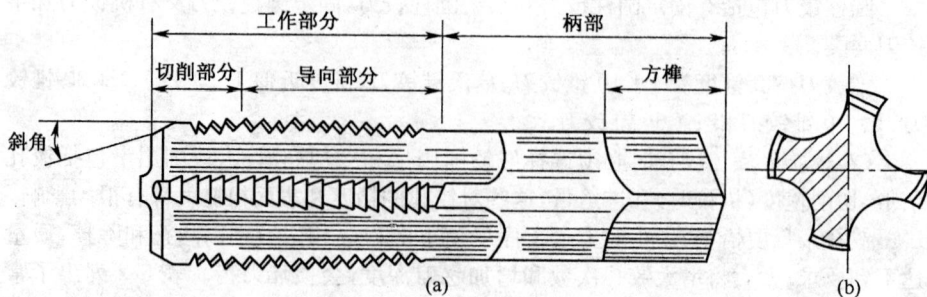

图 5-32 丝锥

(a)外形　(b)切削部分和导向部分的截面形状

支,细牙丝锥不论大小均为两支一套。三支一套的丝锥的切削部分的斜角各不同:
一般头锥的斜角为 4°;二锥为 10°;三锥为 20°。

(2)铰杠　又称铰手,常见种类如图 5-33 所示,用于夹持丝锥的柄部的方榫,以
带动丝锥旋转从而进行切削工作。各种铰杠的区别在于夹持丝锥的方式不同。活
络铰杠的夹持方孔可通过旋转手柄或旋转调整螺钉,带动可动钳牙的移动来改变大
小,以适应不同的丝锥。

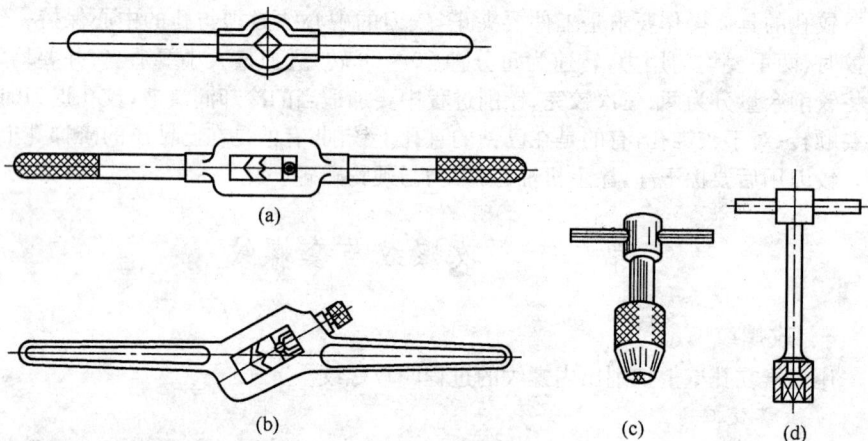

图 5-33 铰杠

(a)固定铰杠　(b)活络铰杠　(c)活络丁字铰杠　(d)固定丁字铰杠

2. 普通螺纹攻螺纹前底孔直径的确定

攻螺纹必须在底孔上进行,底孔的直径可根据内螺纹的公称直径、螺距和材料
的不同,按下列经验公式或查表 5-3、表 5-4 得出。

对于钢和塑性较大的材料　　　$D=d-t$　　　　　　　　　　(5-3)

对于铸铁或脆性材料　　　$D=d-(1.05\sim1.1)t$　　　　　(5-4)

式中,D 为底孔直径(mm);d 为螺纹公称直径(mm);t 为螺纹的螺距(mm)。

例2 在材料分别为 Q235 和铸铁的工件上攻螺纹,螺纹为 M20 粗牙,试计算出攻螺纹前底孔直径。

解 查表 5-3,公称直径为 M20 的粗牙螺纹,其螺距 t 为 2.5mm。

对于材料为 Q235 的工件,底孔直径应为 $D=d-t=20-2.5=17.5$(mm)

对于材料为铸铁的工件,底孔直径应为

$$D=d-1.08t=20-1.08\times2.5=17.3(mm)$$

底孔钻太大,攻螺纹较省力,但螺纹的牙浅,承受的力较小;底孔钻太小,攻螺纹费力,丝锥容易折断,甚至无法攻螺纹。

表5-3 普通螺纹攻螺纹前钻底孔的钻头直径 (mm)

螺纹直径 d	螺距 t	钻头直径 D		螺纹直径 d	螺距 t	钻头直径 D	
		铸铁、青铜、黄铜	钢、可锻铸铁、紫铜、层压板			铸铁、青铜、黄铜	钢、可锻铸铁、紫铜、层压板
2	0.4	1.6	1.6		2	11.8	12
	0.25	1.75	1.75	14	1.5	12.4	12.5
2.5	0.45	2.05	2.05		1	12.9	13
	0.35	2.15	2.15	16	2	13.8	14
3	0.5	2.5	2.5		1.5	14.4	14.5
	0.35	2.65	2.65		1	14.9	15
4	0.7	3.3	3.3	18	2.5	15.3	15.5
	0.5	3.5	3.5		2	15.8	16
5	0.8	4.1	4.2		1.5	16.4	16.5
	0.5	4.5	4.5		1	16.9	17
6	1	4.9	5	20	2.5	17.3	17.5
	0.75	5.5	5.2		2	17.8	18
8	1.25	6.6	6.7		1.5	18.4	18.5
	1	6.9	7		1	18.9	19
	0.75	7.1	7.2	22	2.5	19.3	19.5
10	1.5	8.4	8.5		2	19.8	20
	1.25	8.6	8.7		1.5	20.4	20.5
	1	8.9	9		1	20.9	21
	0.75	9.1	9.2	24	3	20.7	21
12	1.75	10.1	10.2		2	21.8	22
	1.5	10.4	10.5		1.5	22.4	22.5
	1.25	10.6	10.7		1	22.9	23
	1	10.9	11				

表5-4　英制螺纹、圆柱管螺纹攻螺纹前钻底孔的钻头直径

英制螺纹				圆柱管螺纹		
螺纹直径/in	每英寸牙数	钻头直径/mm		螺纹直径/in	每英寸牙数	钻头直径/mm
		铸铁、青铜、黄铜	钢、可锻铸铁			
3/16	24	3.8	3.9	1/8	28	8.8
1/4	20	5.1	5.2	1/4	19	11.7
5/16	18	6.6	6.7	3/8	19	15.2
3/8	16	8	8.1	1/2	14	18.9
1/2	12	10.6	10.7	3/4	14	24.4
5/8	11	13.6	13.8	1	11	30.6
3/4	10	16.6	16.8	1¼	11	39.2
7/8	9	19.5	19.7	1⅜	11	41.6
1	8	22.3	22.5	1½	11	45.1
1⅛	7	25	25.2	—	—	—
1¼	7	28.2	28.4	—	—	—
1½	6	34	34.2	—	—	—
1¾	5	39.5	39.7	—	—	—
2	4½	45.3	45.6	—	—	—

3. 手工攻螺纹方法

首先要将工件夹持好,使底孔的中心线置于水平或垂直位置。把装在铰杠上的头锥插入底孔内,使丝锥与表面垂直,用右手握住铰杠中间,加适当的压力,并顺时针转动,待切削部分切入工件2～3圈时,再用目测或角尺从两个互相垂直的方向进行校正。两手平稳均匀地转动铰杠,这时不加压力丝锥便会自行向下攻削。攻螺纹过程中每转1～2圈时,就必须反转1/4圈,使切屑割断后容易清除,避免因切屑堵塞而折断丝锥。不通孔攻螺纹时,可在丝锥上做出深度记号,并经常取出丝锥清除切屑。头锥攻完后再攻二锥,攻二锥时,首先要把二锥用手旋入攻过的螺孔中,再装上铰杠攻螺纹,有三锥的也要依照攻二锥的方法再攻一遍。攻螺纹时,要加适当的润滑油,如普通碳素钢用机油、乳化油;铸铁、紫铜或铝合金可用煤油。

在攻螺纹过程中,若丝锥折断在工件内,可用公称直径相同的螺母拧入露出工件外端的丝锥断头上,将丝锥断头与螺母电焊点牢,冷却后用扳手旋转螺母,使丝锥断头随之而出。如果丝锥没有断头露出工件外端,可将螺母孔直接贴在丝锥断头处点焊,然后旋转螺母取出,或用电火花加工机床将折断丝锥烧化。

二、套螺纹

用板牙在圆杆上套出外螺纹的过程叫做套螺纹。

1. 套螺纹工具

(1)圆板牙 如图 5-34 所示,是加工外螺纹的切削工具。

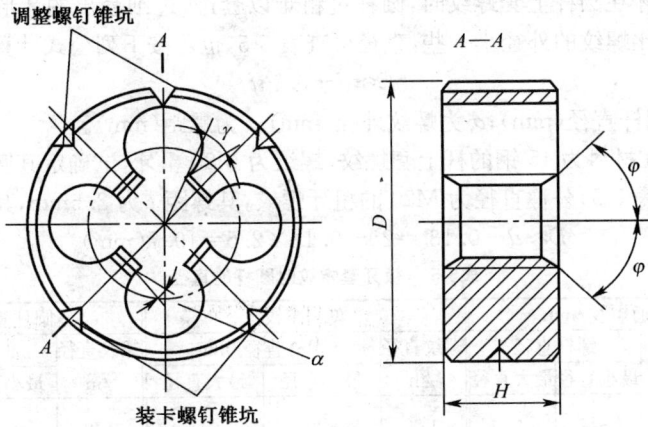

图 5-34 圆板牙

如图 5-35 所示,圆板牙两端的锥角 2φ 是切削部分,标准圆板牙的锥角 $\varphi=20°$ $\sim25°$,切削部分的前角沿着切削刃而变化,一般 $\gamma=8°\sim35°$,后角 $\alpha=7°\sim9°$;中间直段是校准兼导向部分,齿刃的前角要小一些,后角为零;在 M3.5 以上的圆板牙有紧固螺钉锥坑,可供装卡紧定用。

(2)板牙架 如图 5-35 所示,是用来安装板牙,并带动板牙旋转从而进行套螺纹的工具。

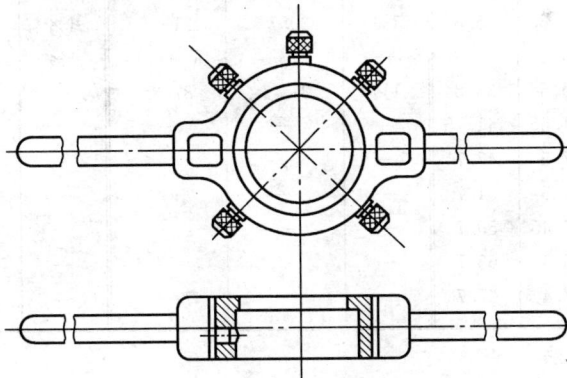

图 5-35 板牙架

选择板牙架可由圆板牙的大小而定,将圆板牙平稳地放在圆板牙架内,使紧定螺钉坑对准板牙架上的紧定螺钉,端面靠严后,旋转紧定螺钉,即可使板牙牢固地安装在板牙架上。

2. 普通螺纹套螺纹前圆杆直径的确定

用圆板牙在圆杆上套螺纹时,圆杆过粗难以套进,过细套出的牙形不完整。圆钢料直径应比螺纹的外径小一些,直径可查表5-5,也可按下列公式计算

$$D \approx d - 0.13t \tag{5-5}$$

式中,D 为圆杆直径(mm);d 为螺纹外径(mm);t 为螺距(mm)。

例3　在材料为45钢的杆上套螺纹,螺纹为M20粗牙,试确定其圆杆直径。

解　查表5-5,公称直径为M20的粗牙螺纹,其螺距 t 为2.5mm,其圆杆直径为

$$D \approx d - 0.13t = 20 - 0.13 \times 2.5 = 19.7(mm)$$

表5-5　板牙套螺纹时圆杆的直径

粗牙普通螺纹/mm				英制螺纹			圆柱管螺纹		
螺纹直径	螺距	螺杆直径		螺纹直径	螺杆直径/mm		螺纹直径	管子外径/mm	
d	t	最小直径	最大直径	/in	最小直径	最大直径	/in	最小直径	最大直径
M6	1	5.8	5.9	1/4	5.9	6	1/8	9.4	9.5
M8	1.25	7.8	7.9	5/16	7.4	7.6	1/4	12.7	13
M10	1.5	9.75	9.85	3/8	9	9.2	3/8	16.2	16.5
M12	1.75	11.75	11.9	1/2	12	12.2	1/2	20.5	20.8
M14	2	13.7	13.85	—			5/8	22.5	22.8
M16	2	15.7	15.85	5/8	15.2	15.4	3/4	26	26.3
M18	2.5	17.7	17.85	—			7/8	29.8	30.1
M20	2.5	19.7	19.85	3/4	18.3	18.5	1	32.8	33.1
M22	2.5	21.7	21.85	7/8	21.4	21.6	1⅛	37.4	37.7
M24	3	23.65	23.8	1	24.5	24.8	1¼	41.4	41.7
M27	3	26.65	26.8	1¼	30.7	31	1⅜	43.8	44.1
M30	3.5	29.6	29.8	—			1½	47.0	47.6
M36	4	35.6	35.8	1½	37	37.3			
M42	4.5	41.55	41.75	—	—	—			
M48	5	47.5	47.7	—	—	—			
M52	5	51.5	51.7	—	—	—			
M60	5.5	59.45	59.7	—	—	—			
M64	6	63.4	63.7	—	—	—			
M68	6	67.4	67.7	—	—	—			

3. 套螺纹方法

如图5-36所示,圆杆被套螺纹端必须倒角15°～20°,并牢固地夹紧在钳口上。套螺纹时,应保持板牙的端面与圆杆轴线垂直。开始时,为了使板牙切入工件,要在顺时针转动板牙架的同时施加轴向压力,转动要慢,压力要大。待板牙切入几扣后,就不需再加压力,只要两手均匀地旋转板牙架即可。每转1～2圈后反转1/4圈,以便断屑。在套螺纹的过程中,要根据不同材料适当地加所需要的润滑液。

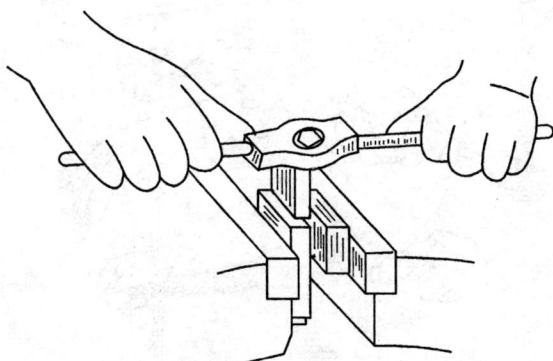

图 5-36　套螺纹

第三节　锉　削

一、锉刀的构造、分类与选择

锉刀的材料多为高碳工具钢 T12 或 T13,并经热处理,硬度达 HRC62～67。锉刀是由锉身和锉刀木柄组成,其构造和各部分名称如图 5-37 所示。

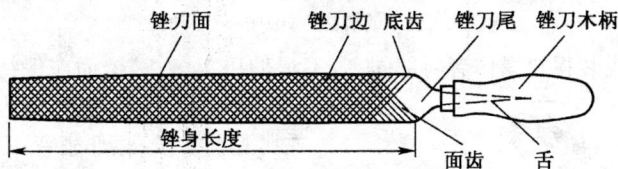

图 5-37　锉刀

按锉刀的断面形状,可分为扁锉、方锉、圆锉、三角锉和半圆锉等。根据每 10mm 长度上的锉纹数可分为粗锉、细锉和油光锉:粗锉 4～12 齿,细锉 13～36 齿,油光锉 37～60 齿。

圆锉刀与方锉刀分别以直径大小和方形尺寸表示规格,普通锉刀的规格用其长度来表示。锉刀面是锉削的主要工作面,刻有锉齿,多制成互相交错的两层锉纹。锉刀两侧,一边有齿,另一边无齿,无齿边称为光边。

金属经锉削后,表面粗糙度主要取决于锉齿的大小。粗锉适于加工余量较大、表面粗糙度精度要求低的工件或材料较软的工件,如铜、铝等;细锉刀适于加工余量较小、表面粗糙度精度要求较高的工件。

二、锉削方法

(1)锉刀的握法　如图 5-38 所示,锉刀的握法主要是根据锉刀的大小来定。

(2)锉削的姿势　在虎钳上锉削时,被锉工件牢牢地夹在钳口上,最好是钳口中

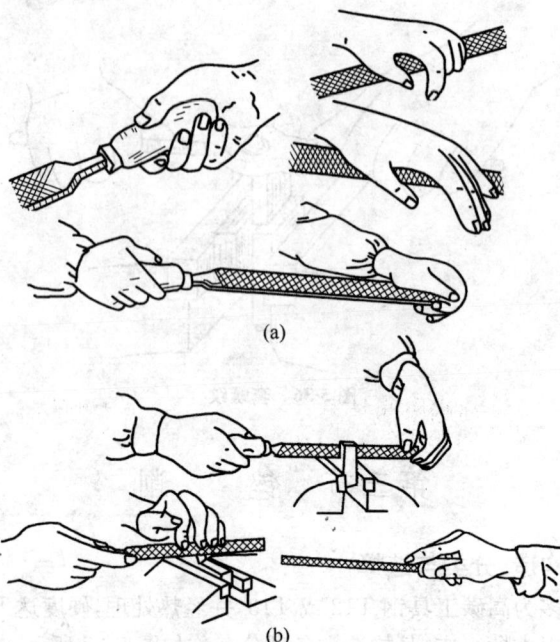

(a)

(b)

图 5-38 锉刀的握法

（a）较大锉刀的握法 （b）中小锉刀的握法

间,被锉部分应装得与操作者肘部同高,不得伸出太多,被锉面应保持水平,如图 5-39 所示。锉削时,操作者应站在虎钳旁,左脚超前半步,膝部稍弯,右腿自然伸直,身体微向前倾。

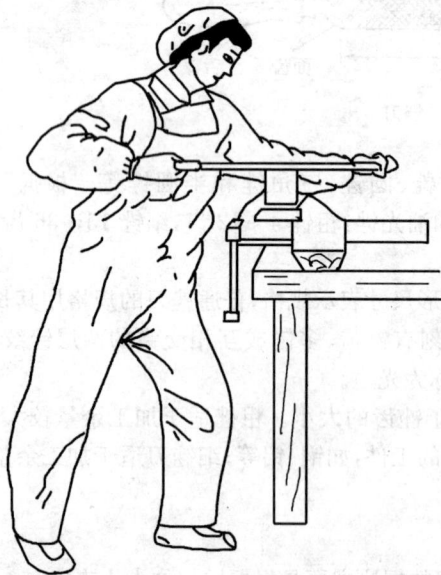

图 5-39 锉削姿势

锉刀的运动是靠手臂的往复运动带动,上身也随着手臂一起运动。操作时,锉刀要端平,用力要均匀,不要紧张。为了保证锉刀平稳地锉削,应使锉刀在工件任意位置上,锉刀前后两端所受的力矩应相等。应使锉刀去时用力,回时略提起些,以免锉伤已锉表面,锉刀在不同位置上的力矩平衡如图 5-40 所示。

（3）平面的锉削方法

①顺向锉 如图 5-41 所示,是最普通的方法,常用于锉削较小的平面。顺向锉可得到正直的锉痕,比较整齐美观。

②交叉锉法 如图 5-42 所示,锉刀与工件的接触面较大,锉刀容易平稳,从锉

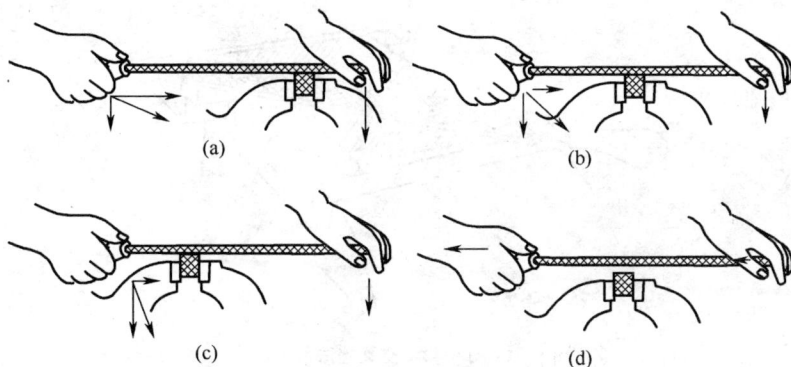

图 5-40　锉削的力矩平衡

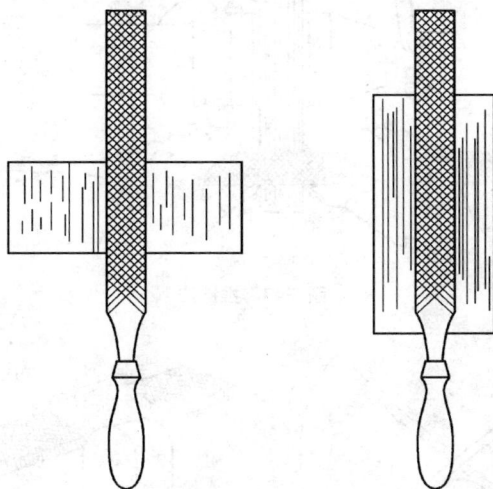

图 5-41　顺向锉法

痕上可以判断出锉削面的高低。交叉锉进行到将锉削完成之前,要改用顺向锉法,使锉痕变为正直。

③推锉法　如图 5-43 所示,对于加工余量较小的狭长平面,一般用推锉法进行锉削。

(4)外圆弧锉法　如图 5-44a 所示,在锉外圆弧面时,一般采用顺着圆弧锉削,即锉刀在做前进运动的同时,还应绕工件圆弧的中心做摆动。摆动时,右手把锉刀柄部往下压,而左手把锉刀往上提,这样锉出的圆弧面不会出现棱边。

当加工余量较大时,可采用横着圆弧锉削,锉刀做直线运动,用力大则锉削量也大,当接近圆弧形后,再采用顺着圆弧的锉削方法将工件锉圆。锉外圆弧的方法,如图 5-44b 所示。

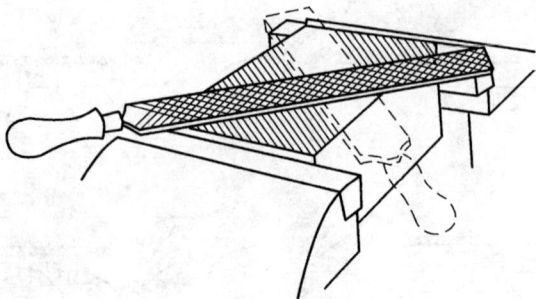

图 5-42　交叉锉法

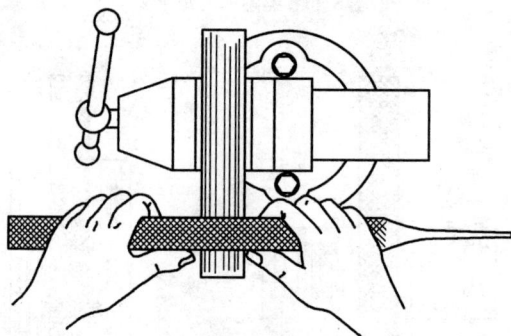

图 5-43　推锉法

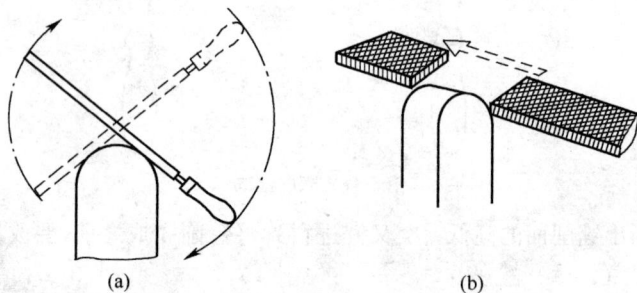

(a)　　　　　　　　　　　　　(b)

图 5-44　外圆弧锉法

(a)顺着圆弧锉　(b)横着圆弧锉

三、锉刀柄的装拆

为了掌握住锉刀和用力方便,锉刀必须装上木柄。锉刀柄安装孔的深度约等于锉舌的长度,孔的大小是锉舌能自由插入 1/2 深度。装柄时,先把锉舌插入柄孔,一手握住锉刀上部,然后把锉刀柄的下端垂直往较坚实的平面上敲击,使锉舌约 3/4 长度进入柄孔为止,如图 5-45a 所示。

拆卸锉刀柄可在虎钳口或有棱角的工作台侧面进行,利用锉刀柄撞击台面后,在惯性作用下,锉刀与木柄互相分离,如图 5-45b、c 所示。

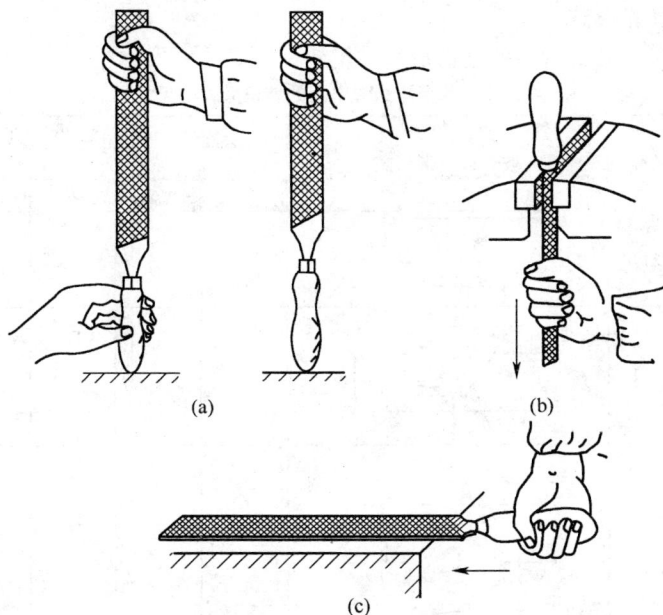

图 5-45 锉刀柄的装拆法
(a)装法 (b)、(c)拆法

四、锉刀的维护保养

①不可用锉刀锉铸锻件的硬皮和带有砂粒的表面,以及经过淬硬的工件,否则锉齿极易磨损。

②锉刀先用一面,用钝后,再用另一面,因为用过的面比较容易锈蚀。

③锉刀每次用完后,应用锉刷刷去锉纹中残留的铁屑,以免锈蚀。

④防止锉刀沾水锈蚀和沾油使锉削打滑。

⑤锉刀不能与其他工具堆放在一起,也不能与其他锉刀重叠,以免锉齿损坏。

第四节 开 坡 口

对相互拼接的中、厚板或工件的焊接接头都要开坡口,以保证焊接的质量和强度要求。开坡口的形式与材料的种类、厚度、产品的机械性能等因素有关。选择坡口形式的原则如下。

①尽量减少焊缝的金属填充量。

②保证焊透和避免产生裂纹缺陷,对于容易产生裂纹的普通低合金中、厚钢板或合金钢材料,应优先选用 U 形坡口。

③最小的焊接变形,如对中、厚钢板施焊,应尽量选用对称的坡口形式。

④坡口便于加工。

一、坡口的形式

一般焊条电弧焊常用的坡口形式与尺寸见表5-6。

表5-6 焊条电弧焊常用的坡口形式与尺寸

序号	坡口名称	坡 口 形 式	各 部 尺 寸				
			mm			(°)	
			δ	p	b	α	β
1	齐边坡口		3~4		1~1.5		
2	V形坡口		6~20	2	2~3	60	
3	X形坡口		20~30	2	4	60	60
4	K形坡口		20~40	2	4	45	45
5	偏X形坡口		20~40	2	4	60	60
6	半K形坡口		8~16	2	4	45	
7	U形坡口		20~60	2	4	10	

注:表中 α、β 也可根据需要自定。

U形坡口所需要的焊接填料少,焊透性和焊接变形较 V 形也小,是最理想的坡口形式。但是这种坡口几乎完全依靠刨铣加工成形,成本较高,所以一般只在较重要的焊接中采用。

二、开坡口的方法

(1)风铲铲坡口 风铲是一种风动工具,通入压缩空气后,内部的弹子可往复冲击风铲头,使之具有切削能力。风铲和风铲头的外形如图 5-46 所示。

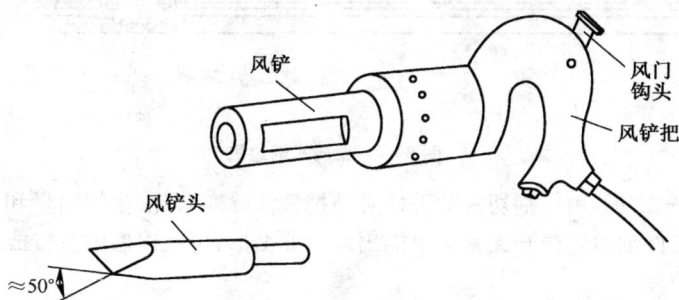

图 5-46 风铲和风铲头

使用风铲铲坡口时,左手握持风铲的铲身,右手握住风铲把,根据个人的习惯,可将风铲把朝上或朝下。朝上时,可用拇指控制风门钩头;风铲把朝下时,可用食指控制风门钩头。初铲时,可小开风门,风铲后端稍稍抬起,待铲头切入板内,即可开足风门进行铲削。

风铲头的切削角度为 50°左右,角度小了强度低;角度大了,切削阻力大。为了减少铲削阻力和摩擦,防止铲头发热退火,铲头要适当蘸油润滑。风铲可加工 V 形和 X 形坡口,但操作费力、噪声大。

使用风铲时要特别注意安全,为了防止风铲头误射伤人,在铲边时,铲切的前方不许有人,停铲时,应立即把风铲头从风铲上卸下。

(2)气割坡口 包括手工气割和用半自动气割机切割,其操作方法和使用的工具与气割相同。所不同的是将割炬嘴偏斜成所需要的角度,对准要开坡口的地方运行割炬。

这种方法简单易行,效率高,能满足开 V 形和 X 形坡口的要求,已被广泛采用。但是切割后须清理干净氧化铁残渣。

(3)刨边机刨坡口 龙门式刨边机如图 5-47 所示,可刨各种形式的坡口。

龙门式刨边机由两个立柱和一根较长的横梁组成龙门架,龙门架的下方是平台,需要加工的工件放置于平台上,利用横梁上的压紧器压紧,开动操作台沿刨边机纵向运动,刀具安装在操作台的刀架上,操作台有两个刀架,可随着操作台往复运动并对工件进行切削。压紧器通常用电动、机动或液压等方式来夹紧,并有集中的开关进行控制。

刨边机的刨削长度一般为 0.5～15m。当工件的长度大于刨削长度时,可移动工件进行多次刨边;工件较小时,则可采用多工件同时刨边。对于侧弯曲较大的条

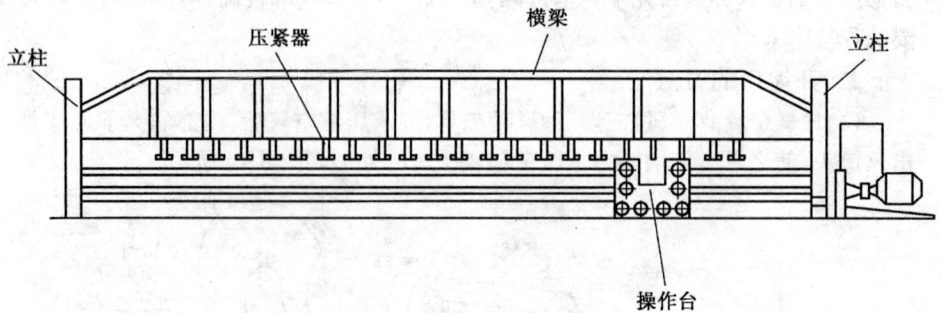

图 5-47　龙门式刨边机

形工件,要先矫正,用气割切割的工件必须把残渣除净,以减少切削量和提高刀具寿命。条形工件刨边后松开夹紧器可能出现弯曲变形,可在以后的拼接或组装中利用夹具进行处理。

刨边工艺余量可参照表 5-7 所列数值,并结合具体情况处理。从表中可以看出,随着钢板厚度的增加,刨边的工艺余量也要增加,相比较,气割的板料其刨边工艺余量较大,而剪切的板料刨边所需的工艺余量较小。

表5-7　刨边工艺余量　　　　　　　　　　　　　　　　(mm)

顺　序	钢　材	何时刨边	钢板厚度	工艺余量
1	低碳钢	用剪板机剪断后	16	2
2	低碳钢	用剪板机剪断后	>16	3
3	低碳钢	氧气割断后	各种厚度	4
4	高强度钢	用剪板机剪断后	16	≥3

(4)电弧刨和等离子弧切割坡口　其设备的工作原理与前面第三章第五节所述相同,只是在操作上将刨钳或割炬倾斜成一定角度,对准工件的待割部位运行。由于等离子切割设备复杂、昂贵,除了在切割不锈钢材料的坡口外,一般很少采用。

复习思考题

1.试述标准麻花钻各组成部分的名称及其作用。

2.试述标准麻花钻切削部分参数的意义和对钻削的影响。

3.为什么在标准麻花钻的工作部分横截面的不同半径处,其螺旋角、前角、后角是不相等的?

4.试述修磨横刃、修磨主切削刃和修磨前角的方法和目的。

5.薄板钻的特点是什么?起何作用?

6.为什么孔将要钻穿时容易产生钻头夹住不转或折断的现象?

7.钻孔时为什么要用冷却润滑液?怎样正确使用?

8.什么叫切削用量?若在 45 钢的板料上钻直径为 12mm 的孔,板厚为 30mm,

试确定适宜的转速和进给量。

9. 钻孔时常用哪些装夹器具？简述其作用。

10. 常用钻孔机械有哪些？简述其作用原理和维护方法。

11. 什么叫扩孔？扩孔比钻孔在切削性能上有哪些优点？

12. 什么叫锪孔？用标准麻花钻改为柱形锪钻时应该注意什么？

13. 什么叫铰孔？铰削余量为什么不能太大和太小？怎样确定？

14. 简述铰孔的操作方法。

15. 什么叫攻螺纹？需要哪些工具？试述丝锥各组成部分的名称、结构特点及其作用。

16. 攻螺纹前底孔直径是否等于螺纹内径？为什么？

17. 试分别用计算法和查表法确定攻螺纹前钻底孔的钻头直径。

①在钢料上攻 M16 的螺孔。

②在铸铁上攻 M16 的螺孔。

③在钢料上攻 M12×1 的螺孔。

④在铸铁上攻 M12×1 的螺孔。

18. 简述攻螺纹方法。

19. 什么叫套螺纹？试述圆板牙各组成部分的名称、结构特点和作用。

20. 怎样确定圆杆套螺纹前的直径？它为什么要比螺纹直径小一些？

21. 试分别用计算法和查表法确定在钢料上套 M16 的外螺纹时，套螺纹前的圆杆直径。

22. 简述套螺纹方法。

23. 攻螺纹与套螺纹时的注意事项是什么？

24. 试述锉刀的构造和分类。怎样选择锉刀？

25. 简述锉削时的姿势。简述锉平面时两手应如何用力。

26. 锉削平面的方法有哪些？各有何缺点？怎样正确采用？

27. 如何锉外圆柱面？

28. 如何拆装锉刀手柄？怎样保养锉刀？

29. 焊接坡口有哪几种形式？分别适合多厚的板材？怎样选择？

30. 开坡口的方法有几种？

31. 简述用风铲、刨边机、电弧刨加工坡口的方法。

第六章 装 配

培训学习目的 掌握各种零部件的装配方法,熟悉装配时所用的各种手工工具和设备,了解装配工艺过程。

第一节 装配技术基础

任何设备或机械结构都是由许多零件组成的。将各个零件按照一定的技术条件,连接成整体设备或机械结构的过程,叫做装配。零件的连接有固定连接和活动连接两种,固定连接的零件间保持不变的相互位置;活动连接的零件间有一定的相对位移。装配有总体装配与部件装配之分,凡完全独立或完整的金属结构叫做整体,或叫总体。装配整体的过程就叫总体装配,简称总装,如装配一台锅炉、一艘船、一个油罐等,都属于整体装配。任一整体都是由许多零部件构成的,部件则是由两个或更多的零件所组成,装配部件的过程就叫做部件装配。

对于简单的金属结构,在不妨碍铆接或焊接等操作的情况下,可以一次装配完成。也可以装配与焊接等操作交叉进行。

对于比较复杂的金属结构,通常都将整体结构划分为若干部件,待各个部件装配、连接、矫正以后,再进行总体装配。金属结构可先部件装配后再整体装配的条件有以下几个方面:

①部件结构本体具有独立性。

②产品的制造过程需要首先按部件装配,否则难于进行总体焊接或铆接等连接。

③以部件为单元进行装配,可以减少总装配的工序,特别是能减少或避免总体装配时焊接变形及变形矫正的困难。

④有利于总体安装时的吊装和运输。

⑤有利于提高生产效率,实行流水作业,提高机械化水平,并减少高空作业量。

金属结构的装配是铆接、焊接或其他连接方式的前道工序,它对产品质量的影响很大,即使产品设计正确,零件制造合格,如果装配工艺不正确,也会使产品达不到技术要求。因此,从事装配的冷作钣金工必须熟悉装配图和装配零件的材料,了解装配前各个零件的加工工艺,同时还必须与气割、电焊等工种密切协作,防止焊接后变形等。

一、装配的定位方法

金属结构装配的定位方法主要是支承和夹紧。

1. 支承

在金属结构装配时,所采用的支承有总体支承和零、部件支承两种。

(1)结构总体的支承 即装配工作台,它是装配工作的基础,是部件装配时的总支承。

(2)零、部件定位的支承 在装配工作中采用垫铁、支撑、拉杆等,以保持装配各零、部件的几何形状和位置,防止焊接变形等的支承。

2. 夹紧

零件位置确定后,采用夹、卡、压等工具,在外力的作用下,迫使零件不能移动或转动的方法,叫做夹紧。

由于金属结构的板材和型材等具有弹性和塑性变形,要使零、部件的装配达到一定的精度要求,就必须在零、部件定位后,将其压紧、卡牢,为铆接、焊接等后序操作打下良好基础。

有的简单结构在装配时,对夹紧的要求较低,甚至把零件摆正位置就可以用螺栓或定位焊加以固定。

二、六点定位规则

自由度就是工件能够自由运动的可能性。在空间 3 个互相垂直的坐标平面内的工件都有 6 个自由度,如图 6-1 所示。工件的 6 个自由度是沿 x、y、z 3 个坐标轴的轴向移动和绕 3 个坐标轴的转动。

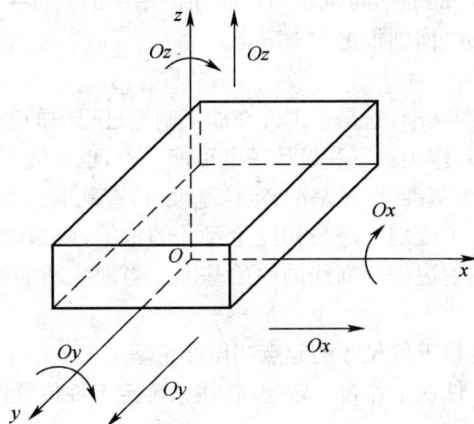

图 6-1 工件的 6 个自由度

如图 6-2a 所示,矩形工件在 $O\text{-}xyz$ 空间坐标系内,xOz 平面有 3 个支承点,yOz 平面有 2 个支承点和 xOy 平面内有 1 个支承点,6 个支承点可限制 6 个自由度,这就是"六点定位规则",简称"六点定则"。

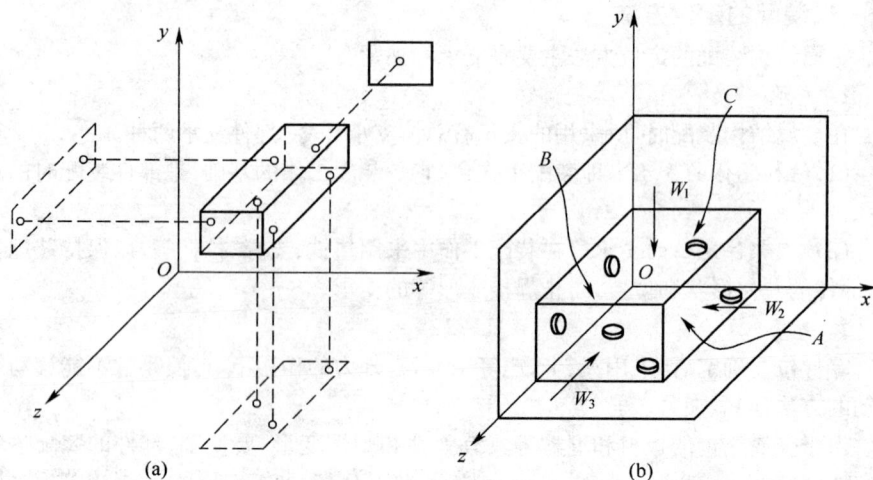

图 6-2　矩形工件的定位

如图 6-2b 所示,把坐标平面看成是夹具平面,施加与支承力反向且与零件表面垂直的力 W_1、W_2 和 W_3,则该工件被夹紧。

三、基准

基准是指某些作为依据、用来确定另外一些点、线、面位置的点、线、面。按不同用途,基准一般分为设计基准和工艺基准两大类。

1. 设计基准

设计基准是按照产品的不同特点和产品在使用中的具体要求所选定的点、线、面,而其他有关的点、线、面则根据它来确定。

2. 工艺基准

工艺基准也叫生产基准,它是指工件在加工制造过程中的基准。它仅在制造零件和装配等过程中才起作用。它和设计基准可能一致,也可能不一致。钣金工装配常用的工艺基准有原始基准、度量基准、定位基准、检查基准、辅助基准等。

(1)原始基准　加工或划线等最初度量尺寸的根据,叫做原始基准。如零件的毛边不太平直时,仅用毛边作为划线的原始基准。当划线基准被确定后,原始基准就不能再使用了。

(2)度量基准　度量工件尺寸的起点叫做度量基准。

(3)定位基准　工件在工作台上定位时,用来确定工件位置的点、线、面,叫做定位基准。

(4)检查基准　检查工件几何形状或尺寸误差所用到的基准点、线、面,叫做检查基准。

(5)辅助基准　在工件上点、线、面不能直接度量、检查,而需要另外设置起过渡作用的点、线、面为基准,叫做辅助基准。

四、装配的度量基础

在装配工作中要以设计基准或工艺基准来对工件进行度量,以校正工件的垂直度、斜度等。金属结构装配的度量基础中除了长度、角度外,还有中心线、对角线、垂直度、水平直线度等。

(1)中心线　常被作为设计基准和工艺基准。金属结构装配,尤其对于较大的空心构件,常需要找中心点或中心线,如图 6-3 所示是找空心构件平面中心点的方法。

在空心构件的内径上首先临时固定一个槽钢 2(或角钢,方木等),再在槽钢的两侧与工件之间分别连接支撑件 3。在工件的圆周上取 4 个(或 3 个)点为圆心,用划规以接近空心构件内半径的尺寸向圆心划弧,再根据 4 条弧所围成的小面积,即可近似地确定出圆心。再以此圆心在工件上划线,验证中心点的精确程度。如找两节圆筒连接的同心度,可先用找空心构件中心的方法在工件两端先找出中心,再在两端的槽钢中心处钻出直径为 20～30mm 的孔,将划线盘装在孔的中心位置上,将钢丝穿过两孔中心,拉紧钢丝,并将钢丝调整到圆心位置,再调整两圆筒的中间接缝中心,当圆筒中心与钢丝重合时,就说明两节圆筒的轴线已成一条直线。

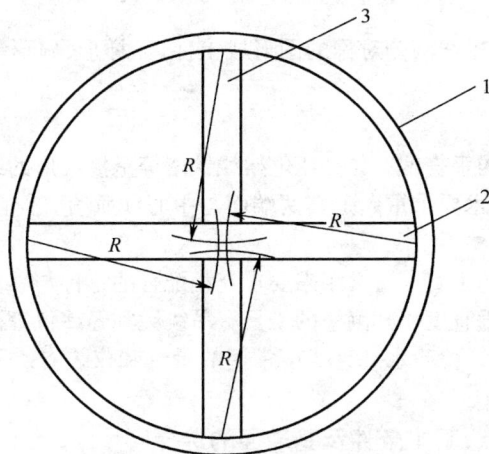

图 6-3　找空心构件平面中心
1. 空心构件　2. 槽钢　3. 支撑件

(2)对角线　装配金属结构的过程中,常用对角线来检测划线或工件的精度。

正方形如图 6-4a 所示,它的特征是四边相等,四角均为 90°,其对角线相等。如果它的四边相等,而对角线不相等,那就可以肯定其四个角都不成 90°,即不是正方形,而是菱形。

矩形如图 6-4b 所示,它的特征是对边相等,四个角均为 90°,对角线相等。如果它的对边相等,对角线不相等,则四个角也都不成 90°,即不是矩形,而是平行四边形。

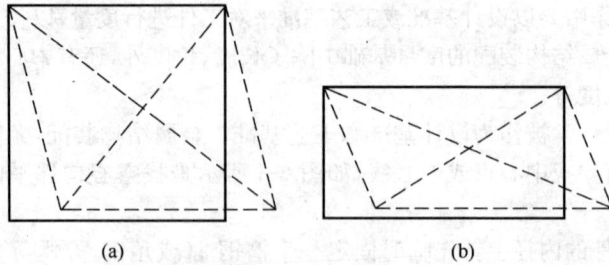

图 6-4　对角线

(a)正方形　(b)长方形

据上所述,正方形的对角线应是边长的 $\sqrt{2}$ 倍。当矩形的长 $=a$,宽 $=b$,则其对角线 $c=\sqrt{a^2+b^2}$。

测量对角线一般使用钢板尺、卷尺等测量工具。以图形或工件的两个角顶点做基准,分别测出两个对角线的长度,并进行比较,就可以判定工件是否达到了技术要求。

此外,对于具有轴线两侧对称的图形或工件,如梯形、扇形等,也可以通过测量对角线判定工件质量。

(3)垂直度

①工件两个面的垂直度　如高压电架线铁塔等呈棱锥形的结构,它往往由几节组成,每节装配的技术要求重点是其两端面与中心线垂直,才能保证总体安装的垂直度。

②零部件之间的垂直度　常用来要求互相配合的零件与零件之间的位置精度。

③铅垂方向的垂直度　其测量的工具有吊线锤和经纬仪等。

(4)水平直线度　检验水平直线度常用的量具和仪表有水平仪、水准仪和软管水平仪等。

五、装配的特点、基本条件及基准面的选择

(1)冷作钣金装配的特点

①装配过程中设备简单,加工方便,连接性强。

②坯料允许以小拼大,材料利用率高,废品率低。

③加工性能好,可用冲、剪、切割、焊、铆等方法。

(2)装配的基本条件

①定位　指确定零件正确位置的过程,如图 6-5 所示是在平台上工字梁的定位,工字梁翼板 4 的位置由腹板 3 和挡板 5 来定位,挡板固定在平台 6 上,腹板则靠垫铁 2 来保证与平台平行。

②夹紧　将定位后的零件固定,使其在加工过程中保持位置不变,夹紧通常依

靠螺旋夹具、气压或液压等夹具来实现。图6-5中所示的翼板与腹板定位后的夹紧是由调节螺杆来完成的。

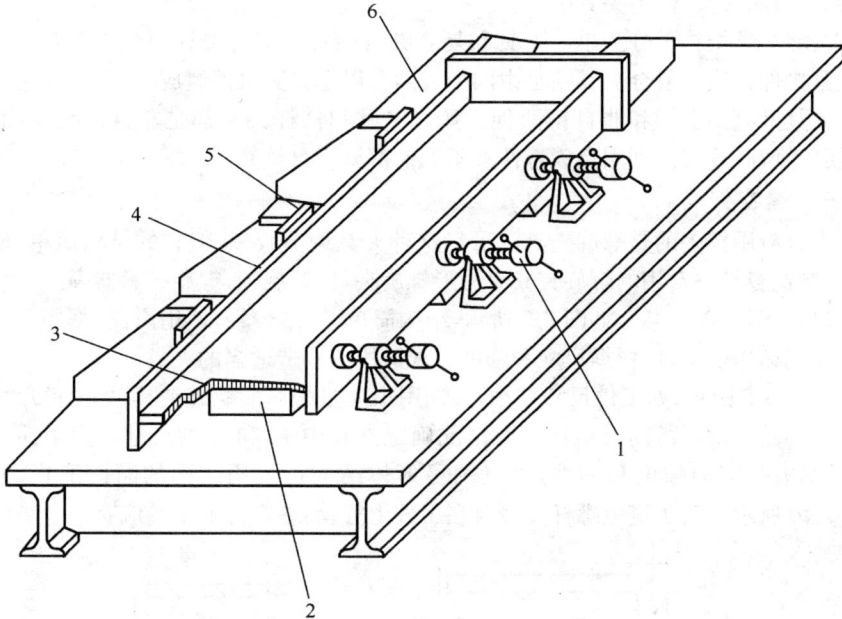

图6-5 平台上工字钢的定位
1. 调节螺杆 2. 垫铁 3. 腹板 4. 翼板 5. 挡板 6. 平台

(3)**装配基准面** 装配时用来确定零部件或构件相对位置的基准面称为装配基准面。一般情况下装配基准面可按下列原则进行选择:

①当零部件的外形有平面也有曲面时,应选择平面作为装配基准面。

②当零件上有若干个平面,应选择较大的平面作为装配基准面。

③根据零件的用途,选择最重要的平面作为装配基准面。如零件中某些技术要求较高,又预先经过机械粗加工的面,作为装配基准面。

④选择组装时便于对其他零件定位和夹紧的面,作为装配基准面。

⑤对外形很不整齐,甚至在装配时不便于确定基准面的工件,应以设计基准为基础,采用地样、支承或胎具等辅助基准进行装配。

第二节 装配用夹具

这里所讲的夹具,包括夹紧、卡紧、拉紧、压紧、顶紧等夹具。夹紧方式一般常与定位方式同时考虑。对夹具的性能要求是灵活适用、体积小、质量轻、操作方便、安全、耐用和便于维修。

金属结构装配工作中常用的夹具按夹紧力的来源可分为手动夹具、机动夹具两大类。手动夹具包括螺旋夹具、杠杆夹具、楔条夹具、偏心夹具等；机动夹具包括气动夹具、液压夹具、磁力夹具等。

按照夹具结构可分为单一夹具和复合夹具两种。单一夹具的结构主要是由一个夹紧机件组成。复合夹具则是由两个或两个以上夹紧机件组成。

夹具又分为自锁和非自锁两种。弹簧夹具和杠杆夹具都是非自锁夹具，而螺旋、楔条、偏心等夹具利用自锁特性夹紧工件都属于自锁夹具。

一、螺旋夹具

夹具应用较多的是螺旋夹具。虽然这种夹具调节较慢，但它的结构简单、使用方便、制造容易。常用的螺旋夹具有弓形螺旋夹具、螺旋顶、螺旋拉紧器等。

(1)弓形螺旋夹具　如图6-6所示，结构简单，质量较轻，使用广泛，都用手工操作。在现场作业时，可根据尺寸和强度要求选用或制造适当的夹具。

如图6-6所示，如工件尺寸较小，可选用小规格的弓形螺旋夹具；如工件尺寸较大，需要夹紧力亦大，则可根据实际情况确定夹具中 H 和 B 的尺寸。为了使用轻便，并具有一定的强度和刚性，夹具的弓形体结构可采用不同的断面形式，如图6-6b、c、d所示。为了避免螺杆旋转时在工件上移动，在螺杆的下端应有一个垫块。

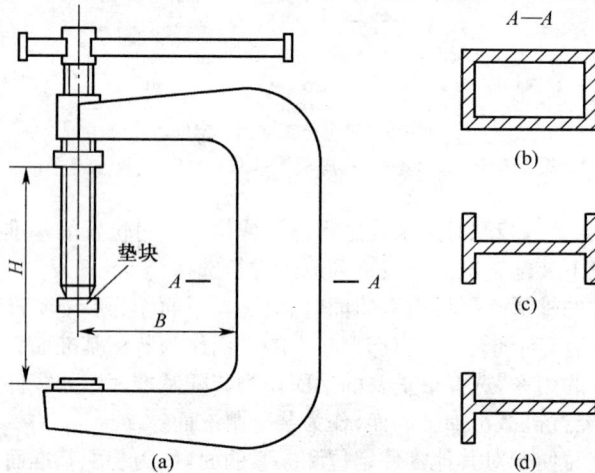

图6-6　弓形螺旋夹具

(2)螺旋千斤顶　如图6-7所示，是顶起重物的最简单工具，它有单向和双向两种形式。

图6-7c所示是单向螺旋千斤顶，其两端有活动连接的垫块，工作时垫块与工件接触，工件不会因受到静压力而伤及表面。

图6-7d所示是双向螺旋千斤顶，螺杆两端的螺纹旋转方向相反，一端为右旋螺纹，另一端是左旋螺纹。使用时，每转一圈，就等于单向螺旋千斤顶旋转两圈，工作效率较高。使用螺旋千斤顶时如果长度不够，一般都加垫使用。

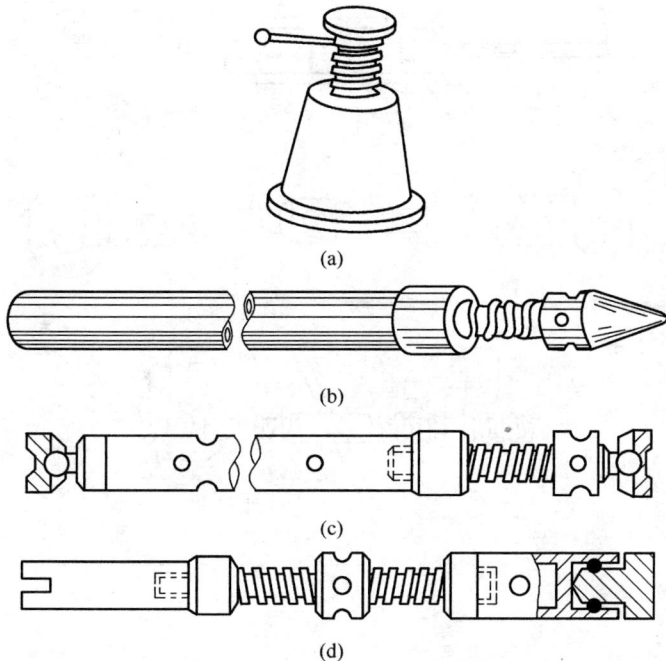

图 6-7 螺旋千斤顶

(a)、(b)、(c)单向螺旋千斤顶 (d)双向螺旋千斤顶

(3)螺旋拉紧器 又叫调整器,它是起拉紧作用的工具,如图 6-8 所示。

螺旋拉紧器的结构形式与螺旋千斤顶颇为相似,也有单向和双向两种,有标准结构也有非标准结构。如图 6-8a、b 所示,双向螺旋拉紧器,一端为右旋螺纹,另一端为左旋螺纹。使用时转动螺母或转动丝杆,使两端的螺杆相对进或退,起到拉紧或松开的作用。图 6-8c、d 所示是常用的简易调节螺栓,它们是单向螺旋拉紧器。

二、杠杆夹具

凡利用杠杆使工件被夹紧的夹具叫做杠杆夹具。杠杆上的支点、重点和力点,如图 6-9 所示。支持杠杆转动的固定点叫做支点;承受重物或抵抗阻力的中心点叫做重点;对杠杆施加力量的中心点叫做力点。杠杆的两臂是重臂和力臂。从支点到重点作用线的垂直距离叫做重臂,从支点到力点作用线的垂直距离叫做力臂。

杠杆力的计算公式:力×力臂=物重×重臂。当使用杠杆时,如杠杆的力臂大于重臂则省力;杠杆的力臂小于重臂则费力;杠杆的力臂等于重臂时,则与不用杠杆所费的力相等。

杠杆作用有 3 种形式:一是支点在中间,如图 6-9a 所示;二是重点在中间,如图 6-9b 所示;三是力点在中间,如图 6-9c 所示。

简易的杠杆夹具叫叉子,常用的形式如图 6-10 所示。

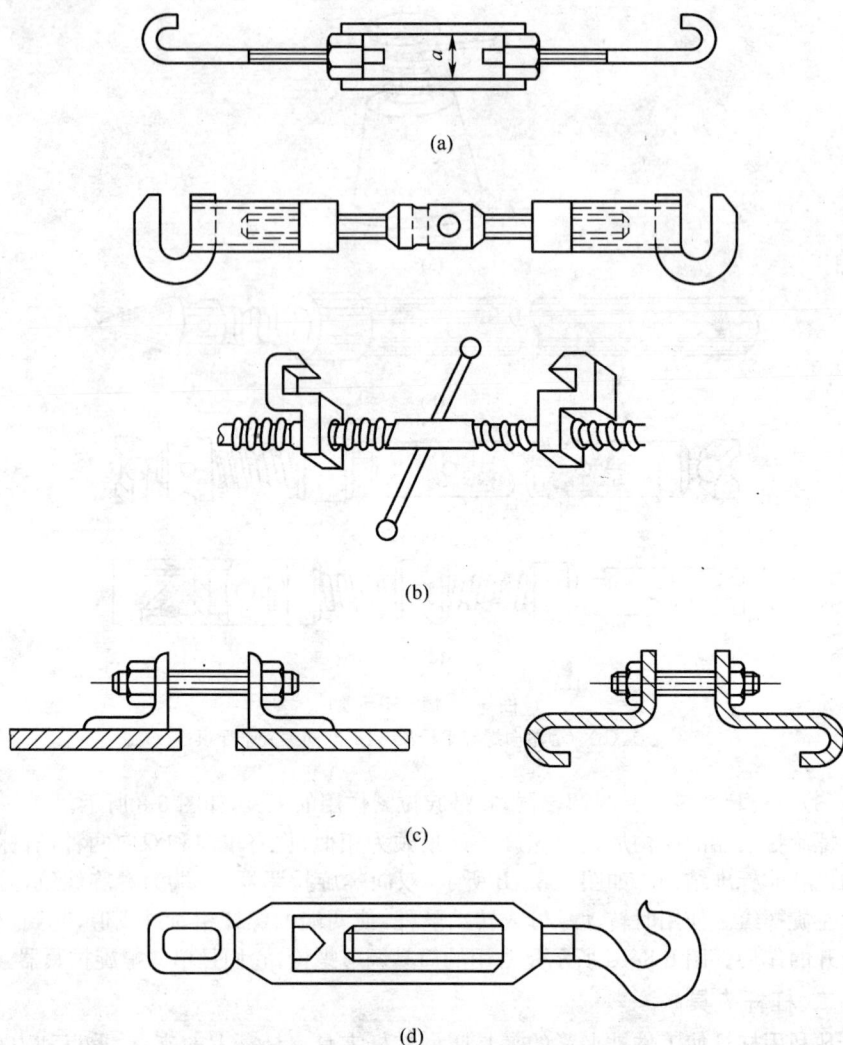

(a)

(b)

(c)

(d)

图 6-8　螺旋拉紧器
(a)转动螺母的拉紧螺栓　(b)转动丝杆的拉紧螺栓　(c)简易拉紧器　(d)花篮螺栓

三、楔条夹具

常用的楔条夹具有两种基本形式,如图 6-11 所示。

(1)直接接触　通过楔条与工件直接接触来实现夹紧,如图 6-11a 所示。由于楔条直接在工件上摩擦,被夹紧的工件将随着楔条的推进而产生移动,因此往往要预先设置挡铁来限制工件的移动。

(2)间接接触　楔条通过中间元件,把夹紧力传到工件上,如图 6-11b 所示。这

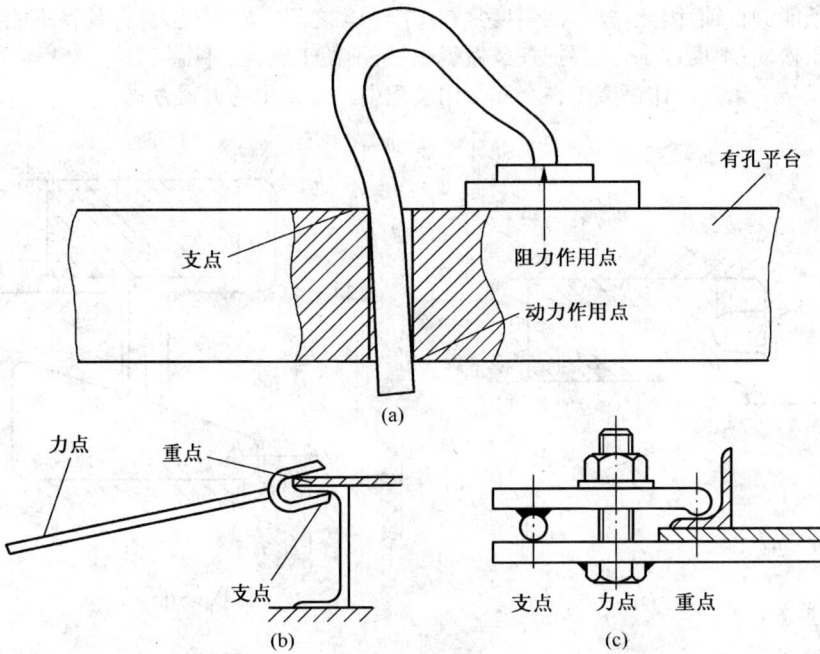

图 6-9 杠杆夹具

（a）支点在中间 （b）重点在中间 （c）力点在中间

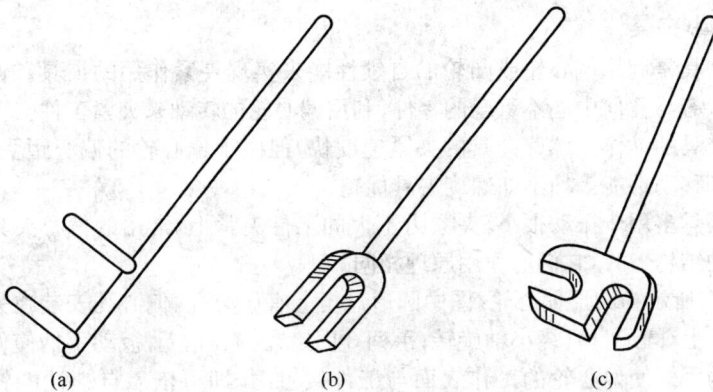

图 6-10 简易的杠杆夹具

（a）横口叉 （b）直口叉 （c）双口叉

种形式，可以避免楔条与工件的直接摩擦，工件可保持在原位被夹紧。

由于冷作钣金工在操作时，都通过捶击楔条把工件夹紧或松开，并且要求夹紧时楔条能够自锁,因此,楔条的斜度常在 $10°\sim15°$ 之间。斜度过大,夹具将不能自锁而易于松动;斜度过小,则要把楔条做得很长,不便于装夹工件。

楔条夹紧是冷作钣金工在金属结构装配中经常采用的夹紧方式。

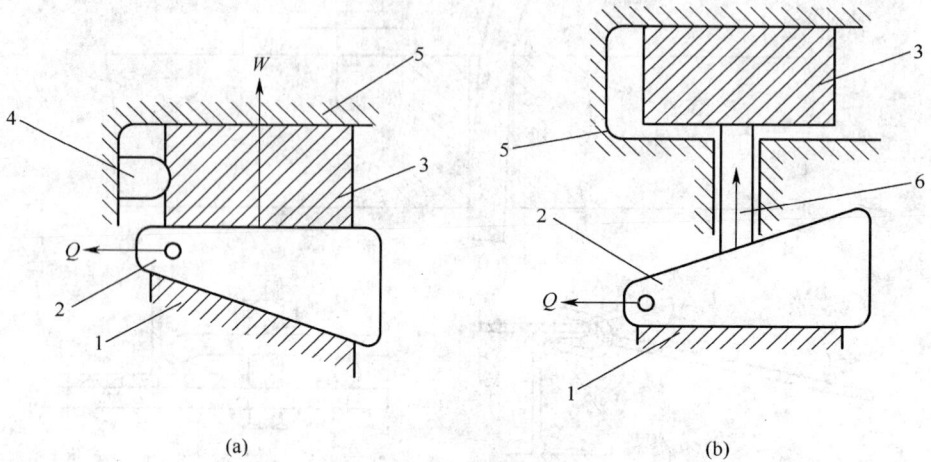

图 6-11 楔条夹具的基本形式

(a)直接接触 (b)间接接触

1. 限位铁 2. 楔条 3. 工件 4. 挡铁 5. 夹具 6. 导杆

四、偏心夹具

偏心夹具是利用偏心轮或凸轮的自锁性能来实现夹紧作用的夹具。偏心轮是一种回转中心与几何中心不重合的零件,利用偏心轮的转动来夹紧工件。

偏心夹具的动作比螺旋夹具的夹紧速度快,但由于偏心轮的偏心距受到限制,它的传递和移动性能等均不如螺旋夹具优越。

偏心夹具多用于振动很小,夹紧力不大的工件夹紧上,常用的偏心夹具有圆形和非圆形的结构形式,它们的作用原理相同。

图 6-12 所示为圆形偏心轮,图中圆形盘 1 上有偏心孔,偏心孔安装在另一零件回转小轴 2 上,圆形盘可绕小轴旋转;手柄 3 固定在偏心轮上,扳动手柄使偏心轮回转。当转动手柄使偏心轮的工作表面与工件接触时,即可依靠自锁性能将工件夹紧。

偏心机构上实际起夹紧作用的是图 6-12 所示偏心轮上画有细实线的部分,它被展开则近似楔的形状,偏心夹具的原理与楔条夹紧相似,不同的是其升高角是变化的。当偏心轮绕回转轴旋转 180° 时,升高高度是偏心距 e 的两倍,但实际应用中,多取 1/6~1/4 圆周值。常用的偏心形式有凸轮式、手柄轮式及转轴式三种,如图 6-13所示。

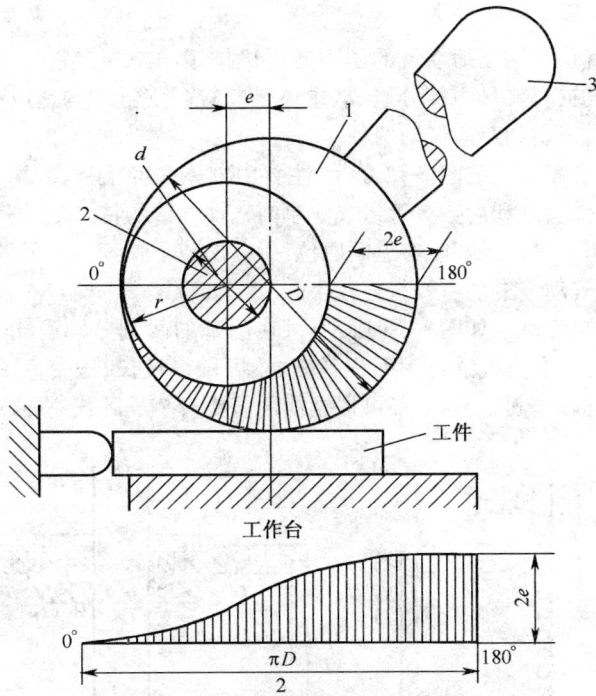

图 6-12　圆形偏心轮及其楔形升高角变化图
D—偏心轮直径；*d*—回转轴直径；*e*—偏心距
1. 圆形盘　2. 轴　3. 手柄

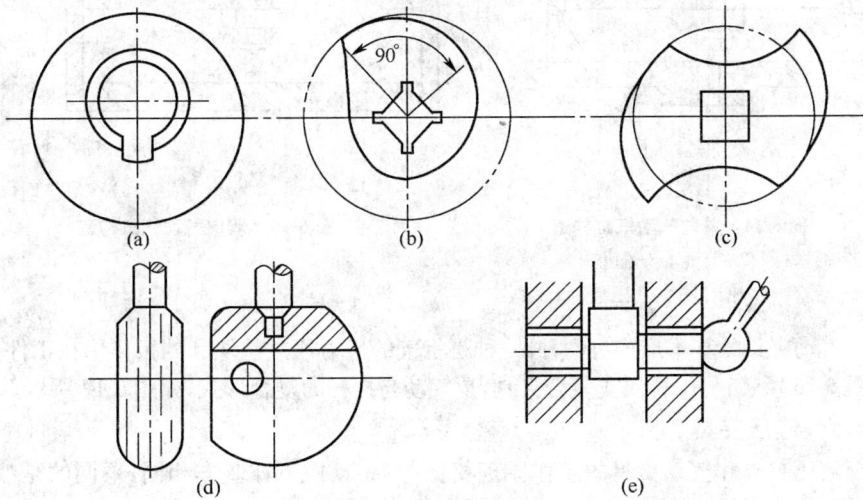

图 6-13　常用的偏心形式
（a）、（b）、（c）凸轮式　（d）手柄轮式　（e）转轴式

五、气动夹具

气动夹具就是利用压缩空气的压力通过机械运动施加夹紧力的夹紧装置。它的构造主要由气缸和夹具两部分组成,主体是气缸。气缸的构造虽有多种形式,但常用的却是单向气动和双向气动两种。

(1)单向气动气缸　如图 6-14 所示,主要由缸体 3、前盖 2、活塞 5、活塞杆 1、密封环 6、压垫 7、弹簧 4 和后盖 8 等组成。单向气动气缸的特点是只有一个方向进气来推动活塞工作。为使活塞能够退回原位,所以加装了弹簧。由于弹簧做得不可能太长,致使单向气动气缸的有效行程较小。

(2)双向气动气缸　如图 6-15 所示,可在活塞的两侧分别进气,活塞的进退都用压缩空气推动。双向气缸不用回程弹簧,故可做得较长,适用范围较广。气缸的安装形式有固定和非固定两种,并可根据使用需要安装成卧式、立式或倾斜式。

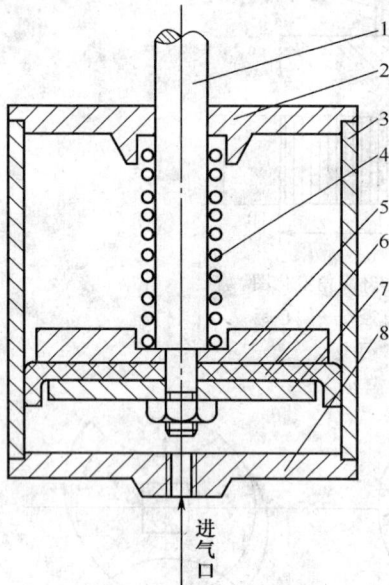

图 6-14　单向气动气缸构造
1. 活塞杆　2. 前盖　3. 缸体　4. 弹簧
5. 活塞　6. 密封环　7. 压垫　8. 后盖

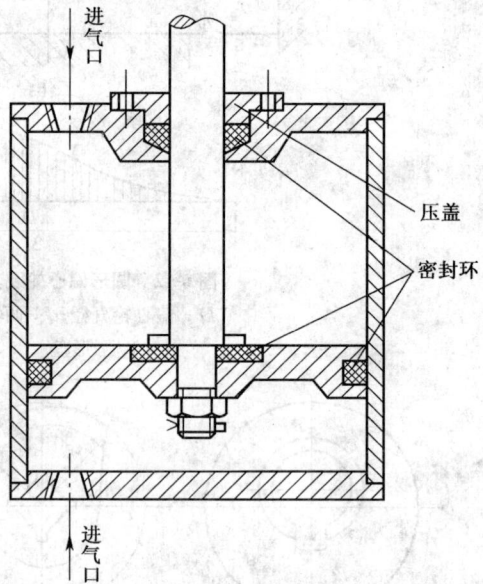

图 6-15　双向气动气缸构造

气动夹具的基本形式有两种:一种是将气的压力通过垫块和挡板作用在工件上,如图 6-16 所示;另一种属于复合夹具,是气动与杠杆的复合形式,如图 6-17 所示。

六、液压夹具

液压夹具和气动夹具的工作原理相似,其夹具构造亦基本相同,不同的是液压夹具的缸内介质是水或油,是不可压缩的介质,所以施加压力时应缓而稳,其介质可重复使用。

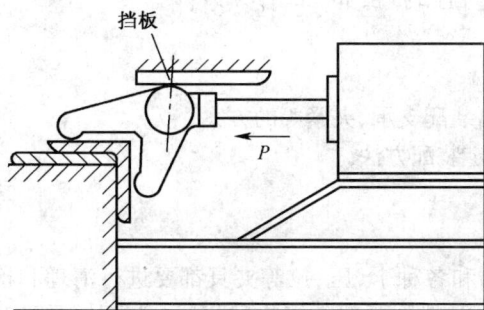

图 6-16　气动挡板夹具形式

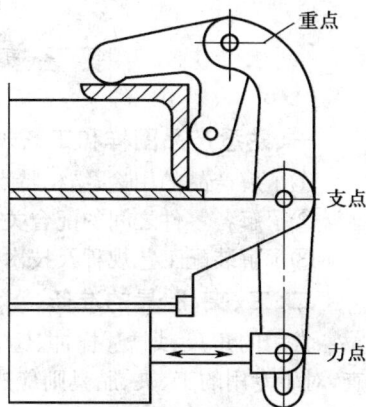

图 6-17　气动杠杆夹具形式

七、磁力夹具

　　磁力夹具是利用磁力吸住并夹紧工件的夹具。常用的是电磁铁夹具,其构造较简单,除了导线和开关之外主要是机壳的铁心。利用电磁铁夹压工件时,只要把它摆好位置,按通电路开关即可。不仅操作简便,又不损伤工件表面。

　　电磁铁的使用方法较多,如图 6-18a 所示,利用电磁铁作支点,通过杠杆把两个零件压紧;如图 6-18b 所示,利用两个电磁铁吸住螺旋顶压器,再通过丝杆把丁字梁和钢板压严;如图 6-18c 所示,利用一个电磁铁把对接的两块钢板拉平;如图 6-18d 所示,利用电磁铁作支点通过杠杆把角钢压贴在钢板上。

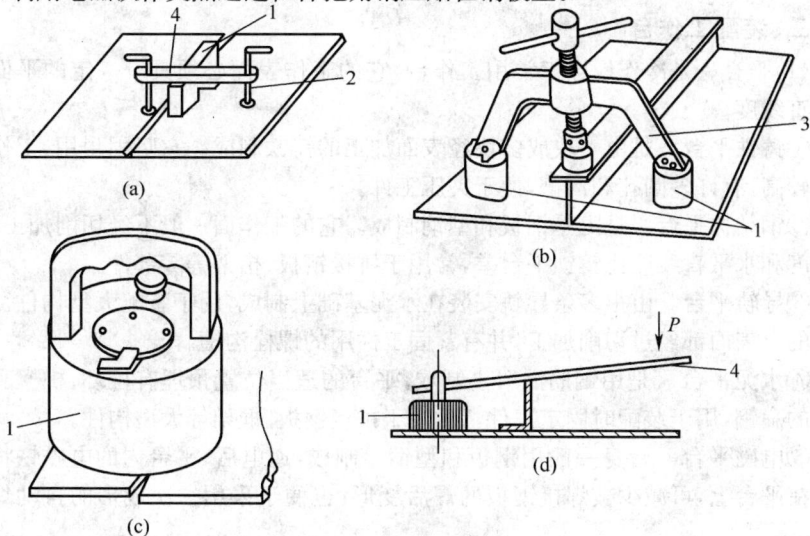

图 6-18　电磁铁夹具

1. 电磁铁　2. 丝杆　3. 螺旋顶压器　4. 杠杆

第三节 装配的准备工作

一、熟悉产品图样和工艺规程

①了解产品的用途、结构特点,提出装配支承、夹紧等的方案。

②了解各零件之间的配合关系,确定装配方法。

③了解装配工艺规程及技术要求。

二、工、夹、胎具的准备

常用的角尺、划规、样冲、锤、铲、钻和各种卡、压、拉等夹具都要进行清理和检查,对于专用的工、夹、胎具则应进行试用,特别要准备好装配胎具。装配胎具又叫胎架,它主要用于表面形状比较复杂,又不便定位、夹紧或大批量生产的焊接结构的装配与焊接。它可以简化零件的定位工作,并可将仰焊、立焊操作改为平焊,从而可以提高装配与焊接的生产效率和质量。

装配胎具按结构的机动性可分为固定式和活动式两种,活动式装配胎可调节高矮、长短、回转角度等。按装配胎的适用范围又可分为专用胎、通用胎两种。对于通用性很广的胎,也叫万能胎。装配胎具应符合下列要求:

①应有足够的强度和刚性,便于对工件进行装、卸、定位等装配操作。

②胎具上应有中心线、位置线、边缘线等基准线,便于找正和检验。

③较大尺寸的装配胎应安置在相当坚固的基础上,避免基础下沉导致胎具变形。

三、装配工作台

(1)平台 是冷作钣金工常用工作台,它的工作表面必须具有一定的平面度和水平直线度。

①铸铁平台 是由一块或多块经表面加工的铸铁制成。它坚固耐用,工作平面精度较高,有许多圆孔和沟槽,便于夹压工件。

②钢结构平台 是由厚钢板和型钢制成。它的工作面一般不经切削加工,所以平面度和水平直线度比铸铁平台差,常用于拼接钢板、桁架等零部件。

③导轨平台 由很多条导轨安装在水泥基础上制成,用于装配大型构件。每条导轨的上表面都经过切削加工,并有紧固工件用的螺栓沟槽。

④水泥平台 是用钢筋混凝土制成,平台的适当位置预埋有拉环、桩橛和交叉设置的扁钢,用于装配时固定工件。常用于拼接钢板、框架等大型构件。

⑤电磁平台 台身一般用钢板和型钢等制成,通电后,平台内的电磁铁将工件吸住在平台上,可减少被焊接钢板的焊后变形;也便于采用一次成形的自动焊对接钢板。

为降低冷作钣金工作业的噪声,在安装铸铁平台和钢结构平台时,可在平台与平台底架(基础)之间垫上具有减振作用的橡皮,使平台与基础不直接接触。

（2）铁凳　装配较长、大的工件时，可用一定数量的铁凳把工件架起来进行操作。铁凳应坚固、稳定、不宜过高，一般用工字钢、槽钢等制成。铁凳可以移动，便于使用和保管。

四、零部件预检和防锈

产品装配前，对于从上道工序转来或零件库中领取的零部件及装配当中所用的辅助材料都要进行核对和预检，以便装配工作的顺利进行。预检零部件的主要内容包括：

①按图样和工艺文件检查零部件的精度，查对零部件的数量。

②准备与工件材质相适应的电焊条，注意定位焊的电焊条与焊接的电焊条应相同。

③按工艺规定，备齐螺栓、螺母等辅助材料。

④焊接结构装配前，要对零部件连接处的表面进行打毛刺、除污垢、除锈等清理工作，并在清理后，采取防锈措施。

五、装配安全措施

金属结构装配作业大部分属于多工种联合作业，不安全的因素较多，因此，必须在装配的准备工作中，消除一切不安全隐患。对一时无法消除的隐患应严密注意，并做好突发事故的抢救准备工作。如氧气瓶和乙炔发生器要放在离人行道和火源较远的地方；消防用具要放在取用方便的地方；对所有的吊具，在每次使用前都要进行检查；机器设备要有防护装置；用电的地方，要有预防触电的措施；高空作业的安全带使用前要严格检查；凡用电焊的地方都应有挡光板、排烟装置等劳动保护措施；各项劳动保护用品都应按规定穿戴齐全；零件、工具、设备要有一定的存放地点，不要在通道上作业和摆放物件；装配的位置和焊接的位置都要放在便于吊运的地方，作业地面应修理平整；装配时尽可能采用先进工艺，推行流水作业，避免零件往返运送。

第四节　钣金结构的装配方法

钣金结构的装配方法主要是焊接、螺栓联接和铆接。

一、常用的焊接结构装配方法

常用的焊接结构装配方法有划线装配法、仿形装配法、胎具装配法、平放装配法、立装法和倒装法等。

1. 划线装配法

划线装配法分地样装配法和接合线装配法两种。

（1）地样装配法　是在装配平台上按工件实际尺寸划线，俗名打地样。用地样作为桁架等结构的装配基准是一种常用的方法，如房架、桥梁、构架及一些板材制造的容器等。

图 6-19 所示为罐封头(俗称罐头)两个截面接合线在平台上的划线,平台上的线条就是罐封头球面板的地样。是将封头主视图的两条对口线,即上口线 AB 和下口线 CD,投影在平台上,就成为以 ab 和 cd 为直径的两个同心圆。

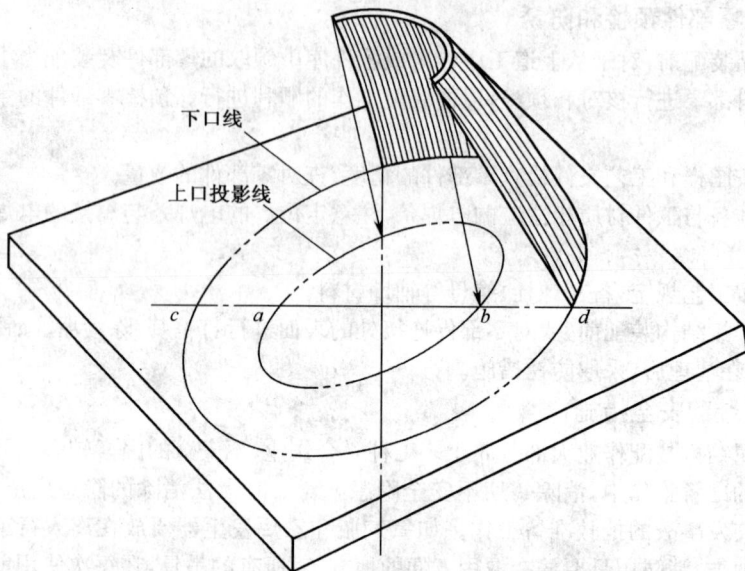

下口线
上口投影线

c　　a　　　　　　　b　　　d

图 6-19　球面板的地样

地样装配法装配球面板,如图 6-20 所示,其方法是靠下口线 cd 圆周的边缘焊上外挡板,外挡板的数量要根据封头的大小、接缝的多少来确定。装配前应对球面板(月牙板,俗称西瓜皮)的形位误差及尺寸误差进行检验,当摆上球面板定位时,一定要使板的下缘紧靠挡板,对准平台的下口线 cd,用 90°角尺对准平台的上口线 ab。如果 90°角尺的工作面能与上口线 AB 的对应点接触,就说明球面板的安装位置正确,可以用支撑杆支撑住上口,并把支撑杆上下定位点焊牢,下口边缘在工作台上施定位焊。如果工件尺寸很大,不能使用 90°角尺时,可用线锤找正,但必须先找好工作台表面水平。找正时,把线锤从球面板的上口边缘吊到平台上的上口投影线 ab 上。如果线锤的锤尖与平台上的上口投影线 ab 的相应点重合,就证明球面的安装位置正确,可以用支撑杆支撑住上口,并把支撑杆上下定位点焊牢。将球面板下口边缘在平台上施定位焊。依此方法再依次装配其他球面板。在打地样和对球面板找正时要注意板料的厚度和里皮或外皮的关系。将球面板装配后,要对上口的圆度、齐平情况进行检验和校正,然后扣上顶盖,把位置调整正确后施加定位焊,完成罐封头的装配工作。

如图 6-21 所示,工件是"天方地方"结构,由四块平的梯形板拼接而成,可以采用地样装配法进行装配。

装配前,一定要对四块板料的展开尺寸精度进行检查,毛料符合技术要求才能

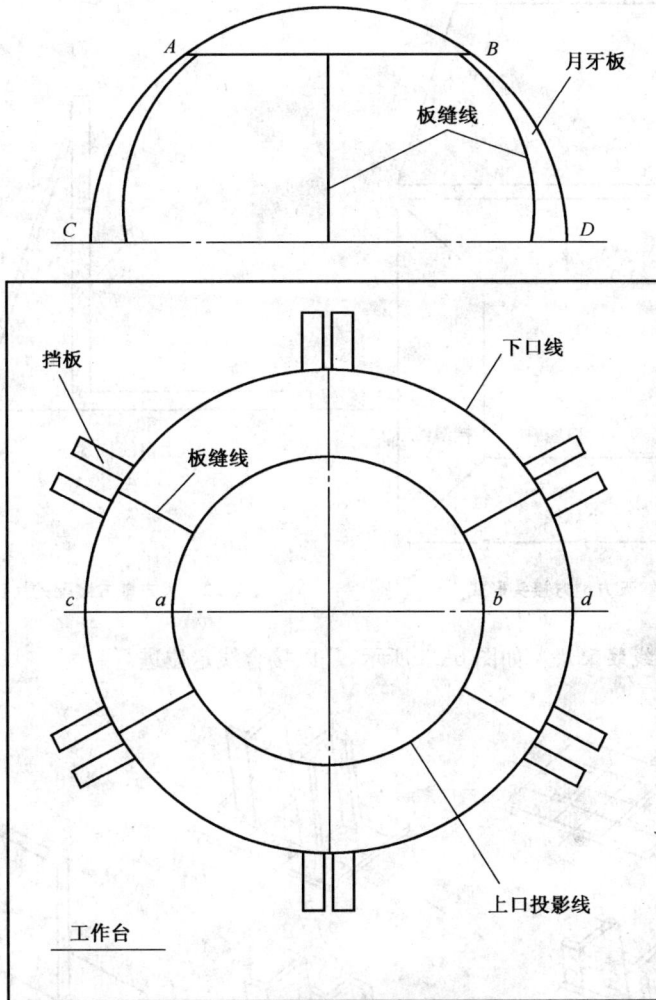

图 6-20 地样装配法装配球面板

进行装配。如果用线锤找正,应先找好工作台水平。

　　装配时,在平台上按实际尺寸划出"天方地方"在平面上的投影线、下口外皮线,以及上口和下口的连线,沿下口线外边焊或卡住挡板于平台上,将板料下边靠住挡板并对准位置。对板料上口位置可采用 90°角尺或线锤测量,如图 6-22 所示。当 90°角尺上部轻轻地贴靠板料的上口,其垂线与平台上所划的上口里皮线重合时,就是说板料的安装角度合格,可以焊上支撑定位。平板下部定位可以焊在平台上,也可采用三角定形的方法另加支杆和支撑焊接在一起,同样再装配对应面的板料,而后再将两侧板料拼接在已定位的两块板上,并在对接板缝上加以定位焊。装配后要对上口的对角线进行矫正再焊接,焊接后除掉支撑。

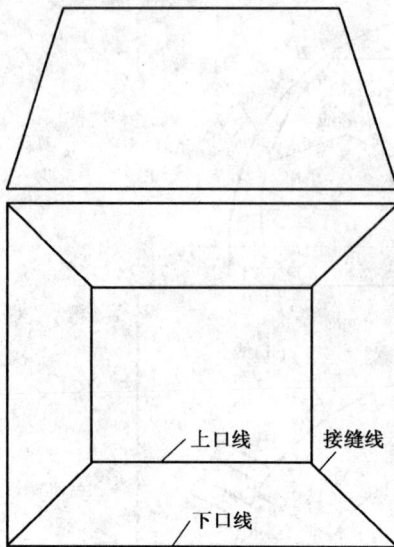

图 6-21　天方地方接头形式

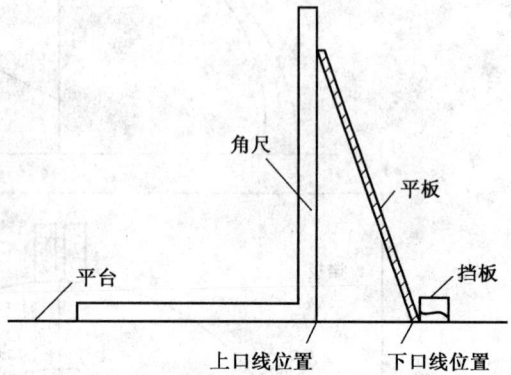

图 6-22　天方地方装配的找正

（2）接合线装配法　如图 6-23 所示，是以接合线定位进行装配。

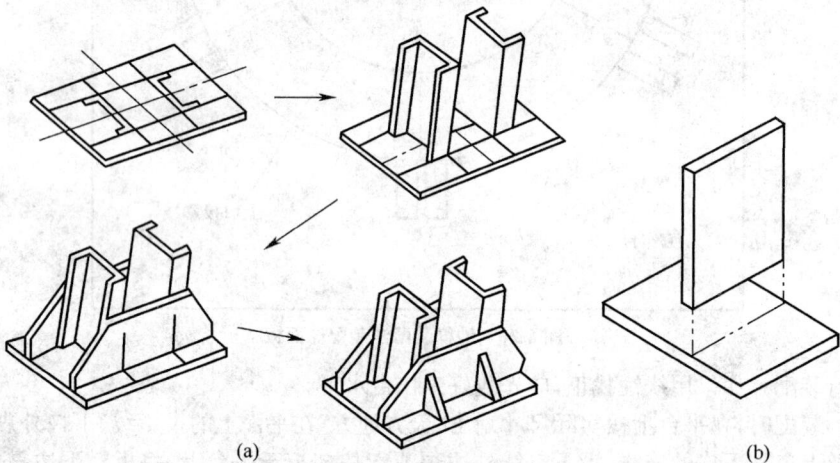

（a）

（b）

图 6-23　接合线装配法

（a）多件装配　（b）两件装配

2. 仿形装配法

仿形装配法主要用于截面及两侧对称的焊接结构，如图 6-24 所示的房架、梁柱等。一般先装配单面结构，再以此作为样板，复制装配另一面。

图 6-25a 所示为两角钢组成的简单结构，其端面形状对称，可采用仿形装配法

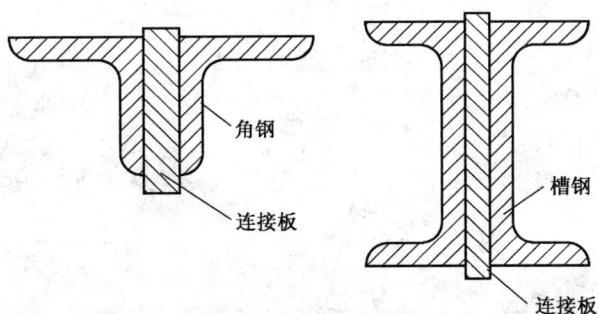

图 6-24 截面对称结构

装配。在平台上先装配角钢和连接板,如图 6-25b 所示,连接板和角钢用定位焊固定成为单面结构,以此作为仿形靠模进行复制,仿形装配另一单面结构,如图6-25c所示。再卸下上半个的单面结构后,装配另一角钢,如图 6-25d 所示,从而完成整个产品的装配。

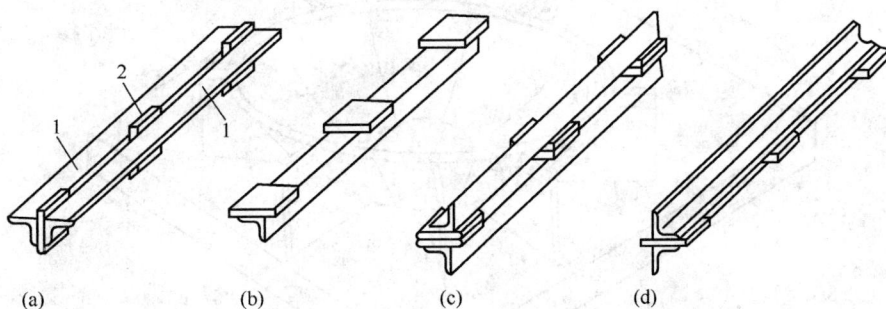

图 6-25 仿形装配法
(a)简单结构 (b)单面结构 (c)仿形复制 (d)完成装配
1. 角钢 2. 连接板

3. 胎具装配法

胎具就是指符合工件几何形状或轮廓的模型(内模或外模)。用胎具装配焊接结构具有产品质量好、生产效率高等许多优点。对于板材结构或型材结构的装配,在产品结构和生产批量等条件适合的情况下,应当考虑采用胎具装配。

桁架结构的装配胎往往是以两点连直线的方法制成的,其结构简单,使用效果好。图 6-26 为房架装配胎。

罐封头的装配如图 6-27 所示,它是以封头的外皮尺寸为准的装配凹形胎。实际上是把球面分解成圆弧线,并且在球面上只用几条必要的圆弧线。凹形胎装配的产品质量和生产效率都比地样装配要高。

罐封头的装配也可以用凸形胎,如图 6-28 所示。它是以封头上口和下口里皮直

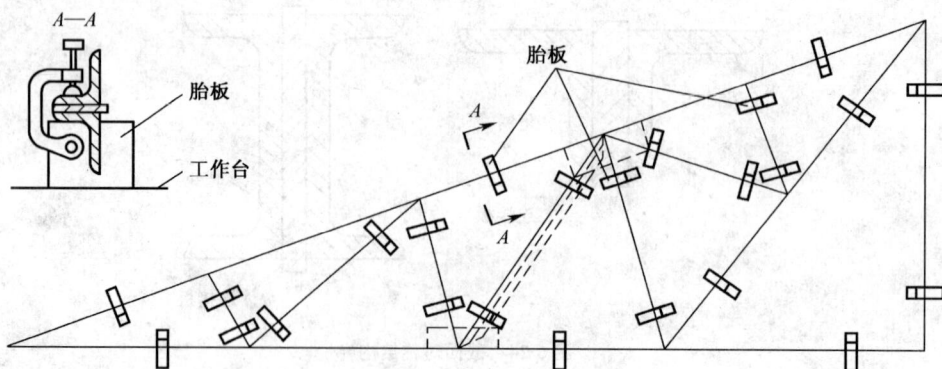

图 6-26 房架装配胎

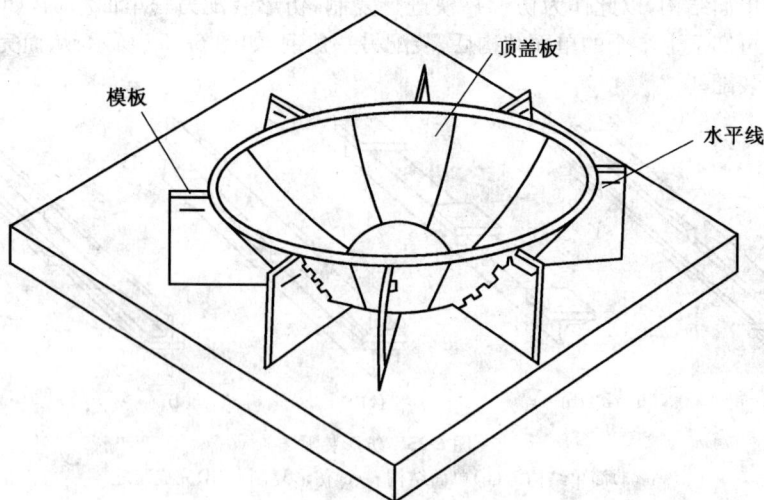

图 6-27 罐封头装配凹形胎

径为准,各做一个扁钢圈或角钢圈。中间按工件内腔形状和尺寸制成连板,将上口和下口圈焊牢,再配以必要的支撑,就成了以封头里皮为准的凸形胎。使用时,将球面板从凸形胎外面排列敷上,施加定位焊,再找平上口,扣上顶盖,定位焊后进行焊接。

4. 平放装配法

平放装配法多用于装配矗立状态的产品,先把站立的工件平放在地上进行装配,再在使用地点矗立安装。这种装配方法经常用于较细而高的产品,如高压电架线塔、石油化工设备、长筒形罐体等。它的优点是减少高空作业,操作安全,加大作业面,生产效率高,圆筒体结构还可以放在转胎上装配和焊接。

图 6-29 为用平放装配法在滚轮上对接圆筒。图 6-30 为装配圆筒的简单夹具。

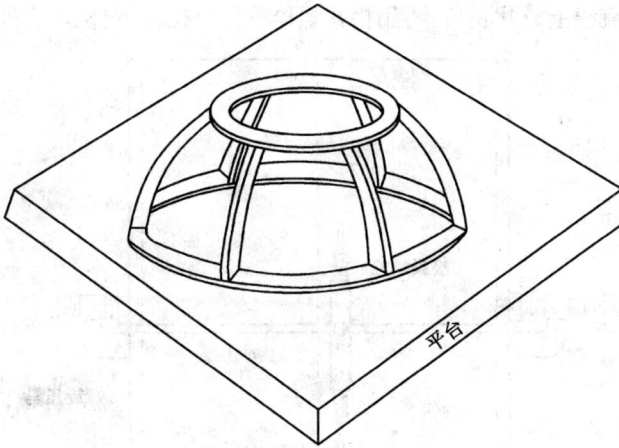

图 6-28　罐封头装配凸形胎

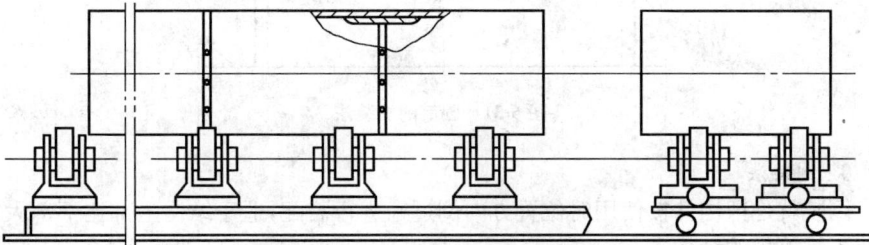

图 6-29　在滚轮支撑座装配圆筒

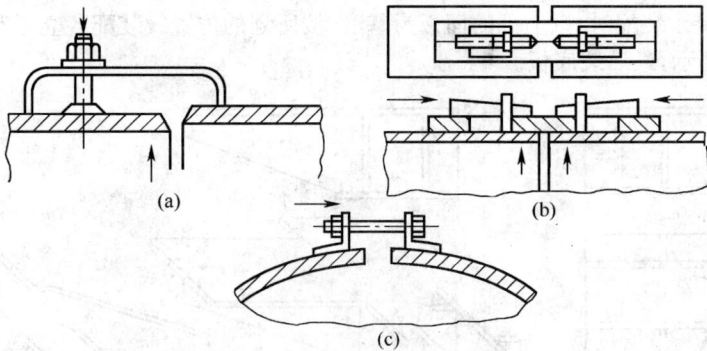

(a)　　　　　　　　　　　　(b)

(c)

图 6-30　装配圆筒的简单夹具
(a)螺旋压马　(b)铁楔　(c)螺旋拉紧

5. 立装法

图 6-31 为立装法装配圆筒。将一节圆筒立放在平台上,并找好水平,在靠近上口处焊上压马。然后将上一节圆筒吊上,用压马和螺旋或铁楔夹具进行初步调节,再用一根角钢焊在筒体上端中心并架设一条下端有重锤的垂线,检测两节圆筒的中

心是否在一条直线上。找正后,再用松紧螺栓将接口拉紧,定位焊后进行焊接。

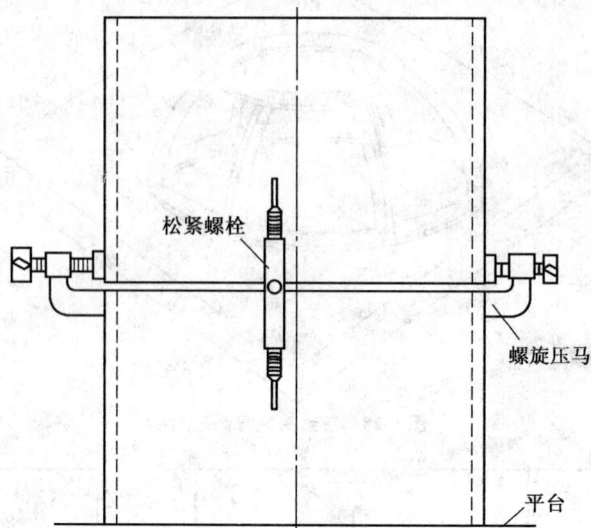

图 6-31 圆筒的立装法

6. 倒装法

倒装就是把构件按使用时位置方向倒过来进行装配,适于结构上部比下部大或正装不易放稳的结构。

如图 6-32a 所示为电动机底座,上部平面比下部大,倒装比正装的稳定性好,所以采用倒装。装配时,以上部的面板为基准,按所划的位置线装配各立板和肋板,如图 6-32b 所示,最后装底板。

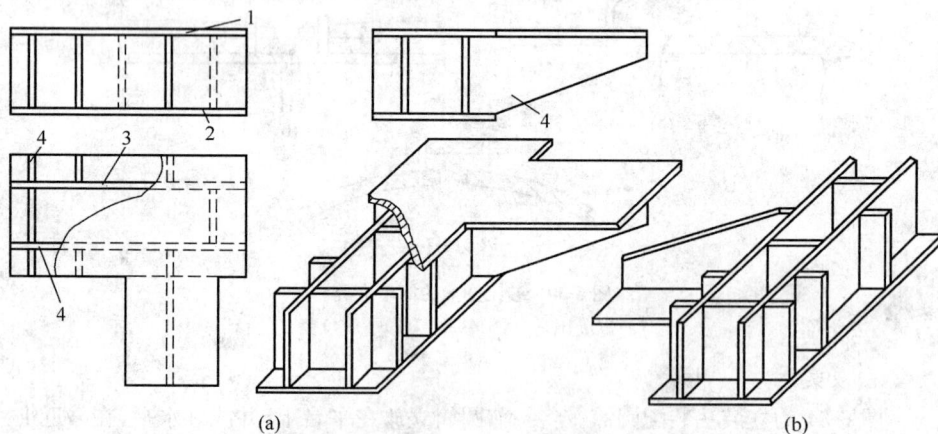

图 6-32 电动机底座的倒装
(a)实际结构形式 (b)装配形式
1. 面板 2. 底板 3. 立板 4. 肋板

二、常用预防焊接后变形的方法

焊接结构装配后,通常都会出现焊接变形,因此,预防焊后变形是焊接装配应重点解决的问题,常用预防焊接后变形的方法如下。

(1)顺序法 为减少较多零件的装配变形,在装配前,应确定装配顺序,并将零件分为更少的小部件进行装配,进行焊接和矫正后,再装配成大部件。

(2)反变形法 在焊接前,对工件进行与焊后变形方向相反的加工处理,用反变形量抵消变形量,如图 6-33 所示改变焊缝角度。

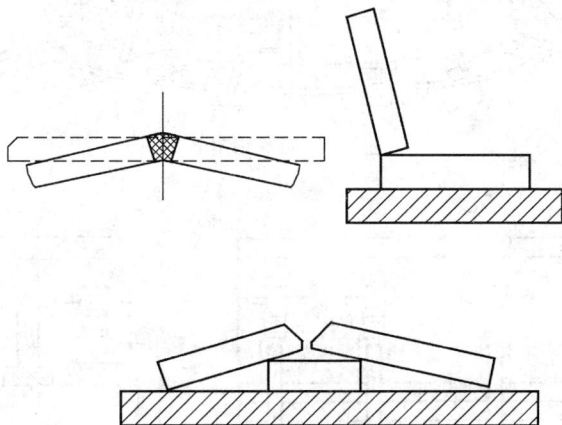

图 6-33 反变形法装配

反变形量的大小与焊件形状、尺寸、材质、焊接方法等因素有关。因此,采用这种方法必须在生产实践中积累经验数据,找出它的规律和参数,才能获得较好的效果。

(3)刚性固定法 采用强力把焊接件加以固定,限制它焊后变形,但易存在较大的焊接内应力,且不易消除。当焊完冷却后,撤出固定装置时,工件仍会产生一定的变形。若将刚性固定法与反变形法或捶击焊缝法等结合使用,则效果就会好些。常用的刚性固定法有夹固法、支撑法、重压法和定位焊法等。

①夹固法 利用夹具对焊接件可能产生焊后变形的部位给以刚性固定的机械方法。常用的有 3 种形式:第一种形式如图 6-34 所示,用螺旋、气压、液压等夹具将工件固定在工作台上,待工件焊后冷却时卸掉夹具;第二种形式如图 6-35 所示,用夹具或焊封闭板来直接固定对称性工件;第三种形式是用胎具和夹具来固定工件,往往可与焊接工序结合进行,胎夹具控制工件的焊后变形,尤其是能转动的胎,电焊工能较为方便地改变焊接位置。

②支撑法 在工件焊后易变形的部位临时焊上支撑物,以控制其焊后变形。如图 6-36 所示的工件,左面与上面敞口,焊后变形的可能性大,若装配时在敞口处焊上临时支撑,固定工件易于变形的部位,就能控制其变形程度。

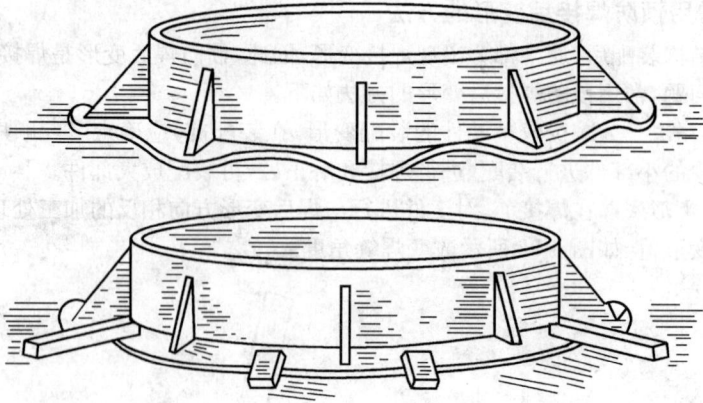

图 6-34　刚性固定法

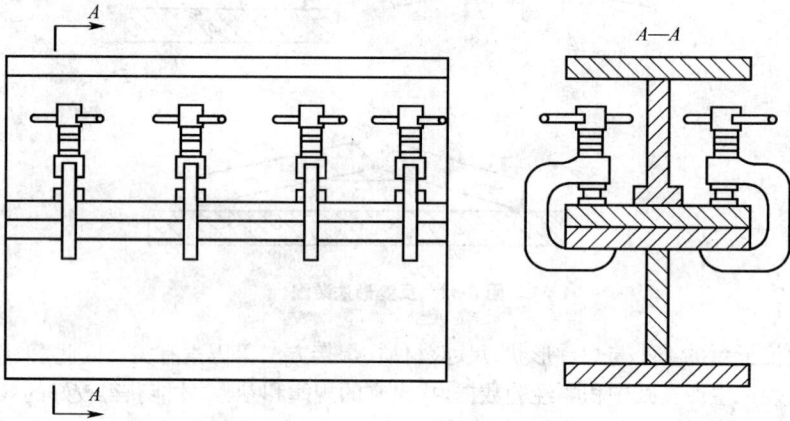

图 6-35　对称性工件夹固法

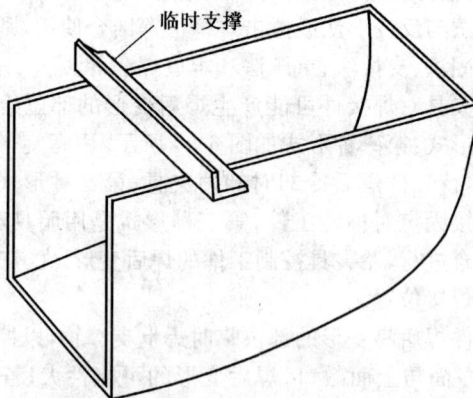

图 6-36　支撑工件敞口

三、螺栓联接结构的装配

用螺栓将零件与零件联接成整体结构的方法,叫做螺栓联接。螺栓联接包括粗制螺栓联接、精制螺栓联接和高强度螺栓联接 3 种。

(1)粗制螺栓联接结构的装配方法　粗制螺栓一般用碳素结构钢制成,它的杆径比孔径小 1~1.5mm。粗制螺栓联接对螺栓孔的尺寸精度和位置精度要求不高,一般钢铁结构常采用粗制螺栓联接。

粗制螺栓联接结构的装配方法包括装配前的准备工作、试装与矫正、装配等步骤。

①准备工作　熟悉图样,了解技术要求;对前道工序交来的产品零件尺寸和外观进行检查;对联接件接触面进行去毛刺、除锈、除污垢等清理工作并涂上防锈油;对所需的螺栓、螺母、垫圈的规格和数量进行检查;准备扳手、撬棍、风(电)钻、铰刀等工具。

②试装与校正　粗制螺栓联接时,一般都用弹簧垫圈作为防松装置。全部准备工作就绪以后,按图样摆正各联接件的位置,并穿连起来,先用撬棍拨正,在联接件的适当位置装上少数螺栓,戴上弹簧垫圈和螺母并初步拧紧。检查并校正联接件的位置和主要尺寸,应以联接件的装配尺寸为准,如发现孔的位置不对时,应铰孔或改变孔的位置。如有不符合技术要求的问题,也要及时研究处理,一定要使产品质量符合技术要求。

③装配　试装和尺寸校正检查无问题后,再将应该联接的地方全部穿上螺栓和弹簧垫圈,拧紧螺母,进行完工质量检验。

(2)精制螺栓联接结构的装配方法　精制螺栓一般用碳素结构钢制成,由于对螺栓的制造与孔的加工及其安装都比粗制螺栓联接费工,所以除在有特殊要求的结构上采用外,一般很少被采用。

精制螺栓联接结构的特点是螺栓与孔配合得较严紧。精制螺栓联接的装配准备工作与粗制螺栓联接的准备工作相同。它的试装和校正工作与粗制螺栓装配也基本相同。即在试装时可用比孔直径小的少数粗制螺栓先把联接件拧上,校正后再拧紧螺母,必要时,可用电焊施以定位焊固定位置后,再用精制螺栓装配。

装配时,先用风钻铰孔,如条件允许用摇臂钻床铰精确,要求孔内光滑、干净,螺栓杆不能直接全部插入孔内,需要用锤打击,应注意不要损伤螺纹。螺杆插入孔内后留在外面的长度过长或过短都不符合紧配合的要求,所以要特别注意。待部分精制螺栓装配合格后,才可以将试装的粗制螺栓全部卸掉,并进行铰孔,装配上所有精制螺栓。精制螺栓的防松装置,应根据技术要求进行安装。全部装配后,应进行完工质量检验。

(3)高强度螺栓联接结构的装配方法　高强度螺栓又叫预应力螺栓,由于它能承受较大的拉力,常用于大跨度桥梁、起重机及高层建筑等钢结构的联接。

高强度螺栓一般为粗牙螺纹,经过热处理;它的抗拉极限强度高,热处理回火后的硬度为 HRC39~41;高强度螺母热处理后的硬度应为 HB250±20,垫圈经热处理的表面硬度为 HRC37~45;高强度螺栓的头部压有凸形字母,如 40 钢用 B 字,45 钢用 C 字等。高强度螺栓联接结构的技术要求及其安装方法都与一般螺栓联接不同,所以在装配作业过程中,应注意下列各项:

①高强度螺栓联接的承载力是靠联接件之间的摩擦传递,因此,联接件的接触面必须喷砂清除氧化铁皮,使其表面粗糙并干净。如因某些情况工件接触面喷砂后不能及时安装,最好在其表面涂一层耐热底漆以防生锈,构件其余部分可涂其他防锈漆,对其联接件孔径的要求可与粗制螺栓相同。

②为了使联接件结合严密,以达到设计所要求的摩擦力,在联接件搭接部分内表面上,不允许有电焊或气割的溅点,并要除掉毛刺、尘土及油漆等不洁的东西。如果有油污,不得用火焰清除,以免在其表面遗留有害残渣,应用四氯化碳或三氯乙烯洗干净。经处理后的表面,如需钻孔或锉光时,不得用油或水润滑和冷却,以免沾污表面。

③联接件与螺栓头部的接触面,如有斜坡,应用斜垫圈垫平,以免螺栓受力时产生偏心应力。

④安装螺栓之前,应将螺栓、螺母进行试配,先将螺母拧到螺栓的螺纹根部,要求螺纹配合不能松,然后卸下螺母,在螺母螺纹上涂抹少量矿物油,以减少摩擦力,注意勿使螺栓头、垫圈及构件接触面沾有油污。

⑤为使联接件紧密接合,达到设计要求的摩擦力,装配时,应先调好构件的几何尺寸,再用特制的扳手拧紧螺母,以达到规定的拧紧力矩。高强度螺栓的预拉应力及螺母拧紧力矩应达到表 6-1 中规定的数值。

表 6-1　高强度螺栓预拉应力及螺母拧紧力矩

螺栓公称直径	预拉应力/t	螺母拧紧力矩/(N·m)
M20	18	67
M22	20	92
M24	23	116

螺母的拧紧力矩是用特制的"杠杆式手动示力扳手"或"风动扳手"进行控制。使用前,要对扳手进行检查和校正,对于手动示力扳手可用油压检查器进行检验,扳手拧紧力矩误差不应超过±10%。

⑥拧螺母前,应在螺栓头及螺母下面各放置一个平垫圈,以防拧螺母时损伤被联接材料。由于螺栓头的根部有圆弧,故与其接触的垫圈孔必须倒角,以便螺栓头与垫圈的接触面贴紧压实。垫圈应平整,不得有毛刺、裂纹和棱角等缺陷,装配后螺栓尾部应伸出螺母 4~6mm。

四、铆接结构的装配

铆接结构装配全部使用粗制螺栓联接与固定,所以在准备、试装与矫正工作中,除了将弹簧垫圈改为普通垫圈外,其余的与粗制螺栓联接结构的装配方法完全相同。

铆接结构试装与矫正合格后,再按技术要求用粗制螺栓、垫圈、螺母每隔2～5个铆钉孔拧紧一个螺栓,直至完成铆接结构的装配工作。

若连接结构是既有铆接,又有螺栓联接和焊接的混合方式,就应分别进行装配,而后进行总装配。一般应首先进行焊接部件的装配,矫正焊接变形后再与其他部件连接。由于铆接比螺栓联接的工艺复杂,也应先进行铆接,再螺栓联接,特殊情况应根据装配工艺规程进行装配工作。

第五节 构件装配技能训练实例

一、简单部件装配技能训练实例

1. 角钢框的装配

常见装配方法有外弯和内弯两种形式,如图 6-37 所示为外弯矩形角钢框,用 40mm×40mm×3mm 角钢制成。矩形角钢框的一种拼装方式是用四根两端各切成 45°斜角的角钢拼接而成,如图 6-37a 所示;另一种拼装方式是用两根开有切口和两根不开切口的角钢互相拼接而成,如图 6-37b 所示,这种制作工艺简单,拼装方便。

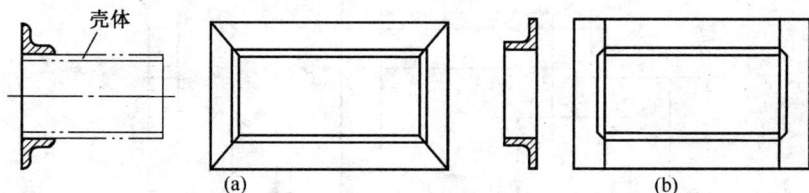

图 6-37 外弯矩形角钢框
(a)四根均切口 (b)两根有切口、两根不切口

图 6-37a 中壳体的外形尺寸为 2000mm×1000mm,为了拼装方便,角钢框的内尺寸应略大,使它与壳体间留有适当间隙,若间隙过小,套装时有困难;若间隙过大,则不便焊接。一般间隙按焊接要求取 1～2mm,随角钢框的尺寸而定,尺寸大,间隙也相应加大。本例若间隙取 2mm,图 6-37a 所示角钢的下料尺寸分别为 2082mm 和 1082mm 长;而图 6-37b 所示角钢的下料尺寸分别为 2002mm 和 1082mm 长。

角钢框装配应先在平台上放出实样,然后按线定位拼装。批量生产时,可在平台上临时焊上定位挡铁,能大大提高装焊效率。

2. 角钢法兰的装配

角钢法兰有外弯法兰和内弯法兰两种形式,如图 6-38 所示为外弯角钢法兰圈。角钢法兰圈可用手工胎模热弯而成,一般分两半制造,其弯曲和矫圆均比较方便。热弯时为便于夹持和弯曲,角钢下料长度应比理论展开长度长,加放约 7 倍角钢边宽的余量。如图 6-38 所示角钢圈内径为 $\phi1200mm$,则展开长度应为 3768mm,经加放余量后,半只角钢圈的下料长度为 2234mm。角钢弯曲后割去余料,然后再装配焊接成整圈。

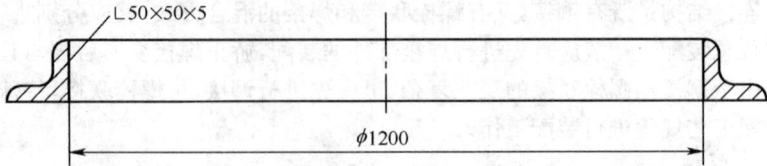

图 6-38　外弯角钢法兰圈

3. 平面框的装配

如图 6-39 所示,平面框可用同等厚度的扁钢或钢板作原材料,若用钢板整体切割,中间部分便变为废料,材料的利用率不高,如图 6-40a 所示;若将平面框割成六块条钢分别下料后拼焊而成,则材料利用率最高,但有六条拼接缝焊接工作量增大,焊接变形也随之增大,焊后需要进行矫平,如图 6-40b 所示;为了减少拼焊时的工作量,可将平面框分割成三部分,既兼顾材料的利用率,又减少了拼接缝的数量,如图 6-40c 所示。

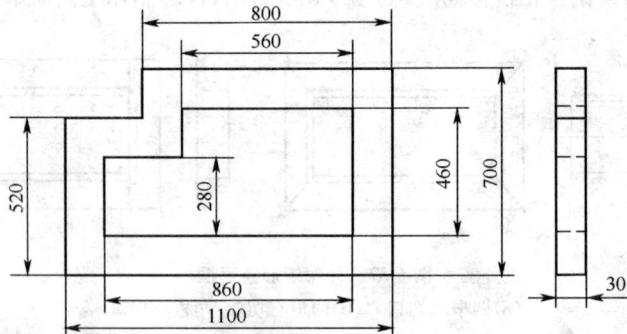

图 6-39　平面框

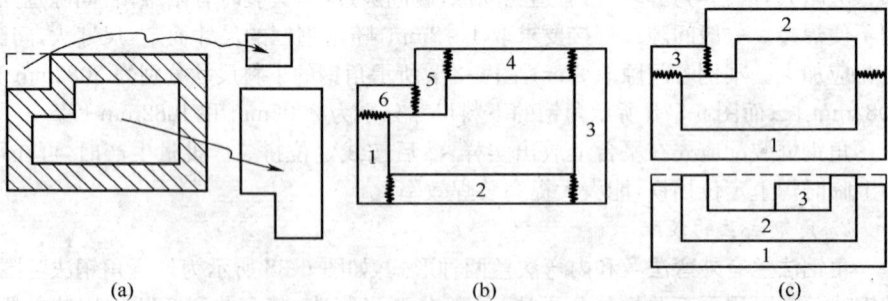

图 6-40　平面框的装配
(a)整体切割　(b)分六块拼焊　(c)分三块拼焊

4. T形梁的装配

(1)划线定位装配　如图 6-41 所示,在平板上划出立板的定位线,并打上样冲

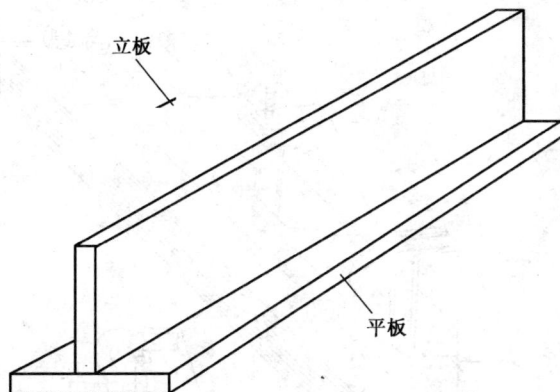

图 6-41　T形梁划线定位装配

眼。将立板立于平板上,对准平面的定位线,用角尺找正立板与平板的垂直度。在两端定位焊,并用角尺矫正垂直度,再在两面适当位置进行定位焊。定位焊的参考数据见表 6-2。

表 6-2　定位焊的参考数据　　　　　　　　　　　　　　　　(mm)

工件厚度	焊点长度	焊点间距	焊点高度
2～5	20～25	100～150	一般焊接应为工件厚度的 1/2 左右
5～10	25～30	150～250	
>10	30～35	250～350	

(2)胎具装配　如图 6-42 所示,装配时先对胎具进行检查与调整,把平板和立板靠实胎具,端部对齐后即可用螺旋压马将立板夹紧,进行定位焊。这种方法可以省去找正工序,操作很方便,但需要制作专用胎具,适用于大批量生产。

5. 反变形法装配

可制造专用工作台,以便于平板反变形。在平板中间垫上小板条,用弓形螺旋夹具夹紧平板,使平面产生角变形,如图 6-43b 所示;也可把两根 T 形梁同时装配,将它们的平面背靠背地夹固,这样可不用专用工作台,且一次能装配和焊接两个工件,如图 6-43c 所示。如果大量生产,平板的反变形也可用压力机加工。

6. 工形梁的装配

装配工形梁的一般方法是采用胎具平装,操作时常用楔形、螺旋、气压或液压夹具进行夹紧,如图 6-44 所示。

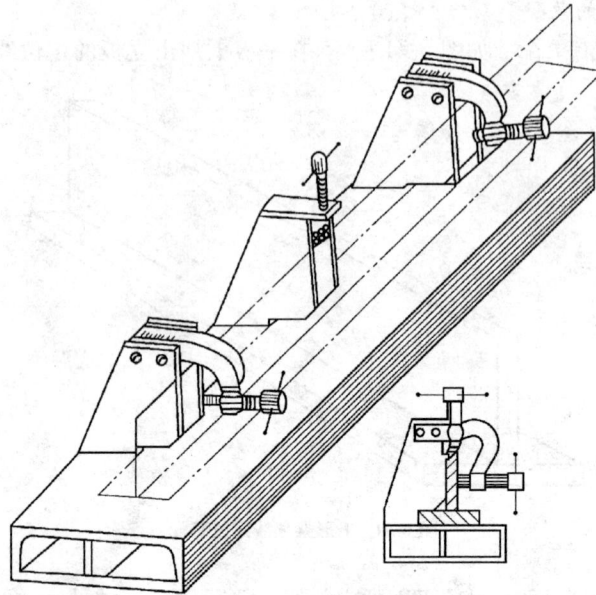

图 6-42　T 形梁胎具装配

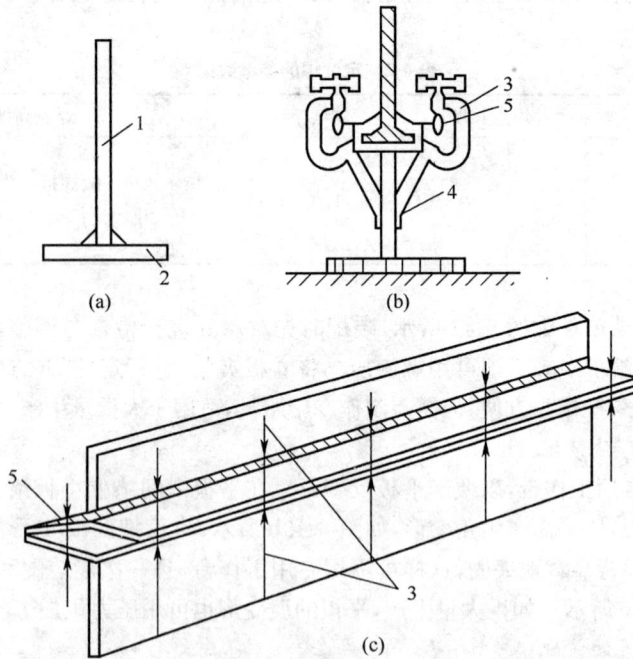

(a)　　　　　　　　(b)

(c)

图 6-43　T 形梁反变形法装配
1. 立板　2. 平板　3. 弓形螺旋夹　4. 专用工作台　5. 垫条和夹紧位置

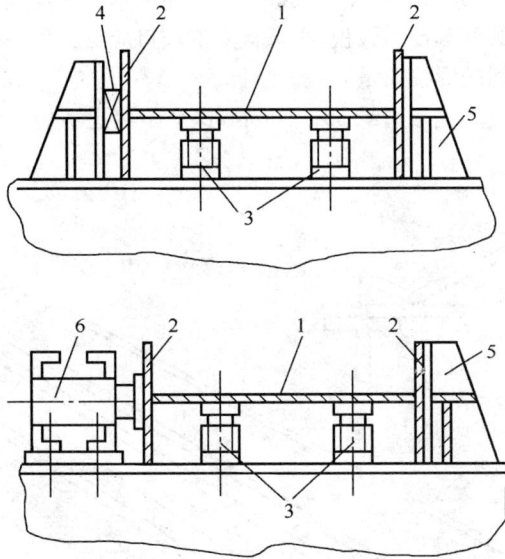

图 6-44 工形梁的胎具装配

1. 腹板 2. 翼板 3. 垫铁 4. 铁楔 5. 挡铁 6. 气动夹具

装配前,对夹具的尺寸要进行检查调整,垫在腹板下面的垫铁高度要能保证腹板和翼板的相对位置符合图样要求。装配时,先把腹板平放在垫铁上,再把两个翼板立放在腹板的两侧,对齐 3 个零件的一端,用角尺找正后,就可打紧铁楔或用气动等夹具把翼板和腹板压紧,进行定位焊。如果工形梁端头有连接板等零件时,为了保证其外形(轮廓)尺寸,便于工形梁与其他部件的连接,应在腹板和翼板焊接并矫正后再进行装配。

如采用反变形装配法,应用压力机等压出翼板的反变形角度后,再进行装配。

7. 相同规格型钢的装配

如图 6-45 所示,由左右两个小工字钢和上下两块连接板组成。装配方法如下:

①在下连接板上划出与两个工字钢内侧的连接线,并将工字钢放上,摆正位置。

②从两端和连接线处进行定位焊。

③在两个工字钢上面划出上连接板的位置线,并盖上连接板,对正位置,进行定位焊。如连接板与工字钢接触不严,可用压马和撬杠压严并施定位焊。

8. 钢板的拼接装配

如图 6-46 所示,多块平钢板直线拼接。拼接时,将钢板摆列在平台上,用撬杠或松紧螺栓等将钢板的平面对接缝调整好。钢板的连接处如有高低不平,可将压马临时焊在较低的钢板上,再用撬杠或铁楔加在压马和较高钢板中间,调平两块钢板,如使用电磁平台则可不用压马等工具。对接钢板定位焊的焊肉长度和定位焊间距可参照表 6-2。如果对接缝采用自动焊接,在拼接时要做好两件事:

①在定位焊处铲出凹槽,以免定位焊肉凸出面影响自动焊接的质量。

②在对接焊缝的两端设引弧板,引弧板上的坡口应与工件一致。有了引弧板可保证焊缝两端与中间的焊接质量一致。

定位焊的起点应离钢板边缘 30~50mm,这个距离也适用于四块钢板的十字接头的焊缝处。

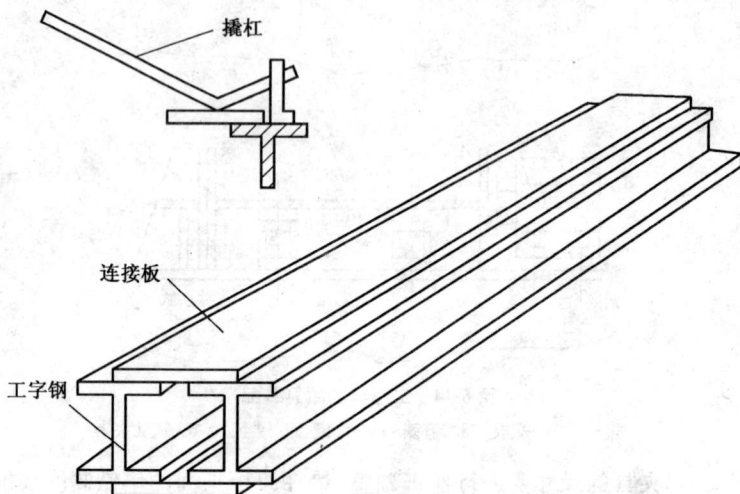

图 6-45　工字钢的装配

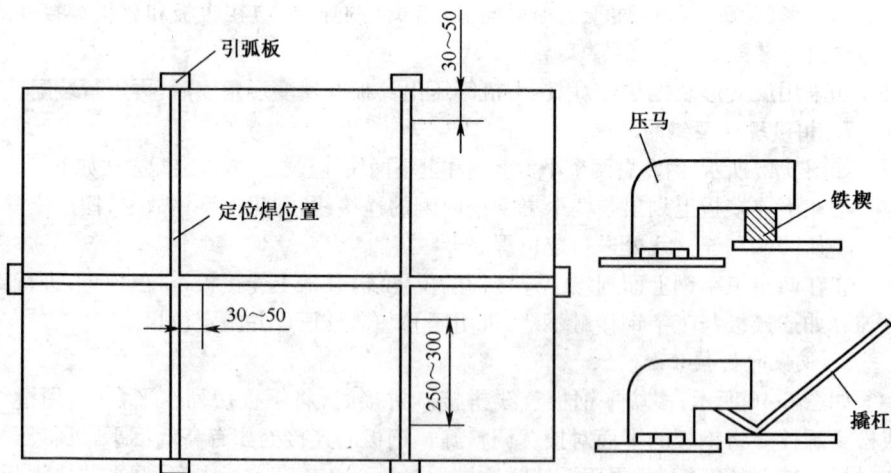

图 6-46　钢板的直线拼接

9. 型钢与钢板的装配

　　如图 6-47 为 T 型梁、角钢与钢板的装配。对这种结构的装配方法是将钢板放在工作台上，并在钢板上划出角钢、T 型梁的位置线。由于角钢位于钢板和 T 型梁中间，所以要在钢板上先装配角钢，后装 T 型梁。为了保证角钢的垂直位置，可用临时支承件加以固定，并用角尺校正，施加定位焊，如图 6-48 所示，临时支承板应在焊后除掉。装配时，也可用图 6-49 所示的方法进行。

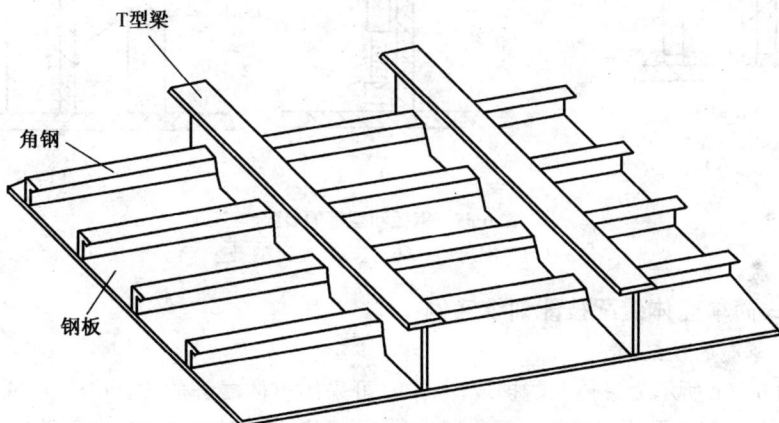

图 6-47　T 型梁、角钢与钢板的装配

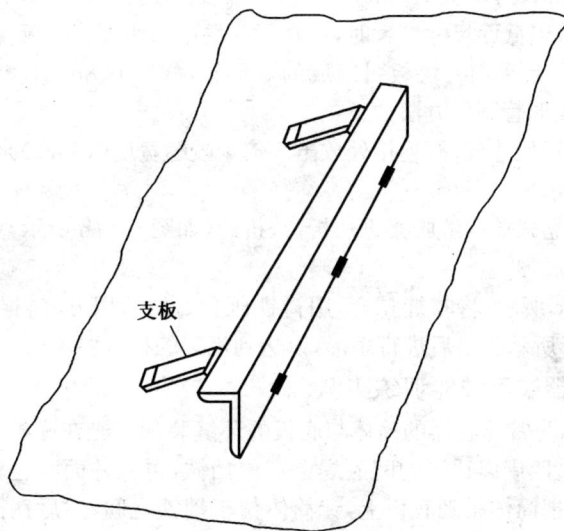

图 6-48　角钢的临时支承

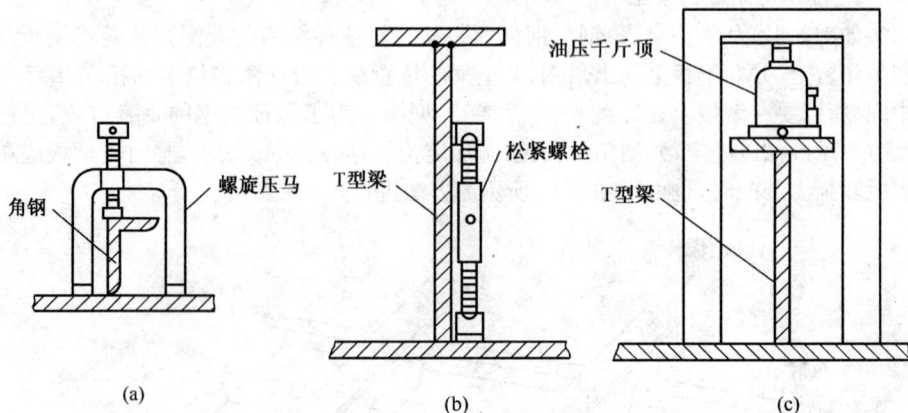

图 6-49　钢板和型钢的装配
(a)装配角钢　(b)、(c)装配 T 型梁

二、简单壳体装配技能训练实例

1. 罩壳的装配

图 6-50a 所示为带传动防护罩,制作时可采用整体展开放样,如图 6-50b 所示,把接缝布置在上下两圆弧的中间位置,可使展开图左右对称,接缝较短,剪切后沿上下半圆弧的切线处折弯,再将折弯板料的两端弯曲成形,然后焊接、矫形。

2. 矩形管的装配

矩形管的截面尺寸不大时,可用一块钢板制成,其咬缝可采用平式单咬缝,也可采用双折角咬缝;当截面尺寸较大时,通常用两块或两块以上的板料制作。

图 6-51a 所示是采用一块板料制成的矩形管,板厚 0.8mm,咬缝宽度为 6mm,位于管壁中部,矩形管制作方法如下:

①根据矩形管尺寸放样,连接处放出 3 倍于咬缝宽度(18mm)余量,并且划出折弯线,然后剪切、矫平。

②咬缝先按立式单咬缝咬接方法折弯、折边,如图 6-51b 所示,然后将板料置于方杠上按线折弯成形。

③如图 6-51c 所示,将咬缝扣合,用衬铁压紧。然后用方杠衬垫把立咬缝折弯压紧,如图 6-51d 所示。最后进行矫形,以达到规定的技术要求。

三、常压容器装配技能训练实例

图 6-52 所示为常压容器的筒体与底板的环缝装配。先在底板上划出筒体内径的圆周线,然后沿四周以适当的间隔焊上定位挡铁,再在外面和它对应的地方也焊上挡铁。装配时把筒体吊到底板上,让筒体位于挡铁之间,然后在筒体的外周对称地打入楔条,最后定位后进行焊接。

容器的筒体还可以采用如图 6-53a 所示的楔条夹具进行立装,它是用一块带孔

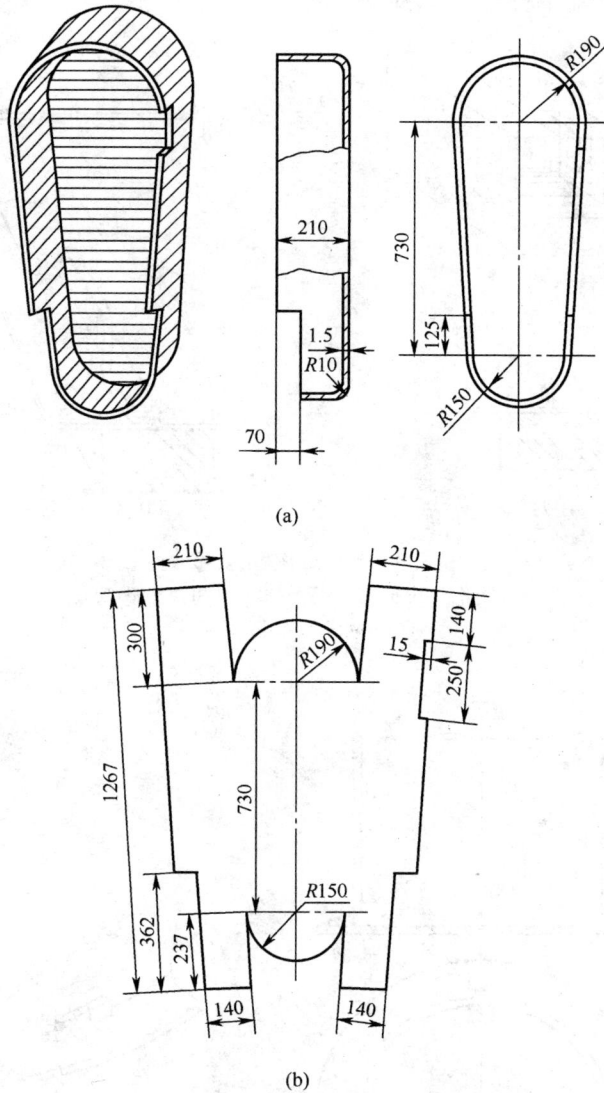

(a)

(b)

图 6-50　防护罩

（a)外形和图样　　(b)展开图

的连接板,装配时把它垫放在对接缝中,然后在筒体的内外面同时向连接板孔眼打入圆锥棒,就可以夹紧和矫正错边。

　　筒体套装时,可采用如图 6-53b 所示的方法,沿下筒体外圆每隔 200～400mm 处焊上临时挡铁作定位用,然后将另一筒节吊上,靠自重搁置在挡铁上。最后用圆锥棒夹紧,定位焊后拆除挡铁,并磨平焊疤。

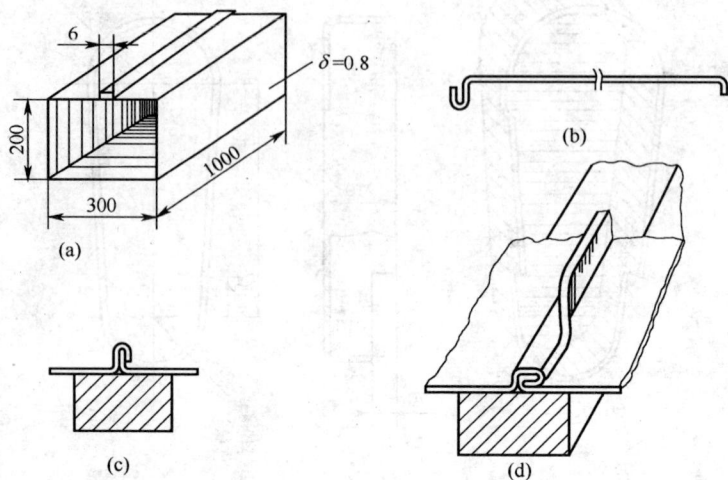

图 6-51　矩形管的装配
(a)外形　(b)折边、折弯　(c)咬缝扣合　(d)咬缝

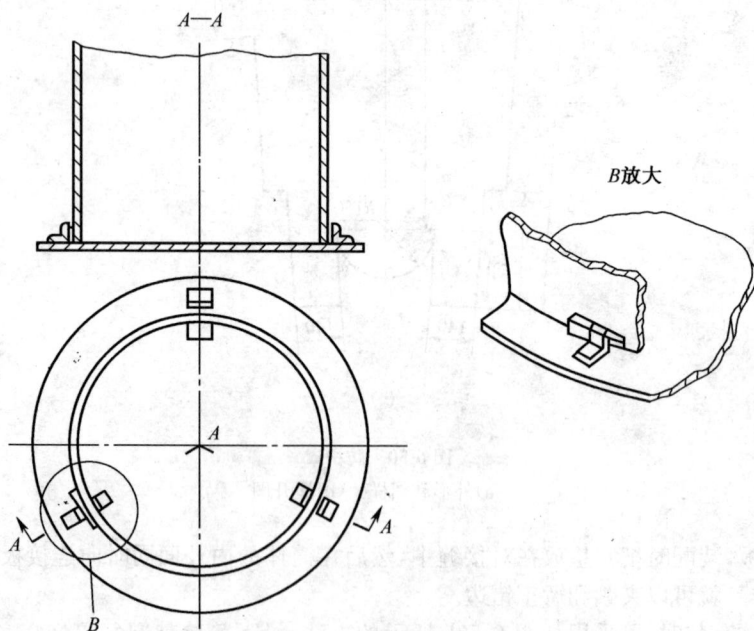

图 6-52　筒体与底板的环缝装配

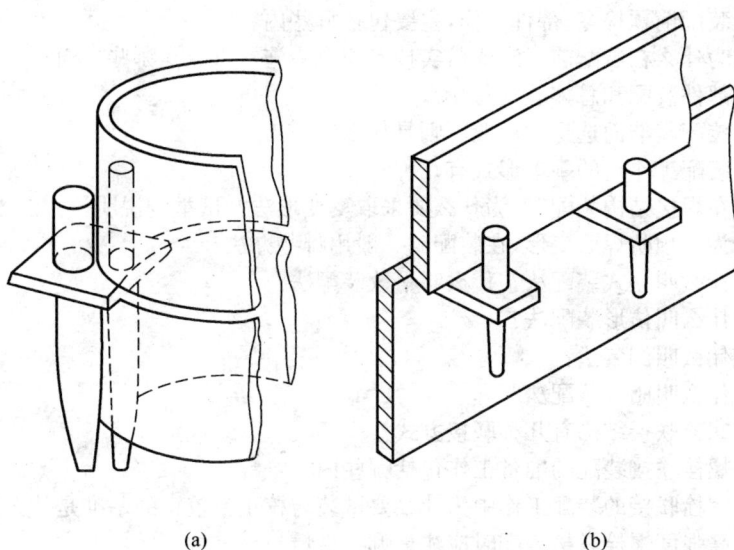

图 6-53　立装筒体环缝的方法
(a)用连接板　(b)用挡铁

复习思考题

1. 什么叫六点定位原则？它与夹紧的关系是什么？
2. 什么叫做设计基准？
3. 常用的工艺基准有哪些？
4. 设计基准与工艺基准有哪些联系和区别？举例说明。
5. 装配的度量基础是什么？常用的有哪些？
6. 垂直度的找正法有几种？试分别加以说明。
7. 试说明锥度与斜度的区别。
8. 常用的螺旋夹具有哪几种？
9. 杠杆的三点、两臂是什么？
10. 常用的杠杆夹具有哪些？
11. 什么叫楔条夹具？常用的有几种形式？
12. 什么叫偏心夹具？常用的偏心夹具有哪几种形式？
13. 什么是气动夹具？
14. 气动夹具中的单向气缸与双向气缸有何区别？
15. 什么叫液压夹具？它与气动夹具有何区别？
16. 电磁铁夹具的优点是什么？
17. 装配前布置作业场地应注意哪些问题？

18. 装配前预检零、部件工作,主要包括哪些内容?

19. 为什么在装配前一定要落实技术安全措施? 重点是哪些方面?

20. 部件装配和总体装配是什么关系?

21. 装配基准面选择的一般原则是什么?

22. 装配工作台的基本形式有几种?

23. 在焊接结构装配时,为什么要采取反变形法? 试举例说明。

24. 为了预防焊后变形,在装配时一般用哪些办法?

25. 什么叫立式装配法? 什么叫平放装配法?

26. 什么叫仿形装配法?

27. 什么叫倒装法?

28. 什么叫胎具装配法?

29. 螺栓联接结构有几种联接方式?

30. 螺栓联接装配的准备工作包括哪些内容?

31. 螺栓联接的装配工作中为什么要试装与校正? 校正的基准是什么?

32. 高强度螺栓联接装配时应注意哪些事情?

33. 在一个结构上,既有铆接,也有螺栓联接和焊接时,一般情况下,装配的次序应该怎样安排? 为什么?

第七章　连　　接

培训学习目的　掌握各种连接方法,熟悉连接时所用的各种手工工具和设备,了解连接工艺过程。

第一节　电　　焊

一、焊接的原理和分类

焊接是通过加热、加压,或两者并用,用或不用填充材料使工件达到原子间结合的一种方法。焊接分熔焊、压焊和钎焊三大类。

(1)熔焊　通过加热使连接处熔化来实现原子间的结合,这类焊接方法称为熔焊,如气焊、气体保护焊、电弧焊、电渣焊和等离子弧焊等。

(2)压焊　将物体连接处加热到塑性状态或表面局部熔化状态,同时施加压力达到原子间结合的焊接方法称为压焊,如摩擦焊、接触焊和爆炸焊等。

(3)钎焊　仅使低熔点填充金属熔化而母材不熔化的焊接方法称为钎焊。

熔焊的主要分类如下。

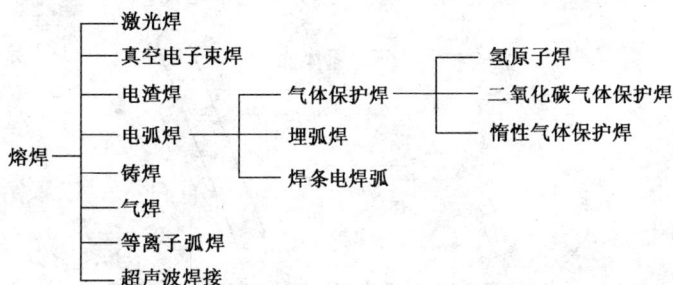

```
          ┌─ 激光焊
          ├─ 真空电子束焊
          ├─ 电渣焊                          ┌─ 氢原子焊
          ├─ 电弧焊 ──┬─ 气体保护焊 ──┼─ 二氧化碳气体保护焊
   熔焊 ──┼─ 铸焊     ├─ 埋弧焊        └─ 惰性气体保护焊
          ├─ 气焊     └─ 焊条电焊弧
          ├─ 等离子弧焊
          └─ 超声波焊接
```

二、焊条电弧焊

1. 电弧

在两个电极间的气体介质中,长时间地强烈放电称为电弧。电弧放电时,会产生大量的热和强烈的光,电弧焊就是利用电弧产生的高热来熔化焊条和焊件母材而获得牢固连接的过程。电弧是由阴极部分、弧柱部分和阳极部分组成,如图 7-1 所示。

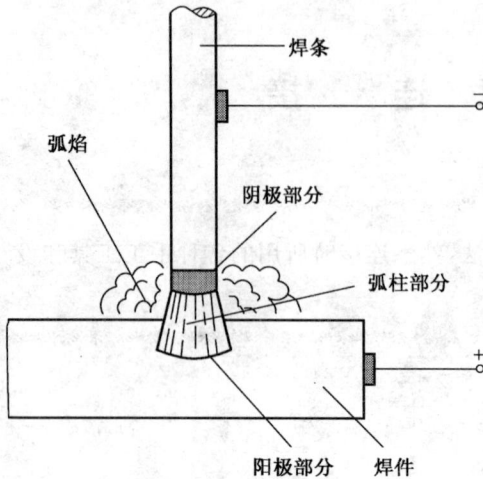

图 7-1　电弧

从图中可以看出,电弧产生于焊条与焊件之间,阴极部分位于焊条的末端,阳极部分位于焊件表面,弧柱部分位于阴、阳极部分之间,呈截锥形,四周被弧焰所包围。在电弧中一般阳极附近的温度约为 2600℃,阴极附近约为 2400℃,而弧柱中心温度可达 6000℃～7000℃。

2. 极性的选择

使用直流电焊机焊接时,焊件接正极,焊条接负极,叫做正接法。反之,焊件接负极,焊条接正极,叫做反接法。正接法焊件获得的热量高,反接法获得的热量稍低,所以极性的选择取决于焊件所需要的热量和焊条的性质,焊厚件或采用酸性焊条时一般采用正接法;焊薄板、低合金钢或采用低氢型焊条时一般采用反接法。

使用交流电焊机焊接,没有极性选择问题,因为电弧中的阴极和阳极时刻变化,焊件和焊条上产生的热量相等。

3. 焊条电弧焊操作方法

焊条电弧焊是用焊条和焊件作为两个电极,利用电弧产生的高温使焊条、焊口边缘的母材熔化,将两个分离的物体依靠冷却后的焊缝结合在一起,如图 7-2 所示。

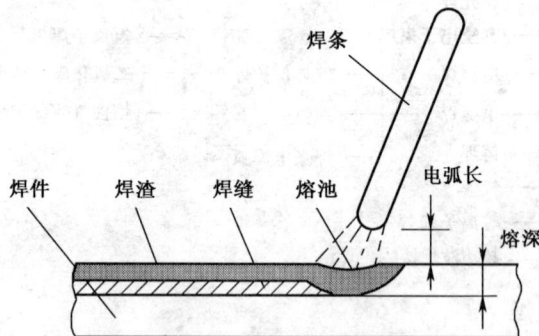

图 7-2　焊条电弧焊操作方法

焊件叫基本金属或母材,焊接时,由于电弧的吹力,使焊件上熔化的部分形成一个凹坑叫熔池,冷却后成为弧坑。焊条熔化的熔滴滴到熔池的金属叫焊着金属,属于填充材料。焊着金属和基本金属不断地熔合形成熔化的焊缝金属,冷却后形成了焊缝。焊缝表面覆盖着一层渣壳叫焊渣,焊条熔化的末端到熔池表面的距离叫弧长,基本金属表面到熔池底部的距离叫熔深。

焊接的过程实质上是一个冶金过程,焊接时,由于熔池内温度极高,熔池的体积小,存在的时间短,这样就使得这个过程变得很复杂。

(1)调整电流强度　焊前必须把焊接电流选择好,电流过大会使焊把及电缆发热、焊条前半节发红,致使药皮过早脱落,并会造成焊缝两侧咬边甚至烧穿焊件等现象,使焊缝成形困难。若电流过小,焊条容易粘在焊件上,会出现熔深不够、焊不透、夹渣和成形不好等现象。

焊接时,决定电流强度的主要因素是焊条直径和焊缝的空间位置,焊接电流强度与焊条直径的关系一般可用下面经验公式表示

$$I = 10d^2 \tag{6-1}$$

式中,I 为焊接电流强度(A);d 为电焊条直径(mm)。

按上式计算出的焊接电流强度,只是一个参考值,在实际生产中还应考虑其他因素的影响。平焊可以选用高一点的电流强度进行焊接;立焊和仰焊可按照平焊时的电流强度酌减 $10\% \sim 20\%$。

对没有电流刻度表的电焊机,可用试焊的方法来调整电流。若电弧吹力大,焊条熔化的速度快、熔池深、飞溅及弧焰大,焊缝低平且不规则,并有咬边现象,说明电流强度大了;若电弧吹力小,焊条熔化速度慢、熔池浅、飞溅及弧焰小,焊肉窄而高,与母材熔合很不平整,甚至有时引弧都很困难,说明电流强度小了。若电弧吹力、焊条的熔化速度、熔池深浅、飞溅及弧焰都适当,熔渣与铁水容易分离及辨别,焊缝波形均匀美观,说明电流强度适中。

(2)引弧　开始焊接先要引燃电弧,简称引弧,引弧方法通常有摩擦引弧法和直击引弧法两种,如图 7-3 所示。摩擦引弧法是将焊条像擦火柴一样在焊件上划动

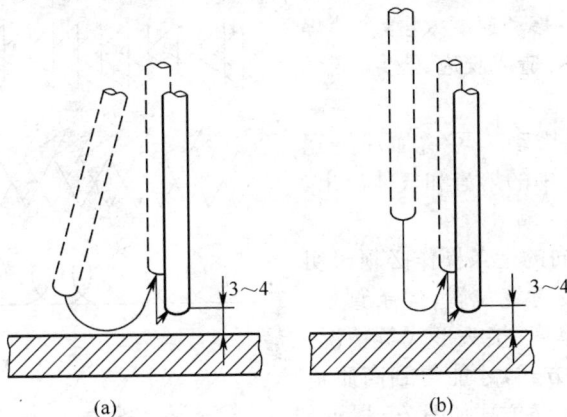

图 7-3　引弧方法
(a)摩擦法　(b)直击法

一下,引着电弧后,立即使焊条末端与焊件表面的距离保持在 3~4mm 的高度,以便维持电弧稳定燃烧;直击引弧法是用焊条末端轻轻地垂直碰击焊件表面,引着电弧后便迅速提起焊条,并使末端与焊件表面保持 3~4mm 的高度,维持电弧燃烧。

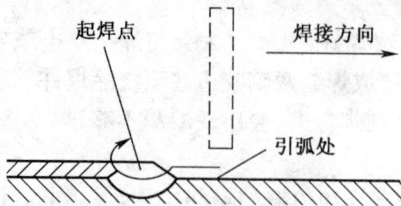

图 7-4 断弧后的引弧位置

焊接过程中更换焊条后的引弧,均应在起焊点前面 15~20mm 处引弧后,将电弧移回起焊点,稍停片刻再焊,可使焊缝成形整齐美观,如图 7-4 所示。也可以在焊件旁边放置小块铁板作为引弧板,引弧后再将电弧移至焊件上,适用于焊件较小或焊接表面比较讲究的场合。

(3)运条 指电弧引燃后,焊条在焊接过程中的运动,其运动方向有 3 个,即沿焊条中心线方向的送给运动、沿焊缝方向的移动和横向摆动。

①沿焊条方向的送给运动 焊接过程中焊条被电弧熔化变短,为了保持一定的弧长,不断提供填充金属,焊条必须沿中心线方向送进。送进的速度一般通过观察电弧的长短而定,送进速度太快,弧长将缩短,最终发生焊条与焊件粘结;送进速度太慢,电弧拉长会造成断弧。

②焊条沿焊缝方向移动 为了形成一条连续的焊缝,移动的速度由焊条直径、焊接电流、焊件厚度和焊缝位置等决定。移动速度太快,焊缝熔深太小,易造成未焊透等缺陷;移动速度太慢,会使焊缝过高、焊件过热,造成咬边、烧穿、变形增加等缺陷。

③焊条横向摆动 可增加焊缝宽度,还有利于熔池中的熔渣和气体浮出,改善焊缝质量。

以上 3 个方向的运条操作必须密切配合,根据不同的焊缝位置、焊条直径、焊接电流、焊件厚度、接头形式等情况,采用适当的运条方式,才能得到高质量的焊缝。常用的运条方式如图 7-5 所示。

(4)焊缝 不同的结构对焊缝的技

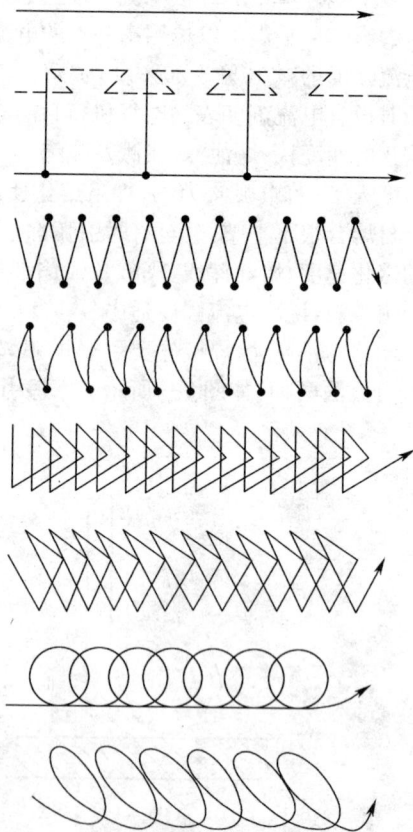

图 7-5 常用的运条方式

术要求,应在焊接件的图样中用文字或符号标注说明。

(5)熄灭电弧　又称熄弧。在焊缝收尾时,容易产生较深的弧坑,使该处强度减弱、应力集中而产生裂纹。为此在焊接收尾灭弧时,焊条应停止移动,稍停片刻,慢慢地拉断电弧,也可以回焊一小段后再熄弧。焊接重要焊件时,应设置熄弧板,可在焊件外熄弧。

4. 焊条

在焊接过程中,焊条一方面传导焊接电流,另一方面又是焊缝的金属填充物。为了保证焊接接头的力学性能,不产生气孔、夹渣、裂纹等缺陷,正确地选用焊条是确保焊接质量的重要环节。

(1)焊条的组成　如图 7-6 所示,焊条可分为工作部分和尾部。工作部分供焊接用,尾部供焊把夹持用。电焊条是由焊芯和涂药组成。

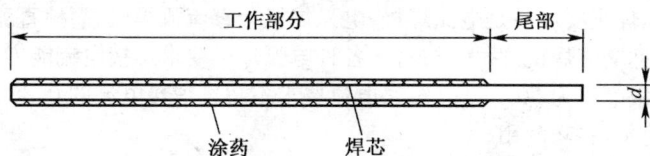

图 7-6　焊条的组成

焊芯的主要作用是传导焊接电流和填充焊缝。其材料有碳素结构钢、合金结构钢和不锈钢三大类。

涂药的主要作用是造气、造渣,改善电弧的燃烧条件、防止液体金属和空气接触而氧化,使金属缓慢冷却,保护焊缝。

(2)焊条的分类　根据焊条涂药熔化后熔渣的特性,可分为酸性焊条和碱性低氢型焊条。

①酸性焊条　涂药成分主要是些氧化物,这类焊条对铁锈不敏感,但是焊接后焊缝金属的冲击韧性较差,所以只适于焊接低碳钢和不太重要的结构钢。钛型、铁钙型焊条就属于此类。

②碱性低氢型焊条　涂药成分主要是碳酸盐和萤石等,这类焊条焊接后焊缝金属的力学性能好,适于焊接高强度的低合金钢和特种性能的合金钢。

国家标准《焊条分类及型号编制方法》中规定,按焊条的用途,焊条分为结构钢焊条(低碳钢、低合金高强度钢焊条)、钼和铬耐热钢焊条、低温钢焊条、不锈钢焊条、堆焊焊条、铸铁焊条、镍及镍合金焊条、铜及铜合金焊条、铝及铝合金焊条、特殊用途焊条10种。

(3)焊条的规格　焊条的规格按焊芯直径大小分为 1.6mm、2.0mm、2.5mm、3.2mm、4.0mm、5.0mm、5.8mm、6.0mm、7.0mm、8.0mm 等。按长度分为 250mm、300mm、350mm、400mm、450mm 等。

(4)焊条的选用

①按母材的力学性能和化学成分选用焊条。如低碳钢、中碳钢等普通低合金钢

可选用强度等级和母材相同或略高一些的焊条,但不能过高;对于特种钢、耐腐蚀钢等要选用主要合金元素相同或相近的焊条;如果母材的含碳量较高,或含硫、磷较高,焊后易裂时,可选用抗裂性较好的焊条,如碱性低氢型焊条。

②按焊件的工作条件和使用性能选用焊条。当要求冲击韧度和伸长率较高时,最好选用碱性低氢型焊条。当焊接部位有铁锈、油污等很难清理干净的情况下,应选用酸性焊条。

此外还要考虑构件的大小、焊接设备的条件、劳动条件和成本等因素。

(5)焊条的保存　焊条要储存在通风良好及干燥的地方,特别注意防潮,对于轻微受潮的焊条可烘干后再用或降级使用,严重受潮或涂药脱落者不能使用。焊条必须分类堆放,不能混杂,以防误用。

5. 电弧焊机

焊条电弧焊主要设备是电弧焊机,电弧焊机分直流弧焊机(简称直流焊机)和交流弧焊机(简称交流焊机)两大类,对于各种电弧焊机要求焊接电流能方便地进行调节,焊机的空载电压为 $50 \sim 80V$,短路电流要求不超过焊接电流的 $0.25 \sim 1$ 倍,焊机结构应力求简单,轻巧耐用。

(1)直流弧焊机　分为旋转式和硅整流式两种。

①旋转式直流弧焊机　其型号有 AX-320 等,如图 7-7 所示。旋转式直流弧焊机的型号含义如下:

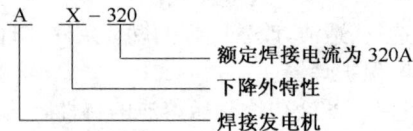

$$A \quad X - 320$$

额定焊接电流为 320A
下降外特性
焊接发电机

旋转式直流弧焊机虽然焊接电弧稳定,但由于制造成本高、能耗大,使用时具有噪声严重、空载损耗大等缺点,已逐步被硅整流弧焊机等代替。

②硅整流直流弧焊机　利用整流器将交流电变为直流电,由交流焊接变压器和整流器两部分组成。交流焊接变压器的作用是获得可调节的交流电;整流器的作用是将交流电变成直流电。它没有旋转部分,具有噪声小、耗电少、节省材料、成本低和制造维修容易等优点。

图 7-7　AX-320 型旋转式直流弧焊机

（2）交流弧焊机 其降压变压器具有下降外特性，焊接电流为交流电，它具有结构简单、成本低、使用可靠和维修容易等优点。

交流弧焊机的形式较多，如图 7-8 所示为 BX1-330 型交流弧焊机。焊接电流的调节有粗调和细调两种，粗调是通过改变接线板上的接线位置来达到；细调是通过转动手柄来实现。

交流弧焊机的型号含义如下：

图 7-8　BX1-330 型交流弧焊机

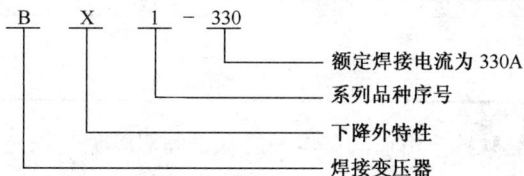

B X 1 - 330

　额定焊接电流为 330A

　系列品种序号

　下降外特性

　焊接变压器

BX1-330 型焊接变压器的一次侧电压为 220V 或 380V，电流调节范围为 50～450A，二次侧空载电压为 70V，额定负载持续率为 65％，额定焊接电流为 330A。

6. 辅助工具和劳保用品

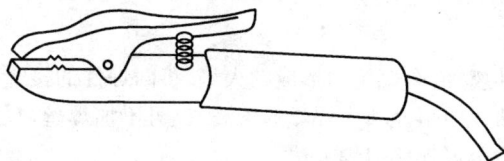

图 7-9　电焊钳

（1）电焊钳 也叫焊把，其作用是夹住焊条和传导电流，如图 7-9 所示。电焊钳要求导电性能好、质量轻、夹持焊条要牢，以及装换焊条方便等。电焊钳的导电部分采用铜材料，手柄采用绝缘材料。

（2）面罩 作用是保护焊工的面部免受强烈的电弧光和金属飞溅的灼伤，有手持式和头戴式两种，如图 7-10 所示。面罩上的护目玻璃可降低电弧光的强度，并能过滤红外线和紫外线，焊工通过护目玻璃观察和掌握焊接过程。护目玻璃片的选择可参考表 7-1。

（3）焊接电缆 共有两根，一根从电焊机引出连接电焊钳；另一根从电焊机引出连接焊件。焊接电缆应柔软、具有良好的导电能力，外壳应有良好的绝缘层，避免发生短路或触电事故；长度应根据使用的具体情况来决定，一般不宜过长；缆芯截面面积大小主要根据焊接电流的大小来决定。

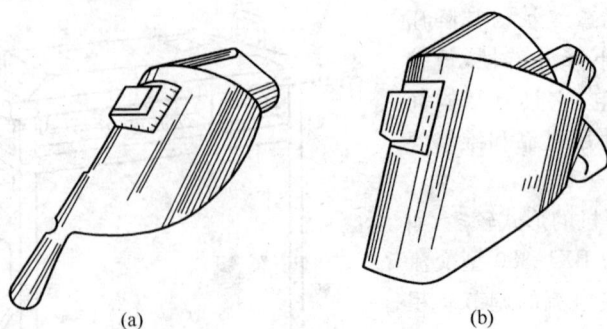

(a) (b)

图 7-10 面罩

表 7-1 护目玻璃片的选择

护目玻璃色号	玻璃片颜色	适用焊接电流/A
9	较浅	<100
10	中等	$100\sim350$
11	较深	>350

（4）手套和绝缘胶鞋　用来保护焊工的双手和双脚免受弧光和飞溅物的损伤，并有绝缘作用。

第二节　气　焊

一、气焊原理和设备

气焊是利用可燃气体和氧气（助燃）混合燃烧而形成的火焰，将两焊件的接缝处加热到熔化状态形成熔池，然后不断地向熔池填充焊丝的熔滴，也可不加焊丝，只靠焊件本身熔化，使接缝熔合成一体的金属连接熔焊方法。

气焊所用的设备与工具基本上与氧乙炔气割相同，只是用焊炬代替割炬。气焊设备有乙炔发生器（或乙炔瓶）、氧气瓶以及回火防止器，也叫保险壶；气焊工具有焊炬（也叫焊枪）、减压器及橡胶管等，如图 7-11 所示。

焊炬是气焊时使用的主要工具，用来混合气体并产生稳定的燃烧火焰。焊炬按可燃气体与氧气混合物的方式分为射吸式和等压式两类，其中射吸式用途最广泛。

射吸式焊炬的外形如图 7-12 所示，氧气以较高的压力经调节阀进入焊炬，从喷嘴以很大的速度喷入射吸室。由于高速氧气通过时，在喷嘴口四周形成很大程度的真空，就强制地把经由乙炔调节阀进入喷嘴四周的低压乙炔吸引出来，在射吸管中互相混合后由焊嘴喷出。由于喷嘴的射吸作用，焊炬在乙炔压力大于 0.001MPa 时就能使用，也可使用中压乙炔。

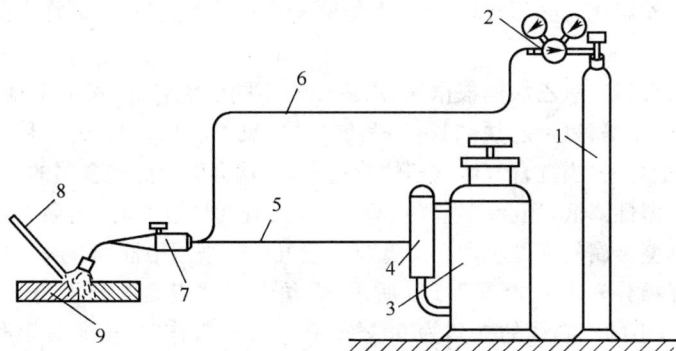

图 7-11 气焊设备和工具
1. 氧气瓶 2. 氧气减压阀 3. 乙炔发生器 4. 回火防止器
5. 乙炔器橡皮管 6. 氧气橡皮管 7. 焊炬 8. 焊丝 9. 焊件

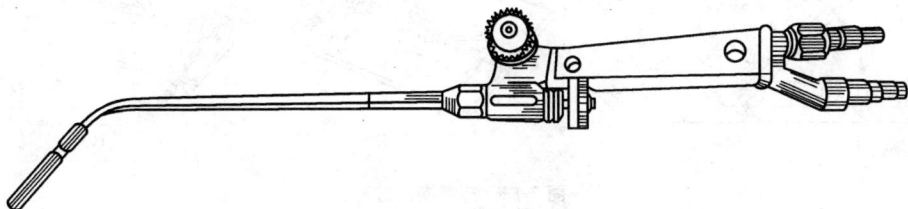

图 7-12 射吸式焊炬

射吸式焊炬在焊接过程中,混合气体的成分不够稳定,这是因为焊接时焊件上的热量反射到焊炬的混合管上,使混合气体的温度上升,通道内混合气体的压力也相应增高。这样就增加了氧气和乙炔流出的阻力,尤其是乙炔,因为其压力低,所受的影响大。而氧气压力高,影响就小,致使氧气与乙炔的混合比发生变化,造成混合气体成分的改变。严重时会影响焊接质量,产生回火和"叭、叭"的响声,这时应关闭乙炔调节阀,并把焊嘴浸入水中冷却。

焊炬使用中常常产生漏气及焊嘴和气路被堵塞,使焊炬射吸能力降低,火焰不能正常调节,甚至熄灭或接头处冒小火苗,严重时会"叭、叭"作响。造成漏气的原因,主要是由于联接螺母松动、气阀密封垫损坏等,螺母松动主要出现于焊炬与焊嘴接头、混合管与主体气阀的密封螺母及橡皮管接头处,需拧紧螺母;气阀的密封垫圈损坏时,应更换或用石棉绳(最好浸过石蜡)作密封填料。

二、气焊工艺

气焊工艺参数是保证气焊质量的主要技术依据,气焊工艺参数通常包括焊丝成分、焊丝直径、火焰的成分、焊炬的倾斜角度、焊接方向和焊接速度等。

(1)焊丝直径 主要根据焊件厚度来选择,焊丝直径如果选得过小,焊接时会发生焊件尚未熔化而焊丝已熔化下滴,会造成焊缝熔化不良;如焊丝直径相对于板厚选得过大,焊丝熔化就必须经较长时间加热,造成焊件受热过大,同样会降低焊缝质量。

(2)焊接火焰 氧乙炔焰根据氧、乙炔体积不同的混合比,可分中性焰(氧∶乙炔=1∶1)、碳化焰(氧∶乙炔<1∶1)和氧化焰(氧∶乙炔>1∶1)3种。气焊的火焰与焊接质量有关,当混合气体内乙炔量过多时,就会引起焊缝金属的渗碳,使焊缝的硬度增高,塑性降低,还会产生气孔等缺陷;当氧气量过大时,则会引起焊缝金属的氧化,使焊缝金属的强度和塑性降低。一般气焊时采用中性焰。

(3)气焊操作方法 如图 7-13a 所示,焊丝与焊件表面的倾斜角一般为 $30°\sim40°$,焊丝与焊炬的中心线的夹角为 $90°\sim100°$。气焊操作时,按照焊炬和焊丝移动的方向分为左向焊法和右向焊法两种,如图 7-13b、c 所示。

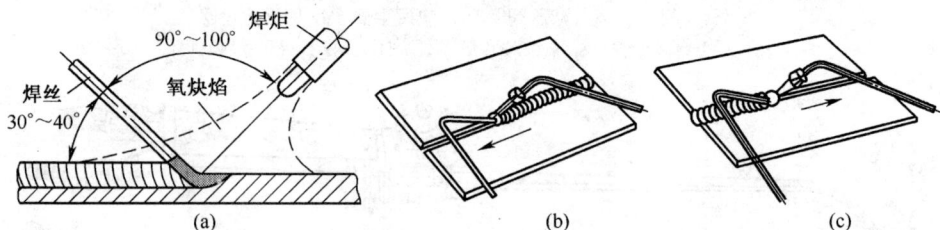

图 7-13　气焊操作方法
(a)焊炬与焊丝对于焊件的相对位置　(b)左向焊法　(c)右向焊法

①左向焊法　焊丝和焊炬都是自右向左移动,焊丝位于焊接火焰之前,这种焊法因火焰指向工件未焊的冷金属,所以热量散失一部分,焊薄件时不易烧穿。左向焊法熔池看得清楚,操作简便,但焊厚件时因受热区域较大,生产率较低。

②右向焊法　焊丝与焊炬自左向右移动,焊丝在焊炬后面,火焰指向焊缝,所以热量损失少,熔深较大,焊接过程中火焰始终保护着焊缝金属,使之避免氧化,并使熔池冷却缓慢,改善了焊缝金属组织,减少气孔夹渣。同时,因热量集中,金属受热区小,因而焊缝质量较高。但右向焊法焊丝阻挡了焊工视线,熔池看不清楚,操作不方便,所以除焊厚件外,一般很少采用。

在焊接过程中,为获得优质美观的焊缝,焊炬和焊丝应沿焊缝的纵向和横向做均匀协调的摆动。

第三节　铆　　接

一、铆接原理和分类

利用铆钉把两个或两个以上的零件或构件(通常是金属板或型钢)连接为一个整体的连接方法称为铆接。用工具连续捶击或用压力机压缩铆钉杆端,使钉杆充满钉孔并形成铆钉头,如图 7-14 所示。

铆接的主要优点是工艺简单、连接可靠、抗振和耐冲击。与焊接相比,其缺点是结构笨重,铆钉孔削弱了被连接件截面的强度,一般可使强度降低 15%～20%,劳动强度大,噪声大,生产率低,因此铆接的经济性和致密性都不如焊接。

由于焊接和高强度螺栓联接技术的发展,铆接的应用已趋减少,只是在承受严重冲击或剧烈振动载荷的金属结构上,或焊接技术受到限制的场合使用,如起重机的构架、铁路、桥梁、建筑、造船、重型机械等。此外,非金属构件的连接有时也采用铆钉连接,如制动闸中的摩擦片。

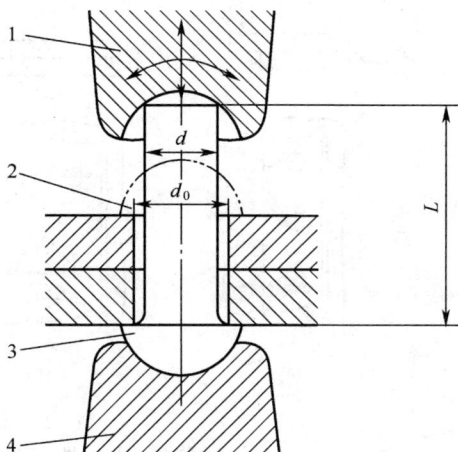

图 7-14　铆接
1. 罩模　2. 铆钉头　3. 预制头　4. 顶模

根据构件的工作要求和应用范围不同,铆接可分为强固铆接、紧密铆接和密固铆接。

(1)强固铆接　要求铆钉钉杆能承受大的作用力,保证构件有足够的强度,以保证在重压和施力状态下不会产生弯曲变形,而对接合缝的严密度无任何要求。强固铆接主要用于屋架、桥梁、车辆、立柱和横梁。

(2)紧密铆接　铆钉不能承受大的作用力,但接缝要求绝对紧密的铆接,可达到不漏水、漏气。一般常用于储藏液体介质或气体的薄壁结构,如水箱、气箱和油罐。

(3)密固铆接　要求连接构件承载大、接缝绝对紧密的铆接,如压缩空气罐、高压容器和压力管道等。

二、铆接形式

1. 钢板与钢板的铆接

(1)搭接　如图 7-15 所示,根据构件的技术要求不同按铆钉的排数分类,有单排、双排、多排。按排列的形式分为并列和交错两种。搭接形式铆钉承受剪切力。

(2)对接　如图 7-16 所示,将两块钢板置于同一平面利用盖板连接,盖板有单盖板和双盖板两种形式。每种形式又根据主板上铆钉的排数分为单排、双排和多排。排列形式分为并列和交错两种。对于双盖板的形式,铆钉承受双剪切力。

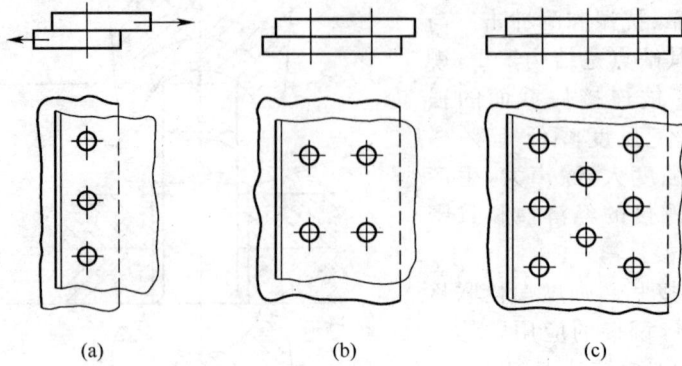

图 7-15　搭接
(a)单排　(b)双排(并列)　(c)多排(交错)

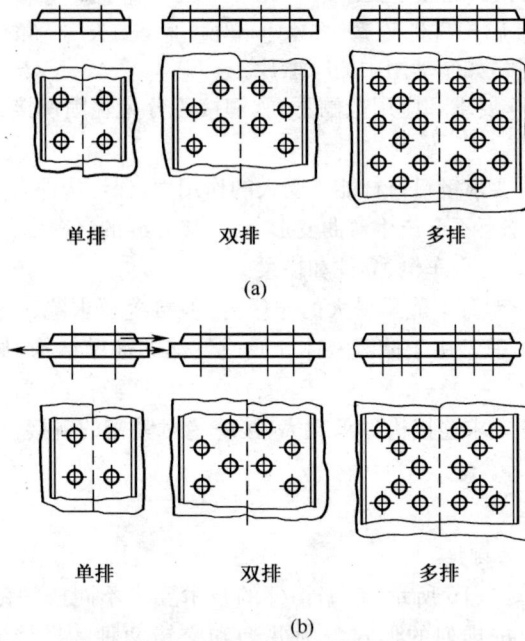

单排　　　　双排　　　　多排

(a)

单排　　　　双排　　　　多排

(b)

图 7-16　对接
(a)对接单盖板式　(b)对接双盖板式

2. 型钢与型钢的铆接

型钢的铆接可采用角钢作盖板,保证连接具有足够的刚度。角钢的背棱必须除去棱角,以便于所连接的角钢能够紧密贴合;角钢的截面尺寸应与所连接的角钢的规格一样;大角钢如能布置两排铆钉,则可用平板作盖板复接,如图 7-17 所示。

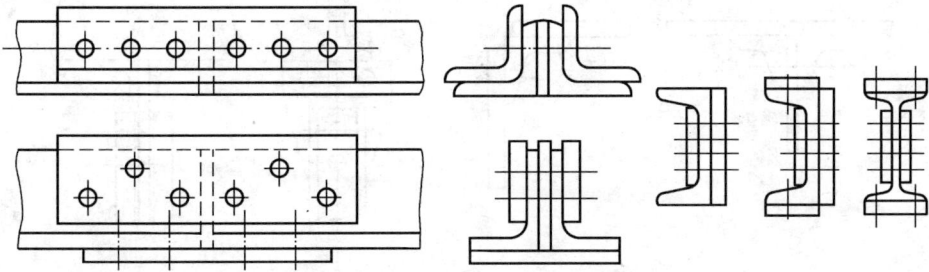

图 7-17 型钢与型钢的铆接

3. 型钢与钢板的铆接

型钢与钢板的铆接形式是搭接,如图 7-18a 所示。当受力很大时,需要很多的铆钉,为了连接紧凑起见,可借助于短角钢加固,短角钢与型钢之间也用铆钉连接。在桁架结构中,常用一块连接板(钢板)将各杆件(角钢)连接在一起,如图 7-18b 所示。

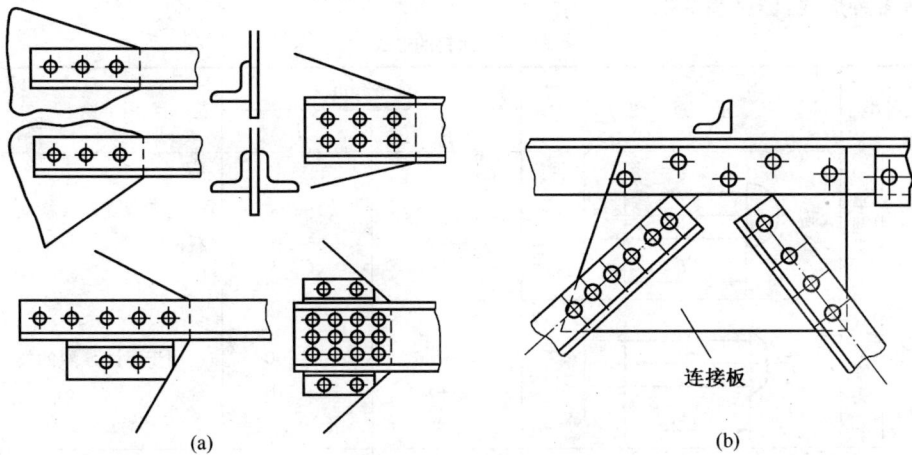

(a)   (b)

图 7-18 型钢与钢板的铆接

(a)搭接 (b)用连接板

4. 构件互成直角的铆接

两块钢板或两种型钢构件需要连接成丁字形或直角形,一般都用角钢连接,如图 7-19 所示。用于角钢和槽钢的铆接、角钢和工字钢的铆接,在桁架结构中应用最为广泛。

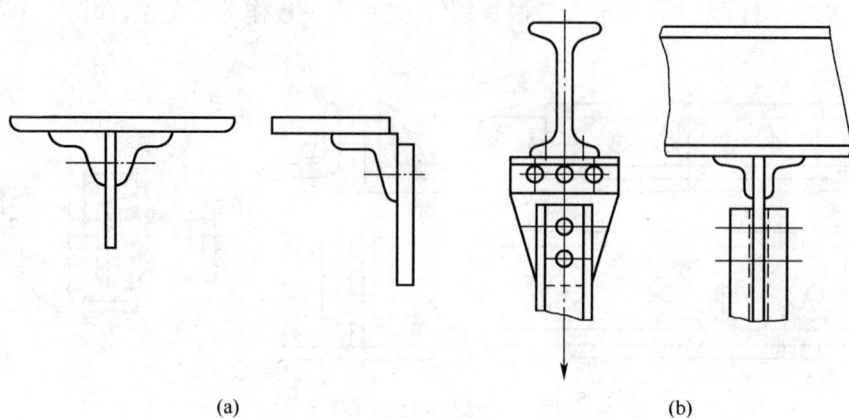

图 7-19 构件互成直角的铆接

(a)钢板铆接 (b)型钢铆接

三、铆接工具

1. 铆钉

铆钉分实心和空心两种。实心铆钉按钉头的形状有半圆头、平锥头、沉头、平头等多种形式,详见表 7-2。

表 7-2 铆钉的形式

种类		示意图	规格/mm		用途
			d	L	
实心铆钉	半圆头		12~36 0.6~16	20~200 1~110	用于承受较大横向载荷
	平锥头		12~36 2~16	20~200 3~110	用于腐蚀强烈的场合
	沉头		12~36 1~16	20~200 2~100	用于表面平滑、受载不大的铆接
	半沉头		12~36 1~16	20~200 2~100	用于表面光滑、受载不大的铆接

续表 7-2

种类		示　意　图	规格/mm		用　途
			d	L	
实心铆钉	平头		2～10	4～30	用于强固铆接
	扁圆头		1.2～10	1.5～50	用于薄板和非金属材料的铆接
空心铆钉			1.4～6	1.5～15	用于受力不大的薄金属制件及非金属制件的铆合
标牌铆钉			1.6～5	3～20	用于产品标牌与机体之间的铆合

（1）半圆头铆钉　用于承受较大横向载荷的接合缝,如桥梁、钢架和车辆等钢结构。

（2）沉头或半沉头铆钉　用于表面必须平滑,并且受载不大的接合缝,如经机械加工过的构件。

（3）空心铆钉　由于质量轻,铆接方便,但钉头强度小,适用于轻载构件,如电子线路及有色金属的连接。

2. 铆钉直径、长度和孔径的确定

（1）铆钉直径的确定　铆钉直径与板料厚度的一般关系见表 7-3。

表 7-3　铆钉直径与板料厚度的一般关系　　　　　　　　　　　　　　　（mm）

板料厚度	5～6	7～9	9.5～12.5	13～18	19～24	25 以上
铆钉直径	10～12	14～25	20～22	24～27	27～30	30～36

注:表内的数据,应以板料的厚度为准,而板料厚度的确定应按下列 4 条原则:

①板料与板料搭接铆接时,如厚度接近,可按较厚钢板的厚度计算;

②厚度相差较大的钢板铆接时,以较薄板料的厚度计算;

③板料与型钢铆接时,以两者的平均厚度确定;

④板料的总厚度,不应超过铆钉直径的五倍。

铆钉直径可按下列公式计算,如板料较厚的等强度铆接,应考虑采用双排或多排铆钉。

$$d=\sqrt{50t}-4 \tag{6-2}$$

式中，d 为铆钉直径(mm)；t 为板料厚度(mm)；50 及 4 为常数。

（2）铆钉长度的确定　若铆钉杆过长，铆钉的镦头就过大，钉杆容易弯曲；如铆钉杆过短，则镦粗量不足，镦头成形不完整，会降低铆接的强度和紧密性。铆钉杆长度应根据被铆接件总厚度、铆钉孔与铆钉的间隙、铆接方法等因素来确定。常用的几种铆钉长度计算公式都是按标准孔径考虑的，对于铆钉孔不符合标准或强固铆接的铆钉，应适当增加钉杆长度。

①半圆头铆钉　　$L=(1.65\sim1.75)d+1.1T$ $\qquad$ (6-3)

②半沉头铆钉　　$L=1.1d+1.1T$ $\qquad$ (6-4)

③沉头铆钉　　$L=0.8d+1.1T$ $\qquad$ (6-5)

式中，L 为铆钉杆长度(mm)；d 为铆钉直径(mm)；T 为被连接件总厚度(mm)。

铆钉杆长度计算结果，可通过试验最后确定。

（3）铆钉孔径的确定　铆钉直径与通孔直径之间的关系见表7-4。

表7-4　铆钉直径与通孔直径之间的关系 (mm)

铆钉直径 d		～2.5	3.35	4	5～8	10	12	14、16	18	20～27	30、36
通孔直径	精装配	$d+0.1$			$d+0.2$	$d+0.3$	$d+0.4$	$d+0.5$		—	
	粗装配	$d+0.2$	$d+0.4$	$d+0.5$	$d+0.6$		$d+1$		$d+1$	$d+1.5$	$d+2$

注：①对于多层板料强固铆接时，钻孔直径应按标准孔径减少1～2mm铆接前铰孔余量；

②凡冷铆的铆钉孔直径应尽量接近铆钉杆直径；

③如板料与角钢等非容器结构铆接时，铆钉孔直径可加大2%。

3. 铆接工具

用于铆钉直径较小的铆接工具有铆钉锤(也叫刨锤)、"窝子"及抱钳，如图7-20所示。铆钉的形状及质量完全靠人力捶打来保证。

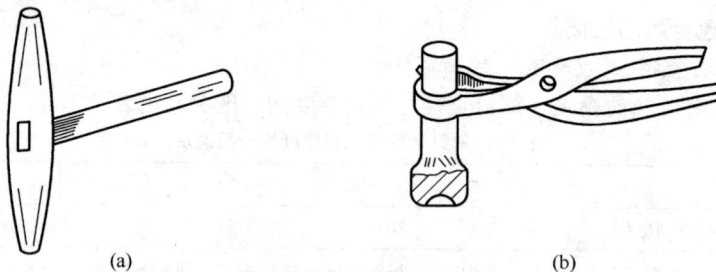

图7-20　铆钉锤及窝子

（a)铆钉锤　(b)窝子

用于铆钉直径较大的铆接工具有铆钉枪，又称风枪，如图7-21所示。它的优点是体积小、操作方便、不受场地限制，上下左右都可使用，尤其在高空作业时更为方便；缺点是操作时需要较大的体力，噪声大。铆钉枪体前端孔内可安装各种窝子及冲头,用于铆铆钉或冲出钉杆。

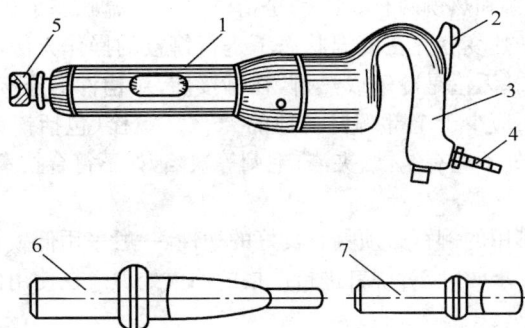

图 7-21 铆钉枪
1. 枪体 2. 开关 3. 手把 4. 管子接头
5. 窝子 6. 铆平头(铆平钉用) 7. 冲头

较大型的铆接设备有铆接机,如图 7-22 所示。它与其他铆接工具的区别主要有三点:

①铆接机是压力机器,而不是捶击式工具;

②它有铆铆钉和冲出钉杆的两种功能;

③铆铆钉时的镦头和冲出钉杆的力均来自于机械。

铆接机有固定式和移动式两种,固定式生产效率高,但设备费用较高,适于专业生产;移动式工作灵活,应用广泛。铆接机有气动、液压和电动 3 种。

铆接机是利用液压或气压产生压力使钉杆变形并形成铆钉头,因此在工作时无噪声。由于铆接机产生的压力较大而且均匀,所以铆接强度较高,同时钉头表面也光洁。

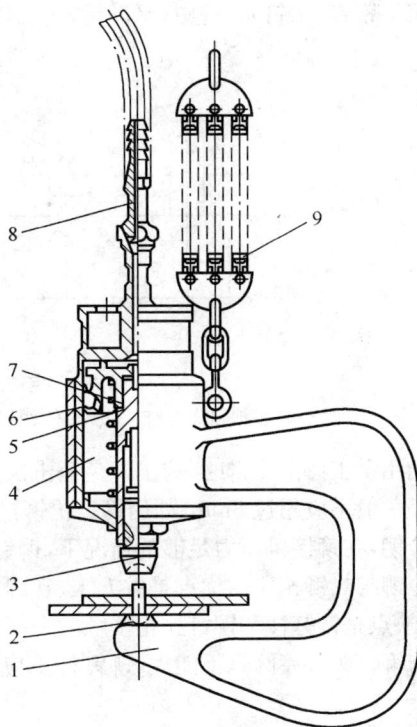

图 7-22 液压式铆接机
1. 机架 2. 顶模 3. 罩模 4. 油缸 5 活塞
6. 密封垫 7. 弹簧 8. 管接头 9. 弹簧

四、铆接的操作方法

铆接操作分冷铆和热铆两种。冷铆是指铆钉在常温状态下进行铆接的操作方法,热铆是指铆钉加热变软并在高温状态下进行铆接的操作方法,热铆又有全部加热和局部加热两种。无论是冷铆或热铆,在铆接前,对构件的连接紧密情况都应进行检查,装配螺栓不应少于全部铆钉孔数的25%。螺栓(包括销钉)应均匀分布在被连接件上。铆接处不应有锈蚀、夹渣、毛刺等缺陷,如不符合技术要求须经处理后再行铆接。

(1)冷铆 冷铆用的铆钉必须具有良好的塑性,一般采用低碳钢、铜或铝等材料制成,有特殊技术要求时,应对铆钉进行严格的回火处理。在使用低碳钢铆钉时,冷铆前必须将铆钉退火。

冷铆铆钉的方法如图7-23所示,把铆钉穿入铆钉孔内,用顶把使铆钉头与板件靠严、顶住,再把铆钉杆伸出部分镦粗。如用手锤铆半圆头铆钉,则要在镦粗处呈伞状后,用半圆头窝子扣住镦头,捶击窝子柄端,并沿镦头各方向倾斜旋转,边旋转边用捶击,使捶击力量通过窝子作用在铆钉的镦头上,以获得正确的半圆形铆钉头。如铆沉头铆钉(平钉),用锤打平即可。

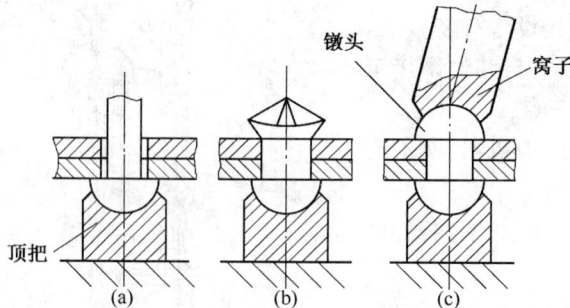

图7-23 手工冷铆铆钉
(a)顶把顶住铆钉   (b)将铆接杆镦粗   (c)用窝子使镦头成形

如用手工捶击冷铆时,为了避免捶击次数过多,引起材质冷作硬化产生裂纹,铆钉直径一般不应超过8mm;如用铆钉枪铆接,铆钉直径一般不应超过13mm;如用铆接机冷铆,在铆接机压力足够的情况下,铆钉直径可为20mm。

冷铆与热铆相比的优点是省人工、省燃料、操作方便、生产效率高、铆合紧密,质量好;缺点是铆钉杆和铆钉孔相接触的表面粗糙度精度要求较高,对铆钉的要求高,钉杆与铆钉头过渡圆弧不能大,铆钉杆不应有锥度,因此铆钉和钉孔的加工工时较多。

(2)热铆 铆钉因受热变软,塑性增加,可减少铆接时所需的外力。适于铆钉材质塑性较差、易产生冷作硬化、铆钉直径较大等场合。热铆铆钉在高温状态被铆接后,冷却后会收缩,并且沿铆钉轴线方向收缩量较大,因此,铆钉杆会产生一定的应力。应力愈大,被铆接件间的摩擦力也愈大,连接强度也愈高。铆钉加热的温度愈高,板件的受热程度就愈大,则铆钉杆的应力就愈小,所以对铆钉的加热温度应尽量低。一般情况下,用手工铆接或用铆钉枪铆接时,铆钉加热温度应在 1000℃～1100℃之间。铆接机铆接时,铆钉温度可在 650℃～750℃之间。铆钉的终铆温度应在450℃～600℃之间,终铆温度过高,会降低钉杆的初应力;终铆温度过低,铆钉会发生蓝脆现象。因此,铆接的过程应在尽可能短的时间内完成。

热铆铆钉时,铆钉需在铆钉加热炉中加热。在一般情况下,采用手工热铆铆钉的操作当中,一组(俗称一盘架)成员由 5 人组成,其中,烧铆钉、掌钳、顶钉、打大锤各一人,另一人则负责接钉、穿钉、卸螺栓等项工作。使用铆钉枪或铆接机铆接时,一般需要 4 个人操作。

热铆铆钉的操作要"趁热打铁"、动作迅速,以防铆钉因体积小、降温快而影响铆接质量。热铆时还需要一些专用工具,如铆钉加热炉、烧钉钳、接钉桶等。

(3)局部加热铆接 是将铆钉穿入铆钉孔内,并把铆钉头顶严,再在伸出的铆钉杆端进行加热。常采用电阻法或氧炔焰加热,使铆钉杆达到铆接温度后铆出镦头。它的优点是在加热铆钉时,操作方便、导热甚微、铆接质量较好;缺点是加热效率较低,温度不易控制,稍有不慎,铆钉温度容易过火。

五、铆接常见质量缺陷、产生原因及处理方法

铆接常见质量缺陷、产生原因及处理方法见表 7-5

表 7-5 铆接常见质量缺陷、产生原因及处理方法

铆钉缺陷图示	缺陷现象	缺陷原因	处理方法
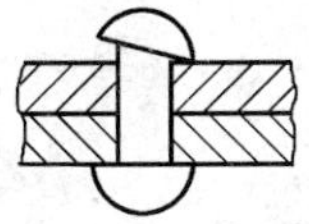	两侧铆钉头不在同一轴线	捶击力方向与钉杆不同轴或顶钉偏	偏心 $>0.1d$,拆换铆钉
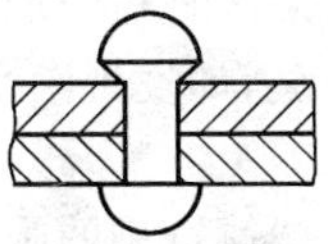	镦头与板件未密合	捶击力量不足、没顶严、铆钉加热温度偏低	拆换铆钉
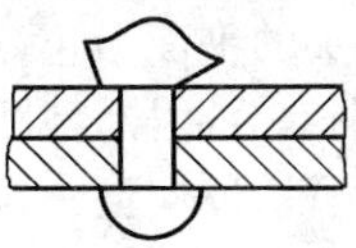	铆钉头扁不成半圆形	铆接时钉杆弯倒、镦头矮	拆换铆钉
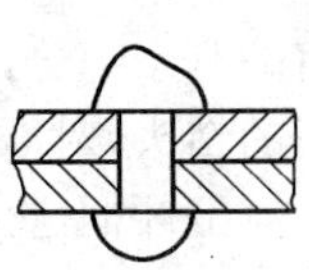	铆钉头损伤	铆接时窝口扣偏	拆换铆钉

续表 7-5

铆钉缺陷图示	缺陷现象	缺陷原因	处理方法
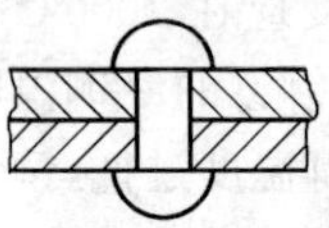	压伤板件	钉杆短,窝口过大,铆接时窝子旋转角度过大	拆换铆钉
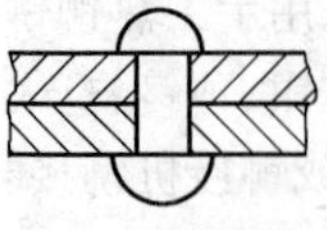	铆钉镦头小	钉杆短,钉杆细,未顶严	拆换铆钉
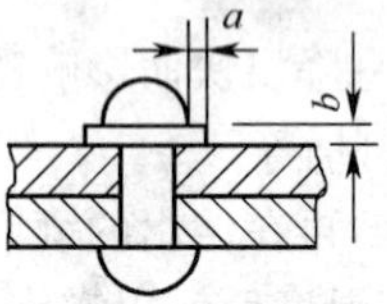	铆钉周围有帽檐	钉杆长或窝口小	$a>3\text{mm}$ $b>1.5\sim3\text{mm}$,拆换铆钉
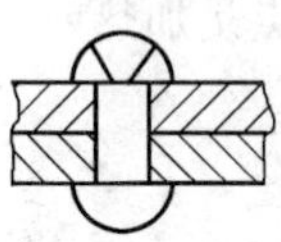	铆钉头裂纹	铆钉材质塑性差,加热温度过高	拆换铆钉

对铆钉的质量缺陷可分别采取下列方法进行检查:

①用目测方法直接检查铆钉表面的裂纹、铆钉镦头的过大或过小等缺陷。

②用样板检查铆钉头,判断镦粗的情况。

③用小锤敲打铆钉镦头,从捶击响声判别铆接的松紧程度。

④用水压试验,检查板缝和铆钉缝的渗漏情况。

如板缝和铆钉缝有轻微渗水,可以进行敛缝,即对连接构件在铆接过程中产生的缝隙采取捶击、辗压达到收敛的方法。对于质量要求严格的铆钉缝,如发现渗水,应将铆钉拆掉再铆新钉,并敛缝。

更换铆钉时,不要损伤板件。拆除半圆头铆钉的常用方法是先把铆钉头的圆顶捶平,打出样冲眼,找正中心;再用钻头在铆钉头上钻孔,钻到铆钉头的平面为止;用适当尺寸的铁芯插入孔内拔拆铆钉头,再用冲头将铆钉剩下的残余部分冲掉。其除掉方法如图 7-24 所示。拆除半圆头铆钉时,也可用氧炔焰或用克子切掉铆钉头,再用冲子把钉杆从孔中冲出。

拆除沉头铆钉的一般方法也是先在沉头端钻盲孔,再冲出铆钉的剩余部分,即先找准铆钉中心,打出样冲眼;选取直径小于铆钉杆直径 1mm 左右的钻头,对准铆钉中心后钻孔,钻到埋头孔窝下部为止;再用较小的冲头插入孔中,捶击冲柄,将铆钉顶出孔外。其操作方法如图 7-25 所示。

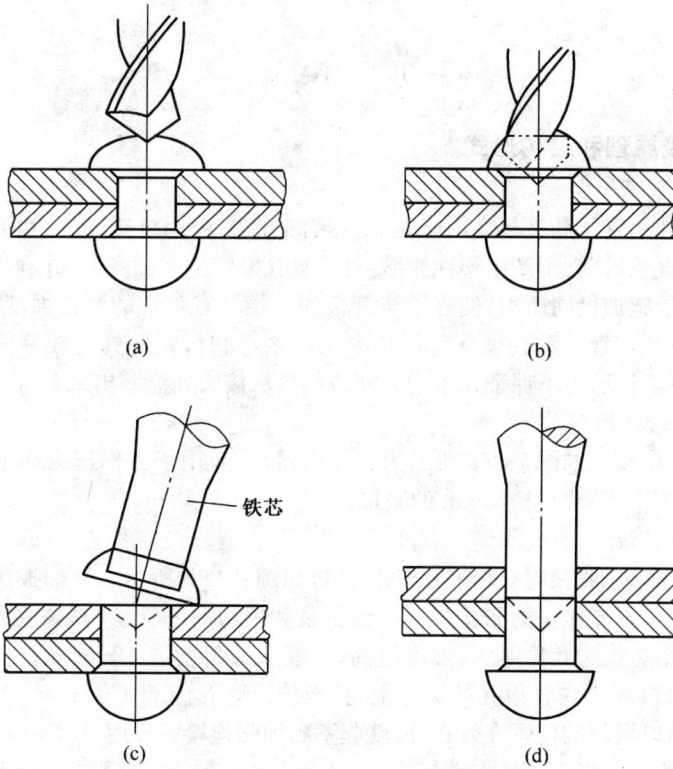

图 7-24 拆除半圆头铆钉的方法

（a）钻头对正铆钉中心 （b）在铆钉头上钻孔 （c）用铁芯拔拆铆钉头 （d）冲出铆钉

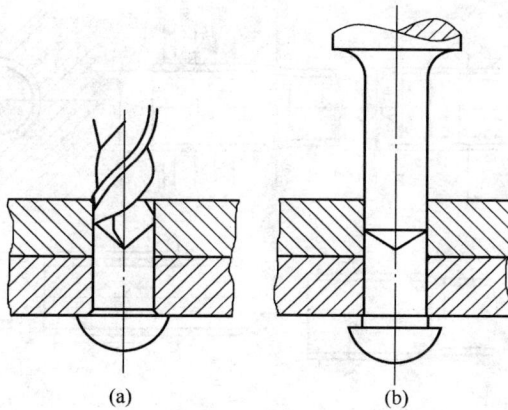

图 7-25 拆除沉头铆钉的方法

（a）在铆钉头中心钻孔 （b）用冲子冲出铆钉

第四节　胀　接

一、胀接原理和结构形式

1. 胀接原理

胀接是利用管子和管板变形来达到连接的方法,可用机械、爆炸和液压等方法来扩胀管子直径,使管子产生塑性变形,且管板孔壁产生弹性变形,并利用管板孔壁的回弹对管子施加径向压力,使管子与管板的连接具有足够的胀接强度(拉脱力),保证接头工作时,管子不会被从管板孔中拉出来,同时,它还具有较好的密封强度(耐压力),在工作压力下保证设备内的介质不会从接头处泄漏出来。

2. 胀接的结构形式

(1)光孔胀接　如图 7-26a 所示为光孔胀接,一般用于工作压力小于 0.6MPa、温度低于 300℃、长度小于 20mm 的胀接。

(2)翻边胀接

①扳边胀接　胀接时,管端扳成喇叭口,如图 7-26b 所示。管端扳边形成喇叭形,扳边是为了提高接头的胀接强度。经胀紧和扳边后的管子,其拉脱力为未扳边管子的 1.5 倍。扳边角度越大,强度越高,一般扳边角度取 12°～15°。但应注意扳边时,喇叭口根部应在管板孔的边缘上,甚至伸入管孔内部 1～2mm,如图 7-27 所示,如果喇叭口根部的位置在管孔外,就起不到加强连接的作用。

②翻打胀接。把压脚装在铆钉枪上,将管端已扳边的管口翻打成如图 7-26c 所示的半圆形,多用于火管锅炉的烟管,主要是为了防止管端被高温烟气烧坏,并减少烟气流动阻力,以增加接头强度。胀接时,管端翻边采用压脚工具,如图 7-28 所示。

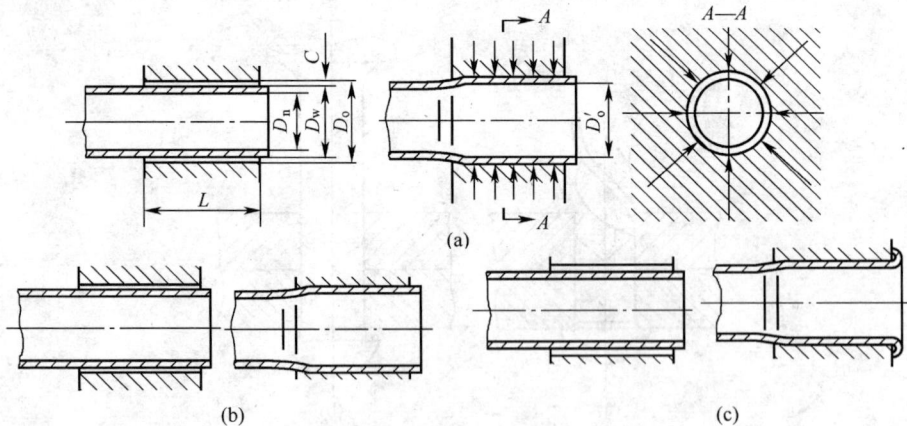

图 7-26　光孔胀接和翻边胀接
(a)光孔胀接　(b)扳边胀接　(c)翻打胀接

（3）开槽胀接　用于胀接长度大于20mm、温度低于300℃、压力小于3.9MPa的场合。由于工作压力较高，管子的轴向拉力增大，故采取加大胀接长度和在管板上开槽胀接，如图7-29a所示。在胀接时能使管子金属镶嵌到槽中去，以提高接头的抗拉脱力。

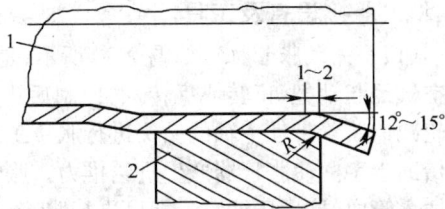

（4）胀接加端面焊　若被胀接件的工作压力和温度较高，单靠胀接方法不能满足要求，必须采取胀接后再加端面焊的方法，以提高接头的密封性能。

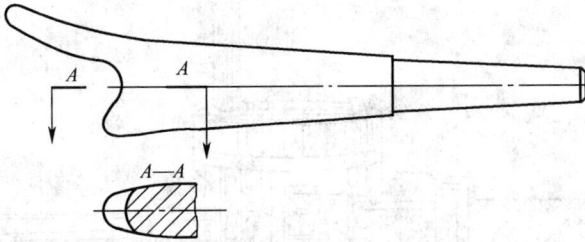

图 7-27　扳边胀接喇叭口根部位置
1. 管子　2. 管板

图 7-28　翻边用压脚工具

①光孔胀接加端面焊　一般在工作压力低于7MPa、温度低于350℃或介质极易渗透的场合，胀接接头强度虽能达到要求，但密封性能达不到要求，接头端面就需要增加密封焊，来保证其密封性，如图7-29b所示。

②开槽胀接加端面焊　工作温度升到400℃以上，会引起金属蠕变，使胀管所造成的径向压力松弛，导致胀接接头失效，所以要用开槽胀接的方法。在胀接时让金属镶嵌到槽中，虽然高温蠕变仍能使胀接失效，但由于开槽的结果，镶嵌在孔中的凸缘能形成足够的抗拉脱力，再加上端面焊，则密封性能得到进一步的提高，如图7-29c所示。如果先胀后焊，难免胀管用的润滑剂会进入间隙内，焊接的高温会产生气体，引起焊缝气孔而影响质量；如先焊后胀，胀接时可能会使焊缝开裂，实践证明，只要胀管过程控制得当，不会产生焊缝开裂，因此一般采用先焊后胀比较好。

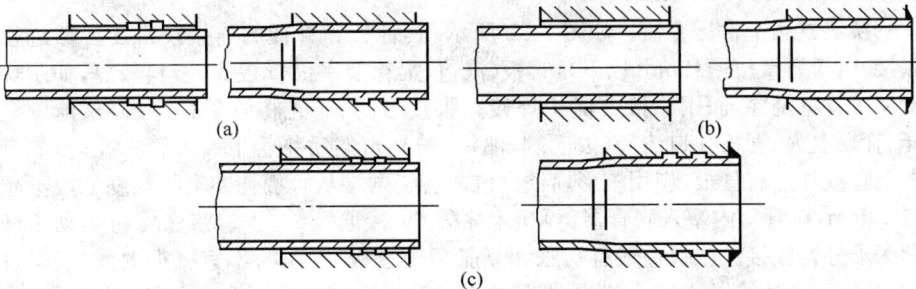

(a)

(b)

(c)

图 7-29　开槽胀接和端面焊

二、胀接设备及工具

（1）手提式胀管机　如图 7-30 所示，是机械胀管时的主要动力工具。工作时压缩空气经起动把（正转或反转）的控制后进入发动机，使它产生高速旋转，经过二级齿轮减速装置带动主轴的钻头进行胀接工作。手提式胀管机产生的推动力大，还可以借助十字柄使胀管器产生进给推力。胀管时只需接上硬胶皮管，另一端接上胀管器插入管内，接通压缩空气即可进行胀管。胀管器正转是将管子和管板向胀紧方向推进，反转是将胀管器从已胀好的管内退出。

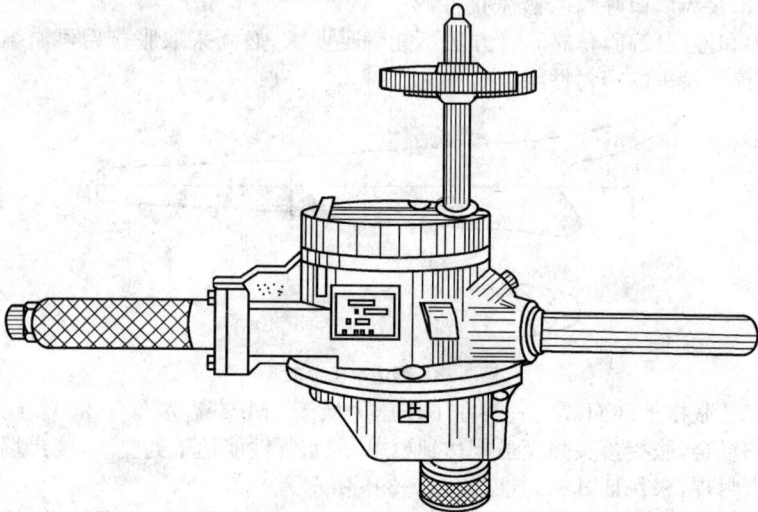

图 7-30　手提式胀管机

（2）胀管器　如图 7-31 所示，胀管器主要由胀子、胀杆、胀壳和扳边滚子组成。胀子（一般 3 枚）经机械加工后，镶嵌于胀壳上与胀壳过渡配合，胀子和胀杆呈锥度相反的圆锥形，并在胀壳内共同组成圆柱形，胀管机的动力推动胀杆前进，将胀子由胀壳内向外逐渐挤出，并转动前进使管子管壁产生径向蠕动而进行胀管。

三、常压构件的胀接方法

换热器属于常压容器。如图 7-32 所示，其管子和管板的连接按常压容器进行胀接，由于管壁较薄（2mm 以下），管板（汽包、集箱及平面管板等）板料较厚，如用焊接易使管壁烧穿，而用胀接要优于焊接。胀接时，只需先将管子排序编号、清理抛光、管端退火、管板孔口清理（去毛刺，油污，抛光），然后将管子装入管板孔内，如有上下管板和左右管板，应用楔形扁铁定位。管子两端从管板孔伸出的长度一般不超过 10mm，在管口内塞入胀管器，再接上胀管机，接通压缩空气，使胀管机带动胀杆和胀子进行胀接。胀接一般有初胀和复胀两个过程，初胀时不宜胀得太紧，胀得过紧，复胀时会使管子胀裂，一般以管子两端与管板接触部分不松动为宜；复胀时应胀紧，但不能使管端胀裂。管子与管板接触部分的管壁也不能胀得太薄，太薄会影响管壁强度,缩短管子的使用寿命。胀接后要将胀接的管端逐一检查,检查有无胀裂或超薄,如有以上情况,则应该调换管子,重新胀接。胀接好以后,还要对管子伸出的超长部分进行刮平,以达到规定的长度,以免藏纳污垢,影响胀接部分的质量。

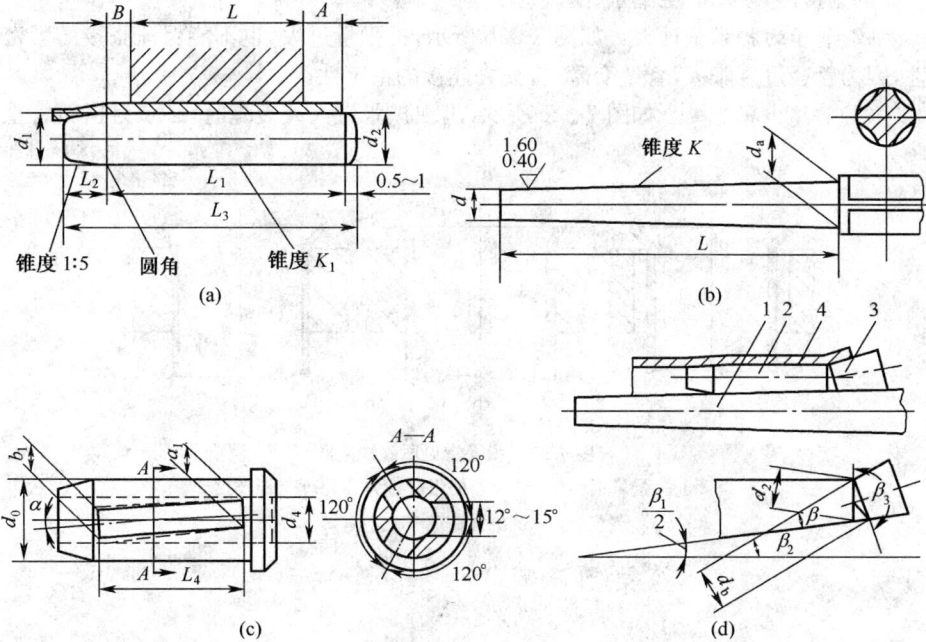

图 7-31 前进式胀管器

(a)胀子 (b)胀杆 (c)胀壳 (d)扳边滚子

1. 胀杆 2. 胀子 3. 扳边滚子 4. 胀壳

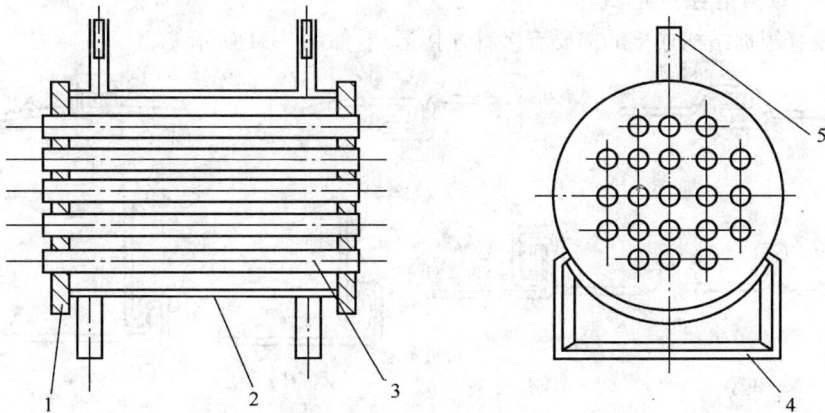

图 7-32 换热器的胀接

1. 管板 2. 容器壳 3. 管子 4. 支架 5. 输入、输出管道

四、胀管常见质量缺陷及处理方法

(1)管子的扩张量不够　如图7-33a所示,管子与管板孔间仍有间隙,不能保证容器的紧密性,使用时会漏水、漏气。

(2)管子的扩张量过大　如图7-33b所示,扩张量过大,也不能保证胀接的紧密性,因为管径过度胀大,管壁变薄,将失去连接的稳定性。

(3)管端出现裂缝　如图7-33c所示,出现扩张过大或裂缝时,必须另换新管重胀。

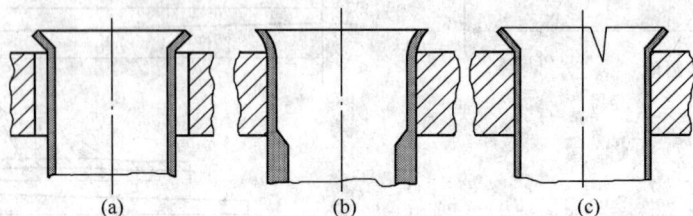

图7-33　胀管常见质量缺陷

(a)管子扩张量不够　(b)管子扩张量过大　(c)管端出现裂缝

第五节　咬缝连接

将薄板的边缘相互折转、扣合、压紧的连接方法称为咬缝。咬缝连接方便,操作简单,不需要特殊设备和加热,具有一定的连接强度和密封性,是薄板制件常用的连接方法之一。

一、咬缝连接的形式

咬缝根据结构连接的需要有多种连接形式,如图7-34所示。

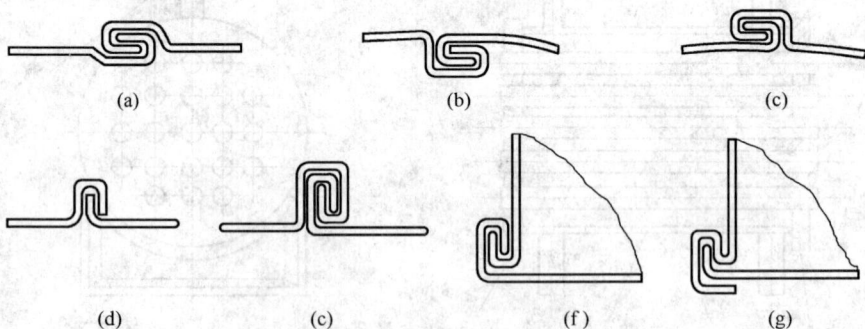

图7-34　咬缝连接的形式

(a)、(b)、(c)平式单咬缝　(d)、(e)立式咬缝　(f)、(g)角咬缝

(1)平式单咬缝 如图 7-34a、b、c 所示,它具有一定的连接强度,操作方便,所以一般薄板结构的平连接均采用平式单咬缝。根据结构要求的不同,可将平式单咬缝加工成如图 7-34b 所示的外平口或如图 7-34c 所示的内平口,如火炉烟囱圆管需要插入其他零件内,要求外面平滑,此时应将连接处的接缝制成外平口;而盆、桶等接缝,要求内壁平滑,则应将接缝加工成内平口。

(2)立式咬缝 如图 7-34d、e 所示,分别为立式单咬缝和立式双咬缝,该种咬缝具有较高的连接强度和刚性,常用于大直径多节弯管及管道的连接。

(3)角咬缝 如图 7-34f 所示为双折角咬缝,它具有较高的连接强度,常用于盆、桶底部的连接,以及矩形管的角连接等。

如图 7-34g 所示为外包角咬缝,它外表平整,刚性好,连接时不需要内衬铁,操作方便,适于矩形弯管、各种罩壳及内部无法放置衬铁结构的角连接。

二、咬缝的咬接方法

(1)咬缝咬接的操作步骤 通常是手工操作:

①根据咬缝形式计算咬缝余量;

②在板边划出咬缝折弯线;

③按折弯线折弯板边;

④将两边扣合并压紧,完成咬接。

(2)平式单咬缝的咬接 一般用于 0.2~1.5mm 板料的连接,其咬缝宽度随板料厚度而定,当板料厚度在 0.2~0.5mm 时,咬缝宽度取 3~5mm;板料厚度在 0.75~1.5mm 时,其咬缝宽度在 5~8mm 之间。平式单咬缝余量等于咬缝宽度的 3 倍。其咬接操作步骤如图 7-35 所示。

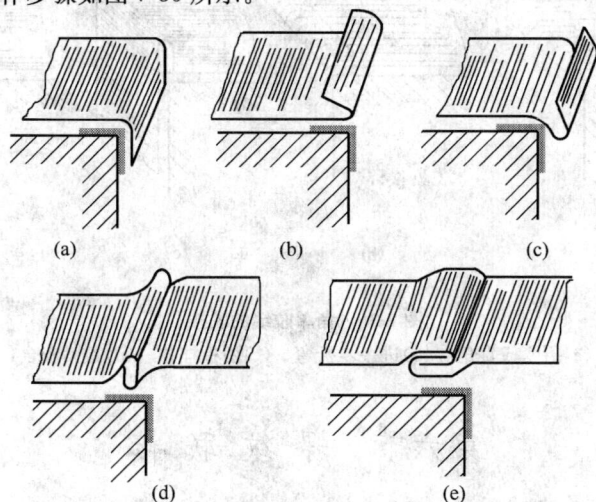

(a)　　　　　　　(b)　　　　　　　(c)

(d)　　　　　　　(e)

图 7-35 平式单咬缝的咬接

(a)折弯成直角 (b)进一步折弯 (c)折弯约 45° (d)两板扣合 (e)敲紧咬合

①根据板厚确定咬缝宽度,并放出3倍于咬缝宽度的咬接余量。

②在板边划出咬缝折弯线,一板边为咬缝宽度;另一板边为2倍于咬缝宽度。

③将板边的折弯线对准方杠的棱角或平台边棱,用木槌敲击折弯成直角,如图7-35a所示。

④将板料翻身,用木槌敲打板边进一步折弯,如图7-35b所示。注意折弯时要留出大于板厚的间隙,否则另一板边无法插入而不能咬接。

⑤将板料前移略大于折弯板边宽度的距离,用木槌敲击折弯约成45°,如图7-35c所示。另一板边也用同样方法制作。

⑥将两板边扣合,并敲击压紧完成咬合,如图7-35d、e所示。

(3)角单咬缝的咬接 角单咬缝的宽度由板料的厚薄来确定,一般在3～8mm之间,薄板取较小值;厚板则取较大值。角单咬缝咬接余量为咬缝宽度的3倍。其操作过程如图7-36所示。

①根据板料的厚度确定咬缝宽度,放出咬接余量,一边为咬缝宽度,另一边为咬缝宽度的2倍,在板边划出折弯线。

②将折弯线对准平台或方杠棱角,用木槌折弯成直角,然后将板料翻身,用木槌敲击折弯,留出大于板厚的间隙,如图7-36a、b所示。

③将另一板折弯成直角,然后翻身让已折弯的板料挂扣于直边上,如图7-36c所示。

④将挂扣的直边部分折弯、压紧完成咬合,如图7-36d所示。

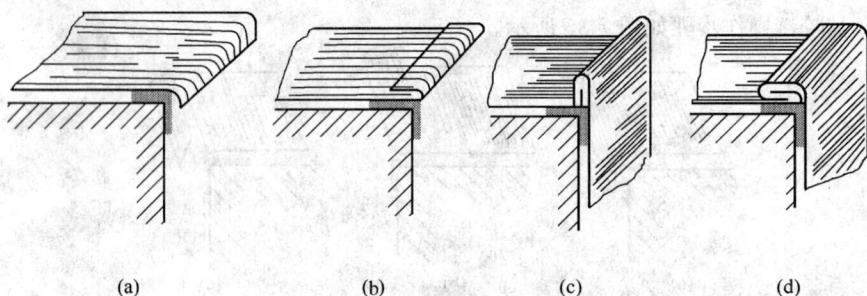

(a)　　　　　　　(b)　　　　　　　(c)　　　　　　　(d)

图7-36　角单咬缝的咬接

(a)折弯成直角　(b)进一步折弯　(c)两板挂扣　(d)敲紧咬合

第六节　螺　纹　联　接

螺纹联接是可拆卸的固定联接,它具有结构简单,紧固可靠,装拆迅速、方便、可进行多次装拆而不损坏等优点,所以应用极为广泛。

一、螺纹联接件的结构形式

（1）螺栓（单头螺栓）　螺栓一端有螺纹，拧上螺母，可将被联接件连成一体，螺母与被联接件之间常需放置垫圈。构件只需要加工通孔，适于被联接件不太厚，并能从联接件两边进行装配的场合。

常见的单头螺栓联接一种如图 7-37a 所示，这种螺栓联接其螺栓杆与孔之间有间隙，主要用于承受轴向拉伸载荷；另一种如图 7-37b 所示，用于铰制孔的螺栓联接，其螺栓杆上螺纹部分为细牙，无螺纹部分的螺杆与孔采用基孔制的过渡配合或过盈配合。因此，螺栓能精确地固定被联接件的相对位置，并能承受垂直螺栓轴线的横向作用力所引起的剪切和挤压。

（2）双头螺栓　如图 7-38 所示，两端有螺纹。一头拧入被联接件的螺孔中，另一头穿过被联接件的孔，再拧上螺母，就能将被联接件连成一体。在拆卸时，只要拧开螺母，就可以使被联接件分开。适于盲孔、经常装拆、结构比较紧凑或工件较厚不宜用单头螺栓联接的场合。

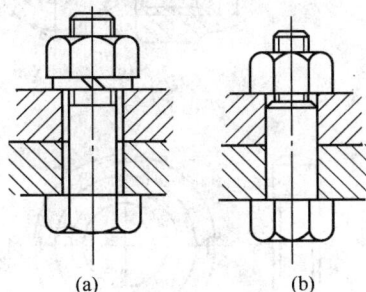

图 7-37　单头螺栓

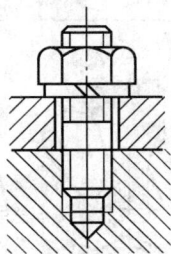

图 7-38　双头螺栓

（3）螺钉　如图 7-39 所示，不用螺母，直接将螺钉拧入被联接件的螺孔中，达到联接的目的。螺钉的钉头有六角头、方头、圆柱内六角头和带槽圆头等，带槽圆头又分圆柱头、半圆头、沉头和半沉头等。

六角头、方头螺钉和内六角螺钉用于夹紧力要求较大的场合，内六角螺钉还可用于结构紧凑的地方。圆柱头、半圆头、沉头和半沉头螺钉，其钉头带凹槽，供螺钉旋具装拆，适用于受力不大或一些轻小零件的联接。

（4）紧定螺钉　如图 7-40 所示，紧定螺钉全长上都有螺纹，拧入零件的螺孔内后，使钉杆末端顶住另一零件的表面，以固定两零件的相对位置。紧定螺钉末端及头部具有多种形状，螺钉要经硬化处理。

此外，螺栓还有地脚螺栓和吊环螺钉等。

（5）螺母　如图 7-41 所示，螺母的形状有六角螺母、方螺母、六角槽形螺母、盖形螺母、蝶形螺母和圆螺母等。螺母按其制造精度分粗制、半精制、精制等 3 类，需与相应的螺栓(钉)配用,螺母材料宜较螺栓(钉)略软。

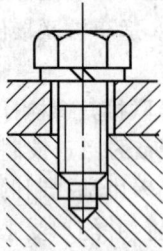

图 7-39 螺钉

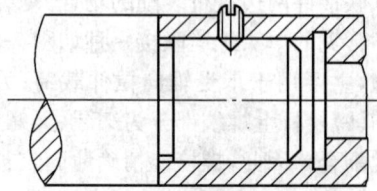

图 7-40 紧定螺钉

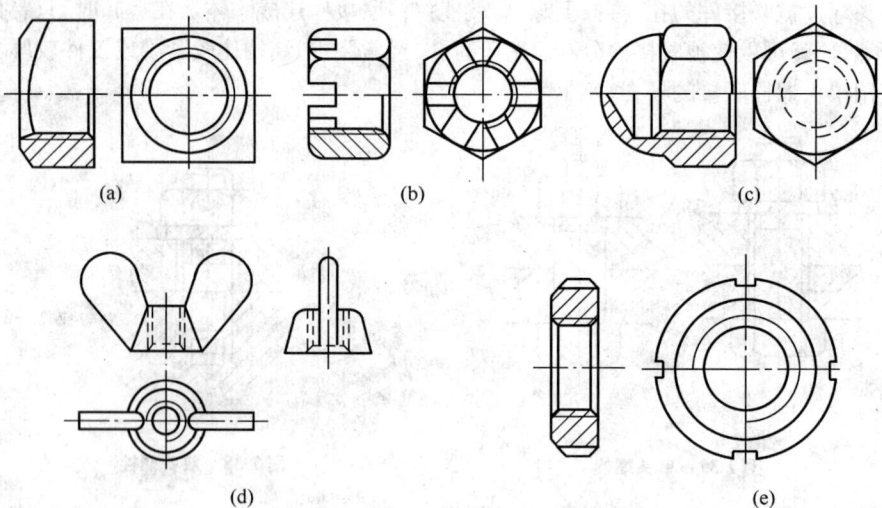

图 7-41 螺母

(a)方螺母 (b)六角槽形螺母 (c)盖形螺母 (d)蝶形螺母 (e)圆螺母

(6)垫圈 放在螺母与被连接件之间,起保护和垫平支承表面的作用。一般情况下用图 7-42a 所示的两种平垫圈。当被连接件表面倾斜时,如槽钢和工字钢等,为了避免拧紧螺母时螺栓受力弯曲,应采用方斜垫圈,如图 7-42b 所示。

另外还有球面垫圈,它利用球面绕其中心转动的自动调位作用,补偿螺栓与孔轴线的偏斜,使螺母支承面与螺栓轴线保持垂直,消除螺杆受力而弯曲。

上述各类螺纹联接件绝大部分为标准件。

二、螺纹联接工具

1. 旋具

旋具又称起子、改锥或螺丝刀,用来拧紧或松开头部带槽的螺钉,旋具的工作部分用碳素钢制成,并经淬火处理。常见的旋具有一字旋具和十字旋具,如图7-43所示。

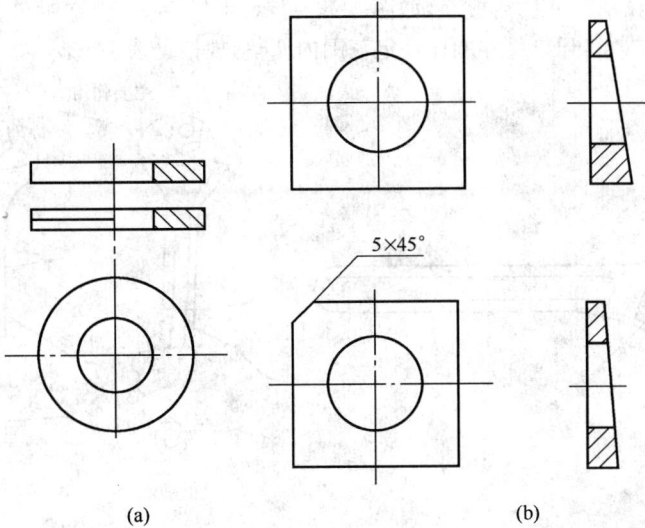

图 7-42　垫圈
(a)平垫圈　(b)方斜垫圈

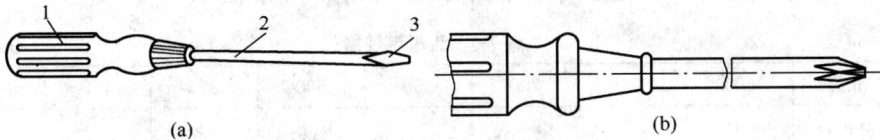

图 7-43　旋具
(a)一字旋具　(b)十字旋具
1. 木柄　2. 刀体　3. 刀口

(1)一字旋具　用来拧紧头部带一字槽的螺钉,它由木柄1、刀体2和刀口3组成。规格一般以刀体部分的长度表示,常用的有 4in(100mm)、6in(150mm)、8in(200mm)、12in(300mm)及 16in(400mm)等,应根据螺钉直径选用。

一字旋具使用时,应注意刀口宽度大于或等于凹槽长的2/3,其厚度接近凹槽的宽度。否则,便会出现拧不紧螺钉、损坏旋具刀口或螺钉头部凹槽等情况。

(2)十字旋具　用来拧紧头部带十字槽的螺钉,旋具不易在较大的拧紧力下从槽中滑出。

无论是一字或十字旋具都不能当做撬棒和錾子使用。

2. 扳手

扳手用来拧紧六角头、方头螺钉(栓)或螺母。它用工具钢或可锻铸铁制成,其开口要求光洁和坚硬耐磨。扳手有通用、专用和特种 3 类。

(1)通用扳手 又称活扳手,如图 7-44 所示,由扳手体、固定钳口、活动钳口和调节蜗杆组成。其开口尺寸能在一定范围内调整,规格见表 7-6。

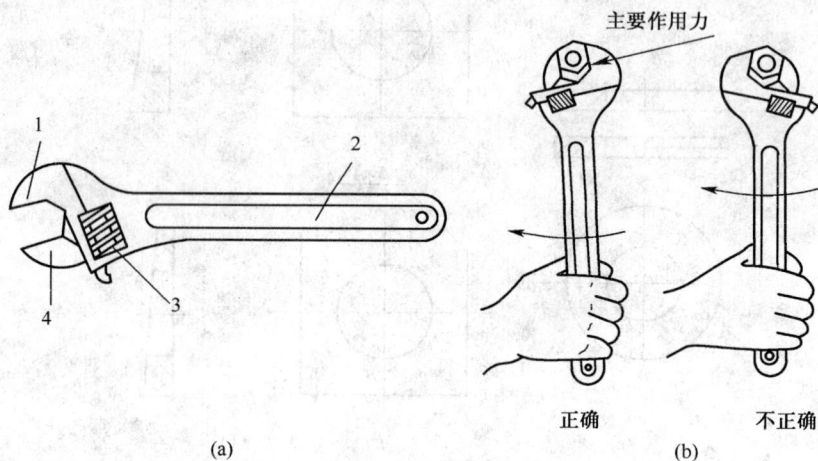

图 7-44 通用扳手

(a)活扳手结构 (b)活扳手使用

1. 固定钳口 2. 扳手体 3. 调节蜗杆 4. 活动钳口

表 7-6 活扳手规格　　　　　　　　　　　　　　　　　(mm)

长度	100	150	200	250	300	375	450	600
开口最大宽度	14	19	24	30	36	46	55	65

(2)专用扳手 如图 7-45 所示,根据其专门用途的不同可分以下几种:

①开口扳手 如图 7-45a 所示,又称呆扳手,这种扳手分为单头和双头两种,开口尺寸应与螺钉或螺母的尺寸相适应;双头开口扳手的两端尺寸是不同的,并根据标准尺寸做成一套。

②整体扳手 如图 7-45b 所示,有正方形、六角形、十二角形(梅花扳手)等几种。其中以梅花扳手应用最广泛,它只要转过 30°,就可改换扳动的方向,在狭窄的地方工作比较方便。

③内六角扳手 如图 7-45c 所示,用于拧紧内六角螺钉,这种扳手是成套的,可拧紧 M3～M24 的内六角螺钉。

④成套套筒扳手 如图 7-45d 所示,由一套尺寸不等的梅花套筒组成,使用时,弓形手柄装上相应的套筒可连续转动,工作效率较高。

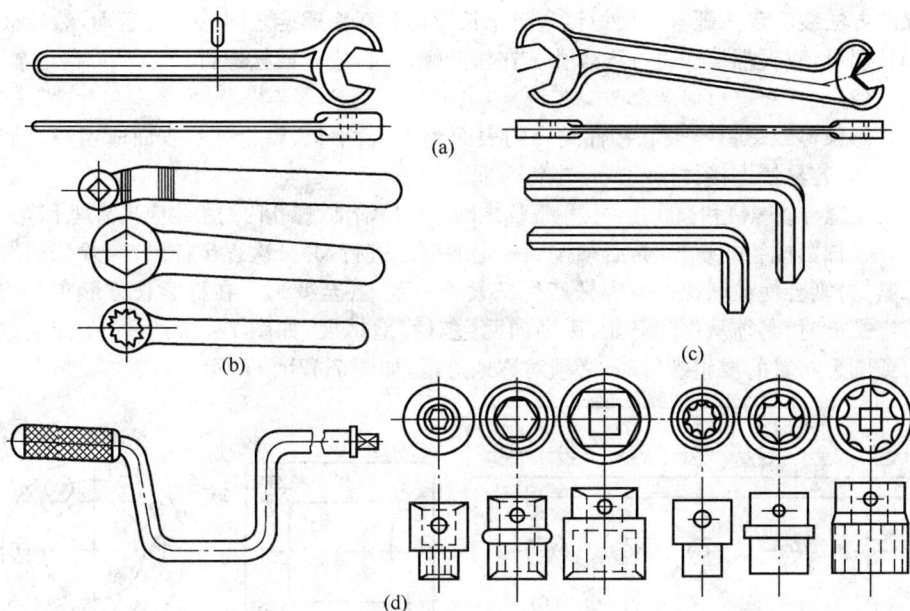

图 7-45 专用扳手

(a)开口扳手 (b)整体扳手 (c)内六角扳手 (d)成套套筒扳手

三、螺纹联接方法

(1)双头螺栓联接

①保证双头螺栓与被联接件的配合有足够的紧密性,即在装配螺母的过程中双头螺栓不能有任何松动现象。螺栓应用过渡配合,当螺栓装入软材料的螺孔时,其过盈量要适当取大些。

②双头螺栓的轴线必须与被联接件垂直,通常用 90°角尺进行检验。

③装配双头螺栓时,首先将螺纹和螺孔的接触面清除干净,然后用手轻轻地把螺母拧到螺栓螺纹的终端处,如果遇到拧不进的情况,不能用扳手强行拧紧,以免损坏螺纹。

④图 7-46a 所示为用双螺母对顶的方法装配双头螺栓。先将两个螺母相互锁紧在双头螺栓上,然后扳动上面一个螺母,把双头螺栓拧入螺孔中。

⑤如图 7-46b 所示,用螺钉与双头螺栓对

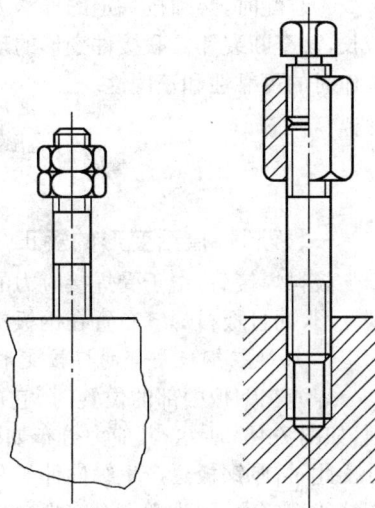

图 7-46 双头螺栓的装配

(a)双螺母对顶 (b)螺钉与双头螺栓对顶

顶的方法装配双头螺栓。用螺钉来阻止长螺母和双头螺栓之间的相对运动，然后扳动长螺母，双头螺栓即可拧入螺孔。在松开螺母时，应先回松螺钉。

（2）螺母和螺钉的装配

①螺母或螺钉与被联接件贴合的表面要光洁、平整，贴合处的表面应当经过加工，否则容易使连接件松动或使螺钉弯曲。

②螺母或螺钉和被联接件接触表面之间应保持清洁，螺孔内的脏物应当清理干净。

③拧紧成组的螺母时，必须按照一定的顺序进行，并分次逐步拧紧，一般分三次拧紧，否则会使被联接件或螺杆产生松紧不一致，甚至变形。在拧紧长方形布置的成组螺母时，必须从中间开始，逐渐向两边对称地扩展，如图 7-47a 所示；在拧紧方形或圆形布置的成组螺母时，必须对称地进行，如图 7-47b、c 所示。

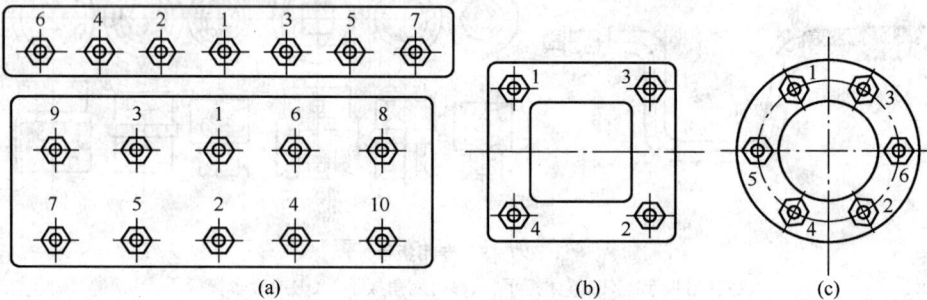

图 7-47　拧紧成组螺母的方法
（a）长方形布置　（b）方形布置　（c）圆形布置

④装配时，必须按一定的拧紧力矩来拧紧，拧紧力矩太大时，会出现螺栓或螺钉拉长，甚至断裂和被联接件变形的现象；拧紧力矩太小时，就不可能保证被联接件在工作时的可靠性和正确性。

第七节　连接后的矫正

一、板料焊接后变形的矫正

板料焊接后，由于受焊接应力的影响，如温度应力、组织应力、体积应力等，会出现变形，而且板料焊缝布置在钢板中部和钢板边缘的变形也不一样。

1. 焊缝在钢板中部的焊接变形与矫正

焊缝在钢板中部的位置时，它的温度分布是中间高，两边低，符合正态分布特征，如图 7-48a 所示；其应力分布如图 7-48b 所示。

此时，厚钢板会产生纵向伸长和横向缩短，矫正时，一般先捶击焊缝金属以减少焊缝的拉应力，因为捶击会产生一定的压应力，使拉力部分抵消，并能改善组织，提高焊接接头的力学性能。再用捶展伸长法，或反向弯曲矫正法，分别矫正薄钢板和厚钢板变形。

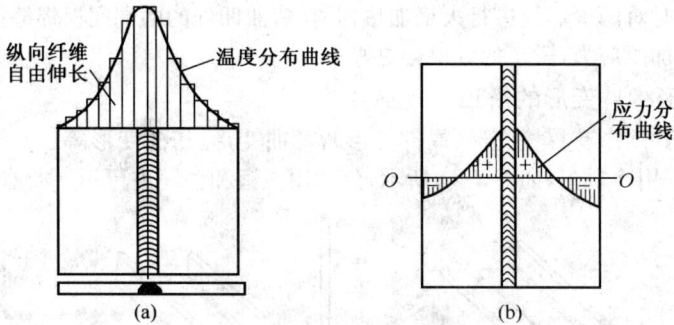

图 7-48　焊缝位于钢板中部的温度和应力分布规律

(a)温度分布曲线　(b)应力分布曲线

2. 焊缝在钢板边缘的变形与矫正

焊缝在钢板边缘的位置时,焊缝附近处温度最高,离焊缝越远温度越低,高温焊接处的板料受低温处的牵制,产生压缩的塑性变形,冷却后比原来短;而离焊缝较远处的板料受拉应力的影响,产生拉伸塑性变形,冷却后比原来长,如图 7-49 所示。因此矫正时,除了先捶击焊缝金属以减少焊缝的拉应力外,还必须对离焊缝较远的外侧采用火焰三角形或直线形加热矫正,再加水快速冷却,以达到收缩的效果。

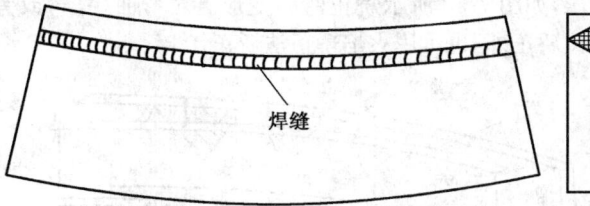

图 7-49　焊缝位于钢板边缘时的变形

二、T 形梁弯曲变形的矫正

T 形梁弯曲变形的矫正,一般采用机械矫正,有时也采用千斤顶和火焰矫正,矫正时采用三角形加热法,如图 7-50 所示。然后快速进行水冷却,加快反向收缩效

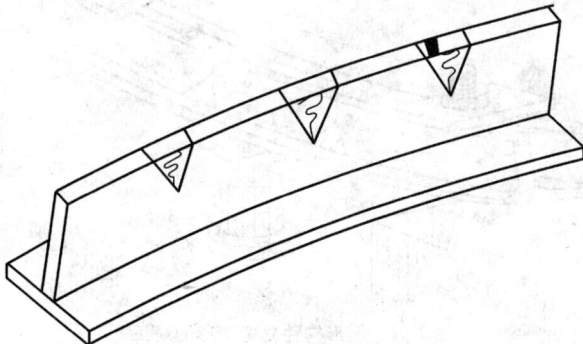

图 7-50　T 形梁弯曲变形的矫正

果。如果同时对两侧焊缝进行火焰加热,并在弯曲凹处的两端底板焊缝上配以千斤顶对焊缝施加压应力,矫正的效果会更好。

三、槽形构件变形的矫正

槽形构件变形有翼板变形(局部变形),弯曲变形,扭曲变形等。对翼板局部变形,一般可采用冷矫正,如图 7-51 所示,分别用大锤和型锤进行。

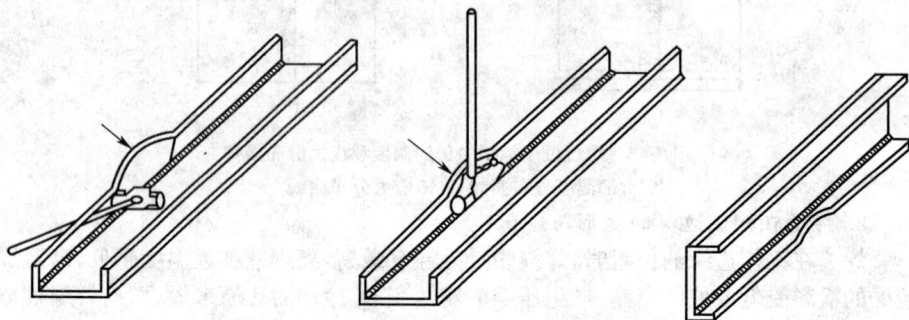

图 7-51　槽形构件翼板(局部变形)的矫正

对槽形构件的弯曲变形(立弯),可采用三角形加热的方法,再借助千斤顶对弯曲变形处外侧施压,如图 7-52 所示矫正弯曲变形。对弯曲(立弯或旁弯)除可用压力机和撑直机直接矫正外,也可用火焰矫正法矫正。

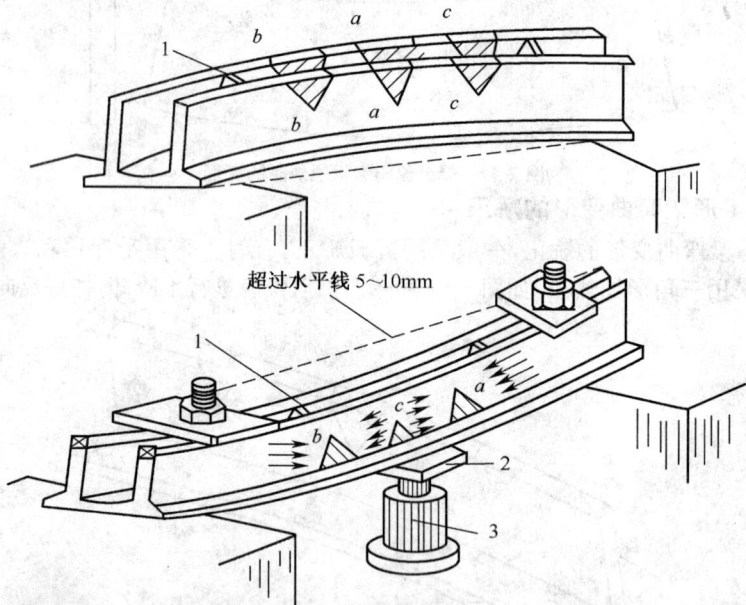

超过水平线 5~10mm

图 7-52　槽形构件立弯变形的矫正
1. 中梁隔板　2. 垫板　3. 千斤顶

复习思考题

1. 熔焊的主要分类有哪些？

2. 焊条由哪几部分组成？各部分的作用是什么？

3. 选择焊条的原则是什么？如何保存焊条？

4. 电焊机有哪几种？焊接时的辅助工具有哪些？各起什么作用？

5. 什么叫气焊？它需要哪些设备和器具？

6. 产生焊接变形的原因是什么？有哪几种？

7. 为什么要采取措施预防和减少焊接应力和焊接变形？具体措施有哪些？

8. 举例说明怎样选择合理的焊接顺序来预防焊接变形。

9. 有如题图 7-1 所示的两个焊件，在箭头处分别进行角焊，试问焊接后将产生什么变形？各应采取什么预防措施？

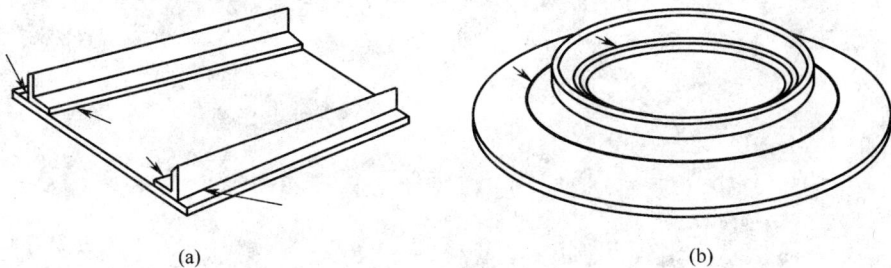

(a)　　　　　　　　　　　　　　　　　(b)

题图 7-1

10. 螺栓联接的准备工作包括哪些内容？

11. 胀管器的工作原理是什么？

12. 胀管的过程是什么？胀管的强度和紧密性与哪些因素有关？怎样才能得到良好的胀管质量？

13. 胀管中常出现哪几种缺陷？怎样处理？

14. 什么叫薄板咬缝？都有哪些结构形式？试叙述如题图 7-2 所示薄铁盆的圆周接头和盆底接头咬缝采用哪种形式好？讲述制作过程。

15. 常用的铆钉种类有哪几种？它们各自的主要用途是什么？

16. 铆接的形式有几种？铆钉在结构上的排列方式有哪几种？

17. 铆钉直径怎样根据板厚来计算？

18. 铆接之前，为什么要铰孔？

19. 铆接时，为什么有的要冷铆？有的要热铆？

20. 局部加热铆是怎么回事？

21. 手工热铆铆钉的操作方法是怎样的？

22. 用铆钉枪铆接时，应该注意哪些问题？

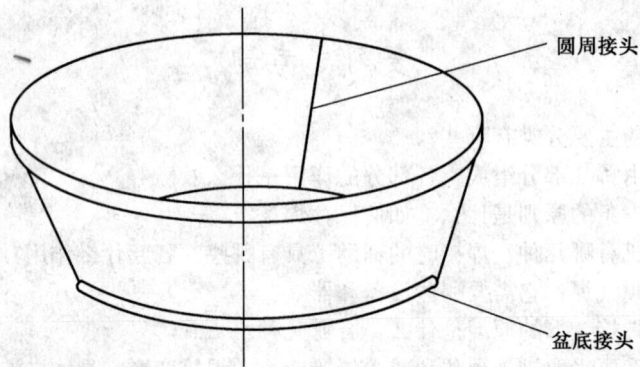

圆周接头

盆底接头

题图 7-2

23. 铆钉机有哪些种类？试说出它的工作原理？

24. 常见的铆接质量缺陷有哪些？产生缺陷的原因是什么？怎样预防？

25. 由于铆接质量缺陷,在拆除半圆头、沉头铆钉时,各用什么方法？